1-5

1-32

1-38

2-7

2-57

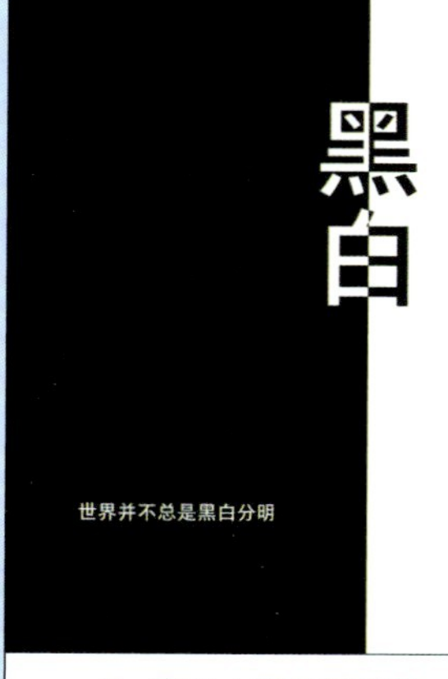

3- 实例 1 黑白双色字

3- 实例 4 替换背景 1

3- 实例 5 衬衫加图案效果图

3- 实例 6 融入背景

3- 实例 7 杂志样本 01

4- 实例 1 效果图

4- 实例 3 效果图

4- 实例 5 效果图 -1

5- 实例 1 效果图

5- 实例 2 效果图

5- 实例 5 效果图

5- 实例 4 效果图

6- 实例 2 效果图

6- 实例 7 效果图

6- 实例 10 效果图

6- 实例 11 效果图

8-21

10-15

10-23-1

10-23-2

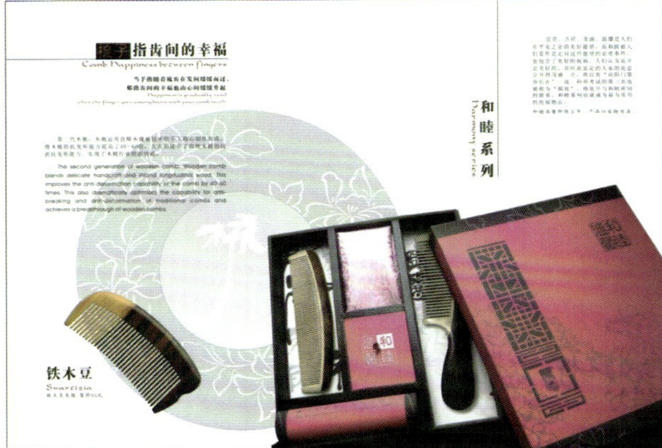

10-39-1

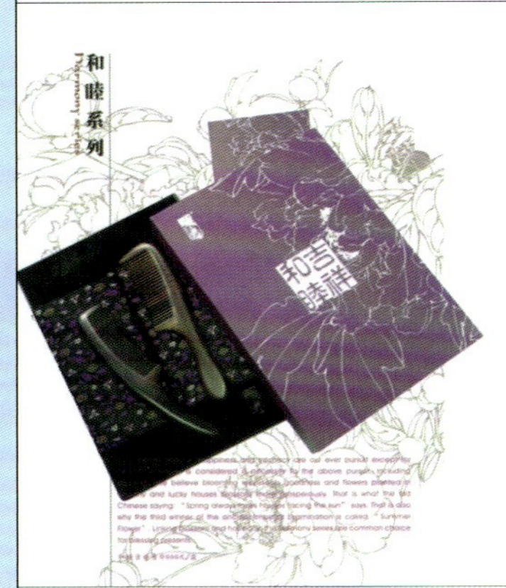

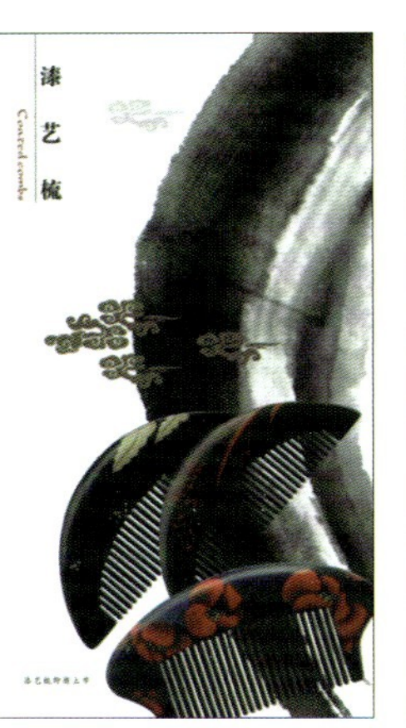

10-39-2

11-1-2

12-10

12-11

14-15

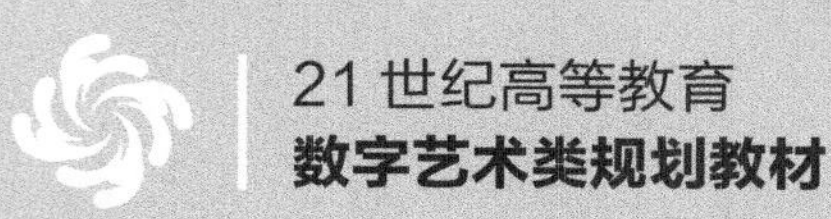

平面设计经典实例教程（Photoshop+Illustrator）

李晓飞 朱荣 ◎ 主编

肖月宁 陈燕 贾成净 徐琦 ◎ 副主编

人 民 邮 电 出 版 社

北 京

图书在版编目（CIP）数据

平面设计经典实例教程 ：Photoshop+Illustrator / 李晓飞，朱荣主编. -- 北京 ：人民邮电出版社，2016.8（2022.1重印）
21世纪高等教育数字艺术类规划教材
ISBN 978-7-115-42141-8

Ⅰ. ①平… Ⅱ. ①李… ②朱… Ⅲ. ①图象处理软件－高等学校－教材 Ⅳ. ①TP391.41

中国版本图书馆CIP数据核字(2016)第085720号

内 容 提 要

本书以教授学生平面设计知识和培养学生相关技能为核心，以设计实例为导向，讲解平面设计的方法和技巧。全书共 14 章，分为上、中、下三篇。上篇是软件技术应用，共 7 章，包括图形图像数字化的基础知识、Photoshop 选区基础、Photoshop 图层基础、Photoshop 画笔绘图和图案设计、Photoshop 通道的用法、图片的修正和颜色调整、Adobe Illustrator 绘图基础。中篇是平面设计的基础理论，共 3 章，包括文字设计与编排、图形图像、点线面。下篇是平面设计的综合实践，共 4 章，包括照片设计、多媒体课件页面版式设计、包装盒设计、画册设计。在每章后面附有小结和课后练习，使读者及时回顾并强化本章的内容。

本书从设计的角度出发，把对平面设计理论的学习以及软件的使用转换成切实可用的实例，实例的设计面向社会需求和教学内容体系。每个实例由效果图展示、实例分析、设计思路、涉及的知识技能、实现步骤等部分组成。软件的讲解围绕着设计实例来进行，不求软件各种操作方法的面面俱到，但求通用常用、简洁精炼，关注设计思维的训练，在软件使用中关注设计的相关理论。

本书适合作为高等院校平面设计、平面广告设计、图文设计、数码图片处理等课程的教材，也可以作为各类社会培训学校相关专业的教材，同时还供 Photoshop、Illustrator 初学者自学使用。

◆ 主　　编　李晓飞　朱　荣
副 主 编　肖月宁　陈　燕　贾成净　徐　琦
责任编辑　吴　婷
责任印制　沈　蓉　彭志环

◆ 人民邮电出版社出版发行　　北京市丰台区成寿寺路 11 号
邮编　100164　　电子邮件　315@ptpress.com.cn
网址　http://www.ptpress.com.cn
北京天宇星印刷厂印刷

◆ 开本：787×1092　1/16　　彩插：2
印张：19　　2016 年 8 月第 1 版
字数：460 千字　　2022 年 1 月北京第 9 次印刷

定价：46.00 元

读者服务热线：(010) 81055256　印装质量热线：(010) 81055316
反盗版热线：(010) 81055315

前言

平面设计是在二维空间中充分调用图形图像、文字、色彩等视觉元素，对其进行排列组合，以实现准确传达信息的手段。在当今的读图时代，广告、印刷、出版、教学、艺术等多个行业都需要平面设计的专门人才。本书以计算机为平面设计的工具平台，由浅入深讲解图形图像、文字的属性及特点，把图文的设计与编排做得美观实用。

特点

本书结合编者们十多年的教学经验，体现了学习的渐进过程，具有如下特点。

- 采用实例教学：在实例的选择与设计方面，注重其针对性和实用性。通过典型实例的学习与讲解，引导学生掌握软件的使用技术、方法和技巧，且每一个实例都与本节知识密切相关。在实例中把技术与艺术相结合，把设计理论和实践相结合。
- 立足设计理念：平面设计软件功能强大，操作命令丰富多样。本教材针对软件的使用不求大而全，但求少而精，以培养学生的创新思维。只要能完成设计主题，可以自行选择最合适的软件和操作技法。
- 重视分析思路：设计思路是制作的基础，每种效果可能有多种实现方法，殊途同归。本教材把设计实例中的思路列举出来，引导学生思考，培养解决问题的能力。
- 注重总结技巧：在实例的讲解中穿插了大量的提示和技巧，引起学生重视，少走弯路，融会贯通。
- 加强学习拓展：在每章后面附有课后练习，使读者及时回顾并应用本章的内容去完成设计主题。
- 语言通俗易懂：讲解清楚，前后呼应，用最少的文字、最易懂的语言讲解每一项操作和实例，使学习更轻松。
- 为便于学习，将本书配有的所有教材、效果图及源文件、字体文件包等学习材料全部放到百度云盘中，供读者进行下载，网址为http://pan.baidu.com/s/1skai9Wh。

本书主要讲述图形图像的数字化基础知识、Photoshop图像处理、Illustrator图形绘制、文字设计技法、图形图像编排的方式、图文的排版方式等内容，其中图像、文字要素的编辑、设计与编排是重点。参考学时为40～56学时，建议采用理论实践一体化教学模式，使学生多观察、勤思考、多模仿，最终走向创新。各教学内容板块的参考学时见学时分配表。

学时分配表

分　类	课 程 内 容	学　时
基础知识	图形图像数字化的基础知识	2～4
图形图像设计	利用 Photoshop 设计并处理图像	10～12
	数码照片修改调色专题	2～4
	利用 Illustrator 设计并绘制图形	6～8
	图形图像的分类与应用	2～4

续表

分　类	课 程 内 容	学　时
文字设计	文字的设计	6~8
抽象图形设计	点线面等抽象元素的应用	4~6
综合实践	综合设计实践	8~10
学时总计		40~56

教学建议

对于初学者，学习上篇的时候建议从第 1 章开始，按顺序进行。对于具备 Photoshop 相关基础知识的读者也可以跳跃式学习。在学习的任意阶段都可以浏览中篇的理论知识。下篇是设计实践，用作最后阶段的综合训练。

致谢

本书由李晓飞和朱荣主编，肖月宁、陈燕、贾成净、徐琦任副主编。李晓飞负责第 2、4、7、8、11、12、13、14 章的编写，朱荣负责第 1、6 章的编写，肖月宁负责第 10 章的编写，陈燕负责第 9 章的编写，贾成净负责第 3 章的编写、徐琦负责第 5 章的编写，最后由李晓飞、朱荣、肖月宁统稿。感谢王永、李艳梅等老师提供的照片及各年级同学的作业，感谢姜乐萱、王晨阳、李清蕊等小朋友作为照片拍摄模特，特别感谢姜乐萱手绘的漫画、国画等素材。中篇理论部分涉及网络下载的各种图片实例，在此向诸位网友和原作者表示衷心感谢。

说明

由于编者知识背景和编写经验有限，虽然倾注了大量心血，但书中难免有欠妥和错误之处，恳请各位读者和专家批评指正。本书的出版终于可以将我们多年来从教学和交流中得到的一点点经验与大家分享，但愿能为大家提供一点帮助！

编　者

2016 年 1 月于日照

目录
CONTENTS

上篇　软件技术应用

中篇　平面设计的基础理论

下篇 平面设计的综合实践

上　篇

软件技术应用

Photoshop+Illustrator

1 Chapter

第 1 章 图形图像数字化的基础知识

学习目标

- 掌握位图与矢量图的特点与应用。
- 掌握不同的分辨率的概念，了解常用的输出设备的分辨率。
- 掌握常见的色彩模式的特点和用途。
- 掌握常见的图像文件格式的特点和用途。
- 了解常用的平面设计软件。

当我们阅读报纸杂志的时候，当我们浏览网页的时候，当我们逛街购物的时候，我们会发现生活已经被各种各样的平面设计作品包围了。报纸、杂志、网页、海报、传单、包装、墙体、站牌等媒介上的精美画面在吸引着我们的目光，也让我们体会到图像在信息传达方面的快速、高效和感染力。要掌握这些图片的设计与制作，不仅需要掌握平面设计的基本知识，还要掌握常用软件的功能操作，而其中图形图像数字化的相关概念和理论是作图的基础。如果掌握了这些知识，则能够运用软件制作出满足需要的作品，否则会事倍功半。

1.1 计算机中图形图像的分类

从图形图像的生成、显示、处理、存储的数据运算机制角度，我们将图形图像常分成位图和矢量图，它们各有自己的特点和用途。

1.1.1　位图的定义与特点

位图也叫点阵图、光栅图、像素图，是由许多像素组合而成的。其中每个像素的颜色属性用一组二进制数值来表示，所有的像素构成一个二维矩阵。像素有两种属性，一是像素具有特定的位置，二是像素具有可以用“位”来度量的颜色深度。当放大位图时，可以看见赖以构成整个图像的无数单个方块，它们以行和列的方式排列，如图 1-1 所示，把左图放大之后，可以出现右图的结果，可以看到锯齿状的边缘和块状结构的过渡，每个“像素”都是一个正方形的色块。事实上，“像素”是一个纯理论的概念，它没有形状也没有尺寸，看不见摸不着，只存在于理论计算中。常用的位图处理软件有 Adobe Photoshop、Corel Painter 以及美图秀秀、光影魔术手等软件，不同的软件各有其功能优势。简单来说，Adobe 公司 Photoshop 的优势在于图像编辑、图像合成、校色调色；Corel 公司 Painter 软件的优势是绘图，它能够给使用者全新的数字化绘图体验，更接近手工素描、绘画的表现；而美图秀秀、光影魔术手等都是方便快捷的小工具，能够利用集成的命令快速高效地一键改变图片的大小、特效等。

图 1-1　位图示例

在处理位图图像时，所编辑的是像素而不是对象或形状，它的大小和质量取决于图像中像素点的多少。每平方英寸中所含像素越多，图像越清晰，颜色之间的混合也越平滑。计算机存储位图图像，实际上是存储图像的各个像素的位置和颜色等信息，所以图像越清晰，像素越多，相应的存储容量也越大。

位图的每个像素都有颜色值，适合表现比较细致、层次和色彩比较丰富、包含大量细节的图像，比如人像图、风景图等。我们用数码相机拍摄的照片都是位图。每个像素的颜色要有一定的数据量，占据的存储空间较大，不适宜进行随意更改大小，如图 1-2 所示，原始图片非常小，放大很多倍之后，也是看不清楚的。同理，大图也不能随意缩小，如图 1-3 所示，大图是计算机的桌面，呈现了很多小文字，包含细节，缩小之后图片就看不清了。如果大图中没有丰富的细节，把大图缩小，还具有一定的可视性，可以为人们所接受。

特别提示

网页设计、课件设计等都是基于显示器屏幕的输出，其中采用的图片大多是位图，尺寸以像素作单位。单位像素大小与图像的色彩模式有关。例如最常用的 RGB 模式中 1 个像素点等于 3 个字节，CMYK 模式中 1 个像素点等于 4 个字节，而灰阶模式和点阵模式 1 个像素点是 1 个字节。

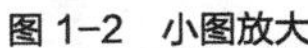

图 1-2 小图放大

图 1-3 大图缩小

1.1.2 矢量图的定义与特点

矢量图是用一系列计算机指令集合的形式来描述或处理一幅图，描述的对象包括一幅图中所包含的各图元的位置、颜色、大小、形状、轮廓、曲面、光照、阴影、材质等。图元由各种直线、曲线、面以及色彩构成。处理矢量图常用的软件有 Adobe Illustrator，CorelDraw 等。

矢量图将每个图元作为单独的个体处理，很容易进行目标图元的移动、旋转、缩小、放大、复制、调整颜色、改变属性等操作，适用于创建单个对象的图例和几何造型。矢量图与分辨率无关，是计算生成的。由于矢量图形把线段、形状及文本定义为数学方程，它们就可以自动适应输出设备的最大分辨率，因此显示精度高，操作的灵活性大，任意放大、缩小都会保持原有的清晰度和光滑度，通常用来设计线框形图案、商标、标志等特别适合用数学运算表示的作品。如图 1-4 所示，右边的荷花是根据左侧的荷花照片描绘而成的矢量图，线条和颜色都比较简单。图 1-5 是矢量风景图，线条简洁，颜色较少。

图 1-4 荷花位图和矢量图

图 1-5 矢量风景图

在矢量图形中，文件大小取决于图形中所包含对象的数量和复杂程度。虽然矢量图的数据量比较小，且能任意放大缩小，但矢量图并不是在任何情况下都能适用。对于由无规律的像素点组成的图像（风景图、人像图等），难以用数学形式表达，则不宜使用矢量图格式。矢量图也不容易制作色彩丰富的图像，绘制的图像不够真实。比如苍翠葱茏的草坪，最好用位图，成千上万根小草如果用矢量图元来体现的话会大大增加矢量图的数据量。即便用矢量图来表现草坪，也是用线条简单的勾勒。因此，如果图像的线条、颜色、过渡都比较简单，就可以采用矢量图。通常我们所说的“图像”往往指的是位图，而“图形”往往指的是矢量图。

1.2 分辨率的设置

分辨率是图像处理中的重要术语，它指一个图像文件中包含的细节和信息的大小，以及输入、输出或显示设备能够产生的细节程度，它是衡量图像细节表现能力的技术参数。

1.2.1 图像的分辨率

图像分辨率是位图所特有的。为了更好地对位图图像中像素的位置进行量化，图像的分辨率便成了重要的度量手段，通常用 PPI（pixels per inch）来衡量，即每英寸长度范围内所包含的像素点的多少。可以想象，在输出尺寸一定的情况下，分辨率越高，单位长度上的像素数越多，图像越清晰。在分辨率一定的情况下，假如知道图像的尺寸，就可以精确算出图像中具有多少像素。图像分辨率决定了图像输出的质量，图像分辨率和图像尺寸（宽和高）的值一起决定了文件的大小，且该值越大图像文件所占用的磁盘空间也就越多，在处理的过程中所需要的内存也越大，如图 1-6 所示，宽度的像素数=宽度的英寸数×分辨率，即 1181=3.937×300，高度的像素数采用同样的方法来计算。因此，我们要明确了解图像的尺寸、图像的分辨率、图像文件大小三者之间的密切关系。

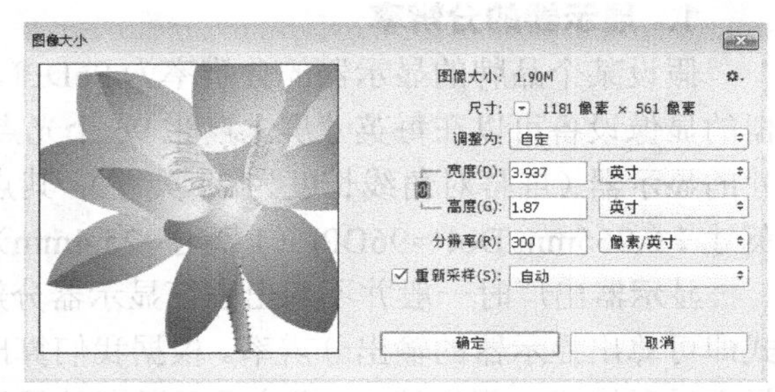

图 1-6 图像的像素、分辨率和尺寸

无论是新建文件，还是编辑处理现有的文件，都需要考虑分辨率的设置。不同品质的图像、不同的输出需求，图像的分辨率也要设置恰当，这样才能最经济有效地制作出作品。那如何恰当地设计图像的分辨率呢？通常，为了使输出的图像显得清晰，要使得图像的分辨率等于输出设备的分辨率。下面讲述常用的分辨率设置。

1.2.2 屏幕显示分辨率

屏幕显示分辨率是确定计算机屏幕上显示多少像素的设置，以水平和垂直像素数值来衡量。因为每一款显示器硬件的尺寸是固定的，屏幕显示分辨率低时（例如 800×600 像素），在屏幕上显示的像素少，但各图标、文字的尺寸就比较大；屏幕分辨率高时（例如 1600×1200 像素），在屏幕上显示的像素多，但图标、文字等尺寸比较小。比如同一款 19 英寸的显示器的屏幕，可以设置为 1280×800，也可以设置为 800×600。屏幕显示分辨率的修改，可以在桌面的空白区域单击右键，在出现的快捷菜单中选择“屏幕分辨率”命令，在出现的如图 1-7 所示的对话框中修改分辨率的设置。

图 1-7　设置屏幕分辨率

1.2.3　输出设备的分辨率

设备分辨率又称输出分辨率，指的是各类输出设备每英寸上可产生的点数，如显示器、喷墨打印机、激光打印机、数码冲印机的分辨率。这种分辨率通过 DPI（dots per inch）来衡量，PC 显示器的设备分辨率在 60～120DPI 之间，打印设备的分辨率在 360～2400DPI。

1. 显示器的分辨率

假设某个品牌的显示器的分辨率为 96DPI，则这是指在显示器的有效显示范围内，显示器的显像设备可以在每英寸屏上产生 96 个光点，D 指的是光点。举个例子来说，一台 23 英寸的显示器（屏幕对角线长度为 23 英寸），其点距为 0.265mm，那么显示器分辨率=25.4mm/英寸÷0.265mm/Dot≈96DPI（1 英寸=25.4mm）。

显示器出厂时一般并不标出表征显示器分辨率的 DPI 值，只给出点距，我们根据上述公式即可算出显示器的输出分辨率。根据我们算出的 DPI 值，进而可以推算出显示器可支持的最高显示模式。假设该 23 英寸显示器有效显示范围的对角线长度为 23 英寸，因显示器的水平方向和垂直方向的显示比例为 16:9，故可设有效显示范围水平宽度为 16X 英寸，垂直高度为 9X 英寸，根据数学上的勾股定理，可得 X≈1.2529 英寸。所以有效显示范围宽度为 1.2529×16≈20 英寸，垂直高度为 1.2529×9≈11.27 英寸。相应地可以算出宽度值为 20×96=1920，高度值为 11.27×96≈1080，于是 1920×1080 就是该显示器最高的屏幕分辨率。反过来，如果知道了显示器最高的屏幕分辨率以及宽度值，则可以计算出显示器的输出分辨率，例如 1920÷20（英寸）=96。

Windows 7 系统默认的显示器输出分辨率是 96DPI，如图 1-8 所示，利用【控制面板】|【个性化】|【显示】|【自定义文本大小】命令，可以打开“自定义 DPI 设置”对话框，单击并拖动，可以设置自定义文本大小。

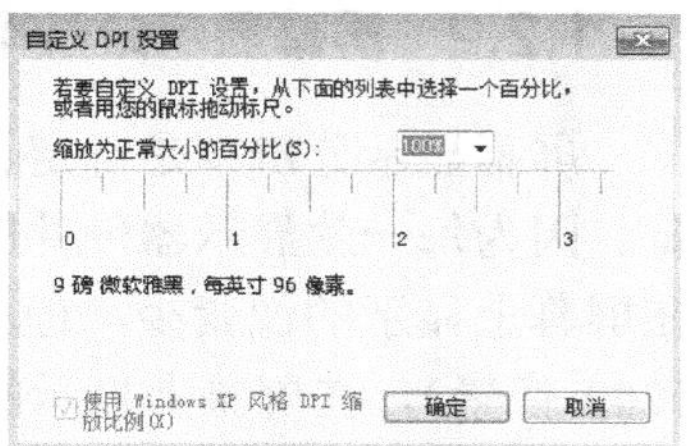

图 1-8　显示器的输出分辨率设置

2. 打印设备的输出分辨率

打印设备的类型很多，原理也不一样，有喷墨打印、激光打印、热敏打印、热升华打印等，比如说，热升华照片打印机分辨率只有 300DPI 但是打印效果看起来比 2400DPI 的彩喷还要好。这里的 D，即 Dot，指的是色点。

对于数码冲印、热升华打印、热敏打印三种方式输出的数码图片而言，这一个“色点”就是激光或打印头扫描定位的一个点。这个点有一种真实的颜色，这个颜色是青、品、黄三种颜色按照适当的比例混合出来的，这个点取名“色点”，如图 1-9 所示，色点 1 的颜色取值是 C=95，M=73，Y=26，K=9。我们已经知道了这个像素点的色值，希望在输出过程中能够真实还原这个点的颜色，以得到最好的图片效果，如图 1-9 所示，当原始数字图片的“像素点”与输出设备的“色点”相吻合即 PPI=DPI 的时候，一个像素对应一个色点，图像输出最清晰。当前数码冲印设备的分辨率通常在 300DPI，所以图像的分辨率也要设置为 300PPI，冲印效果最清晰。

喷墨打印机的 DPI 是完全另外一个概念。比如喷墨打印机的分辨率是 2400DPI，是指墨点的直径小到 1/2400 英寸，也就是说可以在一英寸的长度上排列 2400 个墨点，这个墨点不对应像素的颜色，而是 CMYK 中的一种墨水的颜色。喷墨打印机在表现同一个颜色的浓淡时，并不能像激光数码输出那样通过激光的强弱直接生成浓淡不同的特定颜色，而是通过墨点的多少来体现，如图 1-10 所示，需要浓的颜色，就多喷几个墨点，需要淡的颜色就少喷几个墨点。在其他颜色时，比如在表现图 1-9 中的蓝色时（C=95，M=73，Y=26，K=9），喷墨打印机并不能合成这样的一种颜色，而是通过大量不同颜色的墨点来组合表现，如图 1-11 所示，这种组合也是基于 CMYK 色系，主要利用青、品、黄三色来合成其他各种色彩，用黑墨辅助调和明暗以及打印纯黑色。所以喷墨打印机的打印分辨率都比较大。

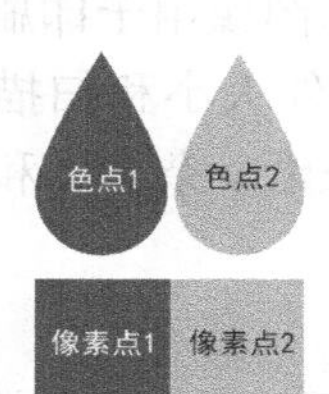

图 1-9　图像分辨率等于输出设备分辨率

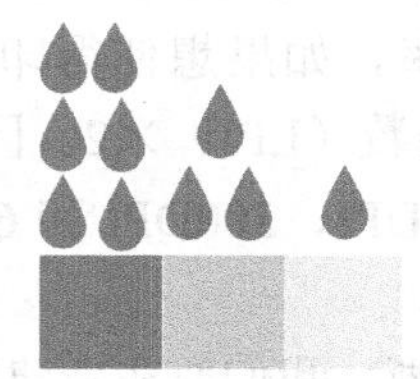
图 1-10　喷墨打印的颜色浓淡

图 1-11　喷墨打印某个颜色

3. 扫描仪分辨率

扫描仪本身有一个分辨率指标，这要从三个方面来确定：光学部分、硬件部分和软件部分，也就是说扫描仪的分辨率等于其光学部件的分辨率加上其自身通过硬件及软件进行处理分析所得到的分辨率。光学分辨率是扫描仪的光学部件在每平方英寸面积内所能捕捉到的实际的光点数，是指扫描仪 CCD 的物理分辨率，也是扫描仪的真实分辨率，它的数值是由 CCD 的像素点除以扫描仪水平最大可扫尺寸得到的数值。分辨率为 1200DPI 的扫描仪，其光学部分的分辨率只占 400～600DPI。扩充部分的分辨率（由硬件和软件所生成的）是通过计算机对图像进行分析、对空白部分进行科学填充所产生的（这一过程也叫插值处理）。光学扫描与输出是一对一的，扫描到什么输出的就是什么。经过计算机软硬件处理之后，输出的图像就会变得更逼真，分辨率会更高。目前市面上出售的扫描仪大都具有对分辨率的软、硬件扩充功能。有的扫描仪广告上只写 9600×9600DPI，这只是通过软件插值得到的最大分辨率，并不是扫描仪真正的光学分辨率。

在使用扫描仪的时候，扫描分辨率要怎么设置呢？这个分辨率的设置与扫描图片的用途有密切的关系。例如，要扫描一张5英寸的老照片，该用多大的分辨率扫描呢？如果想扫描以后重新数码冲印5英寸照片，即图像的分辨率要设置在300PPI，则要设置300DPI的扫描分辨率。如果想冲印10英寸照片，即尺寸变为原来的2倍，则要设置600DPI的扫描分辨率。所以，扫描分辨率的设置公式如下：

扫描分辨率=放大倍数N×图像输出设备的分辨率

设想一下，如果想扫描图片制作课件，且比原图放大一倍，则扫描的分辨率应该是多少？制作课件是基于显示器的输出，显示器的分辨率是 96DPI，所以，扫描分辨率是 2×96=192DPI。

通常在扫描的时候可以采用稍大一点的分辨率，建议最低300PPI，得到数字图像以后可以采用Photoshop等软件调整大小。当然也不能太大，扫描分辨率设置的数值越大，则扫描速度越慢。

4. 印刷分辨率

印刷分辨率是指将数码图像进行大量印刷时，印刷制图所选用的分辨率，即指在单位长度上具有的印刷线数。印刷分辨率的单位是LPI（line per inch），即“线/英寸”，意思是在每英寸长度上有多少条印刷线。印刷线是由像素组成的，但又不是一个像素点对应一条印刷线，所以印刷分辨率不等于图像的分辨率，二者的关系是：1LPI=（1.5～2）PPI，即为了获得某一数量的印刷分辨率，需要1.5倍到2倍的图像分辨率来提供。比如，准备用150LPI的印刷分辨率进行图片印刷时，事先设定的图像分辨率应当选225～300PPI才行。

不同媒介的印刷分辨率也是不同的，例如普通报纸大约85LPI，彩色杂志大约150LPI，美术画册、精美的艺术书籍则可能用到300LPI，相应的报纸、色彩杂志、美术画册和精美画册中图像的分辨率就要设置为170PPI、300PPI、600PPI。在扫描图像用于印刷时，也需要根据印刷的精度要求确定扫描分辨率。如果想使得印刷输出的文件大小和扫描原稿大小一致，则扫描分辨率等于印刷输出的线数（LPI）×2。因此，用于报纸、杂志、和艺术画册印刷时的最佳扫描分辨率分别应为170DPI、300DPI和600DPI。

5. 分辨率总结

为了确保数字图片输出的效果清晰，我们要在新建或者编辑位图的时候设置恰当的图像分辨率，这个图像的分辨率PPI要等于输出设备的分辨率DPI。见表1-1常用设备的输出分辨率。

表1-1 常用设备的输出分辨率

设备	用途	输出的分辨率	相应的图像分辨率
计算机显示器	网页图片、动画素材等	72/96/精确计算DPI	72/96/精确计算PPI
数码冲印设备	冲印照片、小型海报	300DPI	300PPI
写真机	制作海报等	200DPI以上	200PPI
印刷机	印报纸	85LPI	170PPI
	印杂志、画册、宣传单等	150LPI	300PPI
	印精美杂志、画册等	300LPI	600PPI

这是常用的一些分辨率的设置。其实图像最终的输出效果与很多因素有关，比如图像本身的内容，采用的输出介质的质量等。例如用来写真的图片中只有空旷的蓝天或大海，那么图片在设计时采用稍低的图像分辨率也不会极大影响输出质量。如果图片中是很小的文字或者五颜六色的细细的线条，则分辨率稍低就会显得很模糊。

1.3 色彩模式

色彩模式即色彩的表达形式。一定的颜色对应着计算机里一定的数值，这种对应关系就是色彩模式。

1.3.1 RGB 模式

RGB 模式是基于显示器原理形成的色彩模式。RGB 色彩就是常说的三原色，R 代表 Red（红色），G 代表 Green（绿色），B 代表 Blue（蓝色）。之所以称为三原色，是因为电脑屏幕上的所有颜色，都是由这三种色光按照不同的比例混合而成的。屏幕上的任何一个颜色都可以由一组 RGB 值来记录和表达，色光叠加在一起，亮度越来越强，因此也称为加色模式。每个像素颜色由三个字节表示，计算机定义颜色时 R、G、B 三种成分的取值范围是 0～255，0 表示没有刺激量，255 表示刺激量达最大值，可以表示 256×256×256 种颜色。R、G、B 均为 255 时就合成了白光，R、G、B 均为 0 时就形成了黑色。

按照计算，256 级的 RGB 色彩总共能组合出约 1678 万种色彩，即 256×256×256＝16777216。通常也被简称为 1670 万色，也称为 24 位色（2 的 24 次方）。在 Photoshop 中新建文件时，可以看到颜色模式后面有“位”数值的选择，最开始只有 8 位，Photoshop CC 版本支持 16 位和 32 位通道色，如图 1-12 所示，这就意味着可以显示更多的色彩数（即 48 位色和 96 位色）。但是由于人眼所能分辨的色彩数量还达不到 24 位的 1670 万色，所以更高的色彩数量在人眼看来并没有区别。

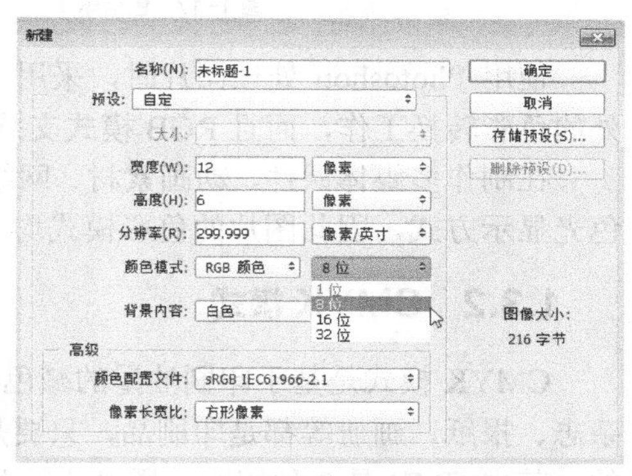

图 1-12　Photoshop 新建文件对话框

最常见的颜色及其 RGB 值见表 1-2。

表 1-2　常见颜色及其 RGB 值

颜色	RGB 值	颜色	RGB 值
黑色	R=0 G=0 B=0	白色	R=255 G=255 B=255
纯红	R=255 G=0 B=0	纯绿	R=0 G=255 B=0
纯蓝	R=0 G=0 B=255	纯黄	R=255 G=255 B=0

纯黑色是因为屏幕上没有任何色光存在，RGB 三种色光都没有发光，所以屏幕上纯黑色的 RGB 值都是 0。我们调整相应滑块或直接输入数字，会看到色块变成了黑色，如图 1-13 所示。而纯白色正相反，是 RGB 三种色光都发到最强的亮度，所以纯白的 RGB 值都是 255，如图 1-14 所示。纯红色，意味着只有红色光存在且亮度最强，绿色和蓝色都不发光。因此纯红色的数值是 255，0，0，如图 1-15 所示。同样的道理可以得到纯绿色和纯蓝色的数值。

纯黄色取值如图 1-16 所示。针对黄色来说，RGB 中并没有包含黄色。根据如图 1-17 所示的色相环，位于 180 度夹角的两种颜色（也就是圆的某条直径两端的颜色），称为反转色或互补色。互补的两种颜色之间是此消彼长的关系。例如从中心原点开始，往蓝色移动就会远离黄色，如果接近黄色同时就远离蓝色。或者看图 1-18 所示，三色光的叠加可以生成黄色、品红、青色。

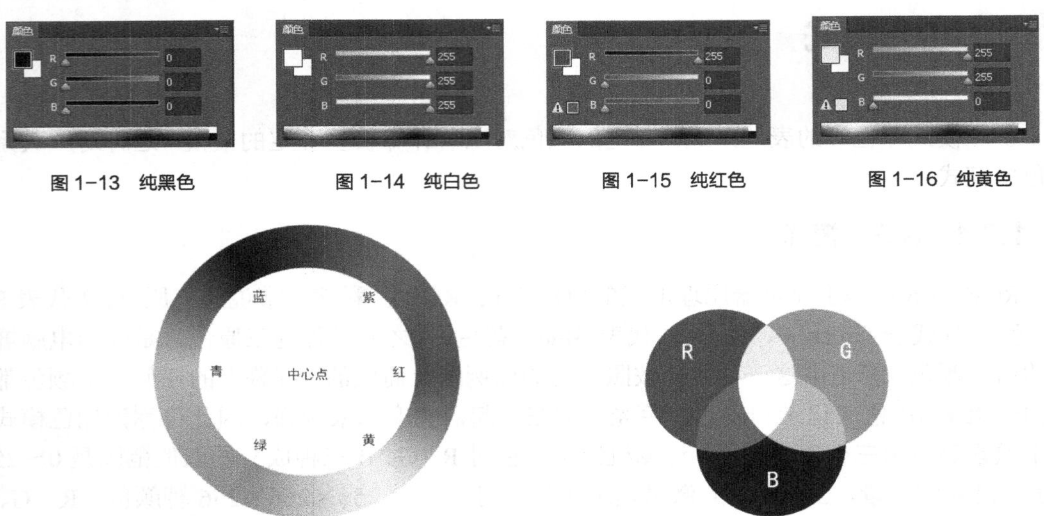

图 1-13　纯黑色　　图 1-14　纯白色　　图 1-15　纯红色　　图 1-16　纯黄色

图 1-17　色相环　　图 1-18　三原色的叠加

使用 Photoshop 处理图片时，采用 RGB 模式的操作速度最快，因为电脑不需要处理额外的色彩转换工作，而且 RGB 模式支持 Photoshop 的所有命令。

在制作多媒体课件、动画素材、网络图片时，这些图片均基于显示器屏幕的输出，均为色光显示方式，因此图片的色彩模式均可使用 RGB 模式。

1.3.2　CMYK 模式

CMYK 模式是基于印刷油墨的减色色彩模式，是印刷出版界最常用的模式。比如期刊、杂志、报纸、画册等都是印刷品，只要是在印刷品上看到的图像，就是用 CMYK 模式表现的。其中 CMY 是 3 种印刷油墨名称的首字母：青色 Cyan、洋红色 Magenta、黄色 Yellow。而 K 取的是 Black 的最后一个字母，之所以不取首字母，是为了避免与蓝色（Blue）混淆。

RGB 模式是加色模式，是屏幕显示模式，采用光的透射原理，即便在黑暗的空间里也能看到发光的屏幕。而 CMYK 模式是减色模式，人们依靠印刷介质对光的反射来看到颜色，在黑暗的房间里是没办法阅读报纸杂志的。所谓减色模式，就是两种油墨混合在一起，越混合就越暗。CMY 以白色为底色，即 CMY 均为 0 是白色，均为 100%是黑色。但在实际应用时，由于油墨的纯度等问题这样得不到纯正的黑色，因此引入 K，即黑色。每一种色彩都有 0%～100%的浓淡变化，共 100×100×100 种颜色。

Photoshop CC 版本中，CMYK 模式有 8 位和 16 位两种位深度，与 RGB 模式相比，颜色种类要少很多。我们可以想象一下，RGB 是色光的混合，那些特别明亮耀眼的颜色是很难用油墨表现出来的。比如 RGB 模式中的纯红、纯绿、纯蓝都是无法印刷的颜色，如图 1-19 所示，当在拾色器中选择一种亮度较高的颜色时，取色

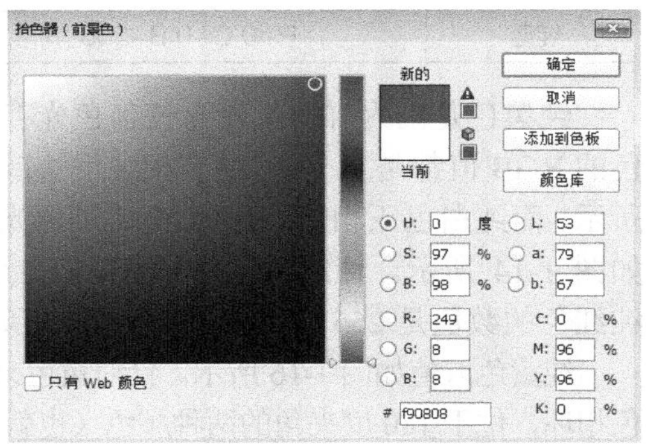

图 1-19　拾色器中的“溢出”警告

框中会出现“颜色溢出”警告标志▲，表示这个颜色已经超出了印刷色域，如果使用这个颜色，则在印刷时会用下方的颜色加以替换。因此挑选颜色的时候，不要选特别浓艳耀眼的颜色。

1.3.3 HSB 模式

前面所说的 RGB 模式和 CMYK 模式是最重要和最基础的颜色模式。其他的颜色模式，实际上在显示的时候都需要转换为 RGB，在打印或印刷的时候都需要转为 CMYK。虽然如此，但这两种色彩模式都比较抽象，都是计算机对颜色的认知，不符合我们对色彩的习惯性描述。如果我们去选择或者识别某种颜色，往往不会想这种颜色的 RGB 值是多少，CMYK 值是多少，我们考虑的是颜色的种类、纯度和亮度。比如是红色还是绿色？是深红还是浅红？是亮红还是暗红？这种模式就是 HSB 模式，这是人眼对颜色的识别方式。

（1）色相 H（hue）。色彩的相貌，简称色相，也叫色彩的种类，例如赤、橙、黄、绿、青、蓝、紫等。在 0～360° 的标准色环上，每种颜色对应着相应的角度值，这个角度值就是色相值。常见颜色的 H 值如表 1-3 所示。

表 1-3　常见颜色的色相值

颜色	红	橙	黄	绿	青	蓝	紫红
H 值（度）	0	30	60	120	180	240	300

（2）饱和度 S（saturation）。是指颜色的强度或纯度。饱和度表示色相中彩色成分所占的比例，用从 0%（灰色）～100%（完全饱和）的百分比来度量。

（3）亮度 B（brightness）。是颜色的明暗程度，通常是从 0%（黑）～100%（白）的百分比来度量的。

假如我们想选择一种樱桃红色，则 H 值要在 300 以上，在紫色和红色之间，此处取值为是 344；饱和度取 49%，不浓不淡；亮度取值 93%，比较明亮的颜色，效果如图 1-20 所示，拖拉滑块，可以得到相应的数值。除了使用【颜色】面板，我们可以采用 Photoshop 的“拾色器”来设置颜色，如图 1-21 所示，在色带右侧上下拖动滑块可以调整 H 值，选中了 H=344 之后，左侧出现一个二维平面，饱和度 S 是水平轴，亮度 B 是垂直轴。在这个平面中从左往右颜色越来越浓，从下往上颜色越来越亮。采用取色的小圆圈在二维平面中选择自己想要的颜色即可。HSB 模式取色最为直观和方便。

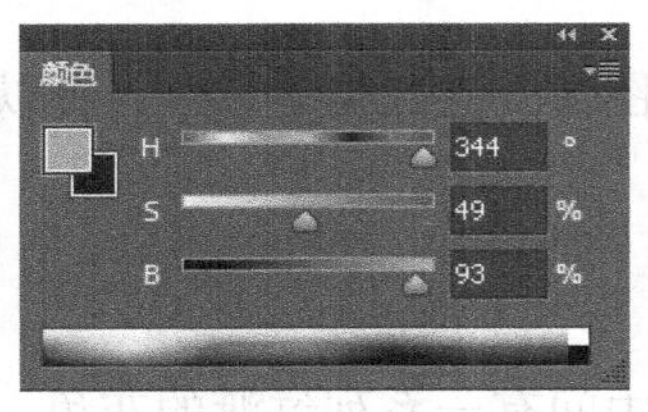

图 1-20　HSB 颜色的调整

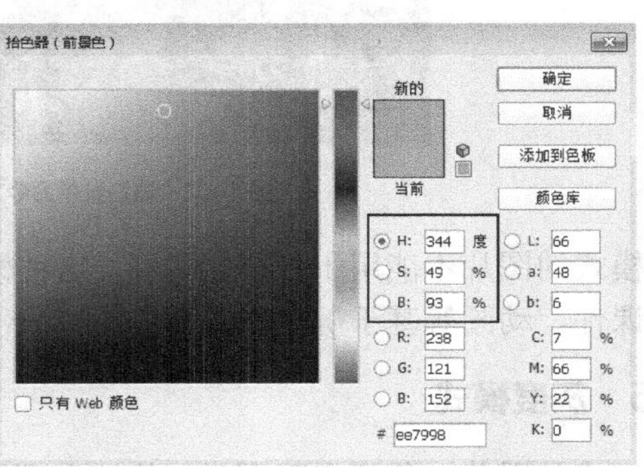

图 1-21　拾色器中的 HSB 设置

1.3.4 索引模式

索引颜色模式采用一个颜色表存放并索引图像中的颜色，最多使用 256 种颜色。当图像转换为索引颜色时，Photoshop 将构建一个颜色查找表，用以存放并索引图像中的颜色。颜色表可在转换的过程中定义或在生成索引图像后修改。如果原图像中的某种颜色没有出现在该表中，则程序将选取现有颜色中最接近的一种，或使用现有颜色模拟该颜色。它只支持单通道图像（8 位/像素），这样可以减小图像文件的尺寸。

图 1-22 右图是转换成的索引模式。图中可以看出，颜色出现了颗粒。

图 1–22 RGB 模式转换成索引模式

如果在 Photoshop 中编辑索引模式的图片文件，那么打开【编辑】、【图层】、【滤镜】等菜单后，会发现仅能使用有限的编辑功能，如图 1-23 所示，【滤镜】命令全部变灰，不能使用。如需进行有效的编辑，就应该先暂时转换到 RGB 模式（RGB 模式支持所有的命令）。索引模式文件可以储存成 Photoshop、BMP、GIF、Photoshop EPS、PNG 或 TIFF 等格式。

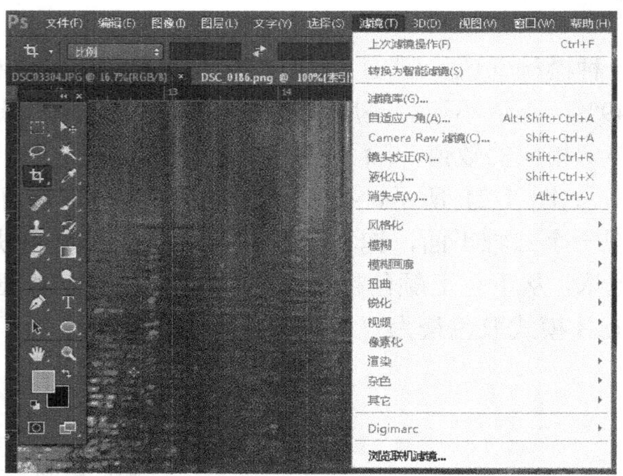

图 1–23 滤镜菜单命令不支持索引模式

索引模式的图片不能用于打印、印刷，这种模式的图像文件数据量较小，可以用于网页浏览或者课件、动画等基于屏幕的输出。

1.3.5 灰度模式

灰度模式是用单一色调表现图像，从纯白到纯黑，中间有一系列过渡的灰色，一共可表现 256 阶（色阶）的灰色调（含黑和白），也就是 256 种明度的灰色。灰度的通常表示方法是百分比，范围从 0%到 100%。注意这个百分比是以纯黑为基准的百分比。与 RGB 正好相反，百分比越高颜色越偏黑，百分比越低颜色越偏白。灰度最高相当于最高的黑，就是纯黑，灰度最低相当于最低的黑，那就是纯白，如图 1-24 所示。

我们平时所说的黑白照片，实际上应该称为灰度照片才确切，效果如图 1-25 所示。

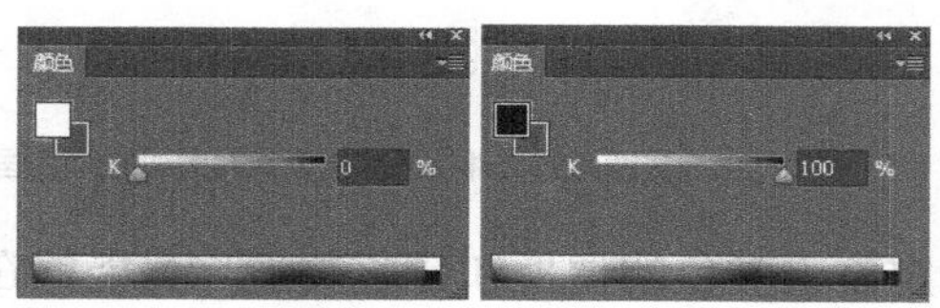

图 1-24　灰度模式中的纯白和纯黑

图 1-25　灰度模式的图片

在灰度模式中，一个像素的颜色用 8 位来表示，最多 256 种颜色，因此文件所占的数据量较少，占据较小的存储空间。如果是用扫描仪扫描灰度图片，则在扫描设置里选择灰度扫描即可（无需选择默认的 RGB 模式），这样会得到灰度模式的图片文件，而且会加快扫描的速度。

灰度模式的图像不能添加彩色，即便在拾色器中选择了彩色，在编辑图像时，呈现的也是相应的灰度值。如果我们要针对灰度图输入彩色文字或者部分添加彩色，则需要把灰度模式再次转为 RGB 模式。

1.3.6　位图模式

位图模式的“位”就是 bit，即使用黑白两种颜色中的一种表示图像中的像素，只有黑白两色。位图模式的图像也叫做黑白图像，如图 1-26 所示，它包含的信息最少，因而图像也最小。要把 RGB 模式的图像转变为位图模式，则需要先转换成灰度模式，然后再次转换为位图模式。

我们可以打开一张 RGB 格式的图像文件，转换成灰度模式，另存；再转换成位图模式，另存，比较这三个文件所占磁盘空间的大小。

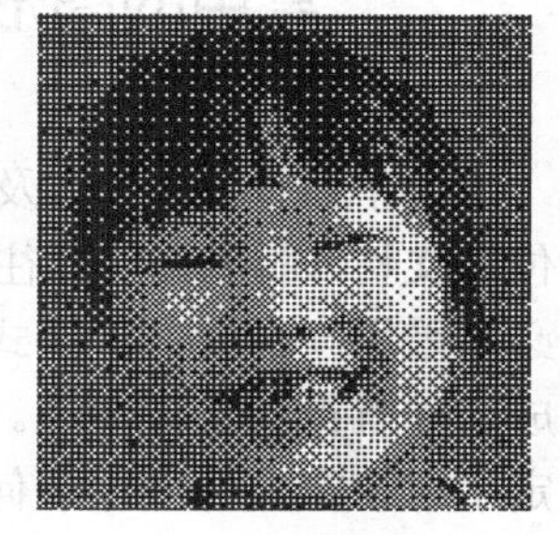

图 1-26　位图模式的图片

1.3.7　色彩模式之间的相互转换

面对不同的设计需要，我们可以将图像从一种色彩模式转换成另一种色彩模式。当转变模式时，原来色彩模式中的颜色值将被调整到新颜色模式的色域中，这将永久更改图像的颜色值，因此转变之前要做好原有文件的备份。

在 Photoshop 中，可以通过菜单命令【图像】|【模式】命令来转换色彩模式，如图 1-27 所示。

例如在 Photoshop 中，在准备印刷或者打印图像时，应使用 CMYK 模式。最初图像的编辑处理可以采用 RGB 模式，因为这种模式能够使用所有的 Photoshop 命令。但如果以 RGB

模式输出图片直接打印，印刷品实际颜色将与 RGB 预览颜色有较大差异。因此 RGB 模式的图像设计完成之后，要再转换为 CMYK 模式。转换的时候，会出现 1-28 所示的对话框，建议选择“不拼合”，这样可以再次修改颜色以满足设计需要。

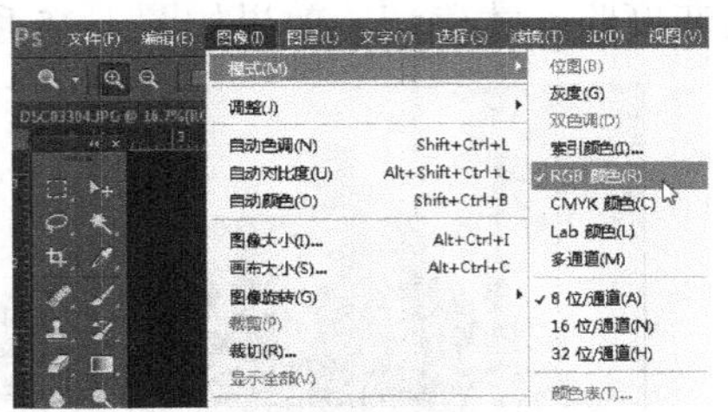

图 1-27 色彩模式的转换

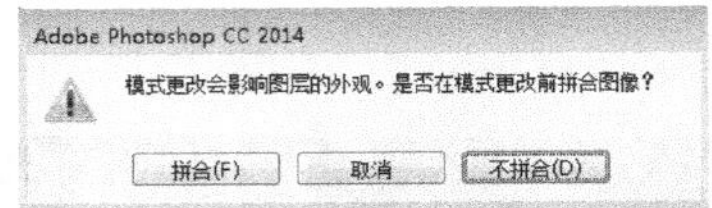

图 1-28 多图层的文件转换颜色模式时出现的对话框

当把 RGB 模式转变为索引模式时，要指定索引颜色的调板和颜色数量，并能够在“颜色表”中查看或修改这些颜色值，如图 1-29 所示。

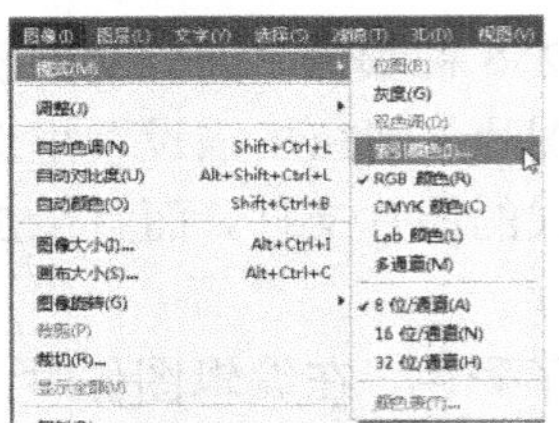
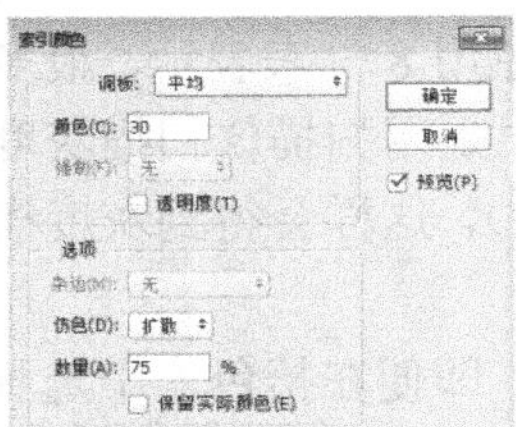
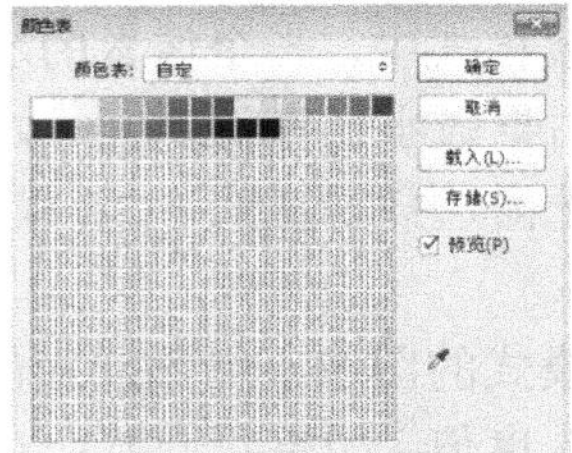

图 1-29 RGB 模式转换为索引模式

1.4 常用的图形图像文件格式

在平面设计中，涉及到不同软件和多种多样的图形图像文件格式。图像文件往往指的是位图文件，图形文件往往指的是矢量图文件。计算机对数字化的图像进行存储、处理、传播，必须采用一定的文件格式，也就是把像素按照一定的方式进行组织和存储，把图像数据存储成文件就得到图像文件。图形图像文件格式是记录和存储图形图像信息的格式。文件格式决定了应该在文件中存放何种类型的信息，文件如何与各种应用软件兼容，文件如何与其他文件交换数据。图形图像格式多得数不胜数，每一种图形图像文件格式通常会有一种扩展名加以区分和识别。在此列举并讲解最常用的一些文件格式，如图像文件格式 PSD、JPG、GIF、PNG、TIF、BMP 等，矢量图形文件格式 AI、CDR、WMF、EPS、PDF 等。

1.4.1 PSD 格式

PSD 格式是 Photoshop 软件的源文件格式。这种格式能够存储图片设计过程中所有的图层、通道、参考线、注解和颜色模式等信息。在保存图像时，若图像中包含有多个层，则一般都用 PSD 格式保存。这是设计的源图，以后可以进一步编辑修改，如图 1-30 所示，这个 PSD 图包含十几个图层，既能看到图片的最终效果，又能方便修改。PSD 格式在保存时会将文件压缩，以减少占用磁盘空间，但 PSD 格式所包含的图像数据信息较多（如图层、通道、剪辑路径、参考线等），因此比其他格式的图像文件还是要大得多。PSD 格式通用性较差，通常只能在 Adobe 的平台上使用，但不能在网上显示，也不能在大多数排版软件上使用。

图 1-30　PSD 格式的多图层与 JPG 格式的单图层

1.4.2　JPG 格式

JPG 格式是由联合照片专家组（Joint Photographic Experts Group）开发的，JPEG 文件的扩展名为.jpg 或.jpeg，采用 JPEG 国际标准对图像进行压缩存储，它用有损压缩方式去除冗余的图像和彩色数据，在获取得极高压缩率的同时能展现十分丰富细腻的图像。换句话说，就是可以用最少的磁盘空间得到较好的图像质量。同样尺寸的图片，JPG 格式的数据量最多是 PSD 格式的十分之一。但这种图像格式的显示方式比较慢，在网速较低的时候尤其突出。

JPG 格式是一种很灵活的格式，具有调节图像质量的功能，允许用不同的压缩比例对这种文件压缩，如图 1-31 所示，JPG 格式的图像品质从 0～12，如果要打印普通的数码照片或者写真等，要把图像品质设置为 12，即最佳品质。如果只是在屏幕上输出，比如用作网页素材、动画素材或者制作 PPT 课件，则 JPG 格式的品质设置为 9 就很清晰了。当然品质越高，图像文件的数据量就越大。

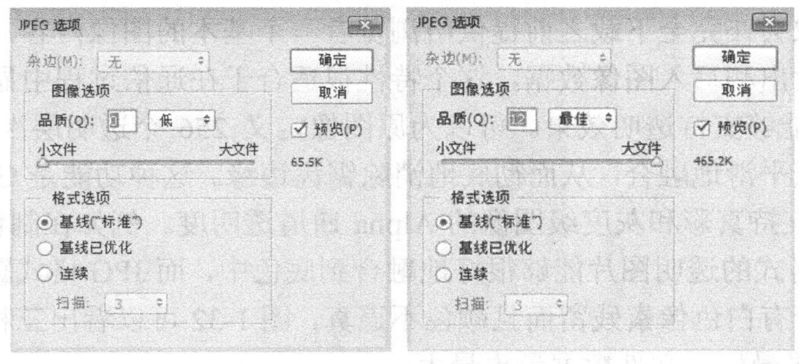

图 1-31　JPG 格式的图像选项

JPG 格式的应用非常广泛，特别是在网络和光盘读物上，特别适用于基于屏幕的输出。当前我们用数码相机或者手机拍的照片多数都是 JPG 格式的，如果不要求专业级的数码冲印，那么家用级别的数码照片冲印用 JPG 格式也能满足要求。由于 JPG 格式采用的是有损压缩，因此如果要对照片进行精美印刷，则不能采用这种格式。

1.4.3　GIF 格式

GIF 是英文 Graphics Interchange Format（图形交换格式）的缩写，它是由世界上最大的联机服务机构 Compu Serve 所开发的，目的是便于在不同的平台上进行图像的交流和传输。GIF 格式的特点是压缩比高，使用 LZW 压缩，磁盘空间占用较少。GIF 只能保存最大 8 位色深的数字图像，所以它最多只能用 256 色来表现物体。如果图像采用的是 CMYK 色彩模式，则不能保存为 GIF 格式。

GIF 格式既能存储单幅静止图像，也能保存指定的透明区域，还能同时保存动画，同时还增加了渐显方式。也就是说在图像传输过程中，用户可以先看到图像的大致轮廓，然后随着传输过程的继续而逐步看清图像中的细节部分。目前网络上流行着多种 GIF 动画，也能正常浏览 GIF 图像文件。

1.4.4 PNG 格式

PNG 的名称来源于“可移植网络图形格式（Portable Network Graphic Format，PNG）”，也有一个非官方解释叫做“PNG's Not GIF”，其设计目的是试图替代 GIF 和 JPG 文件格式，同时增加一些 GIF 文件格式所不具备的特性。PNG 用来存储灰度图像时，灰度图像的深度可多到 16 位；存储彩色图像时，彩色图像的深度可多到 48 位，并且还可存储多到 16 位的 Alpha 通道数据。

PNG 格式的图像文件数据量小，使用无损数据压缩算法，压缩比较高且能保证图片的清晰和逼真。它利用特殊的编码方法标记重复出现的数据，因而对图像的颜色没有影响，也不可能产生颜色的损失，这样就可以重复保存而不降低图像质量。

在 Photoshop 的菜单命令【文件】|【存储为 Web 所用格式】中可以选择 PNG-8 和 PNG-24。PNG-8 格式与 GIF 图像类似，同样采用 8 位调色板将 RGB 彩色图像转换为索引模式的图像。图像中保存的不再是各个像素的彩色信息，而是从图像中挑选出来的具有代表性的颜色编号，每一编号对应一种颜色，图像的数据量也因此减少，这对彩色图像的传播非常有利。但颜色丰富的图片会因此失色，所以比较适用于颜色简单的标志图片等。

PNG 格式能够进一步优化网络传输显示。PNG 图像在浏览器上采用流式浏览，即使经过交错处理的图像会在完全下载之前提供给浏览者一个基本的图像内容，然后再逐渐清晰起来。它允许连续读出和写入图像数据，这个特性很适合于在通信过程中显示和生成图像。

PNG 格式还能够支持透明效果。可以为原图像定义 256 个透明层次，使得彩色图像的边缘能与任何背景平滑地融合，从而彻底地消除锯齿边缘。这种功能是 GIF 和 JPEG 所没有的。PNG 同时还支持真彩和灰度级图像的 Alpha 通道透明度。例如在制作 PPT 课件、网页或动画时，PNG 格式的透明图片能够很好地融合到底色中，而 JPG 格式默认带有白底，GIF 的透明图边缘会带有白色像素残留而且颜色不逼真，图 1-32 可以看出三种格式的对比结果，PNG 格式显示效果最好，文件数据量也最大。

图 1-32　三种格式的对比

1.4.5　TIFF 格式

TIFF 格式（Tag Image File Format）是标签图像文件格式。通过在文件头中包含“标签”，它能够在一个文件中处理多幅图像和数据。“标签”能够标明图像大小、定义图像数据的排列方式、图像压缩选项等信息。例如 TIFF 可以包含 JPEG 和行程长度编码（RLE）压缩的图像。TIFF 文件也可以包含基于矢量的裁剪区域（剪切或者构成主体图像的轮廓）。使用无损格式存储图像的能力使 TIFF 文件成为图像存档的有效方法。与 JPEG 不同，TIFF 文件可以编辑然后重新存储而不会有压缩损失，它还可以包括多层或者多页。

TIFF 格式复杂、存储信息多，数据量较大，图像质量较高，和 PSD 文件大小基本相近。该格式有压缩和非压缩两种形式，其中压缩可采用 LZW 无损压缩方案存储，非常有利于原稿的复制。图像处理应用软件、桌面印刷和页面排版应用软件，扫描、传真、文字处理、光学字符识别和其他一些应用等都支持这种格式。TIFF 文件格式适用于在应用程序之间和计算机平台之间的交换文件，它的出现使得图像数据交换变得简单。

这种格式主要用来存储包括照片和艺术图在内的图像，或者印刷用的素材图像。

1.4.6　BMP 格式

BMP 格式（全称 Bitmap）是 Windows 操作系统中的标准图像文件格式，在 Windows 环境中运行的图形图像软件都支持BMP 图像格式。这种文件格式可以分成两类：设备相关位图（DDB）和设备无关位图（DIB），使用非常广泛。它采用位映射存储格式，除了图像深度可选以外，不采用其他任何压缩，因此，BMP 文件所占用的空间很大，不适合网上浏览。图 1-33 是在 Photoshop 中保存 BMP 格式时的选项，可以看到位深度有多种选择。

BMP 格式是通用格式，但通用的格式往往是不得已时才使用的。特定领域都有自己最常用最适用的文件格式。BMP 格式最经常的用法是用作计算机系统桌面的背景图形。

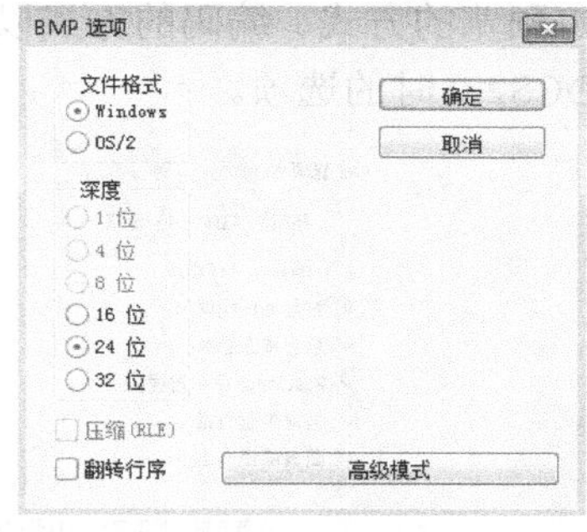

图 1-33　BMP 的保存选项

1.4.7　AI 格式

AI 格式是 Adobe 公司的矢量软件 Adobe Illustrator 使用的一种源文件格式，它是矢量图形的保存格式。它的优点是占用硬盘空间小，打开速度快，格式之间的转换比较方便。在正常的情况下 AI 文件也可以通过 Photoshop 打开，但打开后的图片就只是位图而非矢量图，并且背景层是透明的。至于打开后的精度，可以在打开时弹出的对话框上修改图片的分辨率。AI 文件本身没有分辨率。它也可以直接用 Acrobat 阅读器打开，但仅限于查看。

AI 格式的文件可以另存为 PDF、EPS 等矢量文件，也可以导出为 JPG、PSD 等位图文件格式。

1.4.8　CDR 格式

CDR 格式是功能强大的图形设计软件 CorelDraw 的源文件格式，它是矢量文件格式。AI 格式与 CDR 格式的转换仅用于 Illustrator 与 CorelDraw 之间的转换。如果是低版本的 AI 格式文件，则可以不用转换，直接用高版本的 CorelDraw 打开即可。如果不满足这个条件，那么就先存为 EPS 格式，用 CorelDraw 打开，然后再转换为 CDR 格式。CDR 格式文件可以直接另存为 AI 格式。

1.4.9 EPS 格式

EPS 文件格式是 Encapsulated PostScript 的缩写，采用 PostScript 语言进行描述。PostScript 语言已经成为印刷行业的标准，并广泛得到应用程序、操作系统以及输出设备的支持。PostScript 可以保存数学概念上的矢量对象和光栅图像数据。把 PostScript 定义的矢量对象和光栅图像存放在组合框或页面边界中，就成为了 EPS 文件。EPS 格式还可以保存其他一些类型信息，例如多色调曲线、Alpha 通道、分色、剪辑路径、挂网信息和色调曲线等，因此 EPS 格式常用于印刷或打印输出。

Photoshop 中的 EPS 格式有 Photoshop EPS、Photoshop DCS1.0 和 Photoshop DCS2.0，扩展名都是.eps。Photoshop EPS 文件可以支持除多通道之外的任何图像模式，DCS 格式可以支持 Alpha 通道和专色通道。DCS 是英文 Desktop Color Separations（桌面分色）的缩写，有 DCS1.0 及 DCS2.0 格式之分。最初是由 Quick 公司从 EPS 格式演变而来的，这个格式可以将输入的图形作分色打印，如果 EPS 文件是 CMYK 模式，那么 Photoshop 会显示一个额外的 Desktop Color Separation 选项，如果选择了“多文件 DCS”，则会分别储存 C、M、Y、K 四色网片文件及主文件共五个图片文档。图 1-34 呈现了保存 Photoshop EPS 的选项，可以指定预览的方式、编码的方式以及是否包含一定的印刷要素。图 1-35 则呈现了保存 Photoshop DCS2.0 时的选项。

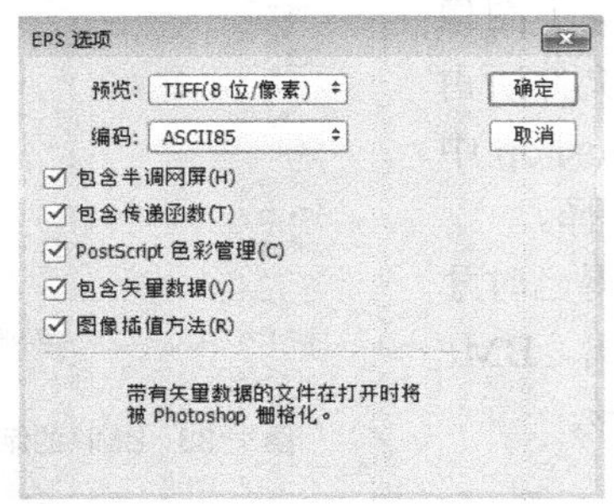

图 1-34 Photoshop EPS 选项对话框

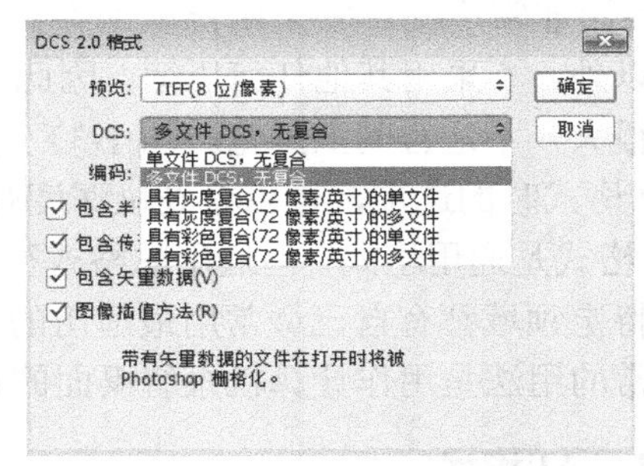

图 1-35 Photoshop DCS2.0 选项对话框

1.4.10 PDF 格式

PDF（Portable Document Format）意为“便携式文档格式”，是由 Adobe 公司所开发的，它拥有绝对空前超强的跨平台功能（适用与 MAC/WINXX/UNIX/LINUX/OS2 等所有平台）。PDF 可把文档的文本、格式、字体、颜色、分辨率、链接及图形图像等所有的信息封装在一个特殊的整合文件中，以 PostScript 语言为基础，无论在哪种打印机上都可保证精确的颜色和准确的打印效果，即 PDF 会忠实地再现原稿的每一个字符、颜色以及图像。PDF 不依赖任何系统的语言、字体和显示模式，它和 HTML 一样拥有超文本链接，可导航阅读，具有极强的印刷排版功能，可支持电子出版的各种要求，并得到大量第三方软件公司的支持，拥有多种浏览操作方式。

PDF 格式与其他传统的文档格式相比体积更小，更方便在 Internet 上传输。PDF 从 1.0 发展到 1.7，能够支持颜色的平滑渐变，支持透明、多层、字体嵌入等。在保存 PDF 格式时，保存的版本应尽量高一些。可以用 Adobe Reader 阅读器来浏览阅读 PDF 格式。

1.4.11　格式的保存和转换

在使用软件设计新建图片的时候，通常采用菜单命令【文件】|【保存】来保存为软件的源文件格式，比如 Photoshop 可以保存成 PSD 格式，Illustrator 可以保存成 AI 格式。如果是编辑处理已有的文件，则会保存原有的文件格式。

采用【文件】|【存储为】命令，则可以保存成本软件支持的其他格式。比如 Photoshop 可以另存成 JPG 格式，Illustrator 可以另存成 PDF 格式等。

在 AI 中使用【文件】|【导出】命令，可以输出成 PSD 或 JPG 等位图文件。

转换某种文件格式的时候，首先要根据文件格式的特点选择特定的软件打开文件，然后利用菜单命名【文件】|【存储为】或者【文件】|【导出】，保存为另一种格式。

一定不能修改文件原有的扩展名，也不能通过这种方式来转换文件的格式。

1.5　Photoshop 和 Illustrator 简介

1.5.1　Photoshop CC 的界面和功能

Adobe Photoshop，被人们简称为“PS”，是由 Adobe Systems 开发和发行的图像处理软件。Photoshop 主要处理位图，使用其众多的编修与绘图工具，可以有效地进行图片编辑工作。1990 年 2 月，Photoshop 版本 1.0.7 正式发行，到 2015 年 6 月 Adobe 推出 Photoshop CC，中间历经了 25 年之久，版本经过了 20 多次更新改进，功能越来越完善、越来越强大。在本书中，采用 Photoshop CC 2014 版本，启动界面如图 1-36 所示。

Photoshop 主要有以下功能。

（1）图像编辑。Photoshop 可以对图像做放大、缩小、旋转、镜像、透视、倾斜等各种变换，可以修补、修饰图像的缺陷，在摄影作品、婚纱摄影、人像处理等场合用处很大，可以对图像进行后期美化加工，得到让人满意的效果，如图 1-37 所示，利用 Photoshop 去除了照片中多余的人物，突出了小女孩这个主体形象。

图 1-36　Photoshop CC 2014 启动界面

图 1-37　美化照片

（2）图像合成。即把几幅图像的整体或部分有选择性地合成完整的、传达明确意义的图像。Photoshop 提供了各种工具和图层合成模式，可以使合成后的图像天衣无缝，如图 1-38 所示，就是把手的图片和人像图片进行了合成处理。从网络上我们可以欣赏到非常多的图片合成创意作品。

（3）调色较色。Photoshop 提供了对颜色的色相、明度、饱和度等各种较色调色命令，可以方便快捷地对图像进行色彩的调整和校正，创造各种唯美的色彩效果。如图 1-39 所示，把小女孩的红裙子变成了蓝绿裙子。

图 1-38　图片合成

图 1-39　调整颜色

（4）制作特效。Photoshop 提供各种特效滤镜，结合通道、蒙版等功能，可以创造出令人惊叹的特效创意图像。如图 1-40 所示，通过【查找边缘】滤镜等处理方式，使得原图呈现出铅笔素描效果。

图 1-40　滤镜特效

由于 Photoshop 的强大功能，因此它广泛应用在图像合成、影像创意、平面设计、人像摄影、广告摄影、网页制作等领域，如表 1-4 所示。

表 1-4　Photoshop 的应用领域

应用领域	Photoshop 的功能
平面设计	平面设计是 Photoshop 应用最为广泛的领域，海报、传单、画册等，这些平面印刷品通常都需要 Photoshop 软件对图像进行处理和整体设计。
摄影	广告摄影和人像摄影，都需要 Photoshop 的细节修饰、调色、合成等。
影像创意	通过 Photoshop 的处理可以将不同的对象合成，创造新的视觉形象。
网页制作	用 Photoshop 来处理网页图片，整体设计网页界面并切图。

续表

应用领域	Photoshop 的功能
后期修饰	在制作建筑效果图包括三维场景时，人物与场景包括场景的颜色常常需要在 Photoshop 中增加并调整。
界面设计	多媒体软件的界面设计等。
动画制作	用于动画素材的设计，以及定格动画画面的修饰。

Photoshop CC 2014 的工作界面如图 1-41 所示，包括菜单栏、属性栏、工具栏以及各种面板。如果界面乱了，可以打开菜单命令【窗口】|【工作区】|【复位基本功能】，恢复初始的位置。

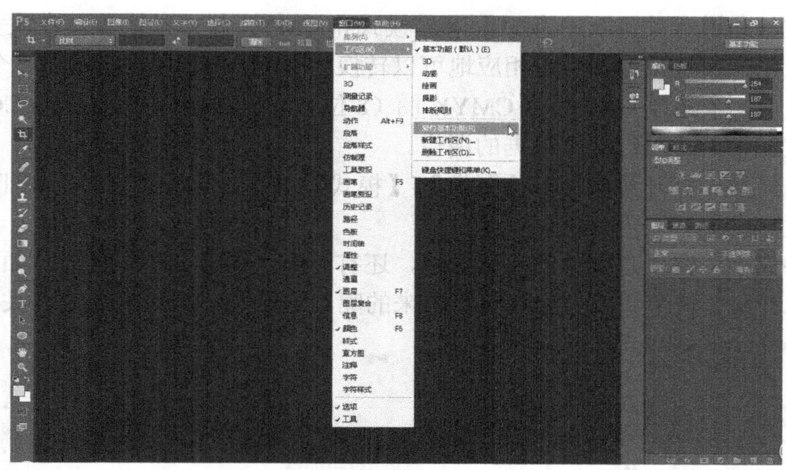

图 1-41　Photoshop CC 2014 的工作界面

1.5.2　Photoshop 新建文件设置

使用 Photoshop 往往有两种情形，一是新建一个我们需要的图片文件，二是修改已有的图片文件。新建文件时，利用菜单命令【文件】|【新建】，会打开如图 1-42 所示的对话框。在这里最重要的要设置文件的尺寸、单位、分辨率、分辨率单位、颜色模式、颜色位深度以及背景颜色。

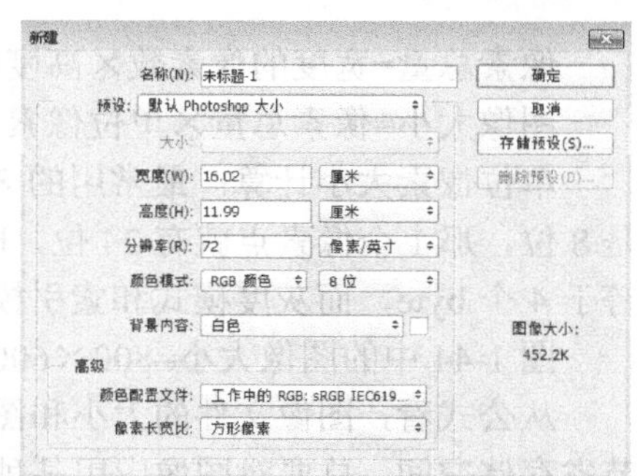

图 1-42　新建文件对话框

（1）文件宽度和高度及单位。这里要根据设计要求来输入数值并采用合适的单位。比如我们要设计网页中的图片素材，则需要根据网页的布局来判断图片文件的大小，例如最上顶的 Banner 可以设置为 1000 像素×110 像素。比如我们要设计 3m×2m 的宣传板，则需要把宽度和高度设置 300cm×200cm。

（2）分辨率及单位。关于分辨率前面已经讲了很多，最主要的是根据输出的要求来设置分辨率。比如网页图片，分辨率可以设置为 96 像素/英寸；数码冲印的图片，要设置为 300 像素/英寸。分辨率的单位有“像素/英寸”和“像素/厘米”，分辨率（PPI）指的就是每英寸的像素数，因此即便宽度和高度采用厘米作单位，分辨率的单位也要选择“像素/英寸”。这样能够和输出设备（显示器、打印机、印刷机）等保持一致。

（3）颜色模式。根据前面讲的颜色模式的适用领域，基于屏幕的输出采用 RGB 模式，印刷采用 CMYK 模式。照片冲印、普通打印也采用 RGB 模式。

（4）颜色位数。颜色位数是指图像中每个像素的颜色所占的二进制位数，单位是“位/像素”，即 b/p。屏幕上的每个像素都占有一个或多个位，用于存放与它相关的信息。颜色位数决定了构成图像的每个像素可能呈现的最大颜色数，因此，较大的颜色深度（每像素信息的位数更多）意味着数字图像具有较多的可用颜色和较精确的颜色表示，显示的图像更丰富，但存储空间也更大。

例如，颜色位数为 1 的像素有两个可能的值：黑色和白色，而颜色位数为 8 的像素有 256 个可能的值，颜色位数为 24 的像素有 1670 万个可能的值。

颜色位数与通道有关。RGB 模式、灰度模式和 CMYK 模式的图像，在大多数情况下其每个颜色通道包含 8 位数据，于是相应地可以转换为 24 位 RGB 图（8 位×3 个通道）、8 位灰度图（8 位 ×1 个通道）和 32 位 CMYK 图（8 位×4 个通道）。Photoshop CC 也可以处理每个颜色通道包含 16 位及 32 位数据的图像。

位数可以转换。打开菜单命令【图像】|【模式】，如图 1-43 所示，可以把原有的 8 位/通道改成 16 位/通道或 32 位/通道。

（5）文件大小。在新建文件的对话框中，还有一个“图像大小”数值，如图 1-44 所示，图像大小是 1.37M。这个数值是如何计算出来的呢？这个数值与像素总数有关。

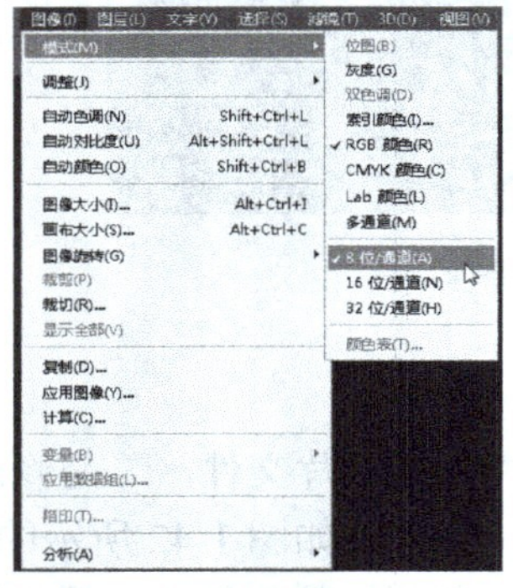

图 1-43　位数转换

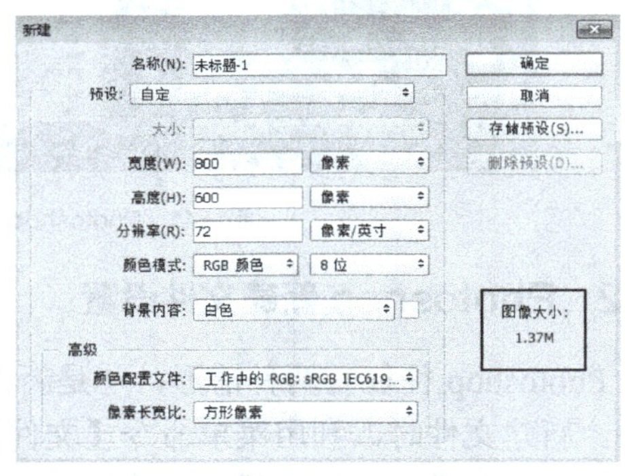

图 1-44　图像大小

像素总量=宽度的像素数×高度的像素数（如果单位不是像素，要转换成像素）

图像大小=像素总量×单位像素大小（byte）

单位像素大小计算：最常用的 8 位的 RGB 模式中，1 个像素点有 3 个通道，每个通道是 8 位，那 1 个像素点就有 24 位，即 3 个字节（byte）。同理，8 位的 CMYK 模式 1 个像素等于 4 个 byte，而灰度模式和索引模式都是 1 个 byte。

图 1-44 中的图像大小=800×600×3=1440000 byte=1406.25 K≈1.37 M

从公式看，图像文件的大小和图像的颜色种类、内容没有关系，但在实际应用中，为了节省存储空间，总要对图像应用某种压缩文件格式，不同的文件格式数据量不同。这在前面已经讲过。除此之外，同一种文件格式，图像内容的不同也会影响文件的大小。比如针对 JPG 格式来说，颜色层次丰富、形状复杂的图像文件较大，内容空旷的图像文件较小，内容会影响到文件的编码，如图 1-45 所示，左图就要比右图小很多。可以参看“素材”中的“风景

1.jpg”和“风景 2.jpg”文件。

图 1-45　不同内容的图片

1.5.3　查看或更改图像的分辨率

针对一张数字图片如何查看它的分辨率呢？在 Photoshop 中，使用菜单命令【图像】|【图像大小】，会打开如图 1-46 所示的对话框，可以看出本例图片的分辨率是 72PPI。如果要冲印图片，则需要更改分辨率成为 300PPI。为此我们要取消重新采样 □ 重新采样(S)，以保持原有的像素数不变，如图 1-47 所示，把分辨率设为 300PPI，把单位改成英寸，可以看到此图片可以冲洗 8×10 寸的照片。

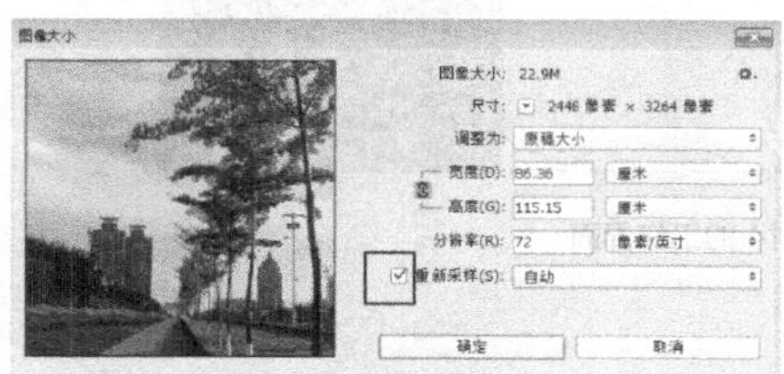

图 1-46　图像大小对话框

图 1-47　保持原有像素修改分辨率

1.5.4　Illustrator CC 的界面和功能

Adobe Illustrator 是 Adobe Systems 公司推出的基于矢量图形制作软件，简称 AI。其最初是 1986 年为苹果公司麦金塔电脑设计开发的，到 2014 年推出 Illustrator CC2014，经历了近 30 年的发展与改进，主要功能是矢量绘图，但它还集排版、图像合成及高品质输出等功能于一身，主要用于平面广告设计、包装设计、标志设计、书籍装帧、名片设计、网页设计以及排版等方面。在本书中，采用 Illustrator CC 2014 版本，启动界面如图 1-48 所示。

图 1-48　Illustrator CC 2014 启动界面

Illustrator 软件的最大特征在于钢笔工具的使用，它使得操作简单功能强大的矢量绘图成为可能。它还集成文字处理、上色等功能，不仅在插图制作方面，而且在印刷制品（如广告传单、小册子）设计制作方面也广泛使用，事实上已经成为桌面出版（DTP）业界的默认标准。它的主要竞争对手是 CorelDraw。

Illustrator 与 Photoshop 有类似的界面，如图 1-49 所示，并能与 Photoshop 共享一些插件和功能，实现无缝连接，同时它也可以将文件输出为 Flash 格式，还可以与 Flash 连接。

图 1-49　Illustrator CC 2014 的工作界面

1.5.5　Illustrator 新建文件设置

使用菜单命令【文件】|【新建】，会打开新建文档对话框，如图 1-50 所示。

（1）文件宽度和高度及单位。

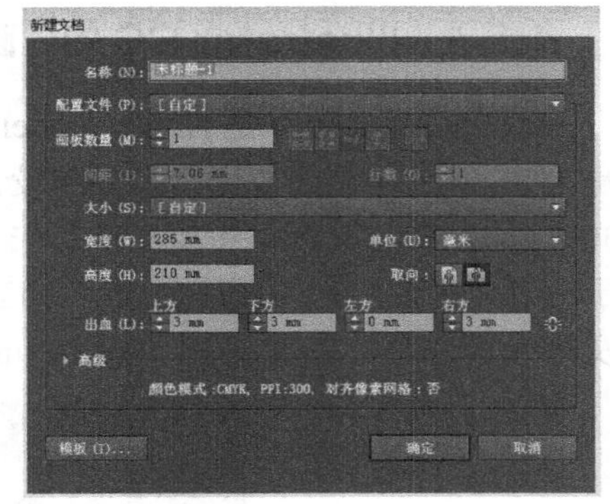

图 1-50　新建文档对话框

这里的宽度和高度的设置与 Photoshop 是一样的，要根据设计的用途来设置文件的尺寸。这里的尺寸可以是任意数值。然而针对基于印刷的输出，还要选择合适的纸张大小。为了在设定页面大小的时候能够更加经济、减少浪费，我们常常会尽量利用现有的纸张规格。这样，我们就有必要了解一下比较常见的纸张大小的标准。ISO 国际标准按照纸张幅面的基本面积，把幅面规格分为 A 系列、B 系列和 C 系列。幅面规格为 A0 的幅面尺寸为 841mm×1189mm，幅面面积为 1 平方米；B0 的幅面尺寸为 1000mm×1414mm，幅面面积为 2.5 平方米；C0 的幅面尺寸为 917mm×1279mm，幅面面积为 2.25 平方米。若将 A0 纸张沿长度方式对开成两等分，便成为 A1 规格，将 A1 纸张沿长度方向对开，便成为 A2 规格，如此类推。任何一张纸的面积正好是比它大一号的纸的一半，如表 1-5 所示。

表 1-5　　纸张 ISO 国际标准

ISO 216 纸张尺寸（单位：mm）					
A 系列（ISO 216）		B 系列（ISO 216）		C 系列（ISO 269）	
A0	841×1189	B0	1000×1414	C0	917×1297
A1	594×841	B1	707×1000	C1	648×917
A2	420×594	B2	500×707	C2	458×648
A3	297×420	B3	353×500	C3	324×458
A4	210×297	B4	250×353	C4	229×324
A5	148×210	B5	176×250	C5	162×229
A6	105×148	B6	125×176	C6	114×162
A7	74×105	B7	88×125	C7/6	81×162
A8	52×74	B8	62×88	C7	81×114
A9	37×52	B9	44×62	C8	57×81
A10	26×37	B10	31×44	C9	40×57
				C10	28×40
				DL	110×220

我国按国家标准规定生产的纸张称作全开纸，把一张全开纸裁切或折叠成面积相等的若干小张，叫多少开数，装订成册，即为多少开本。各种开本的规格，全国有统一的标准，所以全国各地印制出来的图书，同一规格都是同样大小的。由于各种规格的纸张幅面大小不一样，因此虽然裁折成同一开数，但其大小规格并不一样，订成书后，如统称为多少开本就不确切了。我国目前以 787mm×1092mm 的纸为标准印张，用它来印制 16 开的书，叫做 16 开本。若以 850mm×1168mm 的纸来印制 16 开的书，则因纸张幅面比标准印张大，故要冠一个"大"字，称为大 16 开本。

纸张不仅有大小，还有材质、重量、厚度等，不同的用途采用不同的纸张，价位也不同。

（2）画板数量。

默认的 Illustrator 新建文件时只新建一个画板，也就是一页。采用【画板】面板，可以增加画面，即增加文件的页面，这样可以设计多页，如图 1-51 所示，增加了 4 个画板，此文件包括 5 个页面。

（3）出血值。

"出血"是一个常用的印刷术语，是指印刷时为保留画面有效内容预留出的方便裁切的部分。设置出血值的目的是为了加大产品外尺寸的图案，在裁切位加一些图案的延伸，以避免裁切后的成品露白边或裁到内容。在作图的时候通常分为设计尺寸和成品尺寸，设计尺寸总是比成品尺寸大，大出来的边是要在印刷后裁切掉的。如图 1-52 所示，设计一个 90mm×50mm 的名片，因为四边都要裁切，所以上下左右各留出 2mm 的出血。

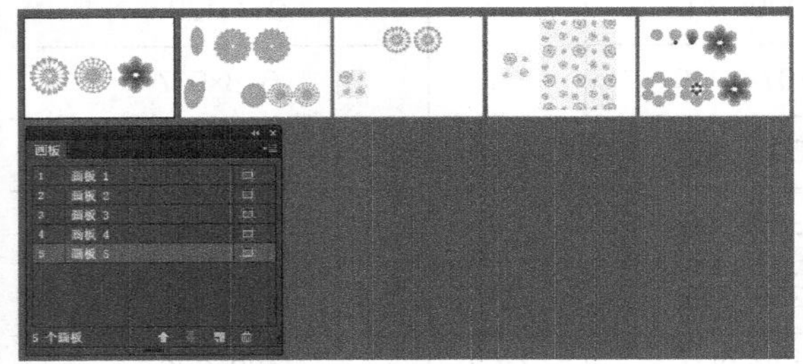
图 1-51 添加画板

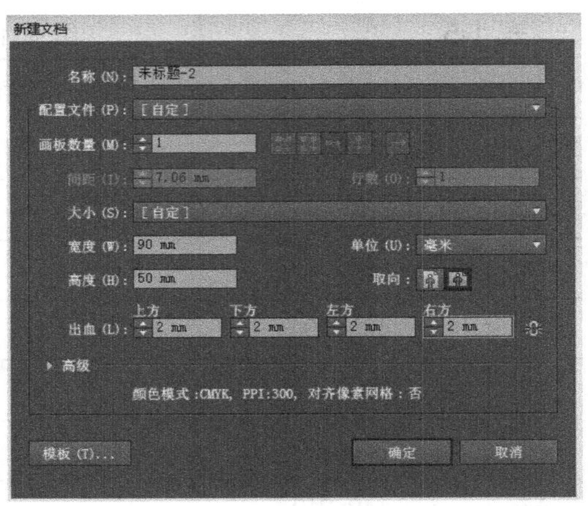

图 1-52 新建文件设置出血值

新建之后，出现的效果如图 1-53 所示，白底实际是透明底，是 90mm×50mm，外圈的红线就是出血线的裁切位置。在设计的时候，添加一个矩形作底，这个底图不能是 90mm×50mm，其大小要对齐出血线的位置，也就是 94mm×54mm，如图 1-54 所示。还需注意，重要的信息不要太靠边，以免被裁切。

图 1-53 新建空白文件

图 1-54 添加底图对齐出血线

本章小结

本章内容是平面设计的基础，涉及了图形图像的分类、概念、特点和适用范围。常用的一些概念，例如像素、分辨率、颜色模式都是我们必须理解和掌握的。学完本章之后要能够根据设计要求来选择设计软件，并能够设置图片的尺寸、单位、颜色模式、分辨率，并选择恰当的文件格式进行保存。

课后练习

1. 用数码相机或手机拍摄一张照片，查看默认的分辨率。在不改变像素数值的情况下修改其分辨率以满足冲印的要求。

2. 从网上下载宽度在 500 像素以下的小图片，把像素增大到 5000，观察图片的变化。

3. 翻看各种尺寸书籍的开本信息，了解不同出版物的尺寸以及表示方法。

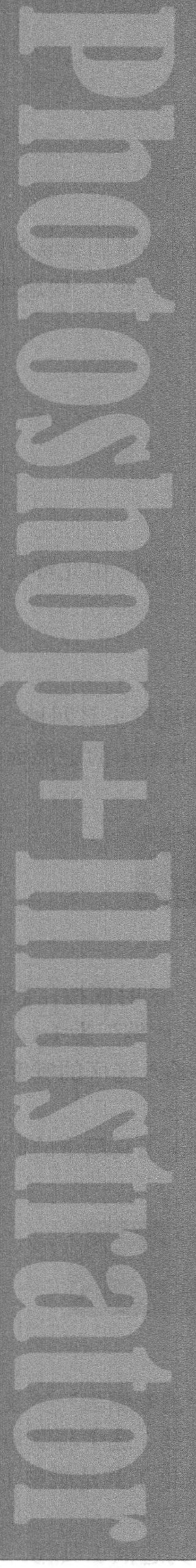

2 Chapter

第2章 Photoshop 选区基础

学习目标

- 掌握 Photoshop 矩形选框、椭圆选框、魔棒、套索等选区工具的使用方法，理解不同选区工具的适用情境。
- 掌握选区的变换及修改。
- 掌握颜色填充的方法。
- 理解“羽化”的含义和用法。

Photoshop 的各种基本操作是图像设计和处理的基础，而选区的创建是各项操作的前提。选区的主要用途是在图像中画出特定区域的轮廓，以便对选区中的内容进行移动、复制、调整颜色等编辑操作。用矩形选框、椭圆选框、魔棒、套索等工具可以制作出简单选区，而图层蒙版、通道等可以制作出相对复杂的选区。按照由浅入深的学习原则，本章首先讲解选区的基础知识，所有的内容和实例均围绕着简单选区的创建方法和编辑方法展开。

2.1 创建简单选区

简单选区是相对而言的，在本章，Photoshop 刚开始入门，先从相对简单和容易创建选区的工具开始学习。创建简单选区的工具包括“选框”工具组、“套索”工具组、“快速选择”工具组，右击一种工具，可以点开隐藏的工具列表，如图 2-1 所示。

图 2-1 简单选区的创建工具

每种选区工具都有其使用的情境，下面选取常用的工具进行讲解和举例，由此可以扩展学习其余工具的使用方法，并思考其使用情境。

2.1.1 选框工具

选框工具组有矩形选框工具、椭圆选框工具、单行选框工具、单列选框工具四种。

（1）矩形选框工具。矩形选框工具可以创建矩形选区。单击工具箱中的矩形选框工具，其工具选项面板如图 2-2 所示。

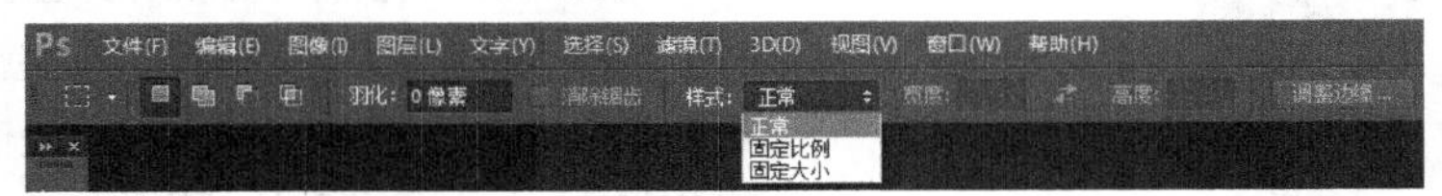

图 2-2 “矩形选框工具”的工具选项面板

使矩形选框工具在画面中单击并拖动，可以创建矩形选区。如果拖动的时候按住【Shift】键，可以创建正方形选区。默认的选区样式为“正常”，如果设置“固定比例”为 1:1，则无需按住【Shift】键也可以创建正方形选区。如果设置“固定大小”，并输入选区的宽度和高度，则可以创建固定大小的矩形选区。

（2）椭圆选框工具。椭圆选框工具可以创建椭圆或圆形选区。单击工具箱中的椭圆选框工具，其工具选项面板如图 2-3 所示。

图 2-3 “椭圆选框工具”的工具选项面板

椭圆选框工具选项面板中的参数与矩形选框工具大致相同，只有“消除锯齿”参数是椭圆选框工具特有的，其作用是消除选区边缘的锯齿，使选区边缘平滑一些。选中与取消“消除锯齿”复选框的选区边缘影响效果如图 2-4 所示，默认情况下，椭圆选框工具是选中了“消除锯齿”选项的。

（3）单行和单列选框工具。使用工具箱中的单行选框工具或单列选框工具，可以创建单行或单列的区域，这两个工具是为了方便选择一个像素的行和列而设置的。例如在制作表格或英语的时候，为了添加线条需要选择一个像素的选区，使用矩形选区工具不容易准确操作，这时，采用单行或单列选框工具就比较方便，如图 2-5 所示。

图 2-4　消除锯齿的效果

图 2-5　用单行/单列选框工具绘制表格

实例 1　给照片添加边框和文字

照片加边框是对照片常用的处理方法，可以增加照片的层次感，增加多张照片之间外观的一致性。添加描述性的文字，可以使得照片的意境更加明晰，如图 2-6、图 2-7 所示。

图 2-6　照片原图

图 2-7　照片添加边框文字效果图

设计思路：在照片层上面添加一个图层，在此图层上创建一个边框选区，填充白色，制作出白色边框，并输入文字。

知识技能：新建图层，制作边框选区，移动选区，颜色填充，调整图层不透明度，文字设置。

- 新建图层。在此先解释一下“图层”，关于图层的详细阐述见“第 3 章 Photoshop 图层基础”。Photoshop 是基于图层的软件，图层相当于承载着文字、图形等元素的胶片，画面最终的设计效果是所有图层交叠在一起的综合效果。默认的情况下，上面的层会遮挡住下面的层，各个层之间的操作互不影响。在本实例中，把照片的白色边框放到新的图层中，这样照片和边框是彼此独立的，可以分别进行编辑操作。“新建图层”的方法有很多种，其中最常见的就是单击【图层】面板下方的“创建新图层”按钮，如图 2-8 所示。

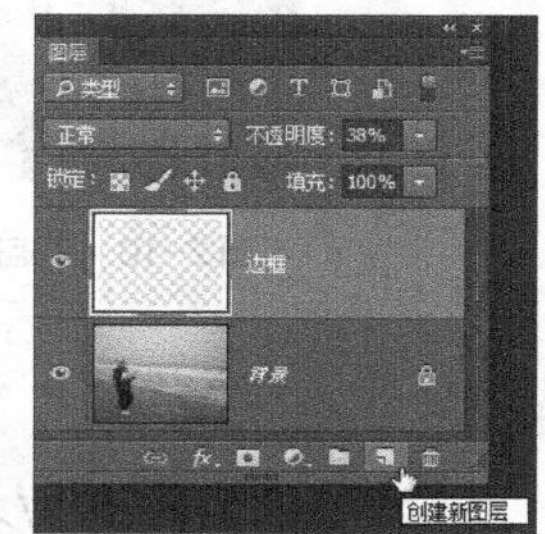

图 2-8　新建图层

- 移动选区。针对已有的选区，可以用鼠标拖动来移动其位置，或者用键盘上的移动箭头←↑↓→来细微调整。无论采用光标移动还是箭头微调，都要保证一个前提，就是当前工具箱中选中的是“选区”工具，比如“矩形选框”“椭圆选框”“套索”等，这样光标才会处于“移动选区”状态。如果当前单击的是“移动”工具，光标会相应变成，则这时移动的将不再是选区，而是选区中的内容了。

- 颜色填充。填充颜色时，可以选择【编辑】|【填充】命令，为当前的选区或活动的图层填充前景色、背景色、黑色、白色、50%灰色、或者任何其他的颜色。在选定了前景色的情况下，用“油漆桶”工具可以填充前景色。在选定了前景色和背景色的情况下，使用快捷键【Alt】+【Delete】，可以给当前活动的图层或者选区填充前景色，使用快捷键【Ctrl】+【Delete】，可以填充背景色。
- 文字设置：使用“文字”工具输入文字。在文字工具组中包括“横排文字”工具、“直排文字”工具以及两个“文字蒙版”工具。通常输入横排文字采用“横排文字”工具，输入竖排文字采用“直排文字”工具。“文字蒙版”工具是用来创建文字选区的。文字分为“点文字”和“段落文字”，以“横排文字”工具为例，如果直接在画面中单击，就是输入“点文字”，文字不会自动换行，要输入【Enter】键换行。“点文字”适用于文字数量较少的情况，比如标题等。如果单击“横排文字”工具之后，在画面中单击并拖出一个矩形区域输入文字，这就是“段落文字”，会在该区域内自动换行。“段落文字”适用于文字数量较多的情况，比如画册、宣传单中的文本段落。本章是Photoshop 的初级用法，因此本章实例中所有的文字都采用“点文字”。输入文字之后，【图层】面板中会自动生成一个文字图层。

实现步骤

（1）新建图层。打开“图 2-6.jpg”，单击【图层】面板下方的“新建图层”按钮，创建“图层 1”。

（2）制作照片边框的选区。在“图层 1”中，用“矩形选框工具”拖拽出一个矩形，矩形的大小要比照片小一圈，如果选区不对称，可以用光标调整选区的位置，这时光标处于“移动选区”状态，如图 2-9 所示。

图 2-9 创建并移动矩形选区

在矩形选区中，单击右键，得到如图 2-10 所示的快捷菜单，执行【选择反向】命令，得到如图 2-11 所示的边框。选区的反向选择，也可以使用【选区】菜单中的【反选】命令。在当前图层的选区中采用右键快捷菜单的方式更加方便。

图 2-10 “矩形选区”工具的快捷菜单

图 2-11 照片边框选区

特别提示

绘图区中，使用不同的工具，其右键的快捷菜单也是不同的。在此实例中必须是针对“矩形选区”工具的快捷菜单才有【选择反向】命令。

（3）把边框选区的颜色填充为白色。单击工具箱中的“默认前景色和背景色”按钮，如图 2-12 所示，把文件的前景色设置为纯黑色，背景色设置为纯白色。然后使用快捷键【Ctrl】+【Delete】，把边框选区填充为白色，如图 2-13 所示。在画面中右击，在快捷菜单中执行【取消选择】命令，取消浮动的选区边框（或按快捷键【Ctrl+D】）。

（4）设置白色边框为半透明。白色边框是在“图层 1”中，是独立的图层。在【图层】面板中，调整图层的“不透明度”数值，可以改变该图层的不透明度，本例调整为 38%，如图 2-14 所示，使得白色边框变为半透明白色。

图 2-12　“默认前景色和背景色”按钮

图 2-13　在边框选区中填充白色

图 2-14　图层的“不透明度”调整

（5）输入文字。使用“横排文字”工具 横排文字工具 在画面的右上部输入“遥望”二字。在文字工具的选项面板中单击“切换字符和段落面板”按钮，如图 2-15 所示，打开“字符/段落”面板。

图 2-15　“横排文字”工具的选项面板

“字符/段落”面板如图 2-16 所示，设置文字的字体为“仿宋”，文字大小输入“15”点。再次使用“直排文字”工具在画面的右上部输入“yaowang”，设置其字体为“Arial Bold Italic”，文字大小为 7 点，该图层的不透明度为 30%。这样做的目的是为了增加文字形式的多样性。采用“移动”工具调整两个图层的右侧对齐。最终【图层】面板如图 2-17 所示。

图 2-16　“字符/段落”面板

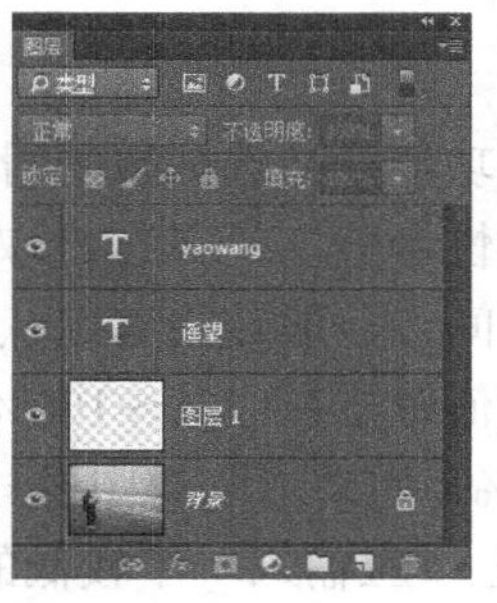

图 2-17　效果图的【图层】面板

特别提示

在制作的过程中，要时刻关注【图层】面板。

（6）保存。执行【文件】|【保存】命令，保存为“实例 1 原图.psd”文件；并执行【文件】|【存储为】命令，保存“实例 1 效果图.jpg”。

文字和位置要根据画面中人物的位置来确定，以保证画面构图的均衡。边框的颜色不能随意填充，要根据画面的主体色调添加邻近色或者对比色，最保险的，是把边框填充成白色或黑色。

2.1.2 套索工具

套索工具组有套索工具、多边形套索工具、磁性套索工具三种。

1. 套索工具

套索工具是以手控方式选取不规则形状的曲线区域。使用时，在工具箱中单击此工具，从要创建选区的起点开始，按住鼠标左键并拖动，松开鼠标则创建一个不规则选区。套索工具的准确性较差，通常用在不需要精确选择的选区创建中。

2. 多边形套索工具

多边形套索工具用来创建多边形选区，以手控的方式选取具有直边的图像部分。选择该工具之后，在选区的起点单击一下并松开鼠标，这时会出现一条跟随的直线，确定其长度，到第二个多边形的顶点单击，继续绘制，当多边形的终点和起点重合时，光标由变成形状，绘制完成多边形选区。如果使用过程中出现了无法控制的状况，找不到选区创建的起点，则可以在画面中双击自动生成闭合选区。多边形套索工具，通常用来选取边缘是直线的物体。

3. 磁性套索工具

磁性套索工具具有自动选择功能，它快速、方便，通常用来选择边缘清晰且和背景色相差较大的主体。在使用的时候注意其属性栏的设置，如图 2-18 所示。

图 2-18 磁性套索工具的选项面板

“消除锯齿”的功能是让选区更平滑。

“宽度”是“磁性套索”工具在选取的过程中，光标离自动生成的选区边缘的距离，其取值范围在 1～256 间，一般使用其默认取值 10。

“对比度”的取值范围在 1%～100%间，它可以设置“磁性套索”工具检测边缘图像灵敏度，默认值是 10%。如果选取的图像与周围图像间的颜色对比度较强，那么就应设置一个较高的百分比，反之，应输入一个较低的百分比。

“频率”的取值范围在 0～100，它是用来设置在选取时关键点创建的速率的一个选项。其数值越大，速率越快，关键点就越多。当图的边缘较复杂时，需要较多的关键点来确定边缘的准确性，可采用较大的频率值，一般使用默认的值 57。在使用的时候，可以通过【Backspace】键或【Delete】键来控制关键点。

特别提示

磁性套索工具虽然能够快速创建选区，但要注意其使用的情境，如图 2-19 所示，主体的花朵是紫色的不规则形状，背景是绿色的，颜色差别较大，可以使用磁性套索。本图采用的都是磁性套索的默认设置。如果花朵的颜色是淡绿的，和背景色差别不大，则用磁性套索就不行了。如果选取的主体边缘过于纤细，比如纤细的花蕊、发丝等主体，则即便颜色差别大，也不能使用磁性套索。

图 2-19　磁性套索工具的使用

实例 2　设计“海滨印象”笔记本封面

笔记本封面主要由抽象的色块构成，蓝色和白色互为图底。画面中的文字要成组块，以呈现其条理性，效果如图 2-20 所示。

图 2-20　“海滨印象”笔记本封面效果图

设计思路：在白底上创建多边形选区，填充蓝色，绘制黑色矩形，输入文字，擦矩形边缘成不规则形状。

知识技能：“多边形套索”工具创建多边形选区，“橡皮”工具擦除不规则边缘。

“橡皮擦”工具组包括 橡皮擦工具 、 背景橡皮擦工具 、 魔术橡皮擦工具 三种。此处主要使用橡皮擦工具，其选项面板如图 2-21 所示。

100　模式：画笔　不透明度：100%　流量：100%　抹到历史记录

图 2-21　“橡皮擦”工具的选项面板

利用该选项面板可设置“橡皮擦”工具的大小以及它的软硬程度。

“橡皮擦”的模式有“画笔”“铅笔”和“块”。如果选择“画笔”，它的边缘显得柔和，也可改变“画笔”的软硬程度和样式；如选择“铅笔”，擦去的边缘就显得尖锐；如果选择“块”，橡皮擦就变成一个方块的模样。

实现步骤

（1）新建笔记本文件。执行【文件】|【新建…】命令，打开新建文件对话框，输入文件的宽度为 140 毫米，高度为 200 毫米，分辨率为 300 像素，颜色模式为 CMYK，如图 2-22 所示，单击“确定”。

（2）新建不规则选区。新建“图层 1”，用多边形套索工具在画面中拖出一个多边形选区，拖出画布之外也没有关系，如图 2-23 所示。当光标由变为状态时，则创建出闭合的选区。

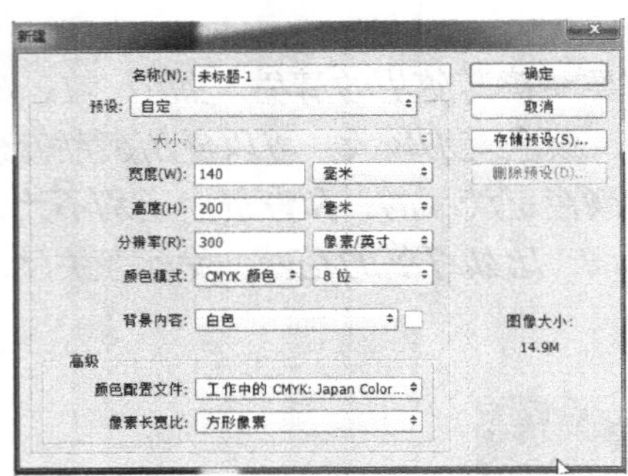

图 2-22　新建“笔记本”文件的设置

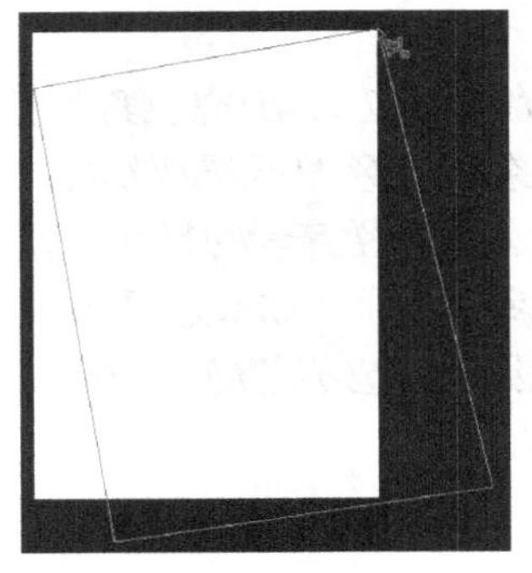

图 2-23　用“多边形套索”工具创建选区

（3）填充蓝色。在保留步骤（2）选区的情况下，单击前景色，出现“拾色器”对话框，如图 2-24 所示，设置蓝色的 CMYK 值分别是（81，53，0，0），按【Alt+Delete】把蓝色填充到不规则选区中，如图 2-25 所示，然后取消选区。

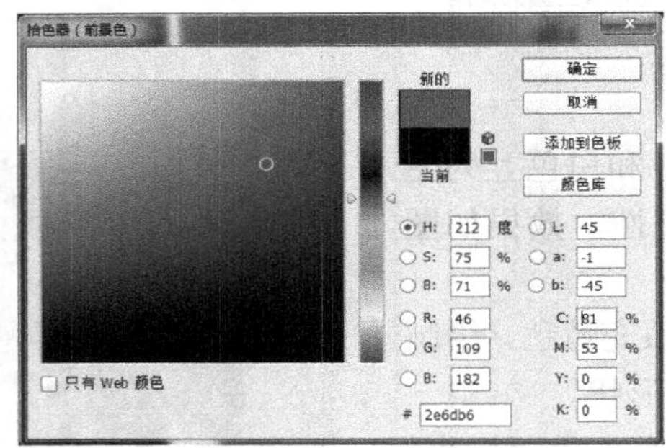

图 2-24　设置前景色

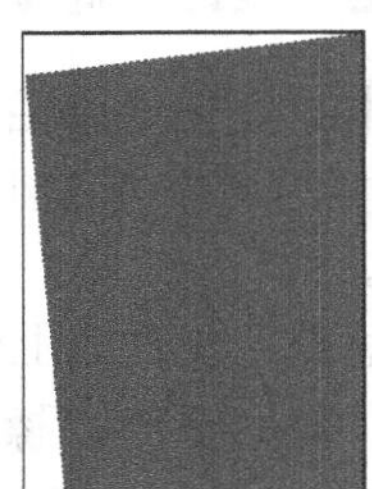

图 2-25　填充前景色

特别提示

如果选取颜色时，在“拾色器”面板中出现了图 2-26 所示的警告，则表示当前选取的颜色已经超出了 CMYK 模式的打印色域，会自动替换成下面的颜色。所以，在 CMYK 模式下设置颜色时要关注警告，不要使用超出色域的颜色。

（4）绘制黑色矩形，输入文字。新建“图层 2”，使用“矩形选框”工具在画面中拖出一个长条矩形，设置前景色为黑色，按【Alt+Delete】把矩形选区填充为黑色。按【Ctrl+D】取消当前选区。使用“直排文字”工具在黑色矩形的位置输入“海滨印象”，颜色和“图层 1”的颜色相同，字体为“方正粗宋_GBK”，大小为 40，文字间距为 200，正好和矩形的宽度对齐，如图 2-27 所示。接下来分两次输入其余文字，字体相同，颜色改为 CMYK（47，19，0，0），调整文字的大小和位置，使得右侧对齐。

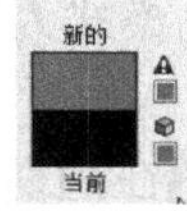

图 2-26　超出色域的警告

图 2-27　“海滨印象”文字格式

（5）绘制白色正方形。新建“图层 3”，在文字下方的位置，使用“矩形选区”工具，按住【Shift】键，绘制一个正方形选区。设置前景色为白色，按【Alt+Delete】把正方形选区填充为白色。

（6）擦黑色矩形的边缘成为不规则形。单击“橡皮擦工具”，在其选项面板中选择“画笔”模式，单击如图 2-28 所示的箭头。

打开预设的选取器，选择“59 号喷溅画笔”，大小为 200 像素。选择黑色矩形所在的“图层 2”为当前活动图层，轻轻抹去一些黑色，得到如图 2-29 所示的不规则效果。这种不规则的图形比矩形更加灵活，更有个性。

图 2-28 “橡皮擦”预设的选取器

图 2-29 使用“橡皮擦”工具得到的不规则图形

特别提示

在填充颜色的时候主要结合内容的主题，不要使用三种以上的颜色。本实例的颜色主色调为蓝色，小字为浅蓝色，同一色系，而且黑色和白色不影响画面主色调。

2.1.3 快速选择工具和魔棒工具

快速选择工具和魔棒工具在工具箱的同一个位置，都属于快速创建选区的智能选择工具。

（1）快速选择工具。快速选择工具是基于画笔模式的，通过调整画笔的笔触、硬度和间距等参数，单击并拖动鼠标创建选区。也就是说，拖动“快速选择”工具，可以“画”出主体。拖动时，选区会向外扩展并自动查找和跟随图像中定义的边缘。它是一种基于色彩差别但却是用画笔智能查找主体边缘的新颖方法，非常好用且操作简单。快速选择工具的选项面板如图 2-30 所示。

30	对所有图层取样	自动增强	调整边缘…

图 2-30 “快速选择”工具的选项面板

快速选择工具有三种状态：“新选区”“添加到选区”“从选区中减去”。当画面上没有选区时，默认的选择方式是“新选区”，选区建立后，自动改为“添加到选区”，如果按住【Alt】键，则选择方式变为从选区减去。是快速选择工具的“画笔”参数，控制着该工具的单次选择区域。初选离边缘较远的较大区域时，画笔尺寸可以大些，以提高选取的效率；当主体较小或修正边缘时则要换成小尺寸的画笔。总的来说，大画笔选择快，但选择粗糙，容易多选；小画笔一次只能选择一小块主体，选择速度慢，但得到的边缘精度高。更改画笔大小的简单方法是，在建立选区后，按【]】键增大快速选择工具画笔的大小，按【[】键减小画笔大小（如果采用的是“搜狗”输入法，则要转换为英文输入，才可以使用上述方法改变画笔大小）。

勾选“自动增强”☑自动增强选项后，能针对主体的边缘做出调整，可减少选区边界的粗糙度，一般应勾选此项。“对所有图层取样”指的是当图像中含有多个图层时，选中该复选框，将对所有可见图层的图像起作用；没有选中时，快速选择工具只对当前图层起作用，默认不勾选此选项。打开花朵素材文件，单击“快速选择”工具，设置画笔大小为 90，硬度为 90，在花朵内部拖动鼠标，可以创建如图 2-31 所示的选区。继续在花朵内部拖动鼠标，直到选区创建完成，如图 2-32 所示。

图 2-31　绘制选区的过程

图 2-32　快速选择工具选择花朵

（2）魔棒工具。

“魔棒”工具用来选取颜色比较相近的区域。“魔棒”工具的选项面板如图 2-33 所示。魔棒的“容差”是根据情况而定的，容差值越小，选择的颜色范围就越小。比如当值为 0 的时候只能选择相同的颜色，也就是如果用魔棒单击黄色，那也就只能选择黄色。容差值越大，则选择的颜色范围也就越大，比如当容差值是 20 的时候，可以选择黄色到橙黄这个范围。以此类推，当容差等于 255 的时候，就可以选择全部的颜色了，如图 2-34 所示。

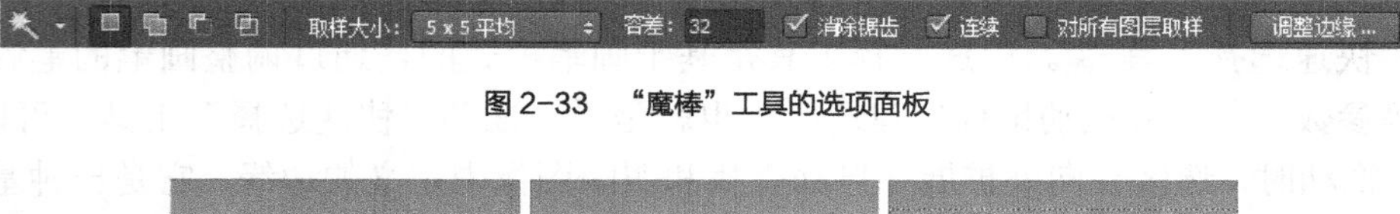

图 2-33　“魔棒”工具的选项面板

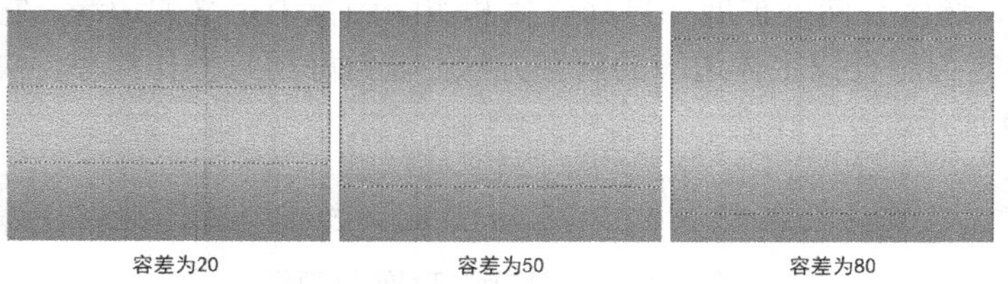

图 2-34　魔棒工具“容差”参数的选择效果

如果选中了“连续”☑连续，则只选择与鼠标单击的位置颜色相近的连续区域，如果不选中“连续”，则会选择与鼠标单击的位置颜色相近的所有区域，效果如图 2-35 所示。

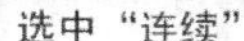

选中“连续”

未选中“连续”

图 2-35 魔棒工具“连续”参数的选择效果

（3）快速选择工具和魔棒工具的比较。快速选择工具是“画”出主体的选区，魔棒是通过单击来获得颜色相近的选区。在图 2-35 的实例中，花朵就没法通过魔棒来选择，但可以采用快速选择工具。

实例 3 改变照片的背景色

在设计 PowerPoint 课件、网页时，有时为了更好地使主体融合到当前的环境，需要改变主体原有的底色，或者删除主体以外的背景色，成为一张透明底的图片。本实例中的人物位于颜色单一的背景色中，操作起来比较简单，如图 2-36 和图 2-37 所示。然而有时候人物所处的背景色比较杂乱，这种情况的处理在后面的章节讲解。

图 2-36 照片原图

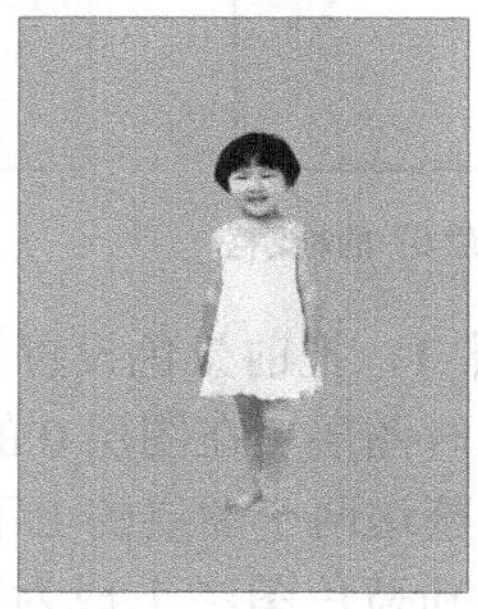

图 2-37 改换背景效果图

设计思路：删除人物之外的背景色，把人物从原有的底色中抽离出来，新建图层，填充另外的颜色，当做新的背景。

知识技能：背景图层的特性，用魔棒来创建选区，不同文件之间图层的复制

关于“背景图层”：在 Photoshop 中打开*.jpg 格式、*.bmp 等格式的图片后，在【图层】面板只有一个“背景”层，如图 2-38 所示，此层带有标志，处于锁定状态，不能移动，不能删除，也不能改变不透明度和模式。如果文件有多个图层，那么在【图层】面板中处于最底层的就是“背景”图层，如图 2-39 所示。但起到背景作用的图层不一定非要加“背景”二字，只要位于主体的下方，普通的填充图层也能起到背景的作用，如图 2-40 所示。

实现步骤

（1）把“背景”图层变成普通图层。打开“实例 3 原图 1.jpg”，【图层】面板如图 2-38 所示，双击“背景”图层，出现如图 2-41 所示的对话框，把“背景”图层变成“图层 0”。这时的图层就可以编辑修改了。

图 2-38 唯一的“背景”图层

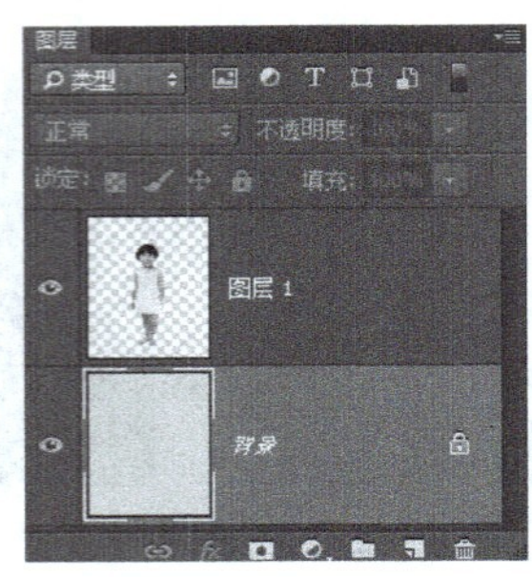

图 2-39 “背景”图层位于最底层

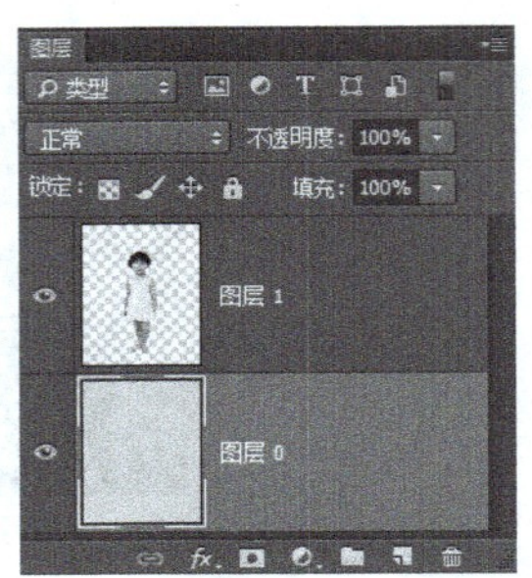

图 2-40 普通图层充当背景

（2）利用魔棒删掉女孩之外的区域。因为女孩之外的区域是相近的粉色，因此在工具箱中选用魔棒工具，不要选中“连续”复选框，在画面中单击粉色，得到女孩周围所有的粉色选区，按【Delete】键删除选区中的粉色，则女孩周围呈现透明色，接下来用【Ctrl+D】取消选区，如图 2-42 所示。

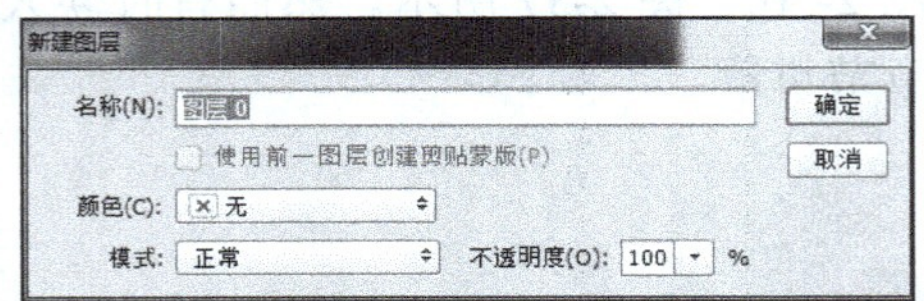

图 2-41 把“背景”图层转变为“图层 0”的对话框

图 2-42 选择并删除粉色区域

（3）新建背景色。新建图层 1，把前景色设置为粉蓝色，按【Alt+Delete】键用粉蓝色填充图层 1，如图 2-43 所示，这时图层 1 在图层 0 的上方，因此，粉蓝色会遮挡住女孩。为了使得粉蓝色成为背景色，要调整这两个图层的上下关系，把图层 1 移动到图层 0 下方，现在粉红色的背景变成了粉蓝色，粉蓝色图层 1 成为新的背景，如图 2-44 所示。保存文件为“实例 3 效果图.psd”。

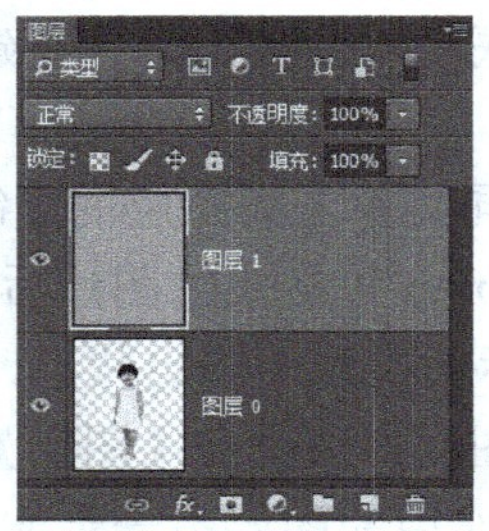

图 2-43 填充图层 1

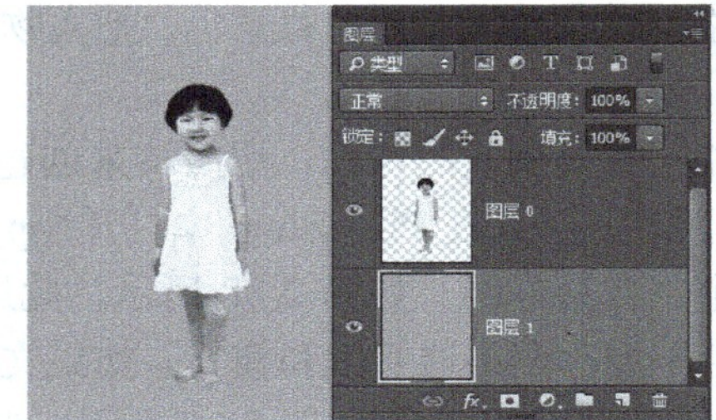

图 2-44 背景色变为粉蓝色

背景色的选取不能太随意，要符合主体的情感特点和氛围，或可爱，或稳重，或活泼，或严肃，要首先确定画面信息传递的关键词，然后选择颜色，而且颜色不要过于鲜艳。

（4）把风景图用作背景。打开“实例 3 原图 2.jpg”，这是一张风景照片，用“移动工具”把风景图拖放入文件“实例 3 效果图.psd”，调整图层的上下顺序，使得风景图在女孩图层的下方，成为背景。调整女孩的位置和大小，最终效果如图 2-45 所示。

图 2-45　把背景替换成风景照片

2.2　创建文字选区

在 Photoshop 中键入文字之后，会自动生成文字图层，如图 2-46 所示，图层的缩略图也会变成 T 致青春。文字可以放大缩小，而不会影响清晰度，因此先设置合适的文字大小，然后再创建选区，可以制作特殊文字效果，比如图片文字、渐变文字等。利用横排文字蒙版工具 横排文字蒙版工具 和直排文字蒙版工具 直排文字蒙版工具 可以直接在画面中创建文字选区。但是，在制作图片文字时，不建议采用文字蒙版工具。因为如果是采用文字蒙版工具输入尺寸较小的文字，变成文字选区之后，再放大选区，选区边缘会模糊，从而影响文字的清晰度。

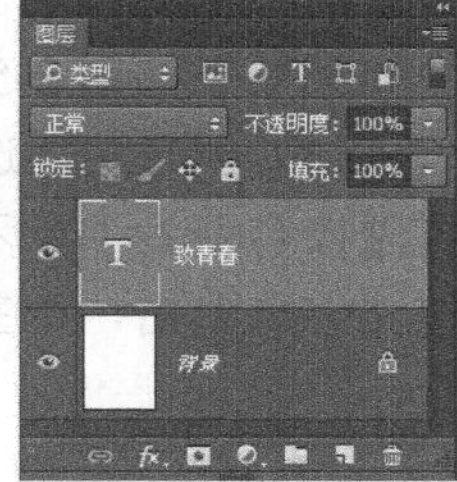

图 2-46　文字图层

实例 4　制作图片字“致青春”

图片字是将图片填充到文字笔画中，取代笔画原有的颜色。图片文字增强了文字的表现力，体现了文字的装饰性，效果如图 2-47 所示。

设计思路：在图片上输入文字，修改文字大小，创建文字选区，调整选区位置，复制并粘贴选区中的图片内容生成“图片字”，调整其位置，使得构图更加均衡。

知识技能：修改文字大小，创建文字选区，移动选区。

调整文字大小：输入文字之后，改变文字大小的方法很多，比如可以在文字工具的选项面板中直接输入文字的点数，如图 2-48 所示，或者单击 T 选项面板中的按钮，打开“字符/段落”对话框，如图 2-16 所示。这些方法在前面的实例中已经使用过。

图 2-47　图片字“致青春”效果图

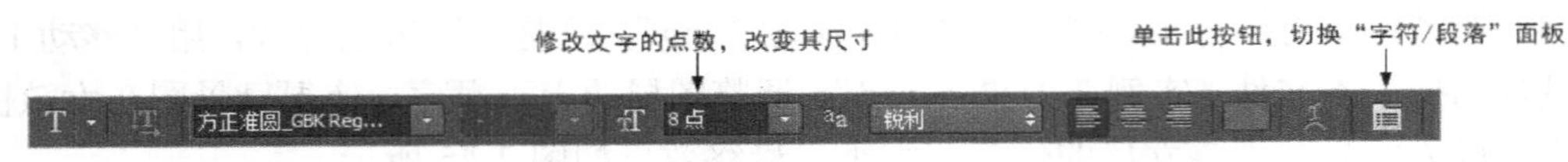

图 2-48 “文字”工具选项面板

除此之外，还有一种非常方便的修改文字大小的方法，就是采用快捷键【Ctrl+T】，或者执行【编辑】|【自由变换】命令。当文字上出现了变换节点时，如图 2-49 所示，按住【Shift】键，拖动四角的节点，使文字等比例放大或缩小。采用这种方式缩放文字时所见即所得，不需要来回调整文字大小数值。

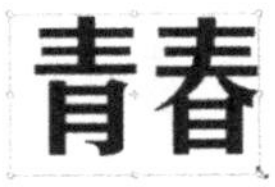

青春

图 2-49 放大文字

实现步骤

（1）在图片上输入文字。执行【文件】|【打开…】命令，打开“实例 4 原图.jpg”，使用“横排文字”工具 输入“致”，继续输入“青春”，字体都是“方正美黑_GBK”。继续输入“我们终将逝去的”，字体是“方正准圆_GBK”，这时，图层面板中出现了三个文字图层，如图 2-50 所示。为了减少背景对文字编辑的影响，单击“背景”图层前面的 按钮，隐藏背景。

（2）修改文字大小。针对文字图层“致”，采用快捷键【Ctrl+T】，这时文字周围出现变换的节点。按住【Shift】键，向外拖动右下角节点，按比例放大文字。用同样的方法，修改其余两个文字图层。采用“移动工具” 移动各文字的位置，并注意文字块的对齐，文字的排列效果如图 2-51 所示。

（3）创建文字选区。因为文字都是同样的颜色，所以可以采用魔棒工具来选择文字。设置魔棒容差为 10，不选中“连续”，选中“对所有图层取样” 容差：10 消除锯齿 连续 对所有图层取样，在文字上单击，则三个文字图层的所有文字都被选中，如图 2-52 所示。

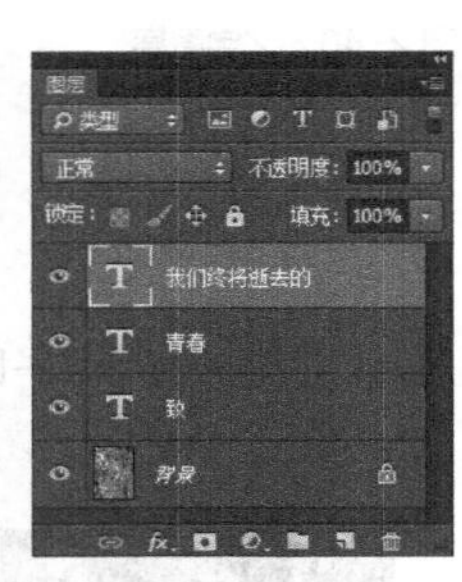

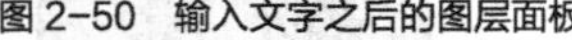
图 2-50 输入文字之后的图层面板

图 2-51 文字的排列

图 2-52 选中全部文字

（4）移动文字选区。显示出“背景”图层，隐藏三个文字图层，这时只看到画面中的文字选区。移动文字选区到合适位置，如图 2-53 所示。

（5）创建图片字。单击背景层，把背景层设置为当前活动图层，使用【编辑】|【拷贝】命令，复制文字选区中的内容，然后执行【编辑】|【粘贴】命令，这时图层面板中出现了一个新的图层，即“图层 1”，“图层 1”就是图片文字。再次隐藏“背景”层，如图 2-54 所示。

（6）修改背景色。把背景色填充为黑色，这时图片字非常清晰地呈现出来，最终效果如图 2-47 所示。

图 2-53　调整文字选区的位置

图 2-54　图片字的效果

2.3 选区的编辑

选区创建完成之后，可以采用【选择】菜单下的一系列命令对选区进行编辑，如图 2-55 所示，其中最常用的是“取消选择”（快捷键【Ctrl+D】）、“反选”（快捷键【Shift+Ctrl+I】）、“修改/羽化”（快捷键【Shift+F6】）、“变换选区”等。除此之外，还可以利用各种选区工具的选项对选区进行编辑和运算。

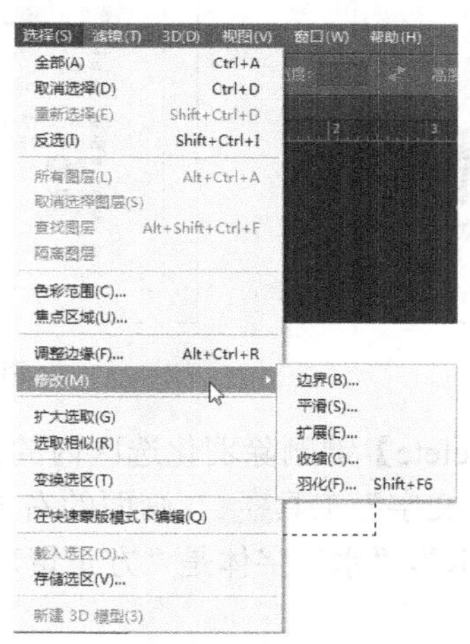

图 2-55　“选择”菜单

2.3.1　选区的羽化

在 Photoshop 中对于选区通常可以直接填充，也可以羽化填充，还可以描边制作各种边框，如图 2-56 所示。

“羽化”就是使选定范围的边缘达到朦胧的效果。羽化值越大，朦胧范围越宽；羽化值越小，朦胧范围越窄。羽化的设置可以针对选区采用快捷菜单，执行【羽化…】命令，或者采用菜单【选择】|【修改】|【羽化…】命令。选区的属性栏中

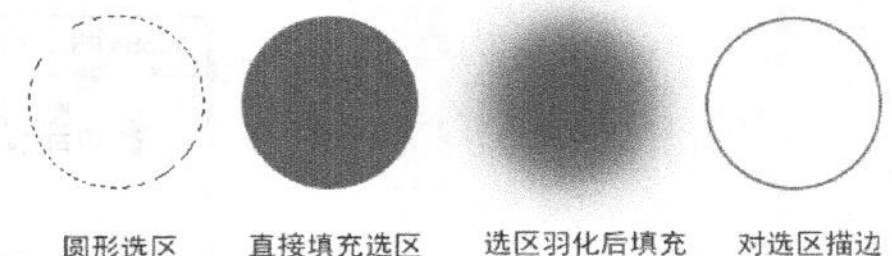

图 2-56　选区的填充和描边

也有“羽化”设置，这里的羽化是预先羽化，在此设置了数值之后，绘制出的选区自动带有羽化效果。

实例 5　给照片添加柔化边框

照片的柔化边框，使得照片有一种梦幻、朦胧的意境，如图 2-57 所示。

设计思路：在照片层上面添加一个白色图层，在白色图层上创建矩形选区，添加羽化效果，删除选区中的白色，剩下的就是白色的柔化边框。这种添加边框的思路也可以用到实例 1 的边框制作中。

知识技能：选区的羽化。

实现步骤

（1）新建一个白色图层。打开“实例 5 原图.jpg”，单击【图层】面板下方的“新建图层”按钮，创建“图层 1”。单击工具箱中的“默认前景色和背景色”按钮，把文件的前景色设置为纯黑色，背景色设置为纯白色。然后使用快捷键【Ctrl+Delete】，把图层 1 填充为白色。

（2）在白色图层中创建一个羽化的矩形选区。单击“矩形选框”工具，在白色图层中拖出一个矩形选区，并调整其位置，右击，在快捷菜单中选择【羽化…】命令，在“羽化选区”对话框中设置羽化半径为 30 像素，如图 2-58 所示。

图 2-57　柔化边框效果图

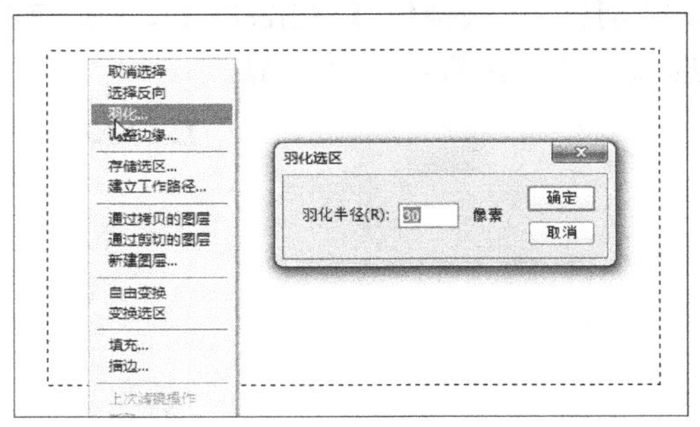

图 2-58　设置羽化半径

（3）挖除羽化选区。按【Delete】键删除羽化选区内的白色，得到柔化的白色边框。

（4）输入文字。使用“直排文字”工具在画面的右上部输入“空水澄鲜”四字，“空澄鲜”字体是“方正水柱体_GBK”，“水”字体是“方正黄草_GBK”，并调整各文字的大小。最终效果如图 2-57 所示。

特别提示

羽化半径的大小要根据矩形选框的位置、大小以及柔化的效果而定义。如果选区太小，而羽化半径太大，已经超出了选区现有的大小，则会出现如图 2-59 所示的对话框。

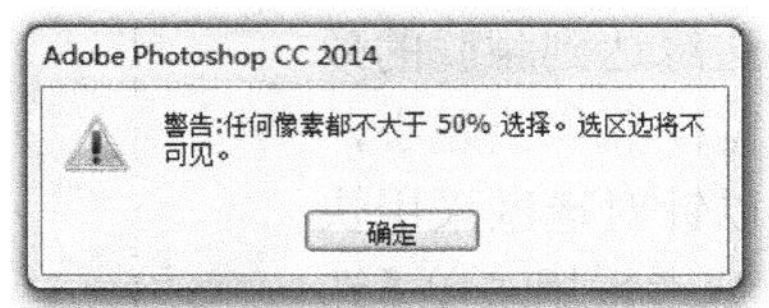

图 2-59　羽化超值警告对话框

2.3.2 选区的运算

矩形、椭圆、套索等每种选区工具的选项面板中都有“新选区”、“添加到选区”、“从选区减去”、“与选区交叉”四个选项，可以用来进行选区的相加、相减、交叉等运算。

新选区：创建新的选区，原来的选区被取消。

添加到选区：创建新的选区，并与原有的选区合并成一个选区，即选区相加。例如使用矩形选区工具，单击“新选区”按钮，创建一个横向矩形选区，然后继续采用矩形选区工具，单击“添加到新选区”按钮，创建一个纵向矩形选区，这时得到一个十字形选区，如图 2-60 所示。

图 2-60 “添加到选区”效果图

从选区中减去：在原有的选区中减去新选区与原选区相交的部分，即选区相减。例如使用圆形选区工具，单击“新选区”按钮，创建一个圆形选区，然后继续采用圆形选区工具，单击“从选区中减去”按钮，再绘制一个椭圆形选区，这时得到一个弯月形选区，如图 2-61 所示。即一个圆形选区减去一个椭圆形选区，得到一个弯月形选区。

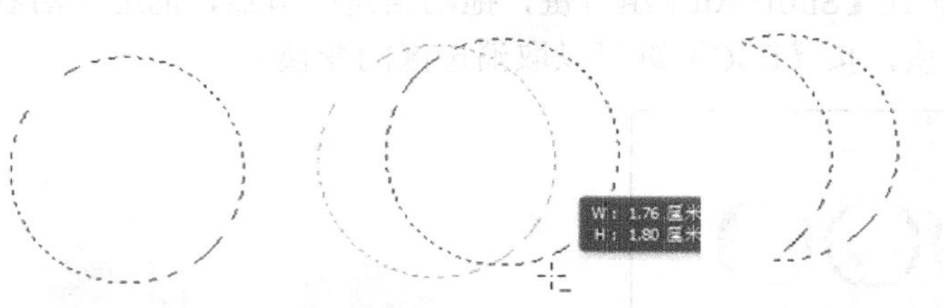

图 2-61 “从选区中减去”效果图

与选区交叉：将新创建的选区与原有选区交叉的部分作为新的选区。使用“圆形选框”工具，单击“新选区”按钮，创建圆形选区，然后使用“矩形选框”工具，单击“与选区交叉”按钮，在圆形选区上方绘制一个长方形选区，这时两个选区交叉，得到一个鼓形选区，如图 2-62 所示。

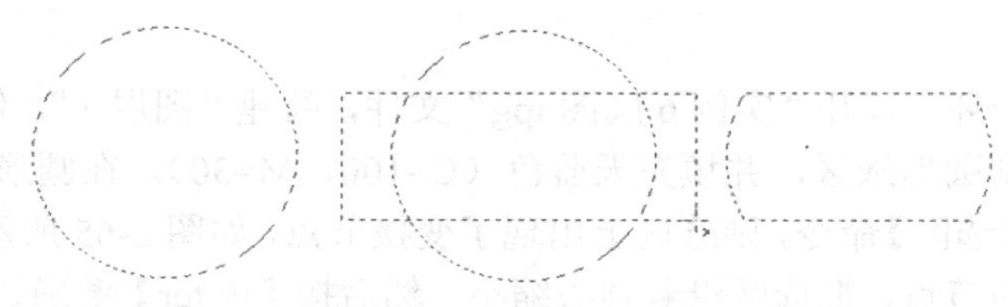

图 2-62 “与选区交叉”效果图

注意选区工具的选项面板，如果设置了一些选项，则下次运行 Photoshop 的时候，这些设置会被记忆。如果想恢复默认选项，可以在选项面板中右击工具，选择“复位工具”即可。工具箱中其他的工具也可以用这种方法来恢复默认选项。

选区扩展：单击【选择】|【修改】|【扩展…】命令，可以把当前的选区向外扩展一定的像素数，如图 2-63 所示。

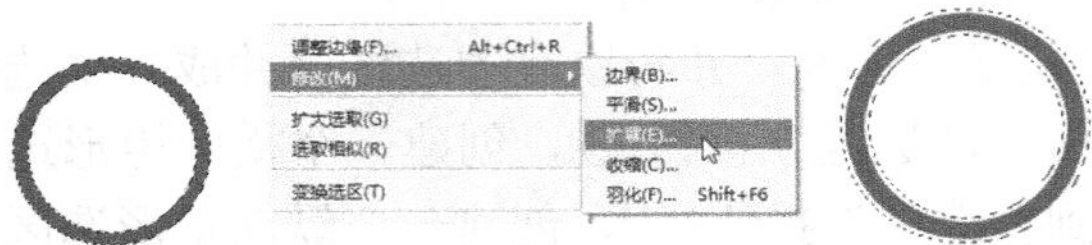

图 2-63 选区扩展

实例 6 制作奥运五环

这个实例主要是为了使读者学会不同图层上选区的编辑技巧，效果如图 2-64 所示。五环的制作有很多种方法，在此给读者呈现一种最简单最容易理解的方法。这种做法同样适用于做“连环文字”等环环相扣效果的制作。

设计思路：五个不同颜色的圆环分别位于五个图层上，这样每两个圆环有两个交叉选区。删除一个交叉选区中的上层圆环，即可出现环环相扣效果。

知识技能：创建圆环选区，选区的加减、交叉运算，选区的扩展。

创建圆环选区的方法有多种，比如采用路径的变换、选区的描边等。此处采用的是选区的变换。

变换选区：右击选区，在快捷菜单中选择【变换选区】命令，则选区上出现了变换节点，如图 2-65 所示，按住【Shift+Alt】组合键，拖动四角的节点，把选区沿着圆心缩小，然后按【Enter】键确认变换，按【ESC】键可以取消选区的变换。

图 2-64 奥运五环效果图

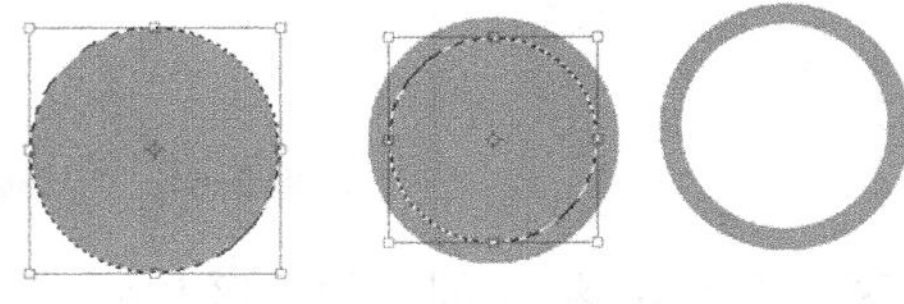

图 2-65 变换选区

变换选区，只是选区的边缘即浮动的蚂蚁线的扩大、缩小、旋转等，与选区中的任何内容都没有关系。

实现步骤

（1）创建蓝色圆环。打开“实例 6 底图.jpg”文件，新建“图层 1”，使用椭圆选框工具，按住【Shift】键绘制圆形选区，并填充天蓝色（C=100，M=30）。在圆形选区中右击，在快捷菜单中选择【变换选区】命令，则选区上出现了变换节点，如图 2-65 所示，按住【Shift+Alt】组合键，拖动四角的节点，把选区沿着圆心缩小，然后按【Enter】键确认变换。删除小圆中的蓝色，得到一个蓝色的圆环。

（2）创建黑、红、黄、绿四个圆环。保持步骤（1）中的圆环选区，往右移动圆环选区，新建“图层 2”，填充黑色（K=100），建立黑色圆环；继续往右移动圆环选区，新建“图层 3”，填充红色（M=95，Y=65），建立红色圆环；往左下方移动圆环选区，新建“图层 4”，填充黄色（M=35，Y=90），建立黄色圆环；往右移动圆环选区，新建“图层 5”，填充绿色（C=100，Y=90），建立绿色圆环。此时，在图层面板中，生成了五个图层，每个图层对应一个圆环，如图 2-66 所示。

（3）删掉一部分两个圆环重叠区域。以蓝色环和黄色环的交叉为例。按住【Ctrl】键单击图层 1 的缩略图，可以得到蓝色圆环的选区。这时单击图层 4，把黄色圆环所在的图层 4 作为当前选区，这时黄色圆环上有两段选区，如图 2-67 所示，这两段选区就是和蓝色圆环的重叠区。单击“矩形选框”工具，在选项面板中单击“从选区减去”按钮，在“重叠选区 2”的位置绘制一个矩形，得到如图 2-68 所示的效果，黄环上的选区只剩下“重叠选区 1”。按【Delete】键删除“重叠选区 1”中的黄色环，则蓝色环呈现出来，如图 2-69 所示。还有一个简便做法，就是在图 2-67 的时候，用“橡皮擦”工具直接擦掉“重叠选区 1”中的黄色环，则此处的蓝色环就显露出来。

图 2-66 五个圆环

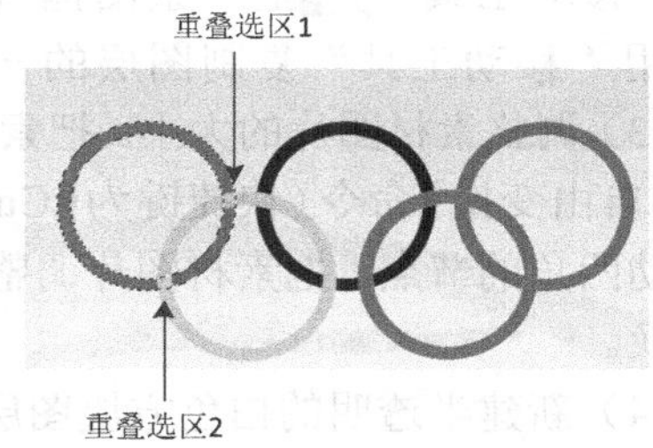

图 2-67 蓝色圆环和黄色圆环的重叠选区

图 2-68 黄色圆环上只剩一个选区

图 2-69 蓝环和黄环套在一起

（4）连接其他圆环。首先要选中底层的圆环，然后把上面的环设置为当前图层，然后删除两个重叠选区中的一部分，则底层圆环显露出来。利用同样的方式可以把其他圆环套接在一起，如图 2-64 所示。

（5）添加文字。输入文字，中英文在上下位置上相互对应。中文字体为“微软雅黑”，加粗，英文字体为“Arial”，这两种文字都显得简洁、稳重、有力量。

实例 7 综合实例 制作 PowerPoint 演讲稿首页

PowerPoint（简称 PPT）讲稿中的很多素材都可以使用 Photoshop 进行处理。PPT 默认的尺寸是 25.4cm×19.05cm，本实例中的文件尺寸就采用默认的尺寸。效果如图 2-70 所示。

设计思路：调整照片的尺寸，在原有的照片上添加半透明的矩形，矩形的上下边缘是纯白色，这个白色边缘可以采用高度非常小的白色矩形，然后输入文字。

图 2-70 “杭州游记”演讲稿首页效果图

实现步骤

（1）新建文件。执行【文件】|【新建】命令，新建一个 25.4cm×19.05cm、分辨率为 96 像素/英寸、颜色模式为 RGB 的空白图片，如图 2-71 所示。

（2）放入素材图片。执行【文件】|【打开】命令，打开素材图片“实例 7 原图.jpg”，采用”移动工具”把风景图拖入到“未标题-1”的空白区中。拖动图层时的光标为，这是用“移动工具”复制图层的一种方式。图片拖进来之后，自动形成“图层 1”。

（3）调整素材图片的大小。把素材图片这一层（即图层 1）设置为当前层，然后执行【编辑】|【自由变换】命令（快捷键为【Ctrl+T】），这时图片四周出现变换的控制节点，按住【Shift】键拖动四角的节点，把素材图片调整成和最底层的图层相同的尺寸，然后单击【Enter】键确认变换。

（4）新建半透明的白色方块图层。点击图层面板下面的新建图标，可以创建空白的“图层 2”，这是最常用的新建图层的方法。用矩形选框工具在本图层的中下部绘制一个和底图等宽的矩形选区，单击设置前景色为白色，采用快捷键【Alt+Delete】填色。这时本图层的矩形选区中填充了白色，设置本层的“不透明度”为 45%，则白色变成了半透明的白色。

（5）在半透明的矩形上添加边框。新建“图层 3”，在图层 3 上绘制一个很扁的矩形，设置前景色为白色，按下【Alt+Delete】，在矩形中填充白色，调整到半透明矩形的上方，成为白色的边。复制“图层 3”，移动位置到半透明矩形的下方，效果如图 2-72 所示。

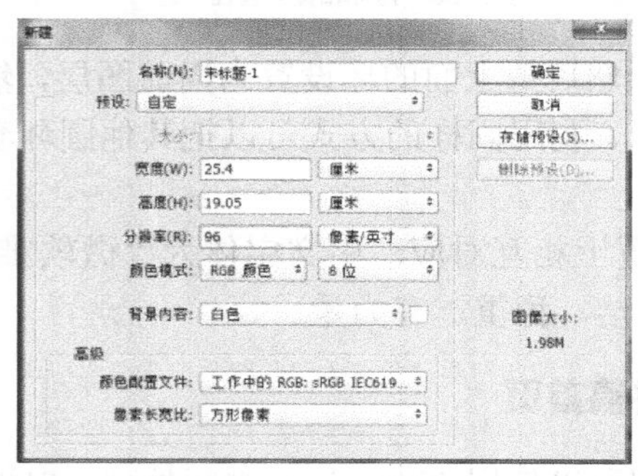

图 2-71 “新建文件”对话框

图 2-72 上下白边效果图

（6）输入文字。采用“横排文字”工具，输入“杭州游记”，字体为“微软雅黑 Bold”，字号是 70，颜色为黄色。最终效果如图 2-70 所示。

特别提示

在图片上添加半透明的颜色块，然后输入文字，这样既不会影响文字的阅读，保证了文字信息的准确传达，又能渲染图片的主题，文字和图片互不影响。而且，半透明色块的添加，可以把原有的画面进行划分。类似的做法还有如图 2-73 中间部分的半透明页面，用于放置“宣言”的文字内容，上方和下方的区域放置课件的题目和作者信息。

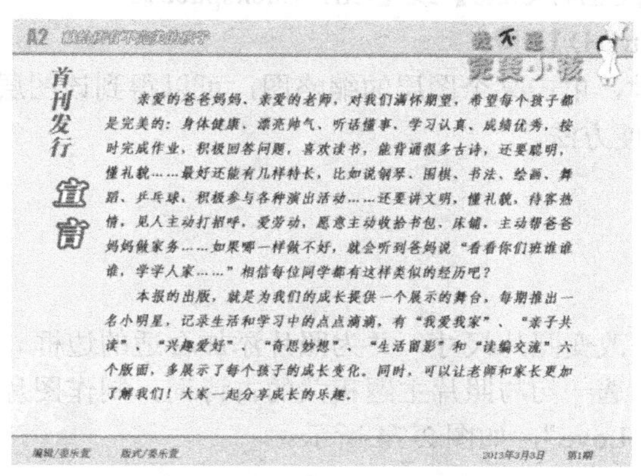

图 2-73　PPT 课件《我不是完美小孩》页面

本章小结

1．选区的创建方法

选区的创建方法有很多，常见的选区工具用法如下。

（1）矩形选框工具：用来作矩形选区，在创建新选区，而非“相加”“相减”“交叉”的时候，按住【Shift】键，可以作正方形选区。在选项面板设置了比例之后，可以创建固定比例的选区；设定了选区的具体尺寸，则可以创建固定尺寸的选区。

（2）椭圆选框工具：作椭圆形选区，按住【Shift】键，可作正圆形选区。

（3）魔棒工具：选择颜色相似的区域，注意“容差”的设置。

（4）套索：套索用来选择不规则的区域，有自由套索、多边形套索和磁性套索。自由套索适合创建无需精确的不规则选区，多边形套索适合创建多边形选区，磁性套索适合用来选择和背景色调差别大的主体。

（5）按住【Ctrl】键，点击当前图层的缩略图，可以选中图层中所有不透明的区域。

2．选区的编辑

不仅可以利用选择工具选项面板中的“相加”“相减”“交叉”选项来编辑选区，还可以对选区进行缩放、旋转、移动、扭曲、斜切、透视等变换。这时变换的是选择区域的虚线外框，不会改变选区中的图像内容，不要把【选择】|【变换选区】命令和【编辑】|【变换】命令混淆。针对选区，在右键的快捷菜单中选择“变换选区”，当选区四周出现了变换节点之后，变换方式如下。

（1）按住【Shift】键，实现按比例缩放。按住【Alt】键，实现从中心点缩放。

（2）按住【Ctrl】键，再拖动四角的手柄，可以实现扭曲，拖动中间手柄，可以实现斜切。

（3）按住【Shift+Ctrl+Alt】组合键，实现透视。

（4）要完成变换，可以双击区域中心或单击回车键。

3. 与选区相关的快捷键

（1）填充前景色：【Alt+Delete】或【Alt+Backspace】。

（2）填充背景色：【Ctrl+Delete】或【Ctrl+Backspace】。

（3）取消选区：【Ctrl+D】。

（4）按住【Ctrl】键，单击某个图层的缩略图，可以得到该图层中所有不透明的区域。这是一种创建选区的简便方法。

课后练习

1. 自己拍摄照片，改变照片尺寸，并为照片添加合适的边框。
2. 自己拍摄照片，选一句与照片主题相关的古诗词，制作图片字。
3. 制作拉手文字“Love”，如图 2-74 所示。

图 2-74 拉手文字

4. 自行拍摄校园中的楼字、桥梁等建筑，制作 PowerPoint 演示文稿“走进校园建筑”的首页。

Photoshop+Illustrator

3 Chapter

第 3 章 Photoshop 图层基础

学习目标

- 掌握 Photoshop 中图层的概念、使用方法，学会创建图层、删除图层、合并图层、复制图层、变换图层等操作。
- 掌握图层蒙版的概念和使用方法，能够使用图层蒙版进行抠像、图像合成等操作。
- 掌握图层样式的分类和使用方法，能根据具体需要选择合适的图层样式。
- 掌握图层混合模式的类型及常用的模式。

Photoshop 是基于图层的软件，图层是 Photoshop 的基础和核心部分，Photoshop 中的很多操作与应用都是基于图层的。图层相当于承载着文字、图形等元素的透明胶片，画面最终的设计效果是所有图层交叠在一起的综合效果。一般情况下，各个图层之间的操作互不影响，我们可以方便地对图像部分内容进行修改与编辑。合理使用图层，可以实现复杂图像的编辑与制作。

3.1 图层的创建和合并

Photoshop 中的图像在设计过程中一般由多个图层构成，每个图层就像一张“透明胶片”，通过在这些“透明胶片”上绘图编辑，最终完成作品，如图 3-1 所示，这件作品就是由三个图层构成的，最底下是背景图层。

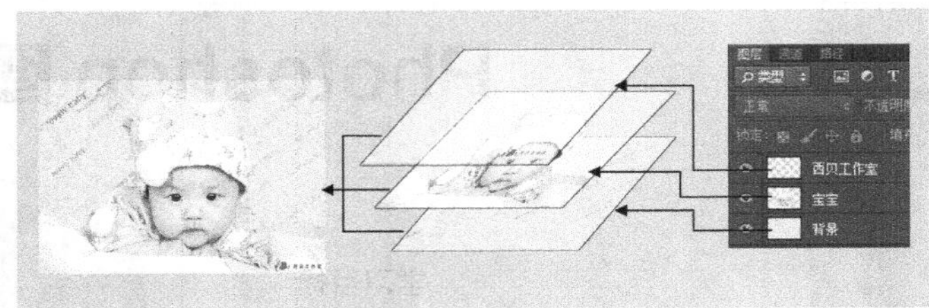

图 3-1　图层间的关系

Photoshop 中对图层的管理与操作是通过【图层】面板来实现的。如果看不到【图层】面板，可以执行【窗口】|【图层】命令或者单击键盘上的 F7 键打开【图层】面板，如图 3-2 所示，【图层】面板包括所有图层、图层组、图层效果等信息，可以进行创建图层、删除图层、隐藏图层、添加图层效果等操作。

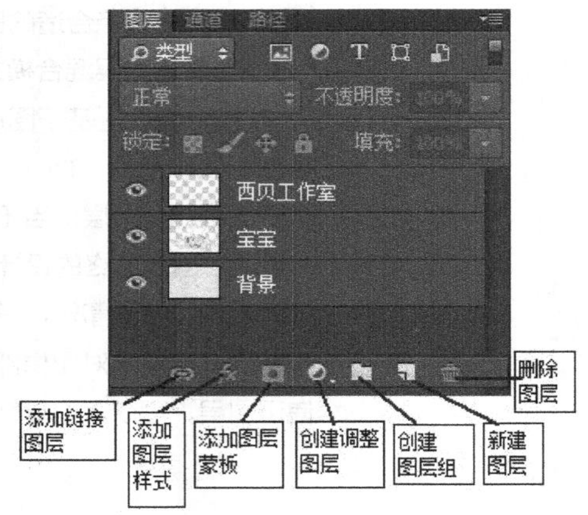

图 3-2　图层面板

3.1.1　新建图层

Photoshop 中的图层有多种类型，常见的有背景图层、普通图层、文字图层、形状图层、调整图层等，不同的类型有不同的创建方法。

（1）背景图层。当我们新建一个文件或者打开任意一个 JPG 格式的文件时，会发现在【图层】面板中只有一个“背景”图层，而且被锁定，不能移动，不能改变透明度，不能改变图层的名称，不能改变图层排列顺序。背景图层位于所有图层最下面，通常是不透明图层。如图 3-3 所示，打开一个 JPG 格式的文件，只看到“背景”图层。有时候，我们把“背景”图层双击转换为普通的“图层 0”，或者填充颜色或图片。如图 3-4 所示，这时的颜色或底图虽然不叫做“背景”图层，但依然起到的是背景的作用。

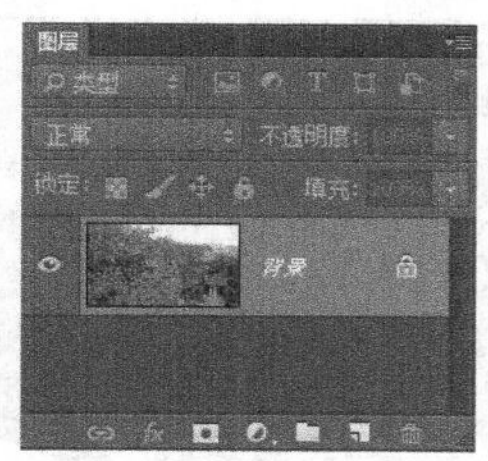

图 3-3 背景图层

图 3-4 背景图层变为图层 0

（2）普通图层。普通的填充图层是我们平时用得最多的图层，是由像素构成的。对于普通图层我们可以进行关于图层的所有操作，比如设置图层不透明度、添加图层样式、改变尺寸、重新填色等。把“背景”图层双击，变成“图层 0”，就把“背景”图层改变为普通图层，可以进行修改图层名称、添加图层样式、移动位置、改变透明度等操作。我们平时所讲的“新建图层”指的是新建普通图层。新建图层的方法主要有以下两种。

一是利用【图层】面板。在【图层】面板中单击“新建图层”按钮，可以新建一个默认参数的图层，如图 3-5 所示。双击默认图层名称“图层 1”，可以任意修改图层名称。这是最常用的新建图层的方法。

二是利用【图层】菜单。选择【图层】|【新建】|【图层】命令，弹出“新建图层”对话框，如图 3-6 所示。在“新建图层”对话框中，设置图层名称、颜色、模式、不透明度等参数。“颜色”设置图层在图层面板中所显示的颜色（一般设置为“无”）；“模式”设置图层的混合模式；“不透明度”设置在图层上绘制的图像的不透明度。最后单击“确定”按钮即可完成新建图层的任务。

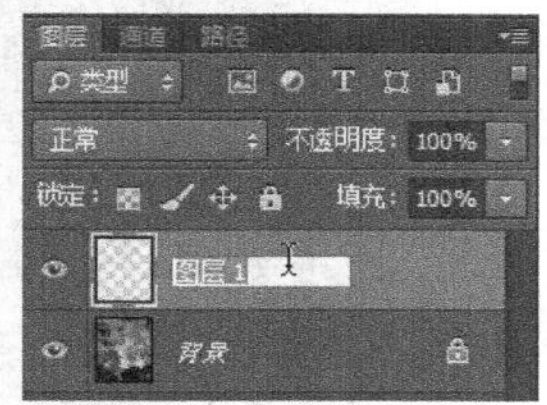

图 3-5 新建图层 1

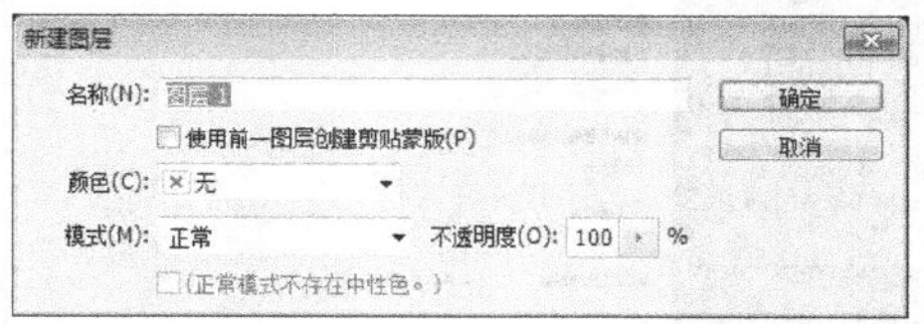

图 3-6 新建图层对话框

此外，使用快捷键【Shift+Ctrl+N】也可以出现图 3-6 所示的对话框，实现“新建图层”的操作。

（3）文字图层。文字图层是指输入文字时自动添加的图层，输入文字之后，图层的名称就是输入文字的内容，如图 3-7 所示，输入“学习”二字，则文字图层的名称就是“学习”。文字可以随意放大、缩小，不会影响清晰度。如果使用“文字工具”在画面中只单击而没有输入文字，那么文字层默认的名称就是“图层 1”，是空白的文字图层，如图 3-8 所示，以后在输入文字时可以双击“图层 1”的缩略图直接输入文字。在设计图像的时候，为了方便图层的查看、管理、修改，【图层】面板中不要有空白文字图层。

（4）形状图层。形状图层是指使用形状工具或钢笔工具创建的图层，由填充颜色和形状路径两部分组成。如图 3-9 所示，箭头形状的颜色是绿色的，双击缩略图可以修改颜色；使用“路径选择工具”单击画面中的绿色箭头图形，可以采用其他的路径工具来修改原有的箭头形状。

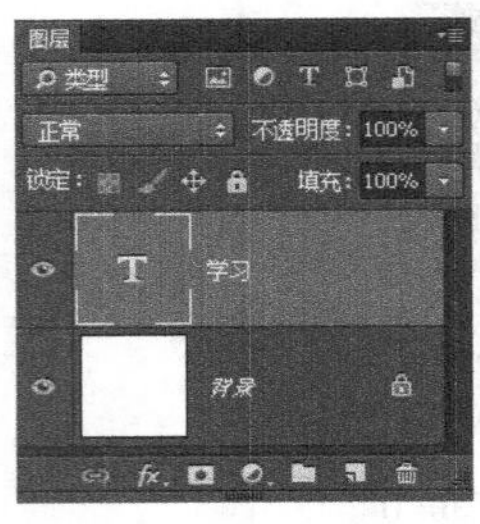

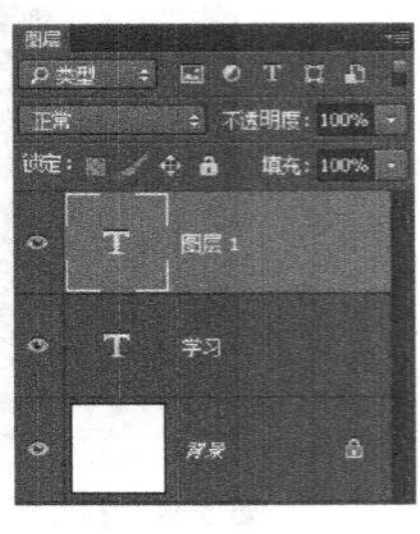

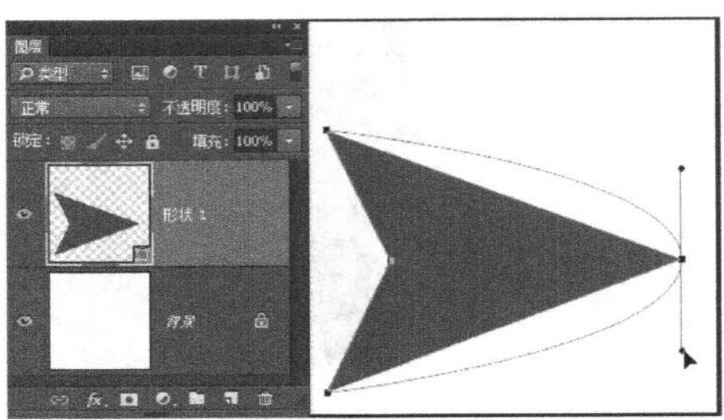

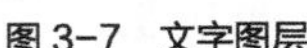
图 3-7 文字图层　　图 3-8 空白文字图层　　图 3-9 形状图层

（5）调整图层。调整图层是在一个或几个图层的上方添加的调整颜色的图层，可以控制调整的范围，可以随时修改调整的参数，而不破坏原有图像。调整图层的详细用法会在第六章的颜色调整部分讲解。

特别提示

图层的“缩略图”，是【图层】面板中图层名称前面的方形小图，是图层内容以压缩方式处理之后的显示效果。不同类型的图层，其缩略图的外在形式也不同。缩略图的大小可以修改，如图 3-10 所示，打开【图层】面板右上角的折叠菜单，单击“面板选项”命令，可以打开如图 3-11 所示的【图层面板】选项对话框，较大的缩略图可以比较清楚地看清图层的内容，但所占内存也较大。

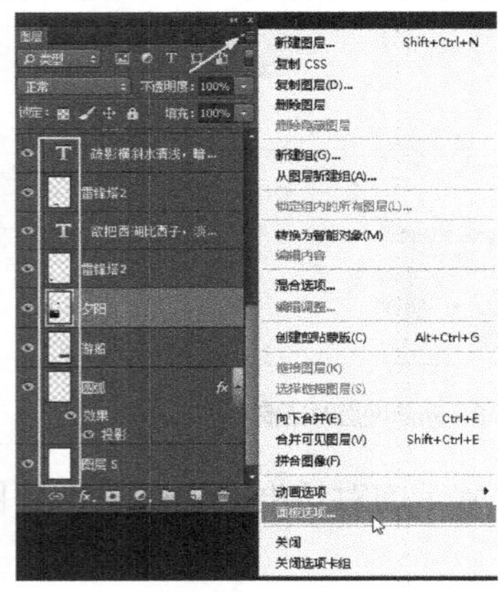

图 3-10 图层的缩略图

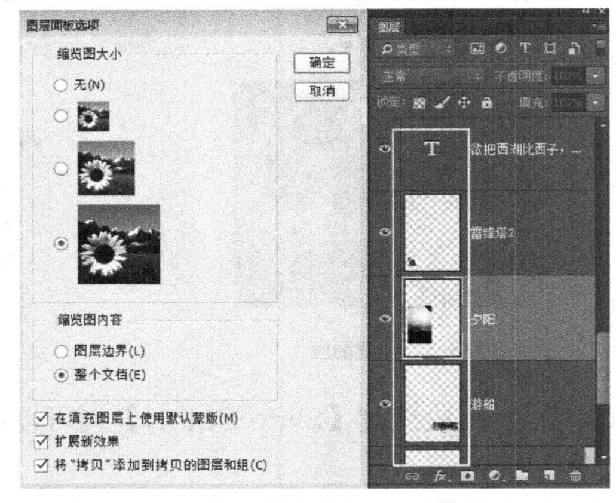

图 3-11 在图层面板选项修改缩略图大小

3.1.2 合并图层和盖印图层

在使用 Photoshop 编辑图像的过程中，为了便于管理图层内容，缩小文件占用的磁盘空间，针对一些不重要且不再进行修改的图层可以进行合并图层操作（比如一些小的装饰图形等），即将相关的多个图层合并成一个图层。合并后所有透明区域的重叠部分仍会保持透明，不会影响图像显示效果。

（1）合并图层。合并图层最简单的做法就是在【图层】面板中选择需要合并的几个图层，然后选择【图层】|【合并图层】命令或者使用快捷键【Ctrl + E】。选择图层时，如果按住【Shift】，

会选择连续的多个图层，按住【Ctrl】键，则选择不连续的多个图层，这种做法与资源管理器中文件的选择相似。如图 3-12 所示，小草的图形有 5 个图层，其内容简单，重新制作也非常方便，而且在【图层】面板中占据了不少空间，那就可以按住【Shift】键在图层面板中选中这五个图层，采用快捷键【Ctrl + E】合并，如图 3-13 所示，这五个图层变成一个图层，成为一个整体，非常方便编辑修改。

图 3-12　选择多个图层

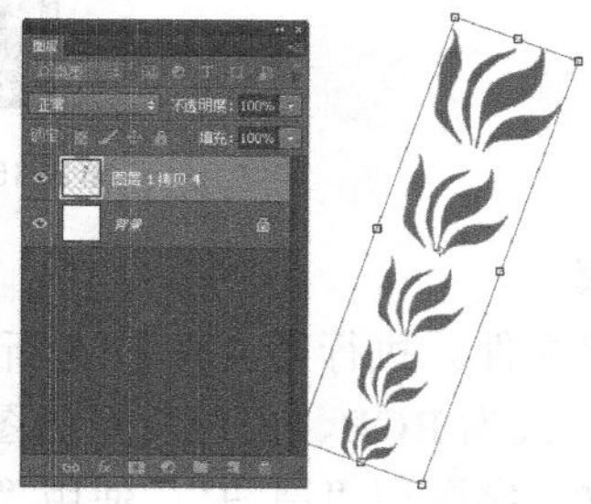

图 3-13　合并图层之后的效果

特别提示

合并图层的操作对象是“显示状态”的图层，不能是“隐藏状态”的图层。

与合并图层相似的操作还有“拼合图像”。拼合图像是将所有显示状态的图层与背景图层合并，被隐藏的图层将被删除。如果没有背景图层，其他几个图层包含透明区域，则执行【图层】|【拼合图像】之后，所有图层合为一层，且透明部分全部填充白色。

（2）盖印图层。盖印图层实现的结果和合并图层差不多，是把图层合并在一起生成一个新的图层。但与合并图层所不同的是，盖印图层是生成新的图层，而被合并的那些图层依然存在，不发生变化。这样的好处是不会破坏原有图层，还能对合并后的图层整体编辑，如图 3-14 所示。如果对盖印图层不满意，可以随时删除掉。具体操作方法是：首先将要进行盖印的多个图层设置为显示状态，然后执行【Shift + Alt + Ctrl + E】即可完成。

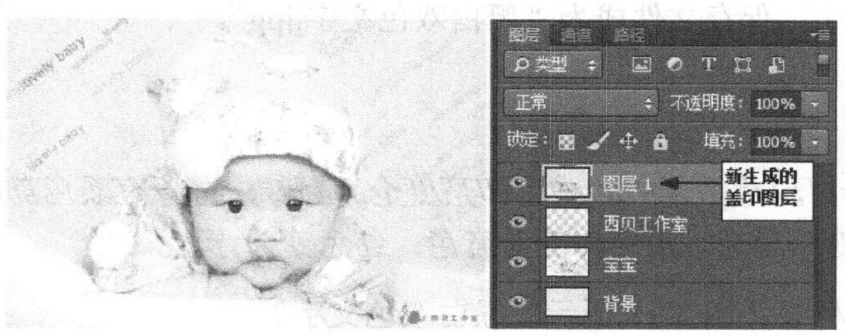

图 3-14　盖印图层

实例 1　制作“黑白”双色文字

设计思路：将字划分成两部分，一部分为黑色，另一部分为白色，黑色字部分的底色为白色，白色字部分底色为黑色，效果如图 3-15 所示。

知识技能：新建图层，合并图层，颜色反相。

图 3-15 "黑白"双色字效果图

实现步骤

（1）新建文件。执行【文件】|【新建】命令，新建一个 2.54 厘米×3.39 厘米、分辨率为 96、颜色模式为 RGB、白色背景的图片。

（2）建立文字图层"黑白"。使用"直排文字工具" 输入"黑白"两个字，黑色，大小是 24 点，字体是"方正琥珀_GBK"。

（3）合并图层。使用快捷键【Ctrl+E】，合并文字和白底，使得黑文字和白底成为一层，如图 3-16 所示。

（4）选择部分选区，反相。用矩形选区工具 在图中绘制一个选区，如图 3-17 所示，选择黑白文字的左半部分，执行【图像】|【调整】|【反相】命令或者使用快捷键【Ctrl + I】，底色和文字颜色都反相，使图的左半部分变为黑底白字。

图 3-16 合并图层

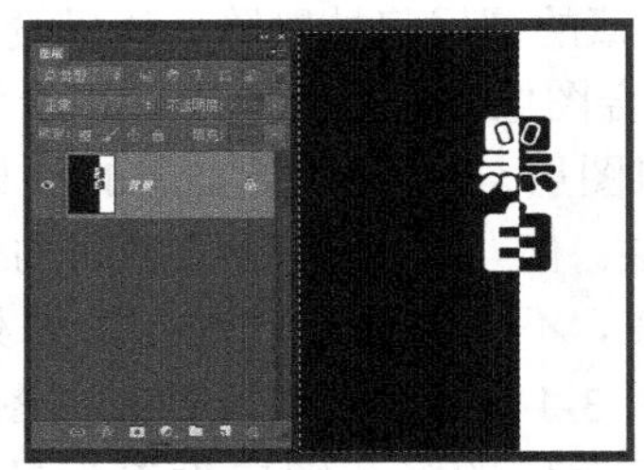

图 3-17 反相

（5）输入小文字，保存文件成为"黑白双色文字.jpg"。

特别提示

"反相"命令可以将图像中的颜色和亮度全部翻转，将所有颜色都以它的互补的颜色显示，如将白色变为黑色，黄色转变为蓝色，红色变为青色。

思考一下，怎样设计图 3-18 所示的绿白双色文字？

图 3-18 绿白双色文字

3.2 图层的复制

Photoshop 中可以通过多种途径实现图层的复制。常用的复制图层的方法有以下四种。

（1）使用”移动工具”，按住【Alt】键，拖动图层，可以复制产生新图层。

注意：如果有选区，则会复制选区中的内容，而不会生成新的图层。

（2）如果图层中有选区，则使用菜单命令【编辑】|【拷贝】和【粘贴】可以复制产生新图层。这种方法的快捷键是【Ctrl+C】与【Ctrl+V】，很常用。

（3）拖动图层到【图层】面板下方的“新建图层”按钮上，可以复制图层，图层副本和原图层的大小、位置等完全相同，属于“原位”复制。

（4）单击一个图层，使用快捷键【Ctrl+J】也可以“原位”复制，只是图层副本的名称与方法（3）不同。

实例 2　制作“花语”的信笺

设计思路：复制背景图，绘制紫红色直线，复制多条直线，调整其位置，使其对齐并间距相等，效果如图 3-19 所示。

知识技能：复制图层，对齐和分布多个图层。

实现步骤

（1）新建文件。执行【文件】|【新建】命令，新建一个正 16 开的文件，即 19 厘米×26 厘米，分辨率为 300PPI、颜色模式为 CMYK、白色背景，如图 3-20 所示。正 16 开是常用的信笺尺寸。

（2）复制背景图。打开“背景图.tif”文件，这个文件只有一个图层（这个文件是采用画笔工具绘制的，具体操作可以参考第四章的画笔绘图部分）。采用”移动工具”拖动该图层到新建的空白文件中，这时“背景图.tif”的内容已经复制，成为图层 1，如图 3-21 所示。通过这个操作我们可以看到，在不同的文件之间拖动图层，就是复制图层。保存文件，名称为“花语信笺源图.psd”。

图 3-19　“花语”信笺效果图

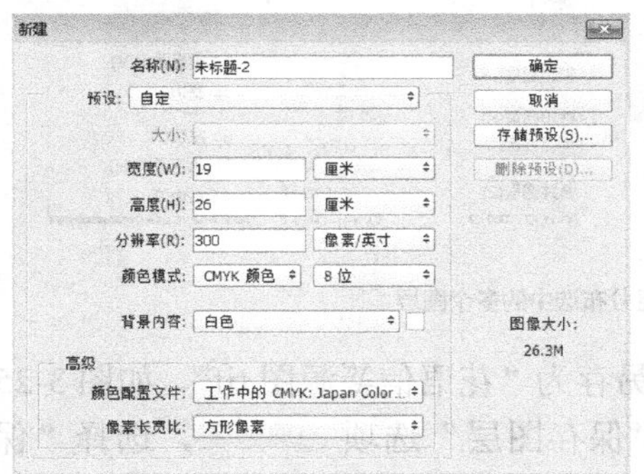

图 3-20　新建文件对话框

图 3-21　在不同的文件之间复制图层

（3）绘制信笺上的横线。新建图层 2，采用“矩形选框工具”在画面的空白区域绘制一个合适的矩形，高度较小，填充紫红色（HSB=340，74，73）。如果觉得直线太粗，可以用放大镜放大几倍，如图 3-22 所示，再次采用“矩形选框工具”选中一部分，删除，这样直线就变细了。

（4）复制横线：这时只有一条横线位于图层 2。采用”移动工具”，在其选项面板中取消“自动选择”，按住【Alt】键，单击并拖动，可以复制图层 2。多做几次，如图 3-23 所示，从“图层 2”到“图层 2 拷贝 10”一共有 11 条横线，间距不一，参差不齐。

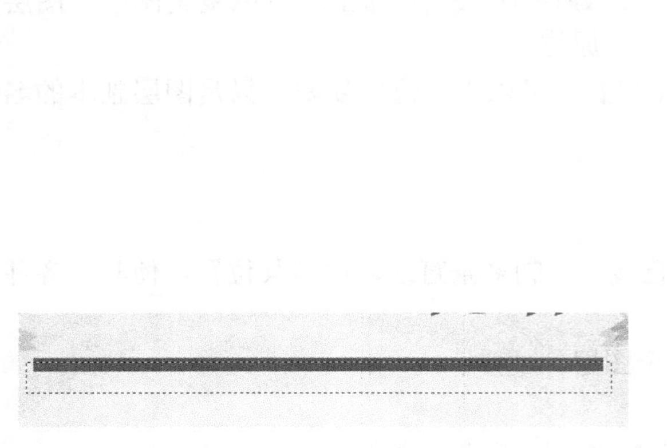

图 3-22　把粗线变细线

图 3-23　复制多个图层

想一想，为什么要取消“自动选择”呢？这是因为线条太细，单击线条时，不小心就会单击到图层 1（底图）。

（5）对齐横线并设置间距相等。移动“图层 2”中的直线到合适的位置，这是最上面的直线。移动“图层 2 拷贝 10”中的直线到恰当的位置，这是最下方一条直线。按住【Shift】全选“图层 2”到“图层 2 拷贝 10”，分别执行菜单命令【图层】|【对齐】|【左边】和【图层】|【分布】|【顶边】，如图 3-24 所示。执行完这两个命令之后，这 11 条横线就对齐且均匀分布了。

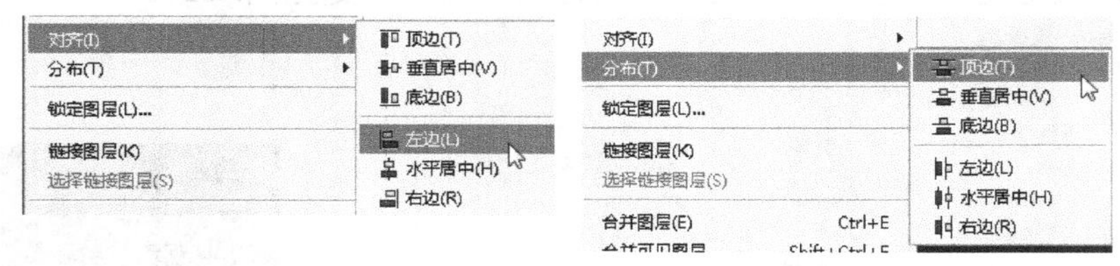

图 3-24　对齐且分布选中的多个图层

（6）保存文件“花语信笺源图.psd”，并另存为“花语信笺源图.tif”，如图 3-25 所示，保存时要选择保存类型为 TIF，且不要选择“保存图层”选项 ☐图层(L)，选择“保存副本”☑作为副本(Y)。

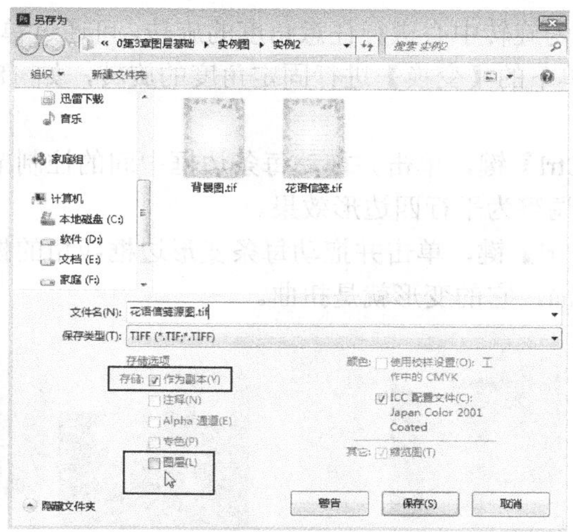

图 3-25　保存 TIF 格式的选项对话框

3.3 图层的变换和重复变换

在对图像进行编辑的过程中，为了得到某些特殊效果，我们需要对图像进行缩放、扭曲、旋转等操作。在 Photoshop 中，可以通过【编辑】菜单下的【变换】与【自由变换】（见图 3-26），然后通过控制变换的中心点与控制节点（见图 3-27）来实现图像的缩放、扭曲等操作。下面我们重点讲解【自由变换】的使用方法，其快捷键是【Ctrl + T】。

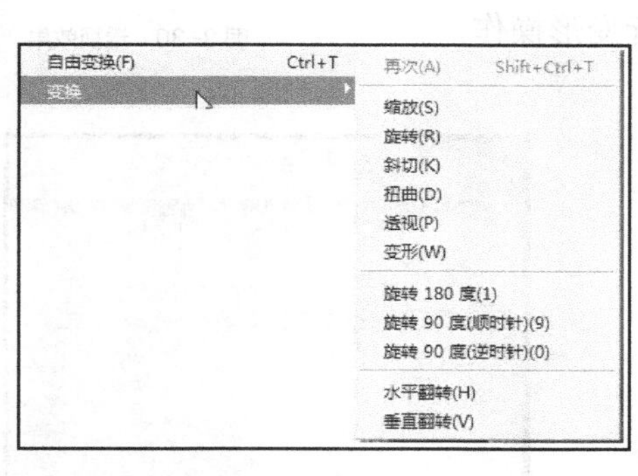

图 3-26　图层的变换

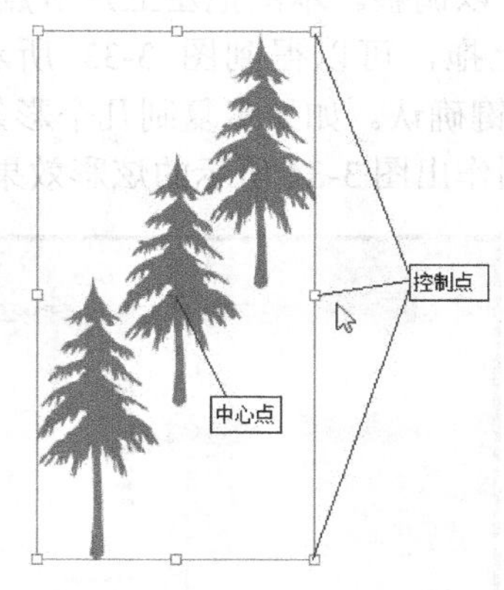

图 3-27　变换的中心点与控制点

（1）缩放。实现图像大小的控制，可通过单击并拖动控制节点来实现。结合【Shift】键进行拖动可以实现等比例缩放。按住【Alt】键，则是从中心点开始缩放。如果同时按住【Shift】和【Alt】，则是同心缩放。

如果是人像或者风景图等照片，在缩放时一定要保持原有的比例。

（2）旋转。以中心点为旋转中心进行任意角度的旋转，可通过单击并拖动边框外部实现。也可以利用【编辑】菜单下的【变换】进行固定角度的旋转，如 180 度、90 度、垂直或水平旋转等。

（3）斜切。按住【Ctrl】键，单击并拖动每条边框中间的控制节点，可实现倾斜变形，如图 3-28 所示为将矩形调整为平行四边形效果。

（4）扭曲。按住【Ctrl】键，单击并拖动每条变形边框四角的控制节点，可实现扭曲变形，如图 3-29 所示的顶面，它的变形就是扭曲。

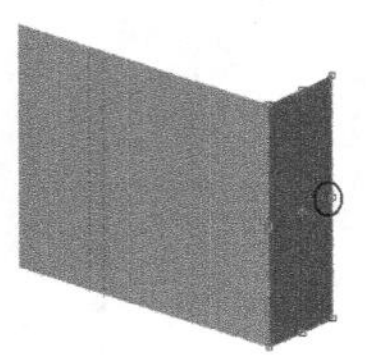

图 3-28　斜切效果

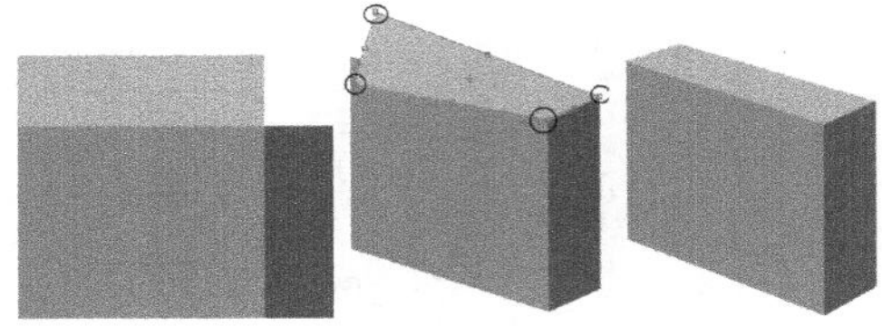

图 3-29　顶面的扭曲效果

（5）透视。按住组合键【Ctrl+Shift+Alt】，单击并拖动变形边框四角的控制节点，可实现透视效果调整，如图 3-30 所示，文字的透视效果变形，必须要把文字进行栅格化，变成普通图层。

（6）变形。执行【Ctrl+T】后在变形边框内，击右键，在弹出的菜单中选择【变形】命令，如图 3-31 所示，针对渐变彩条执行【Ctrl+T】自由变换，右键，选择【变形】，这时彩条上出现变形区域，如图 3-32 所示，每个节点都可以调整。本图把左上角节点往下拖，把右下角节点往上拖，可以得到图 3-33 所示的变形效果，按【Enter】键确认。如果多复制几个彩条，执行变形操作，则可以制作出图 3-34 所示的炫彩效果。

图 3-30　透视效果

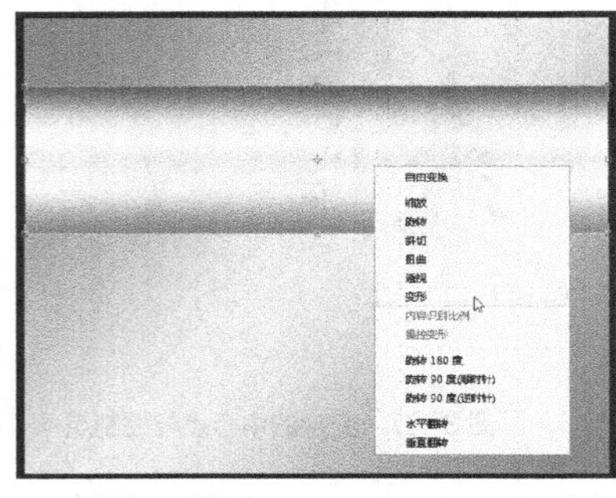

图 3-31　变形命令

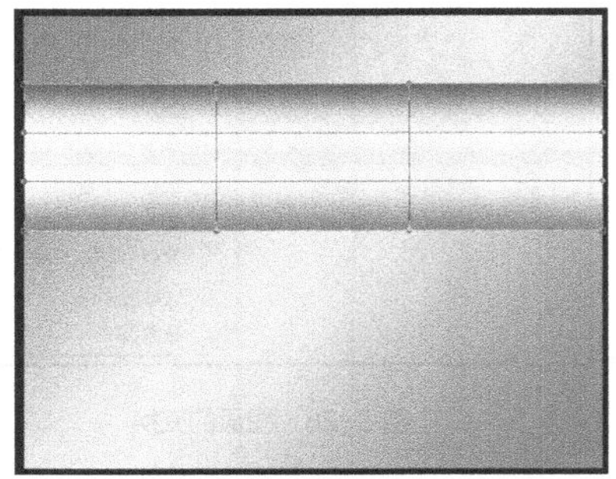

图 3-32　变形控制点

特别提示

在做变换前，必须要选择进行变换的图层，并且所有的变换操作，都需要回车确认，这时变形边框消失。如果要取消变换操作，则需要单击【Esc】键。

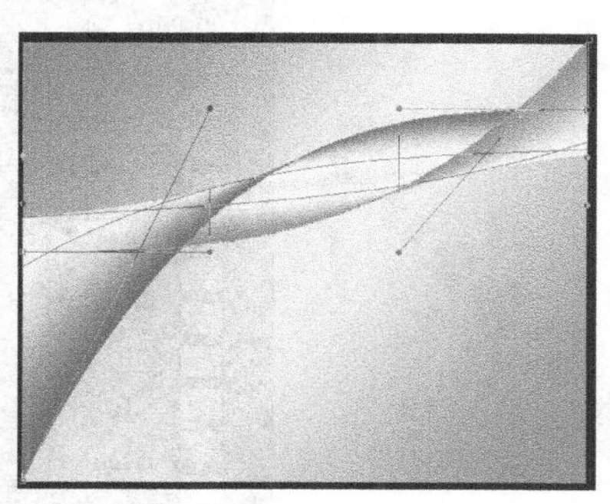

图 3-33　变形结果

图 3-34　多个对象的变形效果

（7）重复变换。使用快捷键【Shift+Ctrl+Alt+T】可实现变换效果的多次复制。

实例 3　设计旋转图案

设计思路：先使用形状工具绘制一个心形，调整好大小与位置，然后经多次复制后得到一串由大变小的心形图案，最后对这串心形图案进行多次复制旋转操作，效果如图 3-35 所示。

知识技能：绘制心形图案，图层的自由变换，重复变换。

图 3-35　旋转图案效果图

实现步骤

（1）新建文件。执行【文件】|【新建】命令，新建一个 6.77 厘米×5.08 厘米、分辨率为 96PPI、颜色模式为 RGB 的空白图片。

（2）新建与编辑“心形”图层。新建图层，并修改名称为“心形”。利用“自定义工具”绘制红色心形图案，其参数设置如图 3-36 所示。然后使用“自由变换”【Ctrl+T】调整其大小、位置、旋转角度等。

图 3-36　心形图案参数设置

（3）复制“心形”图层。将 “心形”图层拖动到下方的“新建图层”按钮上，实现图层的复制，并在复制后的图层中使用【Ctrl+T】调整心形图案的大小、位置、旋转角度等，使其表现出大小、位置的变化，其效果如图 3-37 所示。

特别提示

对心形副本的所有变换操作，如改变位置、调整大小、旋转等，一定要在按下【Ctrl+T】之后进行，所有操作完成之后，才能按下回车键确认变换。这样所有变换的操作才会被记录下来。如果提前按下回车确认变换，然后又移动了位置，那么移动位置就不是变换的一部分，无法被记录。

（4）重复变换动作。连续执行【Shift+Ctrl+Alt+T】命令 7 次，得到如图 3-38 所示效果。

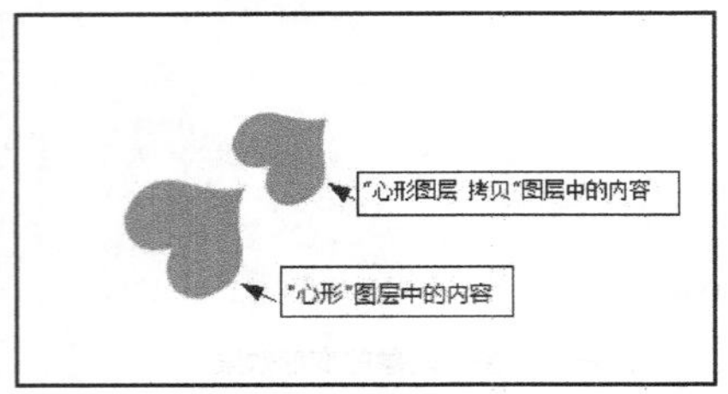

图 3-37 第一次复制与交换后的效果

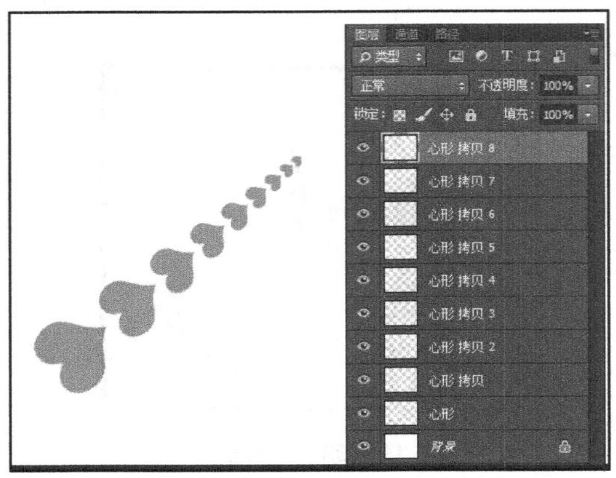

图 3-38 多次复制心形后的效果

特别提示

使用快捷键时，可以一直按住【Shift+Ctrl+Alt】不松开，不断单击【T】键即可。

（5）合并图层。结合【Shift】键，选中除背景图层外的所有心形图层，执行【Ctrl+E】合并图层命令，生成新图层“心形 拷贝 8”。

（6）复制合并后的图层。复制图层“心形 拷贝 8”，在复制得到的新图层中使用【Ctrl+T】后，调整变形中心点到右上位置，如图 3-39 所示，通过单击并拖动边框外部实现顺时针旋转 20 度，如图 3-40 所示，按回车确认变换操作。

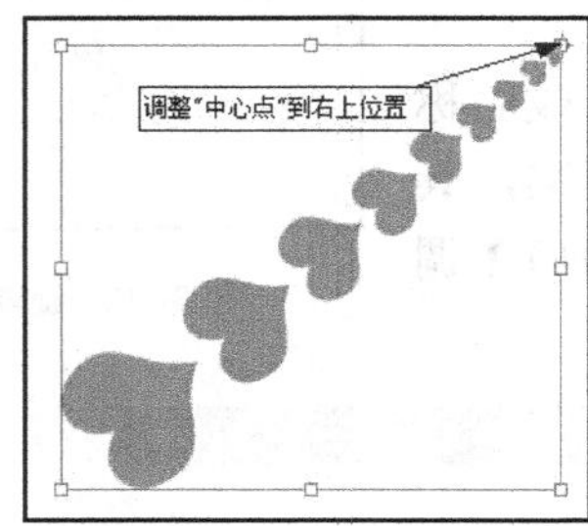

图 3-39 调整中心点

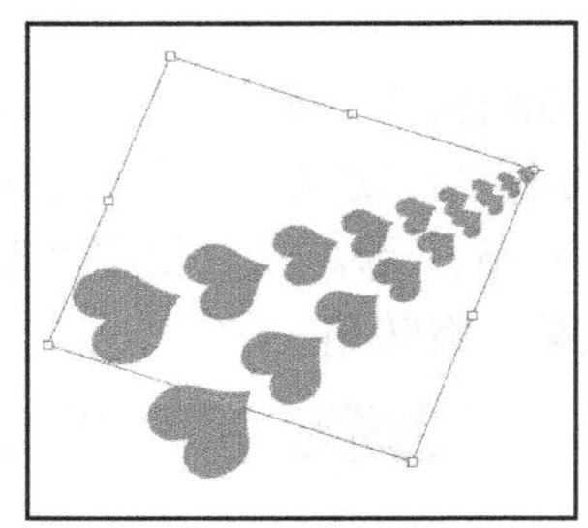

图 3-40 旋转 20 度效果

特别提示

旋转的角度必须能把 360 度整除，否则做不出完美的旋转图案。在按下【Ctrl+T】旋转时，可以在上方的选项面板中输入旋转的精确数值，例如 20 度，如图 3-41 所示，然后按两次回车，确认变形。为什么要按两次回车键呢？第一次，是确认“20”输入结束，第二次才是真正的确认变换。

图 3-41 输入旋转的精确数值

（7）重复变换动作。连续执行【Shift+Ctrl+Alt+T】命令 16 次，得到如图 3-35 所示效果。

（8）合并图层并保存文件。合并除背景图层外的所有图层。保存文件为“旋转图案.psd”，并另存为“旋转图案.jpg”。

实例 2 信笺上的多条横线，是不是也可以通过重复变换的方式来制作？

3.4 图层蒙版的应用

图层蒙版是一种控制图层混合的方法，它控制着本图层和其下图层的混合显示效果。图层蒙版也是一种选择的手段，可以用它来遮盖住图像中不需要的部分，从而控制图像的显示范围。图层蒙版只有灰度的变化，灰度值的大小决定本图层对应区域的不透明度。利用图层蒙版，可以选择比较复杂的选区，可以制作无痕迹的渐变融合效果，还可以结合调整图层调整局部的颜色。

3.4.1 创建图层蒙版

图层蒙版的创建分两种情况。

（1）图层中没有选区，创建图层蒙版。选择要添加蒙版的图层，单击【图层】面板“添加图层蒙版”按钮，如图 3-42 所示。创建图层蒙版完成之后的图层面板如图 3-43 所示，图层 0 中，图层缩略图右侧出现一个蒙版缩略图，上面填充了白色，而且两个缩略图之间有链接图标，存在“链接”关系，在移动图层的时候，蒙版也跟随着移动。在默认情况下，新建立的蒙版都是全白色蒙版，表明本图层的内容是全部显示出来的，或者说不透明度是 100%。

（2）图层中有选区，创建图层蒙版。选择要添加蒙版的图层，该图层中有选区，单击【图层】面板“添加图层蒙版”按钮，会出现图 3-44 所示的效果。选区在蒙版中的对应区域是白色，选区之外的区域在蒙版上是黑色。

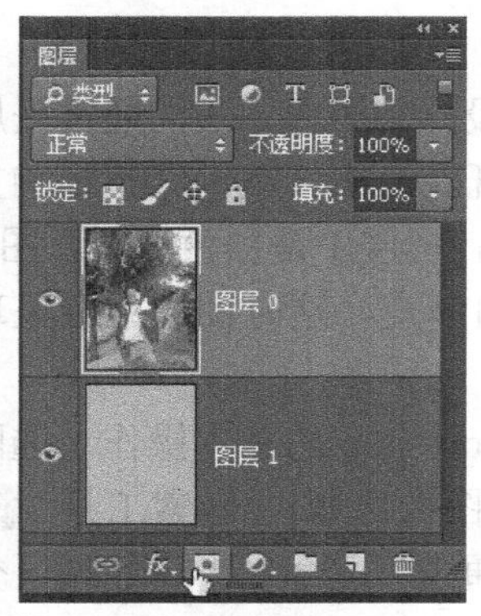

图 3-42　添加图层蒙版方法

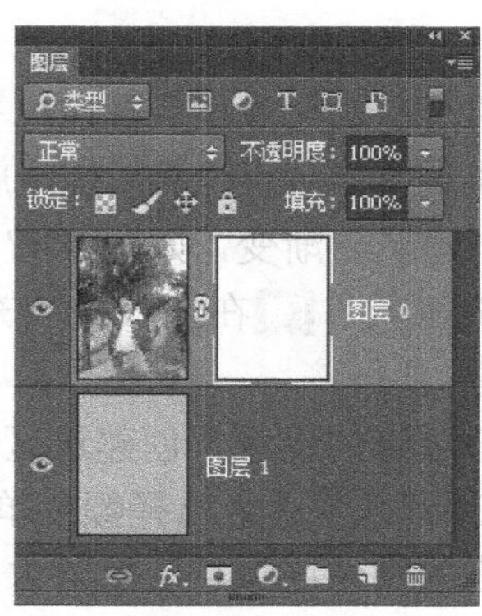

图 3-43　添加蒙版效果 1

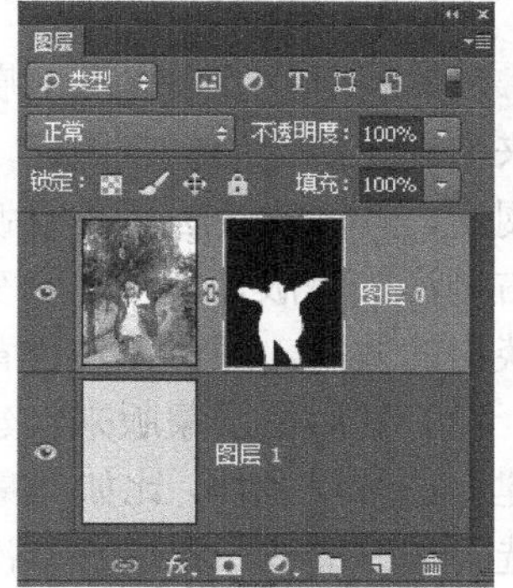

图 3-44　添加蒙版效果 2

从创建蒙版的结果来看，图层蒙版只有灰度的变化，蒙版中的白色对应的图层区域是完全显示出来的，是 100%的不透明，或者是该图层的选区。蒙版中的黑色对应的图层区域是完全透明的，或是选区之外的区域。蒙版中的灰色对应的图层区域是半透明的，透明的程度与灰色深浅有关。

3.4.2 编辑图层蒙版

在图层蒙版中，可以绘制选区填充黑白灰，也可以用任何的绘图工具进行描绘。比如说用黑色描绘，就是遮盖对应图层中的区域。用白色描绘，就是显现对应图层中的区域。按住【Shift】键，单击“蒙版缩略图”，可以停用/启用图层蒙版。

特别提示

编辑图层蒙版前，一定要用鼠标单击“蒙版缩略图”，确认当前是在编辑图层蒙版。

想一想

在图 3-45 中哪个是编辑图层？哪个是编辑蒙版？

图 3-45 编辑图层或蒙版的显示

3.4.3 图层蒙版的功能

（1）利用蒙版来实现无痕迹的渐变融合效果。在进行平面设计的时候，我们通常采用蒙版来实现无痕迹的融合图像，效果如图 3-46 所示，使得底图既能渲染气氛，又不影响文字的阅读。具体的做法是在蒙版中创建黑白渐变，如图 3-47 所示，图层 1 是白色背景，图层 0 的右侧添加蒙版，使用“渐变填充工具”在蒙版上填充黑白渐变，这时图层就会呈现渐变淡出的效果，融合在白色背景中。

（2）利用图层蒙版来创建复杂边缘的选区。创建选区是 Photoshop 的基本操作，选区的创建方法有很多种。比如“魔棒工具”适合选择颜色单一的图像区域，“套索工具”适合选择边缘清晰一致能够一次完成的图像区域，后面要讲的“通道”适合选影调能做区分的图像，“路径”适合选边缘整齐的图像……对于边缘比较复杂、颜色丰富、影调对比不大、一次无法完成的图像，最好采用图层蒙版来选择。

图 3-46　底图无痕迹的渐变融合

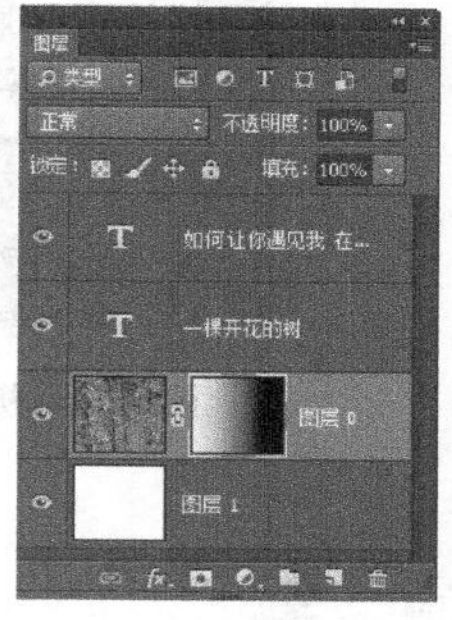

图 3-47　图层蒙版的黑白渐变

实例 4　替换复杂的人像背景

“替换复杂的人像背景”实例中最核心的操作是抠图，正好可以发挥蒙版抠图的优势。照片原图如图 3-48 所示，替换背景之后如图 3-49 所示。

图 3-48　人像原图

图 3-49　替换背景效果图

设计思路：利用图层蒙版将原图中的人物抠出来，然后复制到新背景图中。

知识技能：创建图层蒙版，利用蒙版抠图。

实现步骤

（1）把“背景”图层变为普通图层，并添加新的图层用作背景。利用【文件】|【打开】命令，打开素材“实例 4 人像原图”。在这个文件中，只有一个“背景”图层，如图 3-50 所示。背景图层是不能直接添加蒙版的，需要将背景图层转换为普通图层。我们可以双击“背景”图层，使之变成“图层 0”，并新建“图层 1”，填充灰蓝色，把它放到“图层 0”下方。把“图层 0”改名为“女孩”，效果如图 3-51 所示。

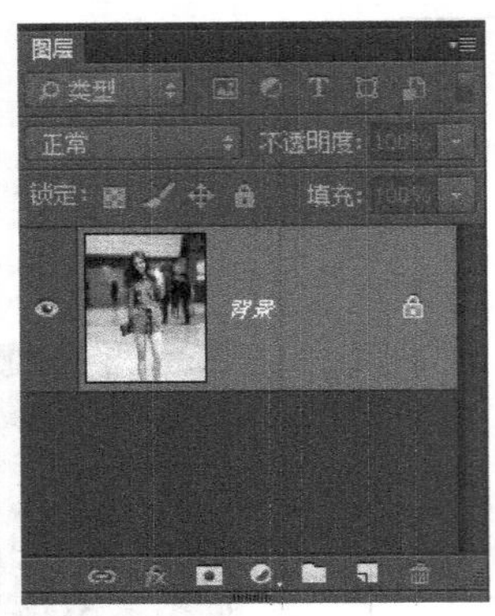

图 3-50 初始的图层效果

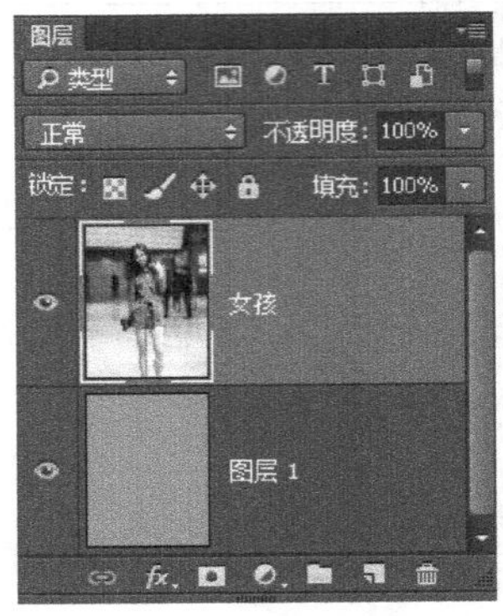

图 3-51 修改后的图层效果

图层蒙版都是加在上一图层中的，以控制这一图层和其下图层的混合显示。在本例中，图层 1 起到了背景色的作用，如果不加图层 1，则抠图的时候是在透明底上，透明底的灰白方格会影响抠图的精细程度。图层 1 的颜色，只是一种对比和参考，不要与人像图的颜色重合（人像是红色衣服，底色就不能是红色），抠图完成之后可以随意修改或者直接删除。

（2）为“女孩”图层加蒙版（这里不直接添加蒙版，而是先创建女孩的大致选区，添加蒙版，然后在此基础上进一步细致地选择）。采用“快速选择工具”在女孩区域单击并拖动，可以得到女孩的大部分选区，然后单击【图层】面板中“添加图层蒙版”按钮，添加蒙版后的图层变为如图 3-52 所示的显示状态。

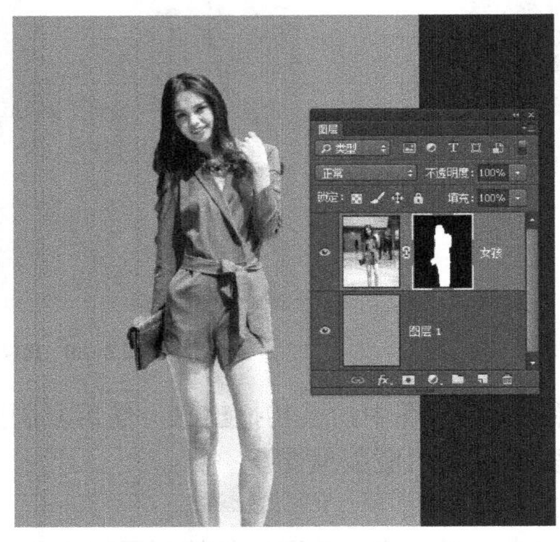

图 3-52 创建选区并添加蒙版的效果

这时我们看到，人像的大部分已经选出来了，而且周围部分变为图层 1 中的颜色，但手臂、皮包、头发部分还需要进一步精细选择。

（3）编辑蒙版。将前景与背景色分别设置为黑色与白色。使用缩放工具放大手部，这样可以更清楚地观察细节。使用“多边形套索工具”选择手以外的区域，选择完成之后，填充黑色，效果如图 3-53 所示（对蒙版的所有编辑，一定要在蒙版上进行）。

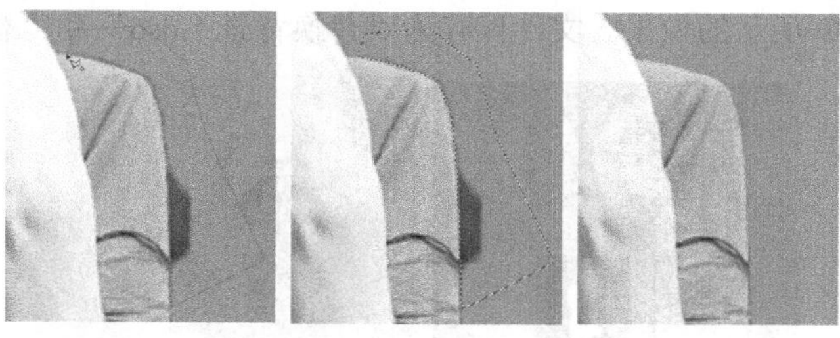

图 3-53　采用多边形套索创建选区编辑蒙版

针对衣袖附近的原有背景色，采用画笔工具进一步修整。单击“画笔工具”，设置画笔参数，如图 3-54 所示。选择大小为 24 像素，硬度为 63%的画笔。画笔的颜色自动会取前景色，即黑色。单击蒙版缩略图，使用画笔在女孩衣袖部分进行涂抹描绘，效果如图 3-55 所示。

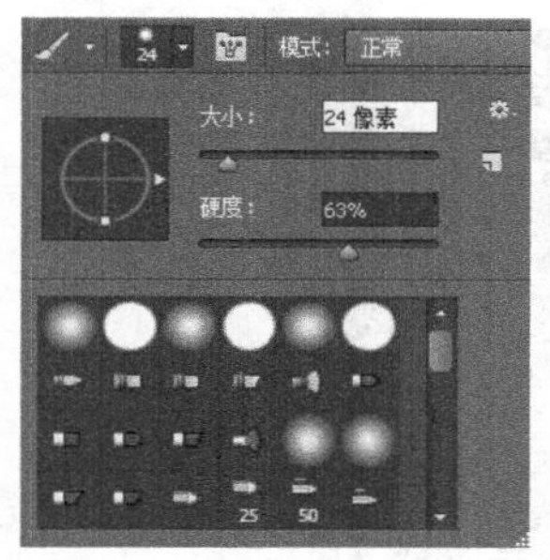

图 3-54　画笔参数设置

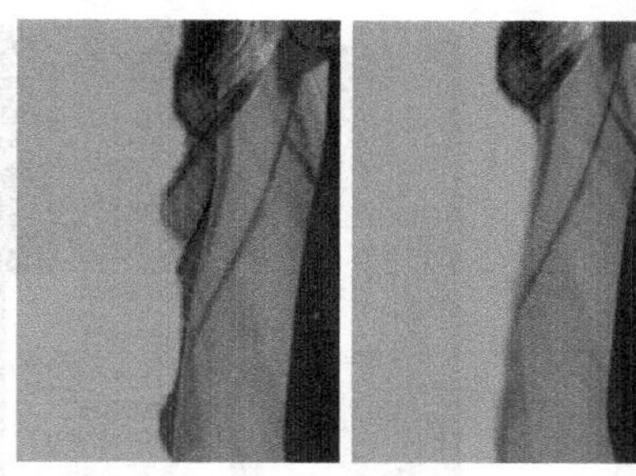

图 3-55　画笔编辑蒙版之后的效果

画面上的其他部分同样采用这些编辑手法。可以用多边形套索、磁性套索、魔棒等各种选区工具来创建选区，填充黑色，编辑蒙版。

特别提示

抠图的时候使用”画笔工具”，主要考虑”画笔工具”的大小和硬度参数。离主体女孩较远的地方，可以使用较大的画笔绘制，女孩附近的地方，使用较小的画笔。按下键盘上的左方括号“[”可以逐级减小笔触值，右方括号键“]”可逐级增大笔触值。为了精细抠图，通常采用缩放工具把文件的显示效果放大若干倍。

（4）应用蒙版。针对蒙版中的多个局部采用各种工具进行编辑，最终得到如图 3-56 所示的效果，这时女孩原有的背景已经看不到了，即女孩被选择出来。仔细看“女孩”图层，其图层的缩略图没有发生改变，只是用蒙版上的黑白色来控制着这个图层的显示效果。这时，如果按住【Shift】键，单击蒙版缩略图，可以停用图层蒙版，女孩图层变为初始的状态。这说明采用图层蒙版来创建选区，修改显示效果，实际上是一种非破坏性的修改。

蒙版编辑完成之后，右击蒙版的缩略图，在出现的快捷菜单中选择【应用图层蒙版】命令，如图 3-57 所示，可以把图层蒙版和本图层结合在一起，这样女孩图层的内容就真正发生了改变，只保留了女孩，周围的背景都被删除了。

（5）替换背景图片。打开新背景文件“实例 4 新背景图片 1.jpg”，采用”移动工具”把步骤（4）中的女孩图层拖进来，使用【Ctrl+T】命令调整女孩的位置、大小等，并适当调整颜色，实现图 3-49 所示的效果。文件保存为“替换背景 1.psd”和“替换背景 1.jpg”。

图 3-56 蒙版编辑的最终效果

图 3-57 应用图层蒙版

想一想

本实例为什么要采用图层蒙版来抠图呢？为什么不直接采用选区工具，一部分一部分地删除呢？为什么不直接采用橡皮擦工具擦掉周围的背景呢？

特别提示

在利用画笔涂抹时，如果不小心把女孩的身体部分遮挡住了，可以将前景色设置为白色，再用画笔进行涂抹修复即可。这种方法更容易修改，而且丝毫不会破坏原有的图片。在替换背景时，要注意原图和背景图颜色要搭配合适，如果太亮或太暗，两张图拼在一起就会显得生硬突兀。

3.5 图层样式的应用

图层样式也叫图层效果，它是创建图像特效的重要手段。使用图层样式可以对图层中的图像应用投影、阴影、发光、斜面、浮雕等一种或多种视觉效果。

3.5.1　图层样式的特点

图层样式种类多样，可以很容易地模拟出投影、发光、浮雕等使用传统制作方法很难实现的各种效果，并且不会损坏原图层中的图像。

图层样式具有极强的可编辑性，当图层中应用了图层样式后，它会随着 PSD 格式的文件一起保存，可以随时进行参数选项的修改。

图层样式操作方便，可以随时修改、隐藏或删除，而且同一图层可使用多种图层样式效果。

3.5.2　图层样式的添加方法

添加图层样式的方法最常用的有两种。

（1）单击【图层】面板中的【添加图层样式】按钮 fx，在弹出的菜单中选择图层样式，如图 3-58 所示，单击任何一种样式，则进入“图层样式”对话框，如图 3-59 所示，可以针对每种样式进行详细的参数设置。

（2）双击要添加样式的图层的缩略图，也可以进入图 3-59 的“图层样式”对话框。

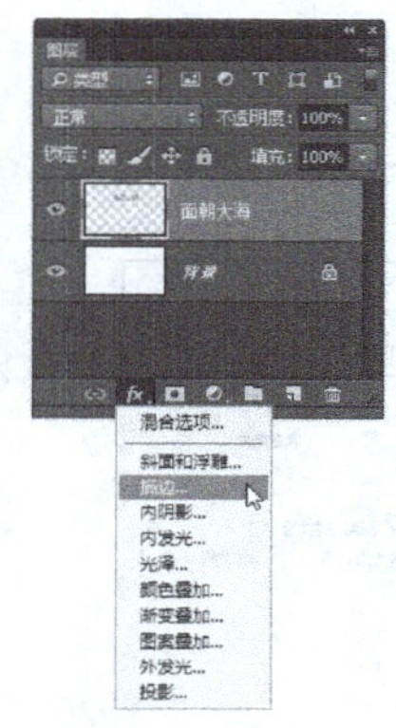

面朝大海

图 3-58　添加图层样式菜单

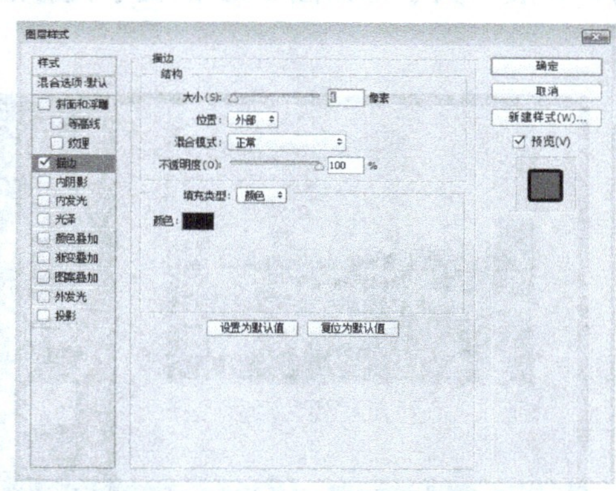

图 3-59　“图层样式”对话框

特别提示

背景图层不能添加样式，必须转换为普通图层后才可以添加。

3.5.3　图层样式的种类

从图 3-59 的“图层样式”对话框中我们可以看到，图层样式有“斜面和浮雕”“描边”“内阴影”“内发光”“光泽”“颜色叠加”“渐变叠加”“图案叠加”“投影”等，每选中一种样式，都有多种参数设置。这些样式和相应的参数，要在实例中才能搞清楚弄明白。在此，我们只讲述投影、描边、外发光三种样式。

（1）投影样式。

投影样式是在图层内容的后面添加阴影效果，并控制投影的颜色、方向和大小等。如图 3-60 所示，第一行文字是没有添加样式的效果，第二行添加了“投影”样式，其参数设置如图 3-61 所示。第三行增大了投影的“距离”这一参数的数值。从这个实例能够看出，“投影”样式参数要合理设置，如果参数恰当，则会增加文字的立体感和画面的层次感。如果投影“距离”过大，则显得粗糙，仿佛印刷出现了重影（见素材/投影样式 1.psd）。

图 3-60 文字的投影效果

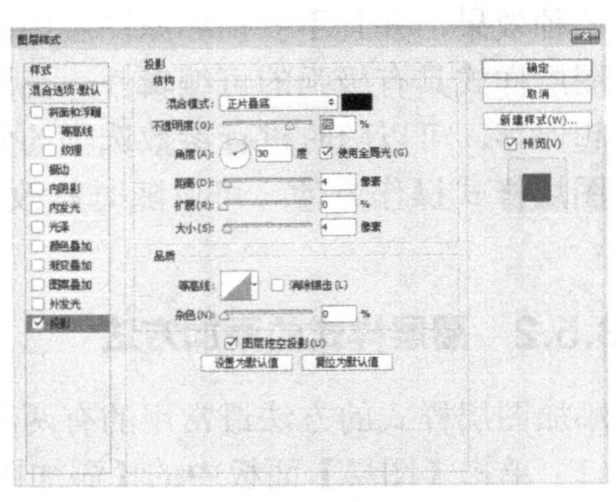

图 3-61 第二行文字的投影参数

图 3-62 是普通图层添加了投影样式，增加了画面的层次感，其参数设置如图 3-63 所示，距离、扩展、大小都比图 3-61 的文字投影的数值要大。

图 3-62 普通图层添加投影样式

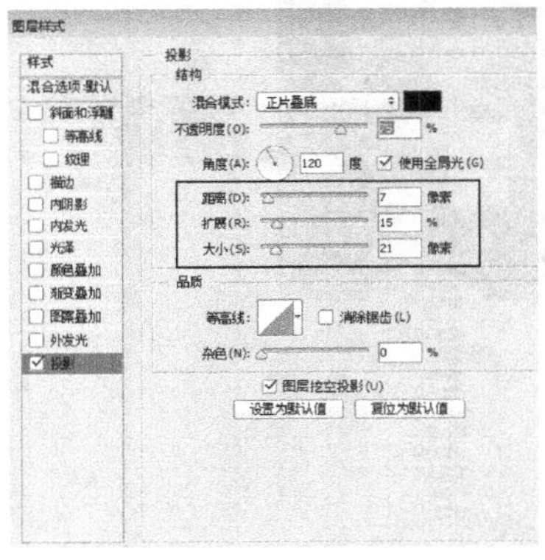

图 3-63 投影样式的参数设置

投影样式的对话框中，默认的混合模式是“正片叠底”，即如果影子的颜色是暗色，则会如实显示出来。前面讲的两个实例都是黑色投影。如果底色是黑色，文字要添加白色投影，则需要修改混合模式为“正常”才能看到效果，如图 3-64 所示。

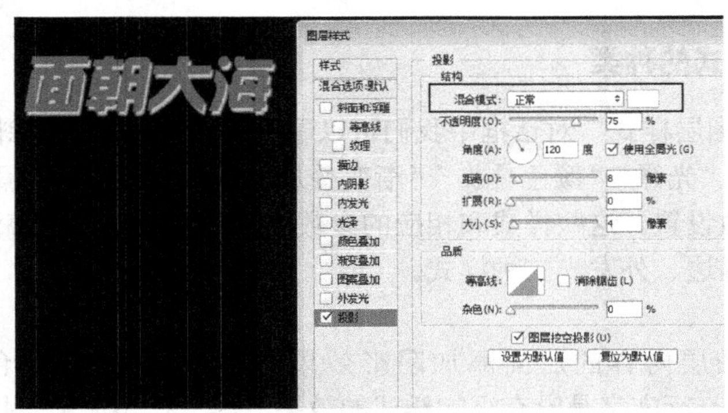

图 3-64 图层样式参数设置

（2）描边样式。

描边样式是使用颜色、渐变颜色或图案描绘当前图层上的对象、文本或形状的轮廓，其参数设置如图 3-65 所示。“大小”选项设置描边宽度；“位置”设置描边的位置，有外部、内部、居中三个选项；“填充类型”设置描边的内容，有颜色、渐变和图案三种。

无论是文字还是普通图层，添加描边样式，都是为了增加画面的层次感，或者使元素与底图产生色彩上的隔离效果。如图 3-66 所示，在蓝色的底上输入深蓝色的文字，如果为文字添加白色描边，则增大了文字与底图的对比，提高了文字的醒目程度。在蓝色的底上输入红色的文字，颜色有冲突，如果给文字添加白色描边，则减弱了颜色的冲突。图 3-67 中，三个小图片都有白色描边效果，不但具有相对一致的外观，而且和背景图形成了不同的层次。

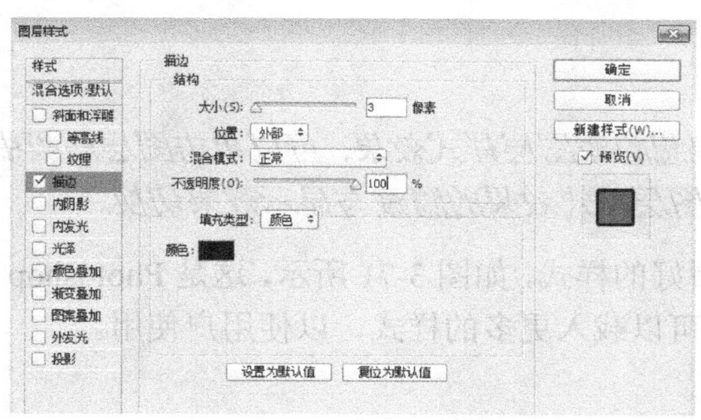

图 3-65 描边样式的参数设置

图 3-66 文字的描边

图 3-67 图片的描边

（3）外发光样式。

外发光样式可以沿图层内容的边缘向外创建发光效果，其参数设置如图 3-68 所示。“混合模式”设置发光的混合模式，默认为“滤色”（发光，原意为黑夜里发光）。图 3-69 显示了蝴蝶的外发光效果，参数如 3-68 所示，发光的颜色为黄色，扩展数值为 0，大小为 49。

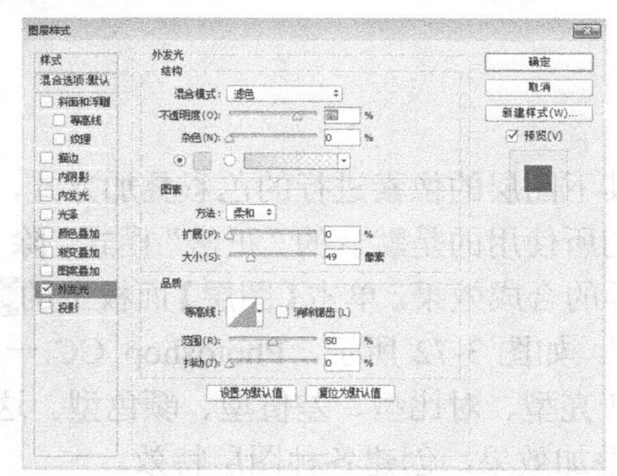

图 3-68 外发光样式的参数设置

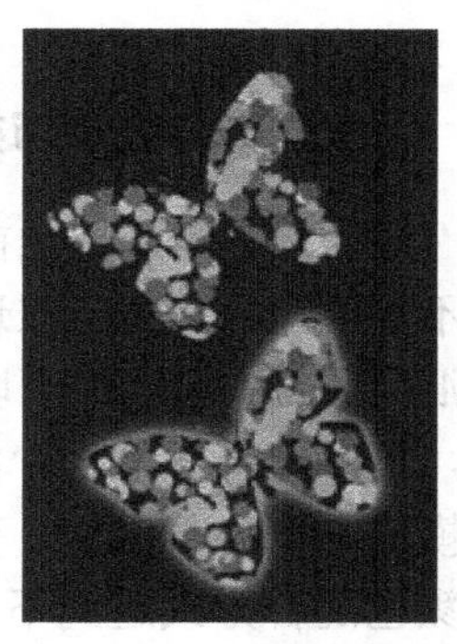

图 3-69 外发光效果

3.5.4 图层样式的复制与删除

（1）图层样式的复制。

在添加有图层样式的图层上击右键，在弹出的菜单中选择“拷贝图层样式”命令，然后选择需要添加图层样式的图层，执行“粘贴图层样式”即可。图 3-70 展示的就是图 3-67 的图层面板，其中图层 1、图层 2、图层 3 都是同样的描边效果，我们就可以采用“拷贝图层样式”和“粘贴图层样式”命令。

（2）图层样式的删除。

选择要删除图层样式的图层，击右键，在弹出的菜单中选择“清除图层样式”即可。

特别提示

在不想清除图层样式的情况下，如果想隐藏图层样式效果，可以单击图层面板中的样式效果前面的 [眼睛图标] 按钮。单击 [眼睛图标] 可实现图层样式效果的隐藏与显示效果切换。

Photoshop 软件本身也自带了很多编辑好的样式，如图 3-71 所示，这是 Photoshop 的【样式】面板，打开面板右上角的折叠菜单，可以载入更多的样式，以便用户使用。

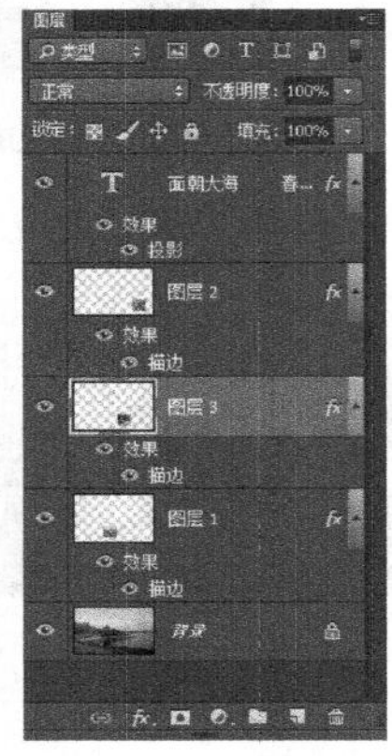

图 3-70 图层样式的复制与粘贴

图 3-71 样式面板

3.6 图层的混合模式

3.6.1 混合模式的含义与类型

图层的“混合模式”是指当前图层与其下图层的像素进行的色彩叠加方式，不同的叠加方式会得到不同的显示效果。在这之前我们所使用的是默认的“正常”模式，除了正常以外，还有很多种混合模式，它们都可以产生迥异的合成效果。单击【图层】面板上的 正常 右侧的按钮，可以选择图层的“混合模式”。如图 3-72 所示，Photoshop CC 一共提供了 27 种图层混合模式，分为基础型、变暗型、变亮型、对比型、差值型、颜色型。这些模式可以根据不同的颜色混合方式达到不同的图层叠加效果，创建各种图层特效。

在讲解图层“混合模式”之前，要先了解什么是“基色”“混合色”和“结果色”。基色指当前图层下面的所有图层呈现出来的颜色；混合色指当前选中的图层的颜色；结果色指对当前选中的图层设置了混合模式之后显示的颜色。

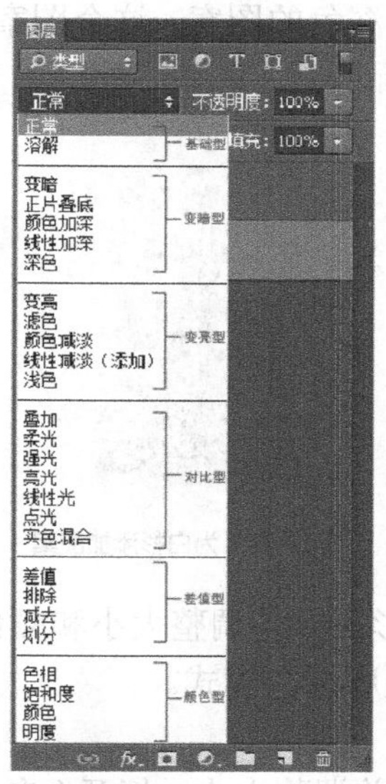

图 3-72 “混合模式”选项的类型

特别提示

混合模式是针对当前选中的图层来设置的，当前图层是上面的图层，最底下的图层没必要设置混合模式。

在这里，我们选择“正片叠底”“滤色”“明度”三种详细讲解。

3.6.2 正片叠底

“正片叠底”模式属于变暗型的模式。选择此混合模式后，系统会查看每个通道中的颜色信息，并将“基色”与“混合色”混合，“结果色”总是较暗的颜色。如果黑色是基色，任何颜色与黑色混合将会是黑色；如果白色是基色，任何颜色与白色混合则保持不变；如果混合色是黑色或白色以外的颜色，结果色会逐渐变暗。如图 3-73 所示，原图有两个图层，底层是由黑到白的渐变，上层是颜色黑、白、灰、蓝等色，都是正常模式。如果设置上层的混合模式为“正片叠底”，则出现图 3-74 所示的效果，左侧保持底图的黑色，右侧保持图层 1 的原色。

图 3-73 正常模式

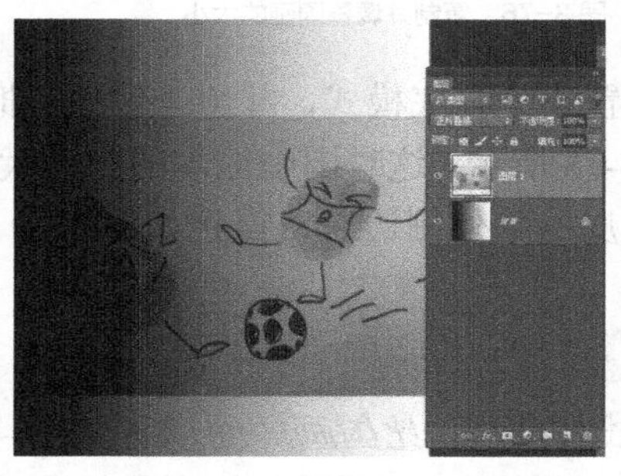
图 3-74 正片叠底模式

实例 5　给白 T 恤添加图案

给白色 T 恤添加图案，通常是深色的图案，这个图案原有的背景颜色较浅，应该比衣服的褶皱颜色要浅。效果如图 3-75 所示。

图 3-75　为白衫添加图案

设计思路：把国画复制到白衫上方，调整大小和颜色，设置混合模式。

知识技能：颜色调整，正片叠底混合模式。

实现步骤

（1）把国画复制到白衫上方，并调整大小。打开“白衫.jpg”和“国画.jpg”这两个文件，利用”移动工具”把国画复制到白衫文件上方，这时的国画很大，按下【Ctrl+T】组合键，并按住【Shift】键，保持比例调整其大小，效果如图 3-76 所示。这时的国画就像一块白板，贴到了白衫上面，盖住了下方所有的衣服纹理。

（2）把国画调得黑白分明。采用菜单命令【图像】|【调整】|【曲线】，如图 3-77 所示，调整画面的亮部和暗部，使得亮部（即国画的原有的底色）更白一些，使得暗部（国画的主体部分）更暗、更浓艳一些，并确认调整。

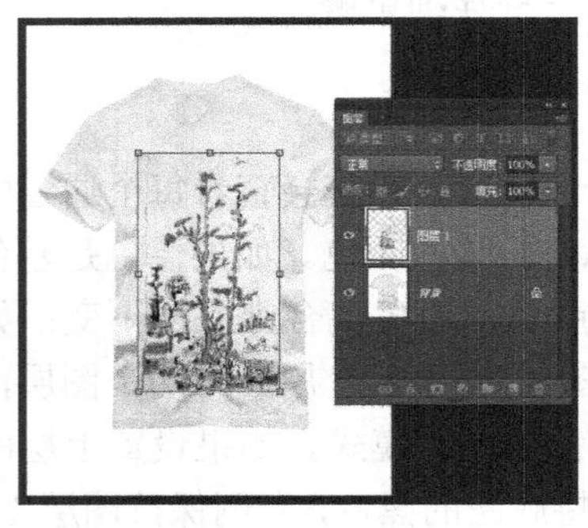

图 3-76　复制并调整国画的大小

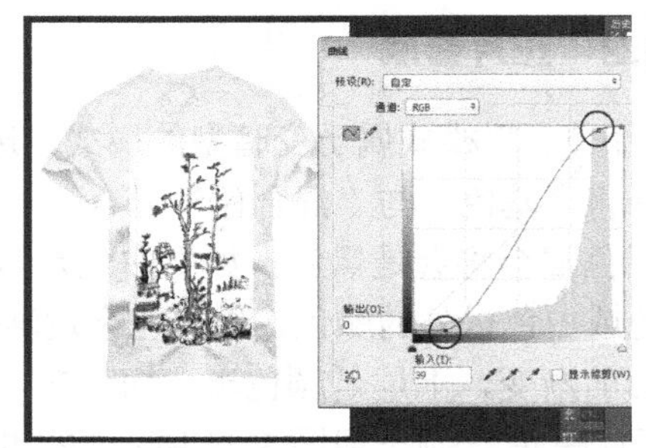

图 3-77　调整亮度

（3）设置正片叠底模式，并适当修改。把国画图层即图层 1 的混合模式设置为“正片叠底”，如图 3-78 所示，这时国画原本的底色大部分消失了，白衫的纹理和皱褶基本显露出来。用软边的橡皮擦除外侧边缘，得到如图 3-79 所示的效果。

特别提示

如果衣服很白，比国画的底色还要白，那么采用“正片叠底”的混合模式之后，国画的底色不会消除。为了消除国画等图案的底色，我们可以降低白衫原有的亮度。

图 3-78　设置正片叠底

图 3-79　把图案印到白衫

3.6.3　滤色

“滤色”模式属于变亮类型的模式，与“正片叠底”正好相反，它将图层面板上的“基色”与当前的“混合色”颜色结合起来产生比两种颜色都浅都亮的第三种颜色，即显示基色和混合色中较亮的颜色。如果当前的混合色是黑色，则结果色的颜色保持基色不变；如果当前的混合色是白色，则结果色变为白色；如果混合色是黑色或白色以外的颜色，结果色选择较浅较亮的颜色来显示。如图 3-80 所示，图层 1 的混合模式为“滤色”，则出现图中所示的效果，左侧底图是黑色，则显示图层 1 的颜色；右侧底图是白色，则显示底图的白色。

图 3-80　滤色模式

在背景层上添加了两个副本，如图 3-81 所示，每个副本的混合模式都设置为“滤色”，则最终的显示效果在逐渐变亮。这种混合模式往往适用于较暗的图像。

图 3-81　图层副本设置滤色模式可以加亮显示

在实例 5 中，如果是深色衣服，浅色图案，那么应该采用什么混合模式？

3.6.4 明度

颜色类型的混合模式包括“色相”“饱和度”“颜色”“明度”四种，都是取了颜色三大属性中的一种或者两种进行混合。比如“颜色”模式，同时包含“色相”和“饱和度”属性，能够使用混合色的饱和度值和色相值同时进行着色，而保持基色的明度不变。该模式经常用于给灰度照片着色。而“明度”模式能够使用混合色的明度值进行着色，而保持基色的饱和度和色相数值不变，其实就是用基色的色相、饱和度以及混合色的明度来创建结果色。如图 3-82 所示，背景图层是蓝色到绿色的渐变，如果把图层 1 设置为“明度”模式，则图层 1 采用了背景的颜色，从蓝到绿渐变，明度依然采用自身的明度值。

图 3-82 明度模式

实例 6 把图片融入到背景色中

在平面设计过程中，有时针对某一主题，我们需要去掉原图的色彩，把图像的颜色与主题相统一，使图片融入背景色中。这时可以采用“明度”模式，如图 3-83 所示。

设计思路：把风景图复制到咖啡色上方，调整大小和颜色，设置混合模式，并利用图层蒙版制作渐变融合。

知识技能：明度混合模式，图层蒙版渐变融合。

实现步骤

（1）新建文件，复制风景图，并调整大小。新建 6.5 厘米×10 厘米，分辨率为 300PPI，颜色模式为 CMYK 的图片文件，默认是白底。填充深橙色。打开“风景图.jpg”，利用”移动工具”把风景图复制到新建的文件中，这时的风景图很大，按下【Ctrl+T】组合键，并按住【Shift】键，保持比例调整其大小，效果如图 3-84 所示。

图 3-83 明度模式的应用

图 3-84 调整图片大小

（2）设置“明度”模式。把风景图的混合模式设置为“明度”，效果如图 3-85 所示，风景图丢掉了原有的色相和饱和度，只保留明度。但现在看起来与底图有着明显的界限。

（3）添加图层蒙版。在风景图层，添加图层蒙版，在蒙版上创建黑白渐变，这时的显示效果如图 3-86 所示，风景图已经融入到底色当中了。

图 3-85 明度模式

图 3-86 利用图层蒙版做渐变融合

图 3-87 调整底图颜色

（4）重新填充底色。现在看起来画面还是比较明亮，与“回忆”主题不符，因此，重新填充背景色，如图 3-87 所示，并输入文字。保存文件为“融入背景.psd”和“融入背景.jpg”。

实例 7 设计电子杂志内容页面

电子杂志是基于显示器输出的杂志，尺寸有大有小，在本例中采用 950 像素×650 像素的尺寸，使用显示器的输出分辨率即可。电子杂志的页面效果如图 3-88 所示。

图 3-88 电子杂志页面

本实例主要是练习图层的使用方法，如图层的复制、修改大小、图层蒙版、多图层编辑方法等。

设计思路：根据杂志的版面布局将素材图片与文字放置在不同图层中，背景图的上部分和下部分都是渐变融合效果，调整小图片成为同样的大小，对齐且间距相等，标题设置投影样式。

知识技能：复制图层，添加图层样式，变换图层，重复变换，利用图层蒙版创建渐变融合效果。

实现步骤

（1）新建文件。执行【文件】|【新建】命令，新建一个 950 像素×650 像素、分辨率为 72PPI、颜色模式为 RGB 的空白文件，命名为“杭州旅游志.psd”。

（2）制作背景图。打开“背景图-上.jpg”，利用“矩形选框工具”选中其中一部分，如图 3-89 所示，这部分图像保留了西湖的典型特点，山、水、船、塔，都包含其中，上方的树叶只留了很小的一部分。采用快捷键【Ctrl+C】复制这部分图像区域，然后在“杭州旅游志.psd”中按【Ctrl+V】粘贴，效果如图 3-90 所示。

图 3-89 背景图上部原图

图 3-90 图层复制效果

为了使得这部分图像融入到背景中，可以为之添加图层蒙版，在蒙版上创建黑白渐变，如图 3-91 所示。

背景图的下半部分也同样采取这种办法。从“背景图-下.jpg”中取一部分，复制到“杭州旅游志.psd”中，利用图层蒙版制作融合效果，最终的背景图如图 3-92 所示。

图 3-91 利用图层蒙版使图片融入背景

图 3-92 背景图效果

（3）复制小方块，并设置对齐。先用小方块制作，做好之后再把图片放到特定的位置，替换图片即可。上面三个小方块是一组，下面四个小方块是一组。设置前景色为粉色，用“矩形工具”  绘制矩形，然后用”移动工具”按住【Alt】复制多个，小方块之间的距离要恰当（不要太远，太远缺少整体效果；也不要太近，太近显得拥挤）。在图层中选中每组小方块，采用菜单命令【图层】|【对齐】和【图层】|【分布】命令，使得小方块对齐且间距相等。效果如图 3-93 所示。

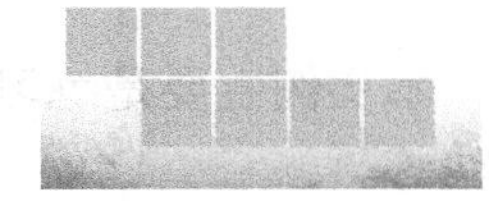
图 3-93 小方块的复制和对齐

特别提示

小图片的对齐也可以采用参考线的辅助对齐功能，这样就不用添加小方块了。除了小方块，其他的元素也需要参考线来辅助对齐，如图 3-94 所示。

参考线的用法是：执行【视图】|【标尺】命令，标尺会在编辑区的上方与左侧显示出来，分别为水平标尺与垂直标尺；然后使用鼠标点击水平标尺，按动鼠标不放，往编辑区拖动，在合适位置释放鼠标就可出现青色的水平参考线，同样使用鼠标拖拽垂直标尺就可以得到垂直参考线。如果想删除某条参考线，只需要将参考线拖拽到标尺处即可；如果想清除所

有的参考线，可执行【视图】|【清除参考线】命令。

图 3-94　利用参考线来对齐各元素

（4）用图片代替小方块。打开“IMG_5310.jpg”，是雷峰塔图片，因为这个图很大，所以先修改一下文件大小，这样方便复制和修改。利用菜单命令【图像】|【图像大小】，把图像修改为宽度 700 像素，保持比例。然后利用“矩形选框工具”选择需要的部分，复制到“杭州旅游志.psd”中，并按【Ctrl+T】组合键，按比例调整其尺寸，使之基本能盖住小方块。这时，针对单个的小方块图层，按住【Ctrl】键，单击缩略图，得到小方块的选区，如图 3-95 所示。选中雷峰塔图层作为当前层，采用菜单命令【选择】|【反选】，得到小方块之外的选区，按【Delete】键删除。其他小图片也采用同样的方法来制作。

图 3-95　图片替代小方块

（5）输入标题和正文。标题采用“叶根友毛笔行书”字体，添加投影样式，显得既有传统文化特色，又比较醒目，如图 3-96 所示。柳永的词全文采用“方正隶变”字体，显得比较古朴。其他的正文采用“方正细黑一”，比较整齐、规矩。注意标题和正文大小的对比。“详情请单击”小标注，采用了自定义形状中的“会话 12”，如图 3-97 所示。

图 3-96　标题效果

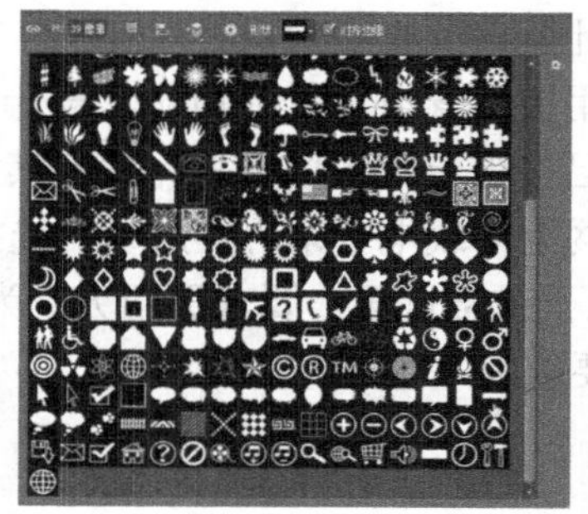

图 3-97　添加标注图形

（6）保存文件，并另存为“杭州旅游志.jpg”。

本章小结

本章主要讲了图层的用法，非常有必要重新把这一章的内容梳理一遍。

1. 新建图层

单击“图层面板”的“新建图层”按钮。

2. 复制图层

常用的复制图层的方法有以下四种。

（1）使用”移动工具”，按住【Alt】键，拖拽，可以复制产生新图层。

（2）如果图层中有选区，那么使用【Ctrl+C】与 【Ctrl+V】可以复制产生新图层。

（3）拖拽图层到下方的新建图标上，可以复制图层。

（4）使用快捷键【Ctrl+J】也可以直接复制当前图层。

3. 合并图层与盖印图层

（1）合并图层：选中图层，执行【Ctrl+E】。

（2）盖印图层：显示要盖印的图层，执行【Shift+Alt+Ctrl+E】。

4. 图层的变换与重复变换

【Ctrl+T】即可进行图层的变换，可实现图像缩放、斜切、扭曲、旋转、移动等操作。【Shift +Alt+Ctrl+T】重复上一步的变换操作。

5. 图层蒙版

图层蒙版要加到上一图层中，使用图层蒙版可以实现无痕迹地融合图像，还可以进行复杂边缘图像抠图。

6. 图层样式

为图层添加描边、投影、外发光、浮雕等样式。

7. 图层混合模式

模式是针对上一图层来设置的，以控制当前层和其下所有层的混合显示效果。

课后练习

1. 设计蓝白反色字效果。
2. 应用图层变换与复制功能，设计制作旋转图案。
3. 自己拍摄一张人像照片，替换其背景。
4. 从网上下载电子杂志并欣赏。选择自己喜欢的主题，如家居、旅游、体育、娱乐等，设计一张电子杂志页面，要求页面大小为 950 像素×650 像素、分辨率为 72PPI、颜色模式为 RGB。要求版式合理，图文并茂。

第4章 Photoshop 画笔绘图和图案设计

学习目标

- 掌握 Photoshop 的“画笔工具”的使用方法，学会载入不同的笔尖形状，设置其合适的大小、间距、角度、圆度和分布，学会自定义笔尖形状。
- 能够发挥创造和想象力，设计点的不同的构成形式。
- 掌握图案的定制方法和设计规律，并能够用图案填充选区。
- 理解“画笔”绘图和“图案”填充的区别。
- 掌握“钢笔工具”绘制路径的方法。
- 掌握“渐变工具”的设置和渐变填充方法。

Photoshop 绘图功能是平面设计必需的基本技能。采用“画笔”“铅笔”工具，可以充分体现“点”的不同形态，点的集合形成新的图形，点的聚集和发散可带来意想不到的装饰效果；使用“画笔”“铅笔”工具还可以绘制精美的插图；利用“渐变工具”可以使色彩变得有层次感；使用“图案”工具，可以设计多样的壁纸、包装纸、衣服等的花样图案，能够把图案和载体相结合，体现创意的新颖，丰富填充的效果。

4.1 画笔工具的参数设置

Photoshop 的“画笔工具”要比传统的画笔功能强大，画出来的不一定是纯色的线条，可能是间隔分布的花朵或者树叶等形状，而且大小可以改变，颜色可以改变。“画笔工具”的属性比较复杂，参数众多，在此讲解“画笔工具”最常用的参数设置，例如画出来的是什么形状？大小有无改变？颜色有无改变？这也是电脑绘图的基本思路。

单击“画笔工具”，可以看到工具的选项面板如图 4-1 所示，单击“切换画笔面板”按钮，即可打开画笔面板，如图 4-2 所示，进行详细的参数设置。其中最主要的参数有笔尖形状、形状动态、颜色动态、散布等。

图 4-1 “画笔工具”的选项面板

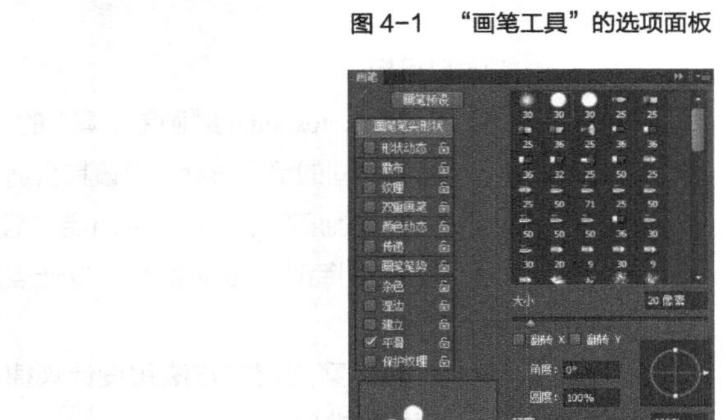

图 4-2 “画笔”面板

4.1.1 画笔笔尖形状

“画笔笔尖形状”选项用来设置画笔笔尖的初始形状。Photoshop 中的笔尖不再是传统绘图中的几何形状，而是变得非常丰富多样，有树叶形、花朵形、小草形等。可以使用 Photoshop 自带的画笔笔尖形状，也可以自己定义画笔笔尖形状，还可以从网上下载画笔文件*.abr，使用此文件中的笔尖形状。在“画笔笔尖形状”中，除了选择一种笔尖形状之外，还可以设定笔尖形状初始的大小、角度、圆度、硬度、间距等参数。默认情况下，画笔画出来的是线条，如果拉长画笔的间距，则画出来的是连续的有间隔的圆点。图 4-2 中选择了 30 号圆点画笔，调整成 20 像素，间距设置为 138%，从预览图中可以看到画笔的效果。

特别提示

图 4-2 中每一种笔尖形状下方都有一个数字，这是此形状初始特定的尺寸。其中圆点画笔是可以随意调整大小且能保证清晰度的，但不是所有的笔尖形状都可以随意调整大小，比如枫叶、花朵等形状的画笔，如果调整的尺寸与原始的尺寸差别太大，则清晰度会随之减弱。如图 4-3 所示，枫叶画笔原本是 74 像素，如果放大到 500 像素，则枫叶的清晰度降低了。

图 4-3 放大多倍的画笔效果

4.1.2 形状动态

“形状动态”选项用来设置画笔笔尖的动态大小，角度、圆度的变化等，如图 4-4 所示，还能控制画笔尺寸逐渐减小。

“大小抖动”是指大小的随机变化，取值从 0%到 100%。如果“大小抖动”设置为 0%，则画笔一直保持初始的大小。“角度抖动”是指画笔笔尖形状角度的变化。如果角度抖动设置为 100%，则画笔笔尖会呈现 360 度的变化。“圆度抖动”是指圆度的变化，如果针对圆点画笔，改变圆点的圆度，则圆会变成椭圆，如图 4-5 所示。

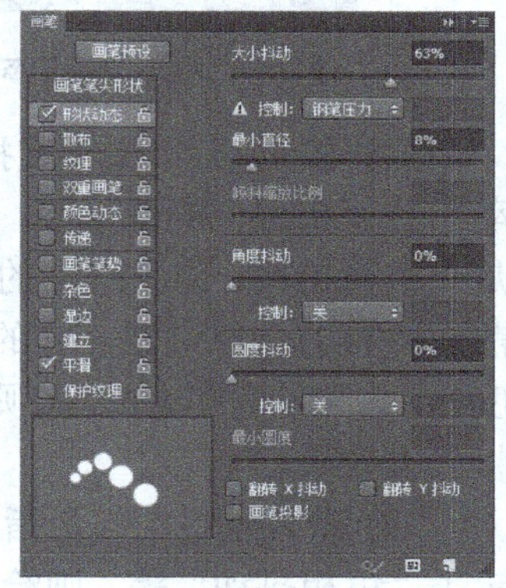

图 4-4 画笔“形状动态”的设置

在“形状动态”中还可以设置画笔的“渐隐”。设置笔尖形状为 40 像素的圆点画笔，间距 138%，在形状动态中设置“渐隐”控制，渐隐步骤为 15，最小直径为 0%，则最终绘制出如图 4-6 所示的螺旋形。线条起初是 40 像素的圆点，经过 15 步逐渐变为零。

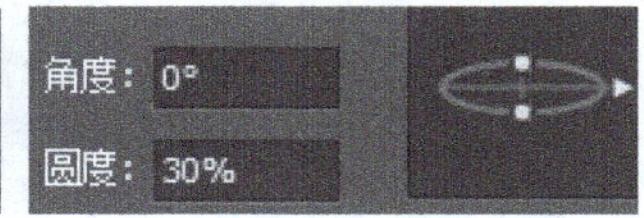

图 4-5 画笔“圆度”的设置

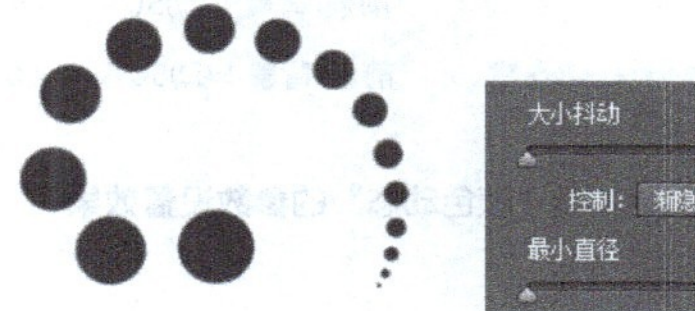

图 4-6 画笔的“渐隐”控制

4.1.3 颜色动态

“颜色动态”选项用来设置画笔的颜色变化，并能够指定颜色变化的范围。如图 4-7 所示，颜色动态有前景/背景的抖动、色相抖动、饱和度抖动、亮度抖动、纯度抖动等，设置好参数之后，要选中☑ 应用每笔尖。

将色相抖动分别设置在0%、10%、20%、50%、70%、100%，别的选项设置保持默认，各绘制一条直线，效果如图4-8所示，抖动值为0时，颜色保持不变，色相抖动程度越高，色彩就越丰富。

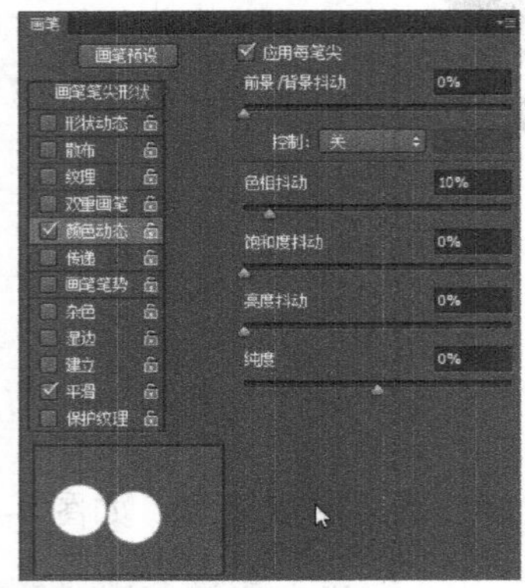

图4-7 画笔"颜色动态"的设置

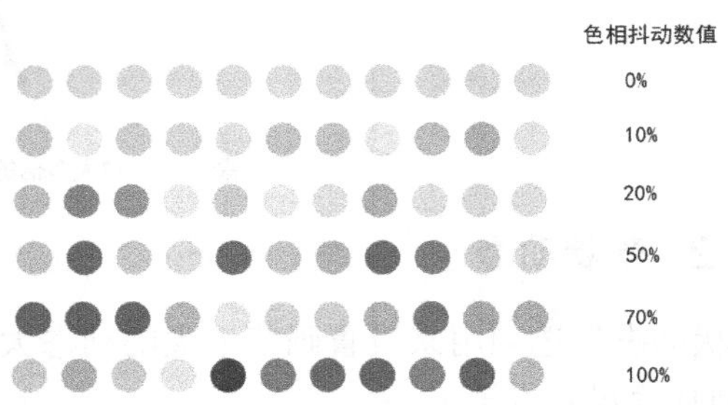

图4-8 不同数值的色相抖动效果

同样的道理，"饱和度抖动"会使颜色偏淡或偏浓，百分比越大变化范围越广。"亮度抖动"会使图像偏亮或偏暗，百分比越大变化范围越广。"纯度"后面没有"抖动"二字，不是一个随机项。这个选项的效果类似于饱和度，用来整体地增加或降低色彩饱和度，控制着前面所有的颜色设置。它的取值为正负100%之间，当为-100%的时候，绘制出来的都是灰度色，为100%的时候色彩则完全饱和。如果纯度的取值为这两个极端数值时，"饱和度抖动"将失去效果。

"前景/背景抖动"是指颜色在前景色和背景色所设定的范围之间变化。如果这时同时设定了"色相抖动"等，则绘制的颜色范围会在抖动的前景色和抖动的背景色之间变化。例如选择一个橙色的前景色，红色的背景色，不同的参数效果如图4-9所示。

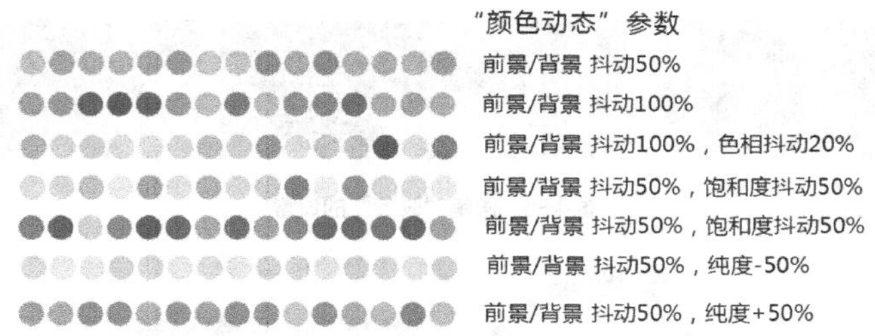

图4-9 画笔工具"颜色动态"的参数设置效果

4.1.4 散布

"散布"选项用来控制笔刷偏离当前工作路径的程度，如图4-10所示，最主要的参数是"散布"的数值、两轴和数量。默认的"散布"数值是画笔在垂直方向脱离绘制路径的程度，选中"两轴"，则画笔的位置在水平和垂直方向上都发生改变。"散布"数值越大，则画笔距离绘制路径越远。"数量"越大，则绘制的形状越加密集。"数量抖动"控制着数量的随机变化，如图4-11所示，画面上呈现了不同大小和颜色的圆点的集合，就像盛开的花丛。在此，画笔的“笔尖形状”是 23 像素的圆点画笔，硬度 100%，间距 220%；“形状动态”中设置大小抖动为 87%，其余取系统默认设置；“散布”中，设置散布的数值为 800%，选中“两轴”，数量为 4，数量抖动为 100%；在“颜色动态”中，选中“应用每笔尖”，色相抖动为 34%，饱和度抖动为 50%，亮度抖动为 50%，其余都采取默认设置。

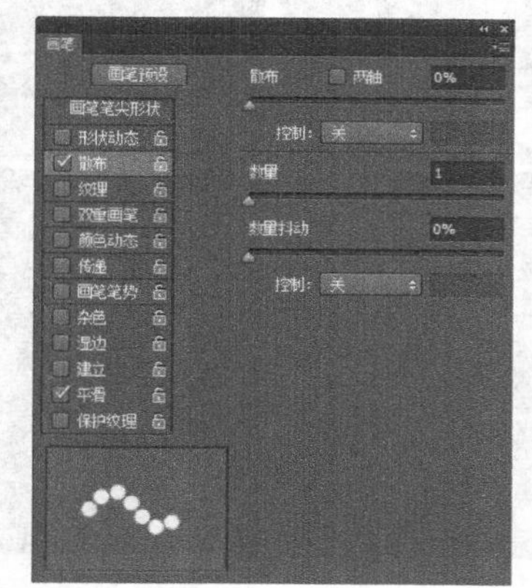

图 4-10　画笔的“散布”设置

图 4-11　散布的效果

实例 1　设计“Colorful Childhood”PPT 背景图

点是视觉元素中最小的单位，圆点给人以饱满、圆满、灵活的印象。点不仅仅是一个单纯的元素或符号，而且具有自己的特征与情感。点的大小、疏密、方向等不同形态的组合，能够为我们展示出不同的形态、节奏与韵律。用 Photoshop 绘制的圆点与徒手绘制的圆点相比，缺少了即兴的特质，增添了工整、干净、理性。本例中多彩的圆点起到了装饰作用，表达出彩色童年的主题，效果如图 4-12 所示。

图 4-12　“Colorful Childhood”PPT 背景图

设计思路：用多边形套索制作选区，填充颜色，用画笔绘制彩色的圆点。

知识技能：画笔的参数设置（形状、大小、颜色、间距、散布等）。

实现步骤

（1）新建文件。执行【文件】|【新建】命令，新建一个 25.4 厘米×19.05 厘米、分辨率为 96PPI、颜色模式为 RGB 的空白图像，满足 PPT 的默认的页面尺寸要求。

（2）填充多边形。新建图层 1，在图层 1 中用“多边形套索工具”绘制多边形，填充如图 4-13 所示的蓝色和黄色。

（3）设置画笔参数。此处绘制的圆点是为了装饰画面，使得画面更加符合主题。单击“画笔工具”，在其选项面板中单击“切换画笔面板”按钮，打开画笔的面板。按照画笔形状、大小、颜色、散布这样的顺序设置画笔的参数，如图 4-14 所示。在“画笔笔尖形状”中选择 40 像素的圆点，间距设置为 150%；在“形状动态”中设置大小抖动为 60%；在“颜色动态”中设置前景/背景抖动为 100%；在“散布”中设置“两轴”，700%，数量为 2，数量抖动为 100%。

图 4-13　多边形套索绘制选区并填充

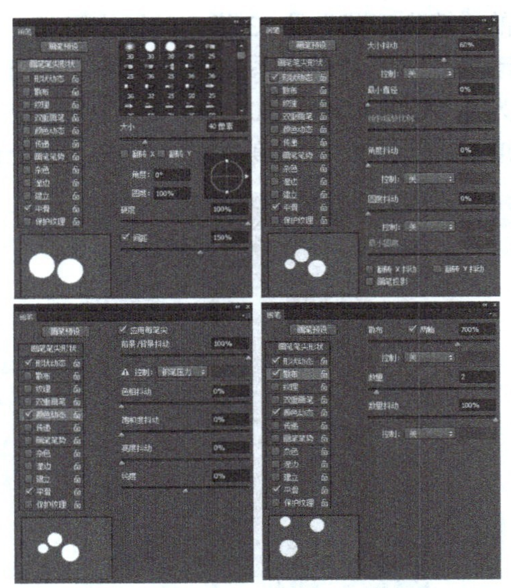

图 4-14　画笔的参数设置

（4）绘制圆点。把前景色设置为黄色（H=52，S=82，B=98），背景色设置为湖蓝色（H=196，S=75，B=96）。在图层 1 中用魔棒工具选择图 4-13 中的白色区域，新建图层 2，在图层 2 中，用上一步设定好的画笔绘制圆点，如图 4-15 所示。这时圆点的颜色在黄色和蓝色之间变化。

为了使得画面颜色多一点变化，可以增添几个品红色的圆点。最终效果图如 4-12 所示。

利用 Photoshop 自带的工具，可以绘制多种图形，比如图 4-16 是利用 Photoshop 的“画笔工具”绘制的“春天”。

图 4-15　绘制圆点

图 4-16　用软件自带的画笔绘制“春天”（学生作品）

4.2 自定义画笔

除了使用 Photoshop 软件自带的画笔形状之外，我们还可以自己定义任意的画笔笔尖，来满足设计的需要。如图 4-17 所示，矩形框就是画笔的形状；如图 4-18 所示，花朵就是画笔的形状。任何规则的形状、不规则的形状都可以定义为“画笔笔尖”，比如文字、树叶、平行四边形、心形等。

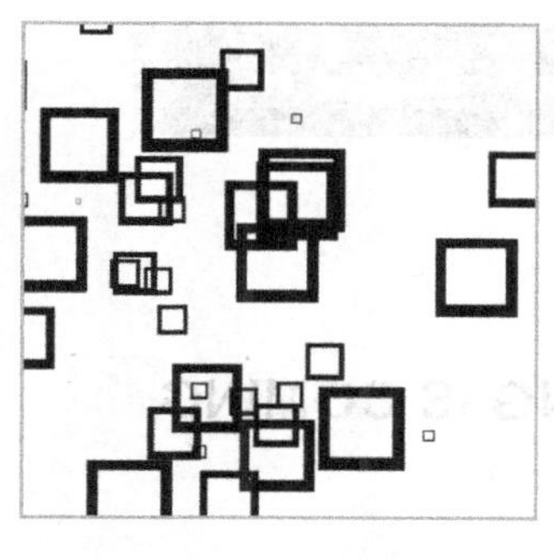
图 4-17　“方框”画笔效果

图 4-18　“小花朵”画笔效果

定义画笔的方法：首先选中想做成画笔的特定区域，然后点击【编辑】|【定义画笔预设】，在弹出的新窗口中给预设的画笔命名或取默认的名称，这样就可以自定义画笔了。下面通过实例来详细讲解。

实例 2　设计“SPRING IS COMING”文字

在设计笔记本封面、书籍、画册或者包装纸的时候，会用到一些分散或者堆积的图形。在本例中，把英文字母“SPRING IS COMING”定义成画笔，作为平面上的装饰图形，效果如图 4-19 所示。

知识技能：自定义画笔，并设置画笔的动态大小和动态颜色。

实现步骤

（1）新建文件并建立文字图层。执行【文件】|【新建】命令，新建一个 8 厘米×8 厘米、分辨率为 300PPI 的空白文件。使用“横排文字工具” T 输入“SPRING IS COMING”，黑色，大小是 10 点，字体是“Arial Bold”。

图 4-19　把文字“SPRING IS COMING”定义成画笔

（2）定义画笔预设。按住【Ctrl】键，单击【图层】面板中的文字图层，这时，就选中了这三个单词（此处也可以用魔棒工具来选择）。接下来如图 4-20 所示，单击【编辑】|【定义画笔预设】命令，弹出如图 4-21 所示的“画笔名称”对话框，为画笔的笔尖形状取名为“春天来了-文字”。这个画笔的尺寸是 390 像素。

（3）设定画笔参数并绘制。把当前文件的前景色设置为绿色，背景色设置为黄绿色。在工具栏中选中“画笔工具”，单击其选项面板的按钮，打开【画笔】面板，如图 4-22 所示。在初始的“画笔笔尖形状”选项中设置其角度是 39°，间距是 150%；“形状动态”中，大小抖动是 50%；“颜色动态”中，前景/背景抖动是 100%，饱和度抖动是 50%；“散布”选项中，选中“两轴”，散布数值是 600%。其他选项统一采用默认数值。利用此画笔在画布的空白处绘制。这种绘制往往不是一次完成的，应首先大面积涂抹，然后再次补充。如果在修补过程中因为“散布”参数的设置没法绘制到预定的位置，也可以把“散布”参数取消 散布。最终的设计效果如图 4-19 所示。

图 4-20 采用“定义画笔预设”命令把选区定义为画笔

图 4-21 “画笔名称”面板

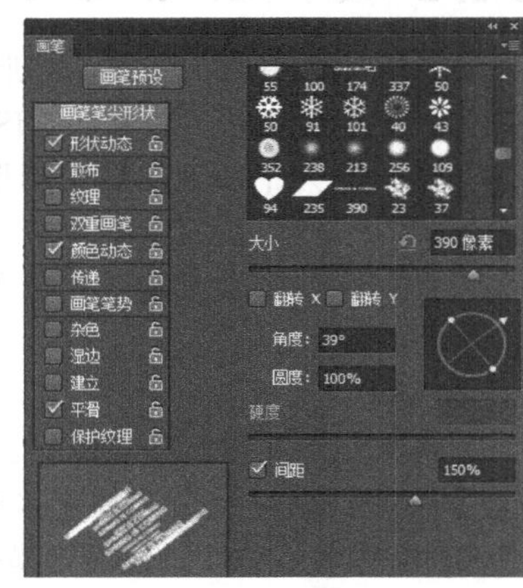

图 4-22 “SPRING IS COMING”画笔面板

特别提示

自定义画笔要注意最初选区中的颜色，通常是深色，上例在定义画笔的时候，用的是黑色。这样定义出来的画笔，颜色设置比较灵活，如果想得到浅色，可以调整画笔的饱和度，纯度等，还可以调整图层的不透明度。但如果最初的定义颜色太浅，则后期的饱和度调整比较困难。

如果自定义的画笔形状不符合要求可以删除。在“画笔预设选取器”中右击某个画笔笔尖，则可以删除，如图 4-23 所示。

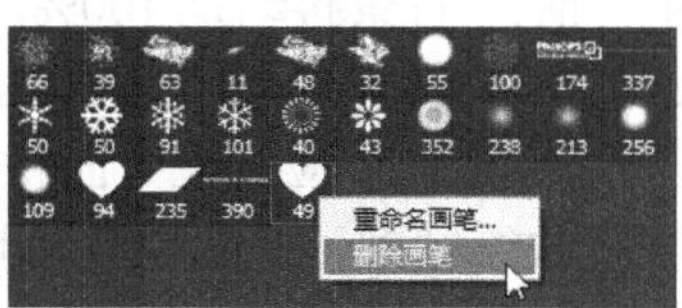

图 4-23 删除画笔

实例 3　设计“汇聚我们的爱”海报

每个小的图形，都可以看成是“点”，点的聚集可以形成新的图形。海报中用很多颗心形组成了一个大的心形，用来体现“爱心的凝聚”主题，效果如图 4-24 所示。

设计思路：首先把心形定义为画笔笔尖形状，设置画笔的动态大小，颜色在橙黄和橙红之间变化，然后用画笔在心形选区中绘制小的心形。边缘部分、空隙部分，采用固定大小的心形来补充。

知识技能：自定义画笔，并设置画笔的动态大小和动态颜色。

图 4-24　“汇聚我们的爱”海报

实现步骤

（1）定义心形画笔。打开“实例 3 原图.psd”文件，用魔棒工具选中黑色的小的心形，执行【编辑】|【定义画笔预设】命令，把尺寸较小的黑色心形定义为画笔笔尖，出现如图 4-25 所示的对话框，把画笔的名称设置为“心形”，确定。

（2）设置画笔参数。把当前文件的前景色设置为橙红色，背景色设置为橙黄色。在工具箱中选中“画笔工具”，打开【画笔】面板。在“画笔笔尖形状”选项中设置间距是 120%；“形状动态”中，大小抖动是 70%，“角度抖动”是 100%；“颜色动态”中，前景/背景抖动是 100%，其他选项统一采用默认数值，画笔的绘制效果如图 4-26 所示。

图 4-25　定义“心形”画笔

图 4-26　心形画笔的效果

（3）绘制“聚集”的心形。用魔棒选中大的黑色心形，得到心形选区。新建图层，该图层位于所有图层的最上方，如图 4-27 所示。使用“画笔工具”，在该图层的心形选区中逐个绘制小的心形。这里最好不使用画笔直接在选区中涂抹的方式，而采用逐个单击绘制，这样更容易控制图形的位置，防止图形之间出现叠压。最终的设计效果如图 4-24 所示。

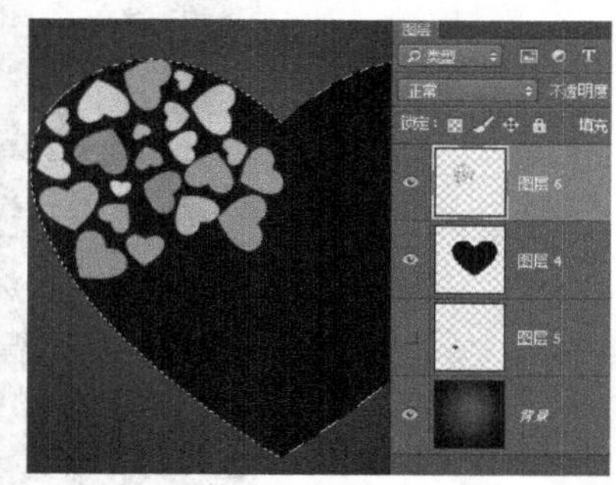

图 4-27　利用画笔在选区中逐个绘制“心形”

（4）修饰边缘。对于边缘部分、空隙部分，采用固定大小的心形画笔来补充，画笔的大小是 35 像素，尺寸较小，这种补充可以使得心形更加完美。

4.3　画笔文件的载入和保存

画笔文件是*.abr 格式的，网络上有大量的画笔文件可以下载，如素材中的“多层樱花.abr”文件。通常每个画笔文件都包含多个类似的笔尖形状。要使用这些画笔，首先需要把*.abr

文件复制到 Photoshop 安装目录下面，具体的路径是：安装盘符/Photoshop/Presets/Brushes。然后在画笔工具的选项面板中点开“画笔预设选取器”，出现画笔的预设窗口，在此窗口中单击右上角的按钮，则出现与画笔相关的命令，如图 4-28 所示。单击【载入画笔】命令，则可以在“安装盘符/Photoshop/Presets/Brushes”目录下选择已有的*.abr 画笔文件。这时，画笔的笔尖形状中就增加了该*.abr 文件所包含的画笔笔尖。

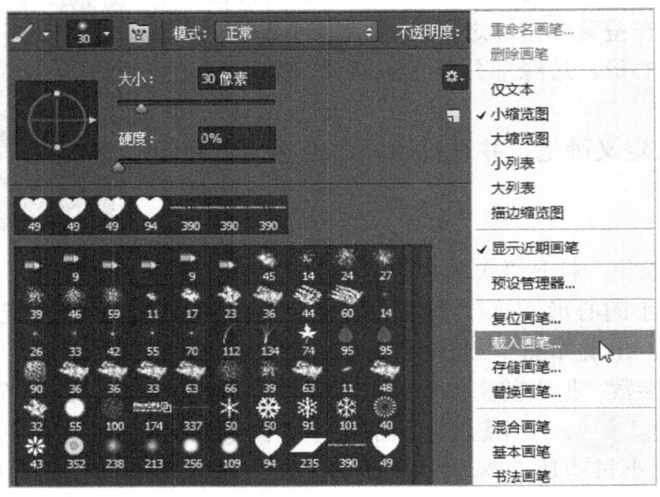

图 4-28　载入画笔文件

如果想把自己定义的画笔形状保存为*.abr 文件的话，则需要采用【存储画笔】命令，如图 4-29 所示。在存储画笔之前，要把多余的笔尖形状都删除。

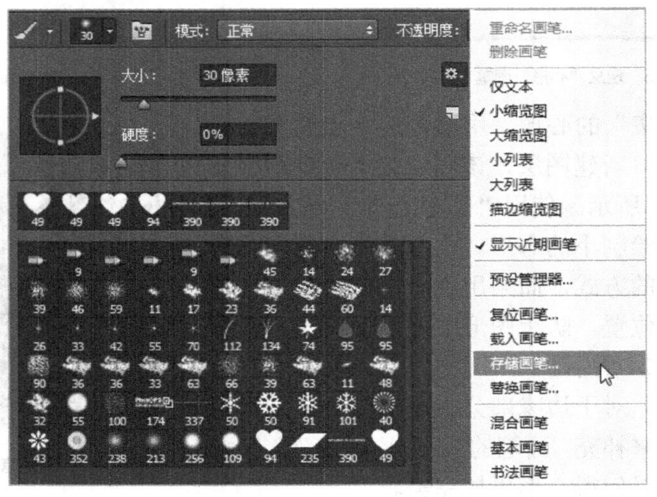

图 4-29　存储画笔

4.4 利用自定义形状工具绘图

“自定义形状”工具位于“矩形工具组”中，如图 4-30 所示。

图 4-30　矩形工具组

“自定义形状”工具中包含很多 Photoshop 自带的图形。打开“形状”选项后面的黑色三角形，如图 4-31 所示，就可以打开自定义形状的拾色器。默认的拾色器如图 4-32 所示，单击右上角的 按钮，在弹出的菜单中选择【全部】命令，出现图 4-33 所示的对话框，单击“确认”或“追加”之后，则拾色器中的图形会增多，如图 4-34 所示。

图 4-31　“自定义形状”选项面板

图 4-32　默认的“自定义形状”拾色器

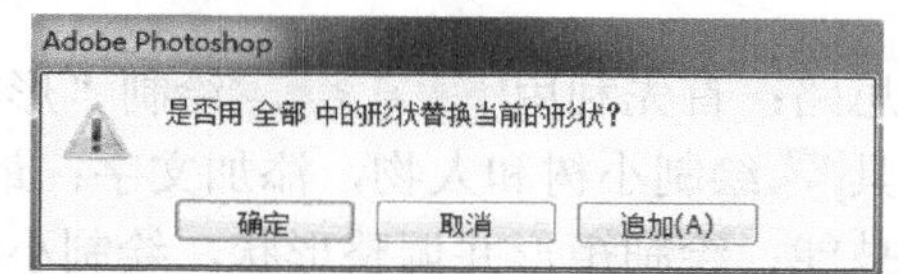

图 4-33　扩展形状对话框

“自定义形状”工具的模式有“形状”“路径”“像素”三种，如图 4-35 所示。

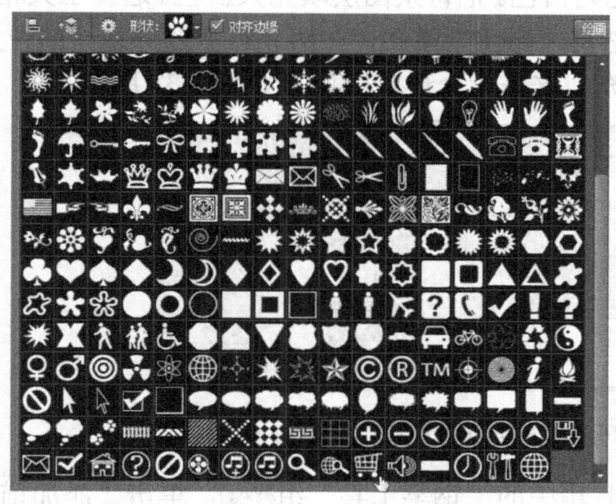

图 4-34　扩展后的“自定义形状”拾色器

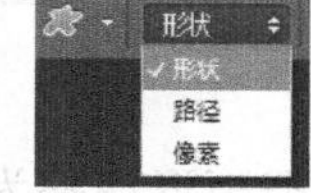

图 4-35　自定义形状工具的模式

（1）“形状”模式。是默认状态，使用“形状”模式，就会生成形状图层。该图层可以通过锚点来改变图形的形状，也能够随意修改填充的颜色。形状图层是自动生成的，无需新建图层。

（2）“路径”模式。绘制路径，即贝塞尔曲线，关于路径的详细用法会在 4.6 节讲解。

（3）“像素”模式。绘制的图形会生成普通的填充像素。

同样地，矩形工具组所有的工具都有这样三种绘图模式。

实例 4　制作圣诞节贺卡

利用 Photoshop 自带的形状可以绘制各种样式的图形。图 4-36 所示为一张简单的圣诞贺卡，画面的颜色非常简洁，只有蓝白两色。

图 4-36 “圣诞快乐”贺卡

设计思路：首先利用 矩形工具 绘制“形状图层”，把矩形调整为 S 形；然后利用自定义形状工具绘制小树和人物，添加文字；最后用画笔工具添加大小不一的圆点。

知识技能：绘制矩形并调整形状，绘制小树和人物，画笔大小抖动。

实现步骤

（1）新建文件并绘制矩形。新建一个 10 厘米×6 厘米、分辨率为 300PPI 的文件。把当前文件的背景色设置为天蓝色，前景色为白色。把背景图层填充天蓝色。选择工具箱中的“矩形工具” 矩形工具，在选项面板中选择“形状”模式，在画面靠下四分之一的位置绘制一个白色矩形，矩形默认采用前景色填充。这是一个形状图层，如图 4-37 所示。

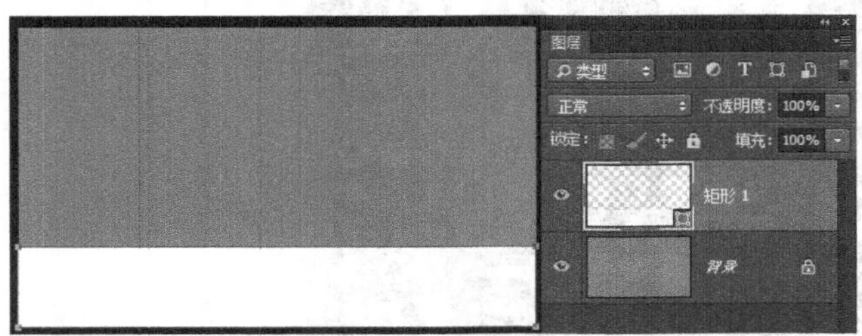

图 4-37 添加白色矩形形状

（2）把矩形调整为 S 形。打开工具箱中的“钢笔工具”组，单击“添加锚点工具” 添加锚点工具，在矩形的上边缘中点的位置添加一个锚点，如图 4-38 所示，这个锚点带有两条方向相反的方向线，是一个平滑的锚点。采用“钢笔工具组”中的“转换点工具” 转换点工具 在中间锚点的位置单击并向右上拖动，生成如图 4-39 所示的形状，松开鼠标确认。

图 4-38 在矩形上边缘中点添加一个锚点

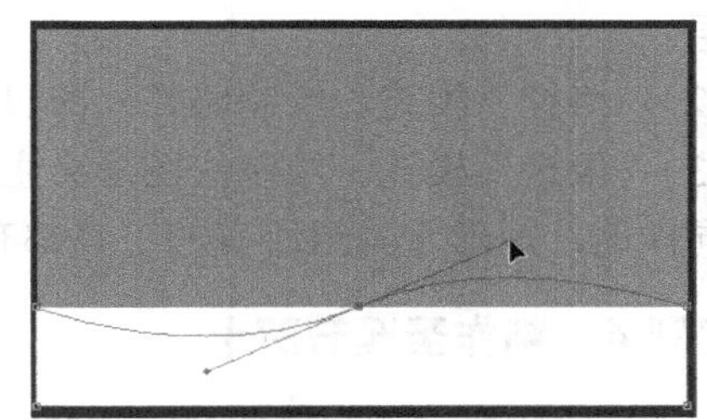

图 4-39 用转换点工具调整弧线

（3）绘制小树和人物。选择“自定义形状工具”，在自定义形状的拾色器中，单击右上角的按钮，在弹出的菜单中选择【全部】命令，并单击“确定”，这时自定义形状变多了，从中可以找到小树和人物。先单击小树，在画面中 S 形的凹陷处绘制两棵小树，一大一小。再单击人物，在 S 形的凸起处绘制人物。

（4）输入文字并绘制圆点。输入文字，英文字体为 Calibri Bold，中文字体是微软雅黑，并设置合适的字体大小。此时天空比较空旷，可以适当加几个白色的圆点，当做飘落的雪花。做法是用画笔工具，65 号柔角笔尖，硬度为 0%，间距为 120%，大小抖动为 60%，在天空位置逐个单击，绘制几个柔和的圆点，最终效果如图 4-36 所示。

4.5 图案的定义和填充

在平面设计中，图案是具有装饰意味的花纹或者图形，经常会在包装纸、网页背景图、书籍封面等不同介质上出现。当图案按照一定的顺序排列在画面当中时，会产生秩序的美感，排列整齐，统一之中又有变化。构成图案的要素可以是具象的花卉、风景、人物、动物等，也可以是抽象点线面，这些要素按照一定的规律进行组合，可以定义出图案。如图 4-40 是波点图案的填充效果，图 4-41 是方格图案的填充效果，图 4-42 是花朵图案的填充效果。图案填充的效果，是由单个图案的样式和尺寸来决定的，因此图案的定义显得非常重要。波点图案、方格图案、花朵图案的样式如图 4-43 所示。

图 4-40 波点图案的填充效果

图 4-41 方格图案的填充效果

图 4-42 花朵图案的填充效果

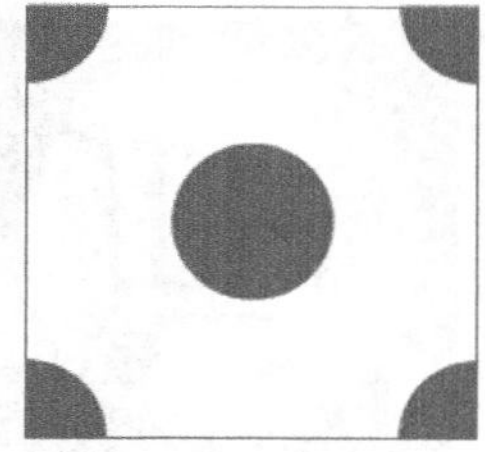

图 4-43 各图案的样式

定义图案的方法是：先绘制单个图案所包括的图形，然后用矩形选框工具选择这部分图形，采用【编辑】|【定义图案】命令，在出现的“图案名称”对话框中输入要定义的图案名称，如图 4-44 所示，单击“确定”。如果图案中的图形本身不是矩形，如图 4-43 所示

的樱花图案是不规则形状，则要把这些图形放置到有色或透明的矩形当中。如果不创建矩形选区，则会把当前图层的全部区域定义为图案。如果想创建透明底的图案，则图形本身不要带有底色。

图 4-44 图案名称对话框

实例 5 设计“大明超市”装饰墙板图片

在超市的墙壁上经常会看到一些广告装饰板，上面的图片背景是超市的名称和标志。这种装饰图片既起到广告作用，又美化了环境。如图 4-45 所示，是“大明超市”的装饰板图片。

图 4-45 “大明超市”宣传图片

设计思路：首先用图形和文字定义“大明超市”的图案，然后用图案填充画面，最后写上广告文字。

知识技能：绘制形状，自定义图案，图案的填充，文字的调整。

实现步骤

（1）新建文件。新建一个 4.5 厘米×10 厘米，分辨率为 300PPI 的文件。（注意：如果是超市真实的墙板图片，尺寸往往比较大，我们的实例是缩小版的图片。）设置白色为前景色，天蓝色为背景色，并在背景上填充天蓝色。

（2）绘制“大明超市”的圆形标志。新建图层，利用椭圆选框工具在画面中绘制一个直径大约 0.5 厘米的圆形，填充白色。利用“自定义形状工具”在形状中找到“购物车”图形。因为购物车图形在白色圆形上面是透明的，所以要减去购物车图形所在的白色选区。因此，“自定义形状工具”的选项面板中，要选择“路径”模式，绘制一个购物车路径。然后在【路径】面板中，单击下方的按钮，把路径转变为选区，然后删除该选区中的白色像素，效果如图 4-46 所示。

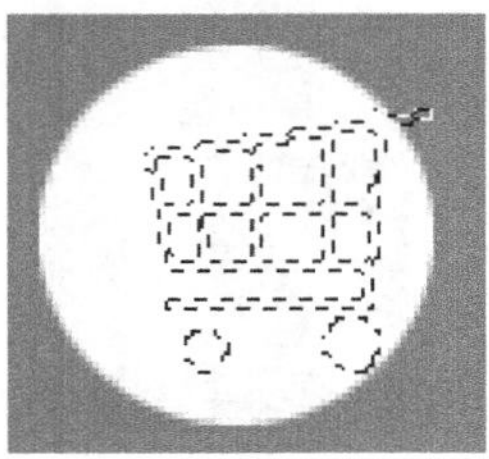

图 4-46 绘制购物车图形

注意：此处的购物车图形不是蓝色的，而是透明的，天蓝色是背景图层的显示效果。

（3）输入文字。采用“横排文字工具”在圆形标志的右边输入“大明超市”，方正综艺_GBK，大小是 16 点，白色。用“矩形选框工具”绘制一个细细的矩形选区，填充白色，变成一条白色的分割线。再次使用“横排文字工具”输入英文，“DaMing_Mart”，字体和颜色与中文相同，大小是 10 点。此时中文和英文位于两个文字图层中，调整其位置，保证中英文的对齐。标志和文字的组合效果如图 4-47 所示。

（4）合并图层并定义图案。按住【Shift】键把标志图层、中英文文字图层、分割线图层选中，采用【图层】|【合并图层】命令，或者采用快捷键【Ctrl+E】，把标志和文字合并为一个图层。如果图形是水平的，定义出来的图案就是水平分布的；如果图形本身是倾斜的，那定义出来的图案就是倾斜分布的。根据最初的设想，“大明超市”的标志和文字要做成倾斜的。为此，选中此图层，采用【Ctrl+T】自由变形，得到的图形如图 4-48 所示。把背景图层隐藏，用“矩形选框工具”选择一个矩形区域，如图 4-49 所示。然后采用【编辑】|【定义图案】命令，在出现的“图案名称”对话框中输入图案名称“墙纸背景”，单击“确定”按钮。

图 4-47 大明超市标志图形

图 4-48 图形倾斜

（5）用图案填充。选择工具箱中的“油漆桶工具”，在“油漆桶工具”的选项面板中设置“填充区域的源”为“图案”，然后选择图案为“墙纸背景”，如图 4-50 所示。这时，“油漆桶工具”就采用“墙纸背景”这种图案填充选区了。在背景图层上面新建一个图层，用“油漆桶工具”在该图层上单击，则该图层被图案填满，如图 4-51 所示。

图 4-49 创建选区

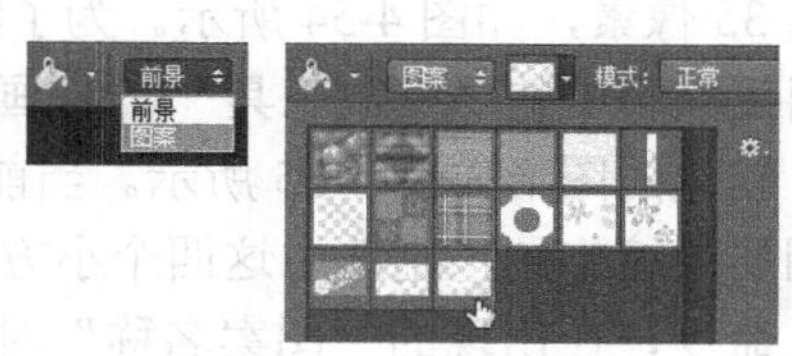

图 4-50 油漆桶的填充源设置

（6）调整图案的不透明度，输入文字。当前的图案非常明显，如果直接在图案上写文字会影响文字的可读性，因此，要降低图案的透明度。把步骤（5）中图层的不透明度设置为 35%，则画面的效果如图 4-52 所示。采用“直排文字工具”直排文字工具输入“便宜”“舒适”“便利”，分别位于三个文字图层，并输入英文。设置所有文字的“投影”样式，最终效果如图 4-45 所示。这样，文字就显得更有立体感，画面也具有了一定的层次感。

图 4-51　用“图案”填充图层

图 4-52　降低图层的不透明度

实例 6　设计方格女衫图案

方格图案是常见的图案，经常用在各类介质当中，如图 4-53 所示就是一款女孩穿的方格衫。

设计思路：首先定义方格图案，然后把衣服选择出来，删除，在下方的图层中填充方格图案。

知识技能：创建固定尺寸的正方形选区，方格图案的定义。

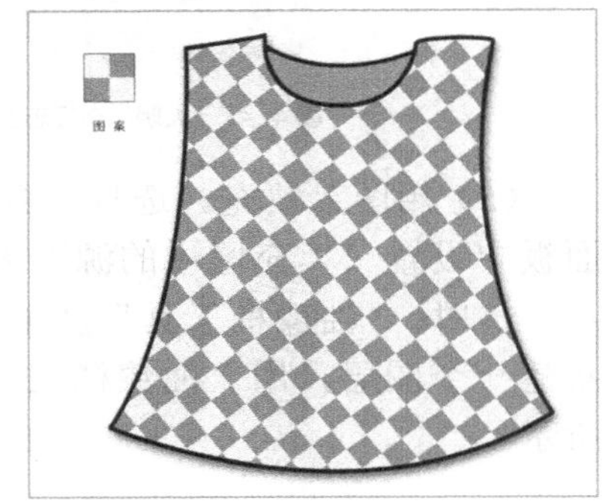

图 4-53　方格女衫效果图

实现步骤

（1）定义图案。打开“实例 7 原图.jpg”。图案的尺寸要根据衣服的尺寸来定义，否则方格太大或太小都不美观。对本图中的衣服来说，每个小方格的边长是 35 像素。在制作固定尺寸的选区，使用矩形选框工具的时候，要在选项面板中采用“固定大小”的样式，把宽度和高度都设置为 35 像素，如图 4-54 所示。为了精确创建选区，建议采用工具箱中的“缩放工具”把画面放大 300%，创建四个同样大小的正方形，并填充颜色，创建的图形如图 4-55 所示。当前这四个小方格位于同一个图层，按住【Ctrl】键，单击此图层的缩略图，则选中这四个小方格选区，如图 4-56 所示。然后采用【编辑】|【定义图案】命令，在出现的“图案名称”对话框中输入图案名称“粉色方格”，单击确定。这时粉色方格图案样式就保存在“图案”拾色器中。

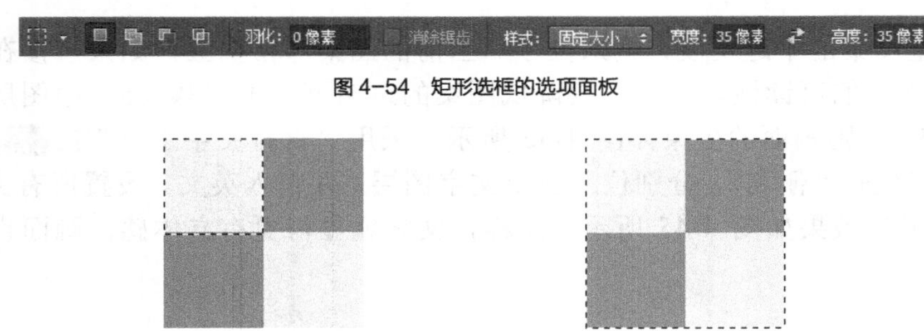

图 4-54　矩形选框的选项面板

图 4-55　绘制方格图形

图 4-56　选择四个方格

（2）把方格图案填充到衣服中。双击“背景”图层，把背景图层变为“图层 0”。因为衣服原有的颜色是单一的粉色，因此可以采用魔棒工具选中衣服原有的粉色，删掉，效果如图 4-57 所示。新建图层 1，并把图层 1 放置到图层 0 下方。单击“油漆桶工具”，在其选项面板中设置“填充区域的源”为“图案”，然后选择图案名称为“粉色方格”，在图层 1 中单击，则图层 1 中填满了粉色的方格，效果如图 4-58 所示。

图 4-57 删除原有的粉色

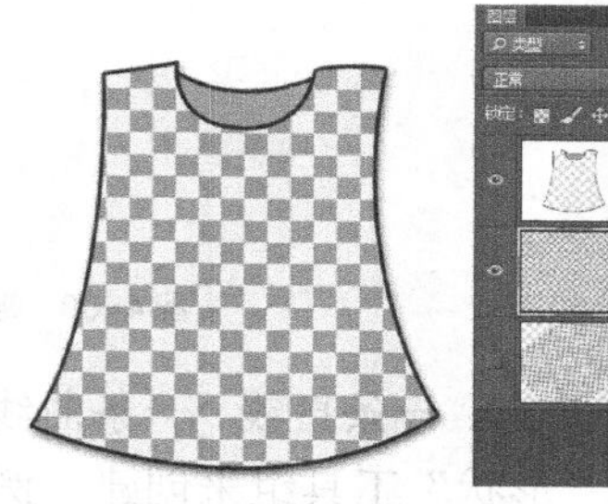
图 4-58 用粉色方格填充

（3）调整方格的方向。因为定义的粉色方格图案是水平的，所以填充的效果也是水平的。可以采用快捷键【Ctrl+T】来旋转，从而调整方格的方向，如图 4-58 的“图层 1 拷贝”那样，最终效果如图 4-53 所示。

画笔和图案都能绘制出聚集的图形，画笔可以设定笔尖形状的动态大小、角度、圆度、间距等参数，颜色也可以在一定范围之内变化。而图案定义完成之后，其大小、方向、间距、颜色等，都是固定不变的，是同一个图形的重复排列。任意选区都可以定义为画笔，而只有矩形选区才能定义为图案。

4.6 用钢笔绘制曲线图

Photoshop 中的“钢笔工具”属于矢量绘图工具，可以绘制出平滑的曲线，而且在缩放或者变形之后仍能保持平滑效果。钢笔工具画出来的矢量图形称为“路径”，路径具有矢量特性，可以是开放的，如波浪线，也可以是闭合的，如圆形。“钢笔工具组”和“路径选择工具组”如图 4-59 所示，这是路径绘制和编辑的常用工具。

图 4-59 路径绘制的常用工具

4.6.1 路径的含义、特点和功能

路径是由若干锚点、线段（直线段和曲线段）所构成的矢量图形。用锚点标记路径的端点，方向线和方向点的位置确定路径的长短和形状。在曲线段上，每个选中的锚点显示一条或两条方向线，如图 4-60 所示，锚点 2 是当前选中的锚点，呈现黑色。

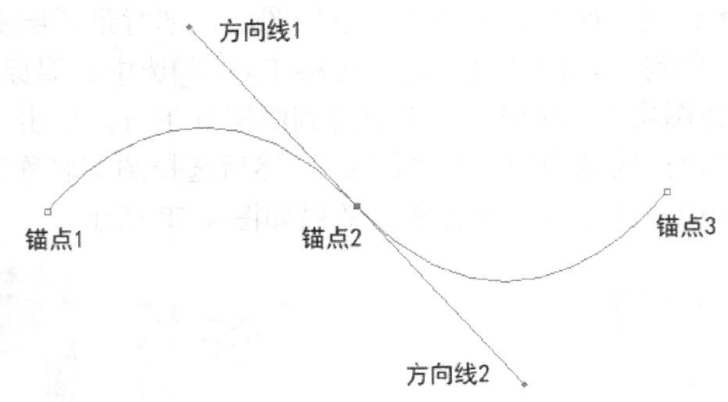

图 4-60　路径的组成

路径，可以是一个点、一条直线、一条曲线或一个闭合的图形。路径可以由“钢笔工具”创建，也可以由“形状”工具组来创建，例如实例 5“圣诞贺卡”中的 S 形地面就是由矩形工具来创建并调整的。路径在打印文件时不可见，也不属于某个图层，它的创建和修改都比较灵活，可以保存在图像或文件中，也可以单独输出。

开放的路径，可以对其描边生成一条曲线，或者顺着路径来写文字，如图 4-61 所示。

图 4-61　开放路径的应用

闭合的路径，可以填充颜色，可以描边生成线框，还可以在路径中写“路径区域文字”或者顺着路径写文字，效果如图 4-62 所示。

图 4-62　闭合路径的应用

4.6.2　用钢笔工具绘图

在绘图时，“钢笔工具”用来创建锚点。

（1）锚点的类型。锚点有不同的类型，在这里主要介绍三种，如图 4-63 所示，直线锚点、平滑锚点和尖突锚点。直线锚点的两边都是直线，而且没有方向线；平滑锚点的两侧都是曲线，而且两条方向线呈现 180 度角，与曲线成切线状态，这时的曲线是最自然最优美的；尖突锚点的两侧也是曲线，只是两条方向线的夹角不是 180 度。

用“钢笔工具”在画面上单击并松开鼠标，这时创建的是直线锚点；当用“钢笔工具”在画面中单击并拖动时，创建的锚点两侧会带有两条方向线，这个锚点就是平滑锚点。

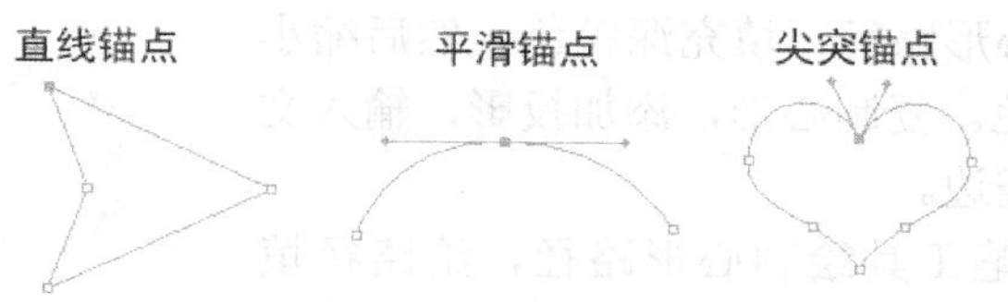

图 4-63 锚点的类型

画路径的时候，锚点要尽可能地少，锚点越多越乱，所以锚点要创建在关键位置上。在画好的路径上增加节点，可以用“添加锚点工具” 添加锚点工具，要想删除多余的锚点，采用“删除锚点工具” 删除锚点工具。

（2）路径的调整。黑色箭头“路径选择工具” 路径选择工具是用来整体移动路径位置的，也就是路径全体搬家。要想整体移动路径，或者改变大小，旋转，复制等，需要先用 路径选择工具选择路径。

“直接选择工具” 直接选择工具用得非常多，它可以移动单个锚点，还可以调整曲线的形状。如果路径上看不到锚点，可以采用 路径选择工具或 直接选择工具在路径上任意地方单击，则锚点就会显示出来。要移动某个锚点的位置，则先用直接选择工具选中该锚点，再拖动。如果这个锚点原本是平滑锚点，则在拖动方向线时，两条方向线仍然保持成 180 度。如果这个锚点本来是尖突锚点，则在拖动方向线时，两条方向线会形成不同的角度。各类锚点的调整效果如图 4-64 所示。

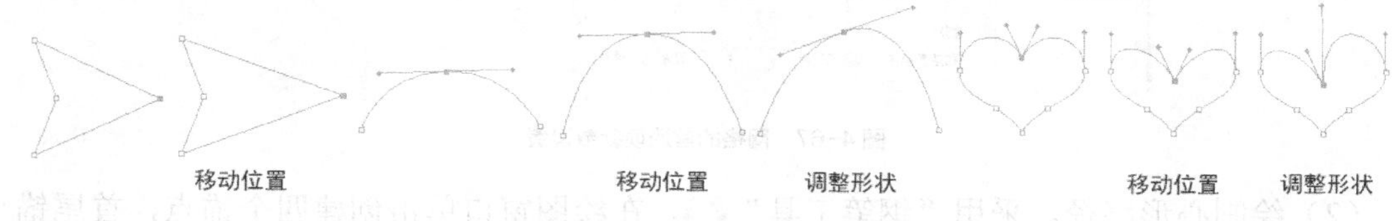

图 4-64 “直接选择工具”的用法

“转换点工具”能够改变锚点的类型，可以转换直线锚点与平滑锚点，也可以转换平滑锚点与尖突锚点。要想把直线变成曲线，则用“转换点工具”拖动某个锚点，此锚点左右两侧都变成曲线，且两条方向线呈 180 度。针对曲线锚点，如果用“转换点工具”拖动单条方向线，则可以改变单条方向线的曲率，此锚点变为尖突锚点，效果如图 4-65 所示。

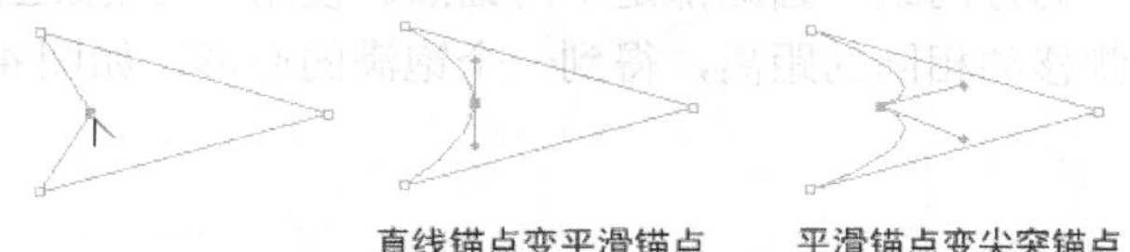

图 4-65 “转换点工具”的用法

实例 7 绘制心形

在平面设计中经常需要绘制各种形状，最常用的就是采用“钢笔工具”来绘制。本章实例 3“汇聚我们的爱”中的心形就是采用钢笔绘制的。图 4-66 是钢笔工具绘制的另一种形式的“爱心”。

图 4-66 心形效果图

设计思路：绘制心形路径，填充深粉色，然后缩小心形路径，填充浅粉色。复制心形，添加投影，输入文字，添加文字的白色描边。

知识技能：用钢笔工具绘制心形路径，给路径填充颜色。

实现步骤

（1）新建文件并显示网格。新建一个 700 像素×500 像素，分辨率为 96PPI 的文件。为了使得绘制的心形左右对称，要采用网格线作为参照。单击菜单【视图】|【显示】|【网格线】命令，在绘图窗口出现了网格线，默认的网格线是一个大网格中有四个小网格。为了绘制得更加精细，打开菜单【编辑】|【首选项】|【参考线、网格和切片】，在对话中中设置子网格的数量为 8，如图 4-67 所示。

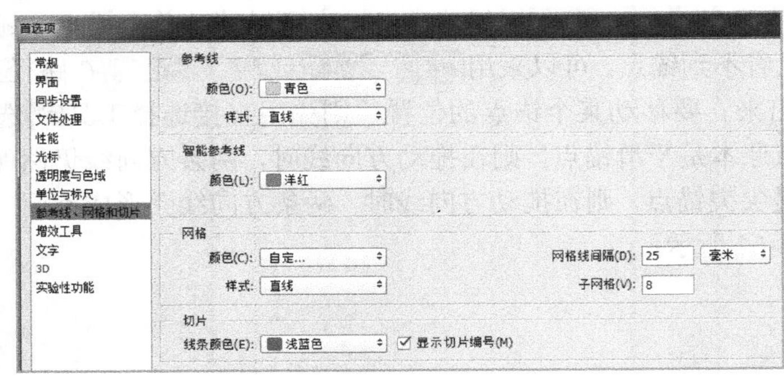

图 4-67 网格的首选项参数设置

（2）绘制心形路径。采用“钢笔工具”，在绘图窗口单击创建四个锚点，首尾锚点重合，形成一个闭合的多边形路径，如图 4-68 所示。采用“转换点工具”把左上角和右上角的直线锚点变成平滑锚点，每条方向线在水平方向和垂直方向移动的小网格数目相等，如图 4-69 所示，水平方向移动 6 个小网格，垂直方向移动 4 个小网格。这时的心形是瘦长形的，为了使心形变得饱满一些，可以使用“添加锚点工具”在下方左右对称的两个位置添加锚点，如图 4-70 所示，取心形与网格的两个对称的交叉点。这时添加的两个锚点的两侧都带有夹角 180 度的方向线，因此都是平滑锚点。使用 “直接选择工具”单击这两个锚点，对称地向外侧移动相同的距离，得到一个饱满的心形，如图 4-71 所示。

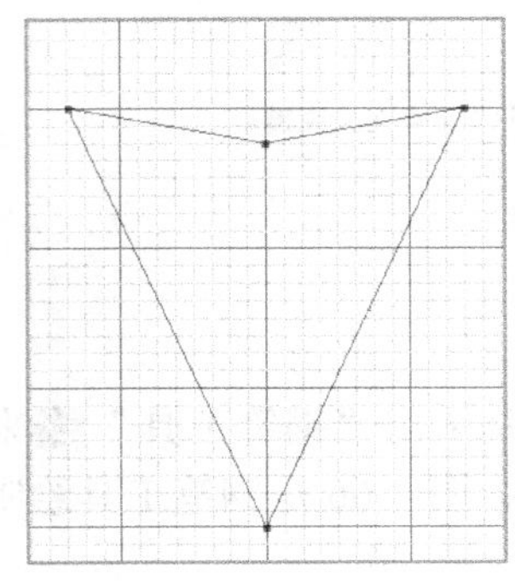
图 4-68 绘制多边形

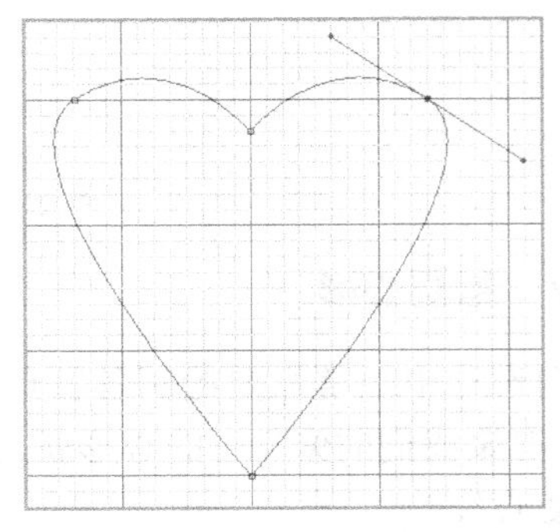
图 4-69 转换直线锚点为平滑锚点

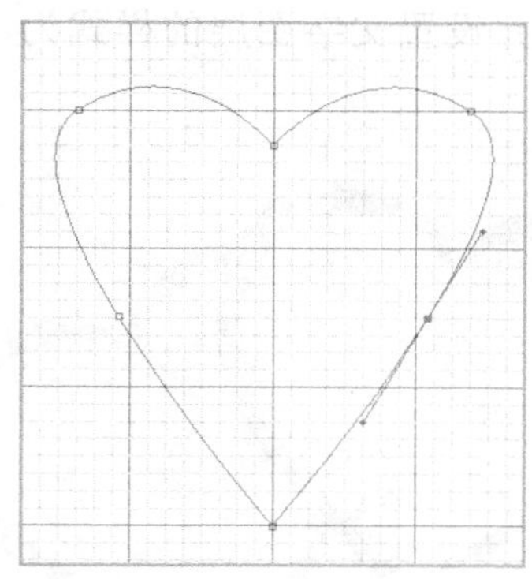
图 4-70　添加两个平滑锚点

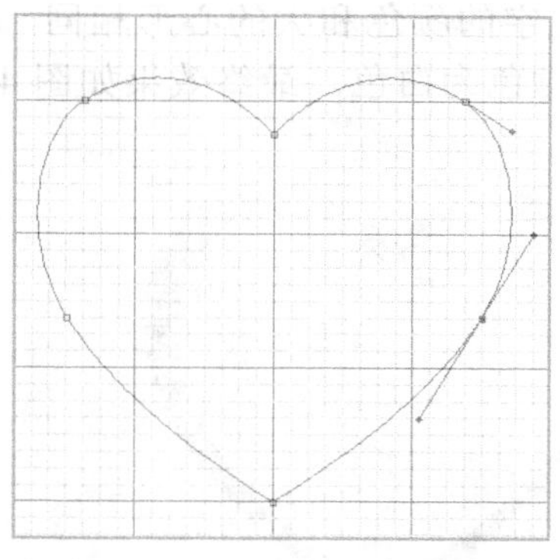
图 4-71　拖动下面两个锚点的位置

（3）为心形路径填色。新建图层 1（这是把心形填充颜色之后所在的图层，因此一定要新建图层，否则会在背景图层上填充，这样不容易对心形进行编辑）。路径的填充有两种方法，一是单击【路径】面板下方的按钮，直接用前景色填充路径，如图 4-72 所示。二是单击【路径】面板下方的按钮，将路径转变为选区，然后可以用设定的颜色或者渐变色或者图案进行填充。要把路径转变为选区，还可以按住【Ctrl】键，单击路径的缩略图。给心形路径填充深粉色，效果如图 4-73 所示。

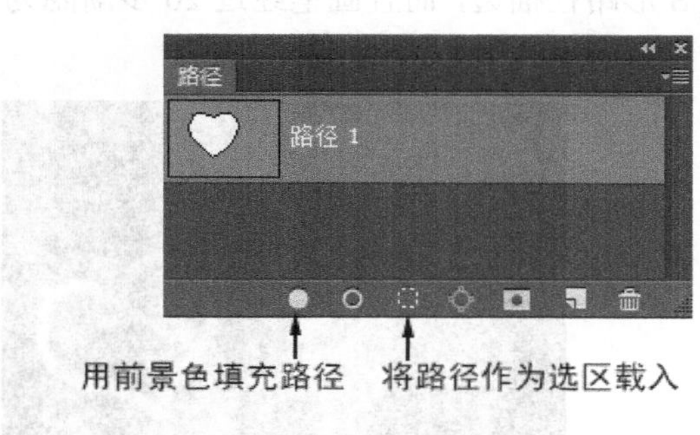

图 4-72　路径面板

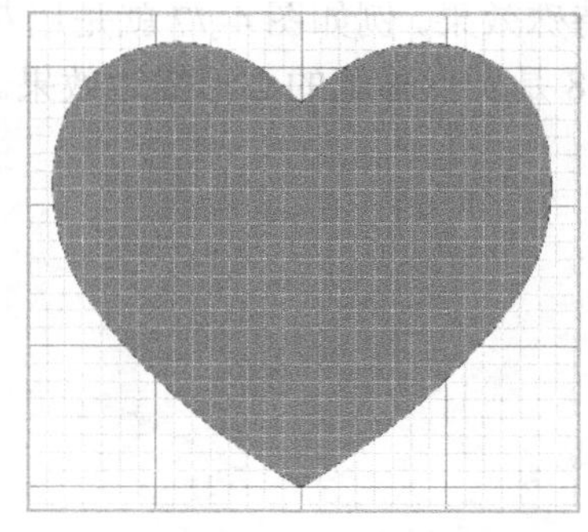
图 4-73　心形填色

（4）调整心形路径的大小和位置变为小的心形。单击【视图】|【显示】|【网格】，取消网格的显示。用“路径选择工具”路径选择工具选中心形路径，按快捷键【Ctrl+T】，这时心形路径四周出现了变换的节点，同时按住【Shift】键和【Alt】键，向内拖动四角的节点，路径会沿中心点变小，并保持原来的比例，如图 4-74 所示。按回车确认变换。

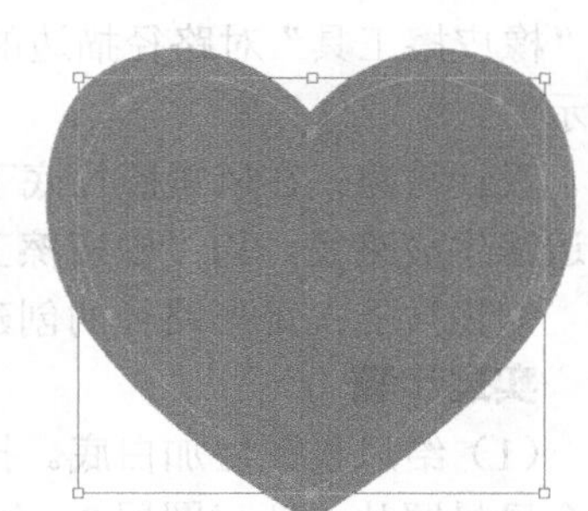
图 4-74　同比例缩小心形路径

（5）制作双色心形。采用路径选择工具适当调整小的心形路径的位置，按照步骤（3）的办法，把心形路径转变为选区，填充浅粉色，如图 4-75 所示。取消选区。这时双色心形位于图层 1 上。

（6）复制心形并输入文字。使用“移动工具”，按【Alt】键，拖动双色心形，则得到一个副本。调整其位置，如图 4-76 所示，并设置两个心形图层样式为“投影”。输入文字“Wedding”，设置其字体为“Vivaldi

Italic”，文字的颜色和大的心形相同，是深粉色，并设置文字图层的样式为“描边”，设置描边颜色为白色。最终效果如图 4-66 所示。

图 4-75　把路径变为选区，填充浅粉色

图 4-76　心形的复制和调整

4.7 对路径描边

绘制好路径之后，可以采用画笔工具、铅笔工具、橡皮工具等对路径进行描边，以制作一些特殊效果。例如图 4-77 就是用花朵画笔对 S 形路径描边，而且画笔经过 20 步渐隐为 0。图 4-78 是圆点画笔的心形描边效果。

图 4-77　花朵画笔沿 S 形路径描边

图 4-78　圆点画笔沿心形路径描边

实例 8　设计邮票齿孔效果

邮票的齿孔是用“橡皮擦工具”对矩形路径描边，同样的做法还有胶片的齿孔效果。用“橡皮擦工具”对路径描边的实质，就是围绕路径擦除当前图层中的内容。效果如图 4-79 所示。

设计思路：在风景照片底下添加一个白色矩形，设置“橡皮擦工具”的参数，把矩形的外边缘生成路径，用“橡皮擦工具”沿着路径描边。

知识技能：矩形路径的创建，橡皮擦工具参数的设置，描边路径。

实现步骤

（1）给风景图层加白底。打开“实例 9 原图.psd”，里面有背景图层和图层 1，图层 1 是一个风景照片。新建图层 2，绘制一个比风景照片稍大的矩形，填充白色，把图层 2 放到图层 1 和背景图层中间，如图 4-80 所示。

图 4-79　邮票效果图

图 4-80　添加白底

（2）设置橡皮擦工具的参数。在工具箱中单击“橡皮擦工具”，其选项面板如图 4-81 所示，橡皮擦工具的模式设置为“画笔”。

图 4-81　橡皮擦工具的选项面板

单击“切换画笔面板”按钮，出现画笔的面板，橡皮擦工具“画笔”设置和 4.1 节画笔工具的参数设置基本是一样的，但“颜色动态”不可用。这里最主要是设置画笔的“笔尖形状”为 16 像素的圆点，硬度为 100%，间距为 135%，其他参数采用默认设置，如图 4-82 所示。

（3）把白底的四边生成路径。选中图层 2 的白底，在【路径】面板中单击面板下方的“从选区生成工作路径”按钮，把白底的选区变成路径，默认叫作“工作路径”，如图 4-83 所示。

（4）用橡皮擦工具对路径描边。在“路径面板”中，右键单击“工作路径”，如图 4-84 所示，使用“描边路径”命令，出现“描边路径”对话框，采用“橡皮擦”工具，确定。描边的结果如图 4-85 所示。

（5）加特效和文字。为了使得画面更有层次感，为图层 2 添加“投影”样式。为了使得风景照片和白底有明显的区分，给风景照片（图层 1）加黑色“描边”样式。输入文字。最终的效果图如 4-79 所示。

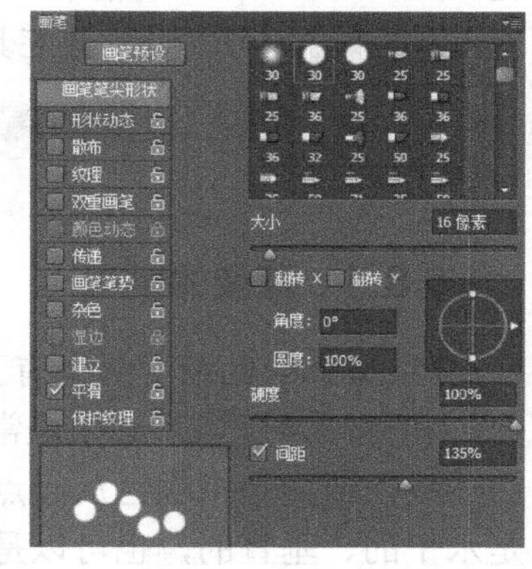

图 4-82　橡皮擦“画笔模式”的参数设置

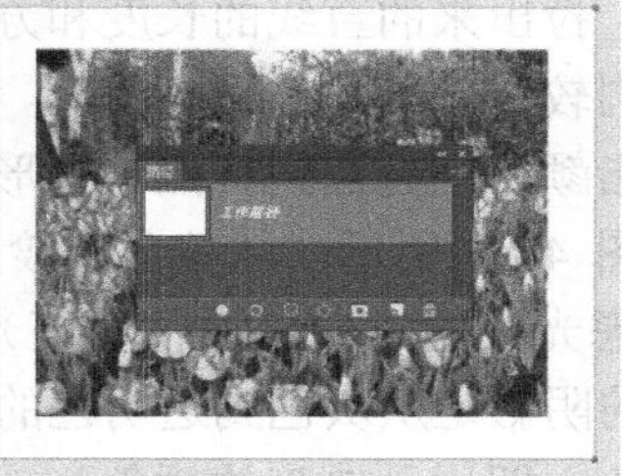

图 4-83　把白底的边缘变成路径

图 4-84　用橡皮擦描边路径

图 4-85　描边效果图

特别提示

“橡皮擦工具”中画笔的尺寸要根据白底的尺寸来确定，因此，要先添加白底，再设置画笔参数。

4.8 渐变色的设置与填充

颜色的渐变不仅指的是一种颜色逐渐过渡成另外一种颜色，而且还指颜色的透明度的变化。在 Photoshop 工具箱中，“渐变工具”和“油漆桶工具”位于同一个位置。单击“渐变工具”，可以看到该工具的选项面板如图 4-86 所示。

图 4-86　“渐变”工具的选项面板

4.8.1 渐变的类型

Photoshop 的渐变类型有五种，分别是线性渐变、径向渐变、角度渐变、对称渐变和菱形渐变，其中最常用的是线性渐变和径向渐变。

线性渐变是指颜色从起点到终点以直线方式渐变，使用线性渐变工具拉出来的线可以是水平的、垂直的，也可以是倾斜的。如图 4-87 所示，中间拉出来的水平线就是渐变的范围，选区中的颜色从红色过渡到黄色。在线性渐变中，如果是从左向右拉的直线，则左侧是起点，右侧是终点。起点左边的颜色，都是起点色，终点右边的颜色，都是终点色。例如在图 4-87 中，起点左边都是红色，终点右边都是黄色，只有起点和终点所在的范围内是由红色到黄色的渐变。拉出来的直线的长度和方向决定着渐变的效果。如图 4-88 所示，直线较短，则渐变的范围较窄。

径向渐变是指颜色从起点到终点以圆形方式渐变，拉出来的直线是圆形渐变的范围。径向渐变的效果如图 4-89 所示，从黄色过渡到红色再到暗红色，是三个颜色的变化。如果是制作球体，要考虑光线的方向，通常由高光点、亮部、暗部、反光部几个颜色组成。如图 4-90 所示，球体的阴影是从灰色到透明色的径向渐变。如果是制作背景色的径向渐变，通常中间是较亮的颜色，四周是较暗的颜色。

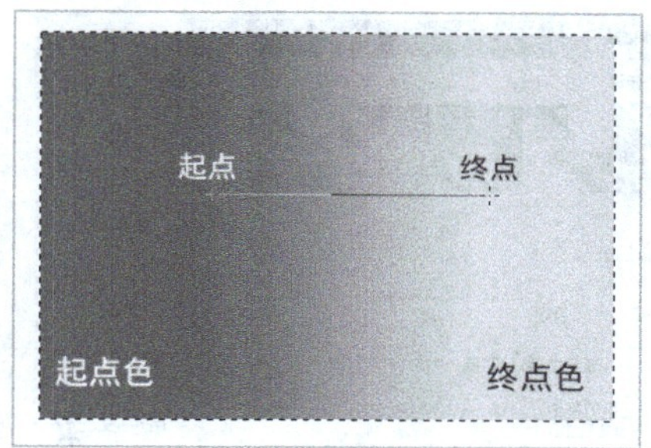

图 4-87　线性渐变

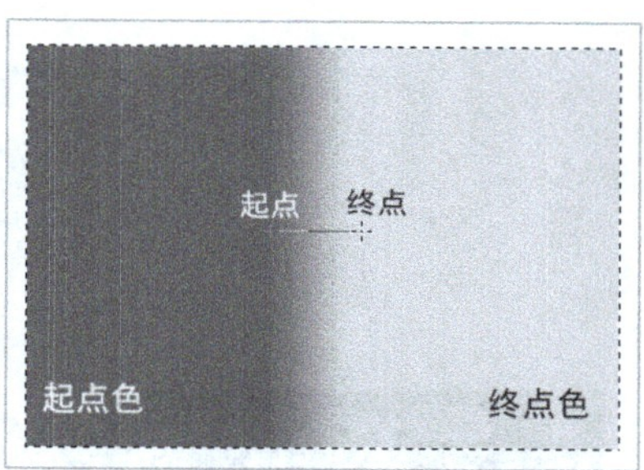

图 4-88　线性渐变的范围

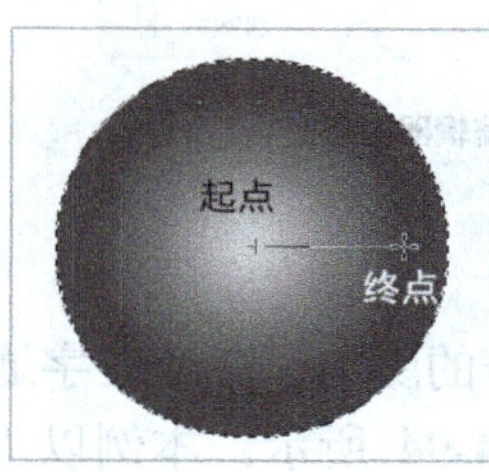

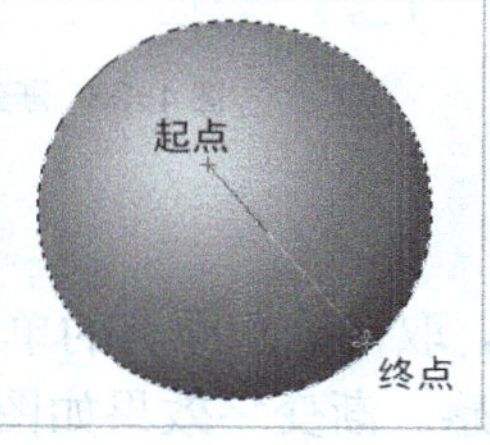

图 4-89　径向渐变的效果

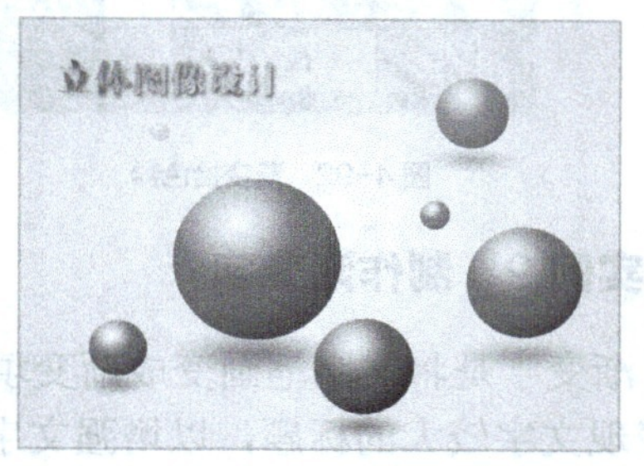

图 4-90　径向渐变制作球体及阴影

使用渐变填充，可以增强颜色的层次感，比如在制作各种按钮时，加上渐变效果，可以使得按钮变得晶莹剔透。如图 4-91 所示，圆形按钮是浅蓝色到深蓝色的径向渐变，上面添加了一个白色到透明的椭圆形，胶囊形按钮的上方也添加了白色到透明的渐变。

图 4-91　晶莹剔透的按钮

4.8.2　渐变的编辑

在“渐变工具”的选项面板中单击右侧的三角，则可以打开“渐变拾色器”，如图 4-92 所示，拾色器中是 Photoshop 自带的渐变样式和用户自己新建的渐变样式。比如第一个方块是前景色到背景色的渐变，第二个方块是前景色到透明色的渐变，第三个方块是黑色到白色的渐变，还有橙黄橙渐变、铬黄渐变、色谱渐变等。

在渐变工具的选项面板中单击中的渐变色谱可以打开“渐变编辑器”对话框，如图 4-93 所示，在此可以设定起点色、终点色以及渐变过渡的位置，还可以通过增加或者删除色标的方法来添加、删除颜色等。设定好的渐变色，可以单击 新建(W) 按钮保存在预设的拾色器中，以后可以非常方便地取用，无需再次设置了。

特别提示

如果需要设置两种颜色的渐变，可以直接把这两种颜色设置为前景色和背景色，渐变工具选项面板中的渐变色会自动变为这两种颜色。如果要设置一种颜色的透明渐变，则无需打开渐变编辑器，可以把当前的前景色设置为需要的颜色，然后从渐变拾色器中单击第二个方块。

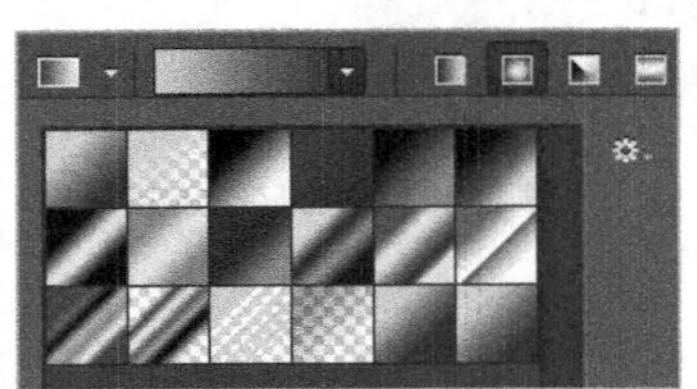

图 4-92　渐变拾色器

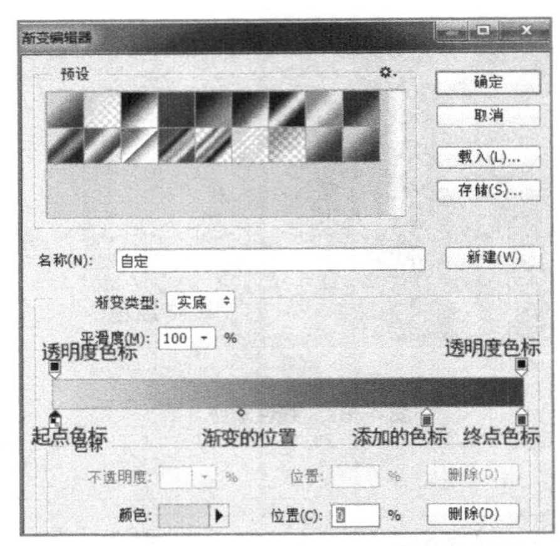

图 4-93　渐变编辑器对话框

实例 9　制作渐变字

渐变字是将文字笔画变成渐变填充效果，取代笔画原有的单一的颜色。渐变文字通常用来表现文字较大的标题，以增强文字的形式感。渐变字效果如图 4-94 所示。本例以“超越梦想 引领未来”为例讲解。

设计思路：新建文件，输入文字，调整文字大小，创建文字选区，在选区中填充渐变色，制作文字投影。

知识技能：创建文字选区，颜色渐变的设置和填充，图层透明度的调整。

图 4-94　渐变文字效果图

实现步骤

（1）新建文件，输入文字。新建一个 500 像素×600 像素，分辨率是 96PPI 的文件，背景色填充黑色。用“横排文字工具”输入文字“超越梦想 引领未来”，设置文字的颜色为白色，字体是“方正综艺_GBK”，放大文字。

（2）新建图层 1，制作渐变文字。按住【Ctrl】键，单击文字图层，得到文字选区，隐藏文字图层，得到图 4-95 所示的效果。保持现有的选区，新建图层 1，单击“渐变工具”，在渐变拾色器中选择“橙黄橙渐变”，在文字选区上拉出一条直线，如图 4-96 所示。这时文字选区中会填充橙黄橙渐变。

图 4-95　创建文字选区

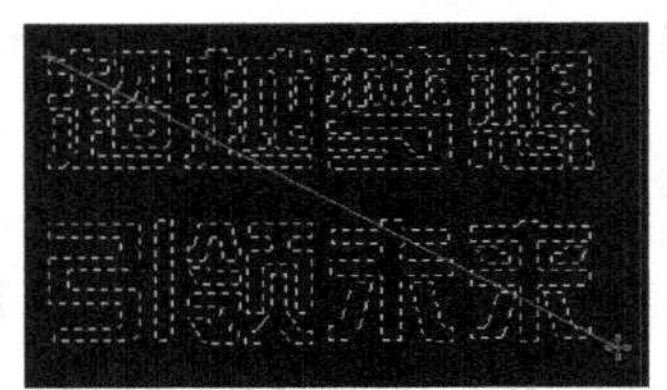

图 4-96　在文字选区填充线性渐变

（3）新建图层 2，制作文字投影。为了进一步增强文字的形式感，可以在“引领未来”四字的下方加一个半透明的黄色。新建图层 2，紧靠着文字用矩形选框创建一个矩形选区，设置前景色为黄色，单击渐变工具，在渐变拾色器中选择“前景色到透明的渐变”，在矩形选区中填充黄色到透明的渐变，效果如图 4-97 所示。取消选区。

（4）把投影变形。把图层 2（即黄色投影）的透明度调整为 40%，按【Ctrl+T】组合键，等出现了控制节点的时候，按住【Ctrl】键，拖动长边中间的节点，把矩形斜切变成平行四边形，如图 4-98 所示。按回车确认变换。复制图层 2，把投影效果拖放到“超越梦想”的下方，使得每一行都有投影，最终效果如图 4-94 所示。

图 4-97　在矩形中做黄色到透明渐变

图 4-98　把矩形斜切变成平行四边形

本章小结

1. 画笔工具的设置与使用

（1）画笔工具的参数主要有画笔笔尖的形状设置、硬度、间距、动态大小、动态颜色以及散布等。

（2）任意的选区，都可以自定义画笔。多余的画笔笔尖形状，也可以删除。

（3）可以从网上搜集*.abr 文件，丰富画笔的笔尖样式。

2. 图案的定义和填充

图案的定义必须针对矩形选区，如果图案本身是不规则的，那么可以在矩形选区中设置透明底色。图案的填充，最常见的是采用油漆桶工具。

3. 路径的创建

（1）通常采用钢笔工具创建路径，也可以采用自定义形状工具组，在选项面板中选择“路径”模式。

（2）转换点工具可以把曲线变成直线，也可以把直线变成曲线。

（3）路径的填充，可以用前景色直接填充，也可以转换为选区之后，用任意颜色或图案填充。

（4）路径和选区，可以相互转换。

4. 渐变的设置

渐变可以是颜色的变化，也可以是透明度的变化。可以在渐变拾色器中选择现有的渐变样式，也可以在渐变编辑器中新建渐变样式。

课后练习

1．绘制心形，定制各种类型的心形图案，并制作“心形”背景图。

2．选择一种图形，定义为画笔，制作点的分散和聚集效果。

3．用钢笔工具自行绘制一棵植物，或者参考从网上搜集的植物图片，用钢笔绘制其形状。

Photoshop+Illustrator

Chapter 5

第 5 章 Photoshop 通道的用法

学习目标

- 掌握通道的分类和功能。
- 掌握 Photoshop 通道的基本操作。
- 学会利用通道混合器来调整颜色。
- Alpha 通道的创建与编辑。
- 学会利用 Alpha 通道来抠图和制作特别效果。

在学习 Photoshop 的过程中，图层是基础，蒙版是灵魂，通道是核心。学到此处，我们才朝着 Photoshop 的深处再进一步。通道在 Photoshop 中是极具特色的图像处理方法，它主要用来保存图像的颜色信息和专色信息，还可以建立很精确的选区，应用非常广泛。如果要问通道是什么？我们可以说通道就是选区。这听起来比较费解，带着这个问题，进入本章的内容。

5.1 通道的分类

通道作为图像的组成部分，与图像的格式密不可分，图像颜色、格式的不同决定了通道的数量和模式，在【通道】面板中可以直观地看到。在 Photoshop 中涉及的通道主要有 4 种。

（1）复合通道。复合通道不包含任何信息，实际上它只是一个同时预览并编辑所有颜色通道的快捷方式。它通常被用来在单独编辑完一个或多个颜色通道后使通道面板返回到它的默认状态，如图 5-1 所示，在 RGB 模式的图像中有 RGB 复合通道，在 CMYK 模式的图像中有 CMYK 复合通道。只有单击复合通道，才能看到图像的真实显示效果。

（2）颜色通道。当我们在 Photoshop 中编辑图像时，实际上就是在编辑颜色通道。这些通道把图像分解成一个或多个色彩成分，图像的模式决定了颜色通道的数量，RGB 模式有 3 个颜色通道，CMYK 图像有 4 个颜色通道，灰度模式、索引模式只有一个颜色通道，它们包含了所有将被打印或显示的颜色。图 5-1 所示的“红”“绿”“蓝”通道就是颜色通道，如图 5-2 所示是灰度模式和索引模式的颜色通道。

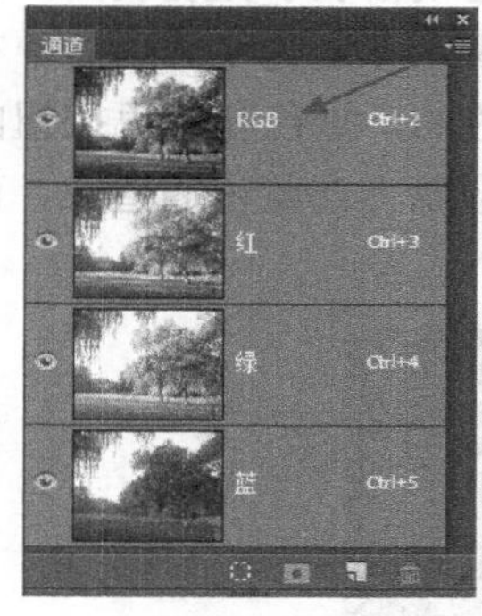

图 5-1 复合通道

图 5-2 灰度模式和索引模式的通道

特别提示

颜色通道不能改名。

（3）Alpha 通道。Alpha 通道是计算机图形学中的术语，指的是特别的通道。有时它特指透明信息，但通常的意思是“非彩色”通道。这是我们真正需要了解的通道。在 Photoshop 中制作出的各种特殊效果都离不开 Alpha 通道，它最基本的用处在于保存选取范围，并不会影响图像的显示和印刷效果。当图像输出到视频时，Alpha 通道也可以用来决定显示区域，如图 5-3 所示，Alpha 通道中的白色就是选区。

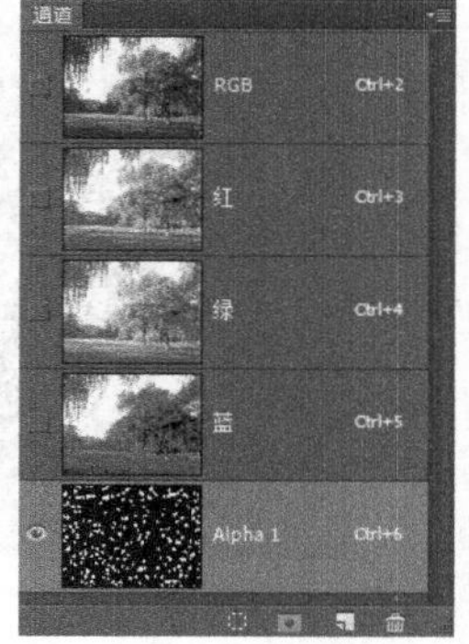

图 5-3 Alpha 通道

（4）专色通道。专色通道是一种特殊的颜色通道，它可以使用除了青色、洋红、黄色、黑色以外的颜色来绘制图像，一般与打印或印刷相关。在印刷中为了让印刷品与众不同，往往要做一些特殊处理。如增加荧光油墨或夜光油墨，套版印制无色系（如烫金）等，这些特殊颜色的油墨都无法用青色、洋红（品红）、黄色、黑色油墨混合而成，我们称其为“专色”，这时就要用到专色通道与专色印刷了。在图像处理软件中，都存有完备的专色油墨列表。在印刷时每种专色都要求专用的印版。如果要印刷带有专色的图像，则需要创建存储这些颜色的专色通道。由于大多数专色无法在显示器上呈现效果，所以其制作过程也带有相当大的经验成分。

5.2 利用颜色通道取色与调色

5.2.1 认识颜色通道

颜色通道用于保存颜色信息，根据颜色模式将颜色信息分离出来，以便查看与编辑。每个颜色通道用于保存图像中相应颜色的信息，最后通过颜色通道的叠加（复合通道）来获取图像的最终颜色。在任何图像颜色模式下，通道面板中的各原色通道（如红、绿、蓝）和复合通道都不能更改其名称。

在 RGB 模式中，每一个通道表示本通道色光含量的多少。通道较白表示亮度较高，含量较多，较黑表示亮度较低，含量较少，纯白表示亮度最高，纯黑表示亮度为零。画面中有红、绿、蓝三个按钮，如图 5-4 所示，在红色通道中，红按钮是白色的，绿色和蓝色按钮的颜色较暗；在绿色通道中，绿色按钮较亮，红色和蓝色按钮的颜色较暗；在蓝色通道中，蓝色按钮较亮，而红色和绿色按钮较暗。

图 5-4 RGB 的每个通道显示色光的含量

在 Photoshop 中执行【图像】|【模式】命令可以转换文件的颜色模式。下面将同一副图像转换为不同的颜色模式，在“通道”面板中可以直观地看到不一样的通道属性，如图 5-5 所示。

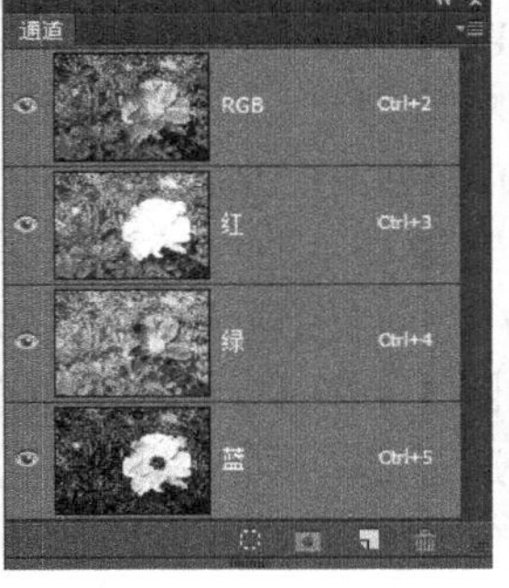

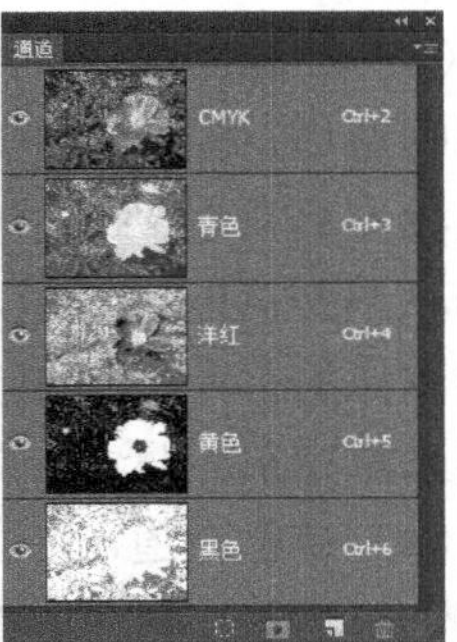

图 5-5 图像的不同色彩模式

在默认情况下【通道】面板中的分色通道均以灰度显示，也可以用彩色来显示通道。执

行菜单命令【编辑】|【首选项】|【界面】，在界面设置中选中“用彩色显示通道”复选框 ☑ 用彩色显示通道(C)，如图 5-6 所示。此时通道显示结果变为彩色，如图 5-7 所示。每一个颜色通道将对应图像中的一种颜色，例如 RGB 图像中的“蓝”通道保存图像中的蓝色信息，单击此通道，将仅显示此通道的颜色，如图 5-8 所示。但通常为了便于观察通道中的明暗，要取消选择“用彩色显示通道”命令。

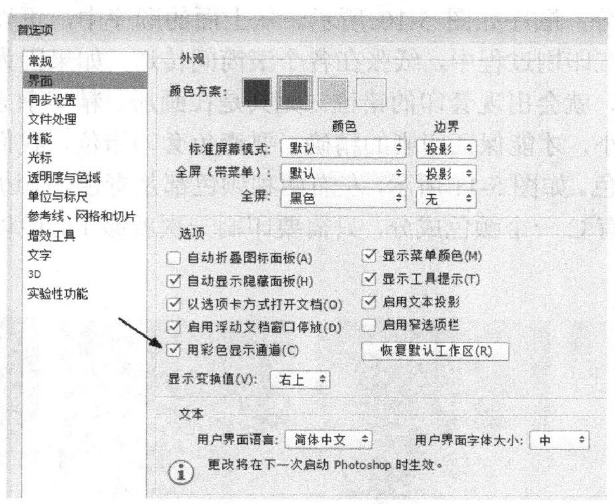

图 5-6　“首选项”对话框

图 5-7　通道显示结果为彩色

图 5-8　单个颜色通道

CMYK 通道的灰度图和 RGB 类似，表示油墨含量的多少。但和 RGB 通道不同，CMYK 的每一个颜色通道中，颜色较白表示油墨含量较低，较黑表示油墨含量较高，纯白表示完全没有油墨，纯黑表示油墨浓度最高。灰白的按钮，只有黑色通道有浅灰色，有一些黑色油墨；品红的按钮在洋红的通道是暗色的，表示这种油墨较多；青色的按钮在青色通道上是暗色的，表示青色油墨较多，如图 5-9 所示。

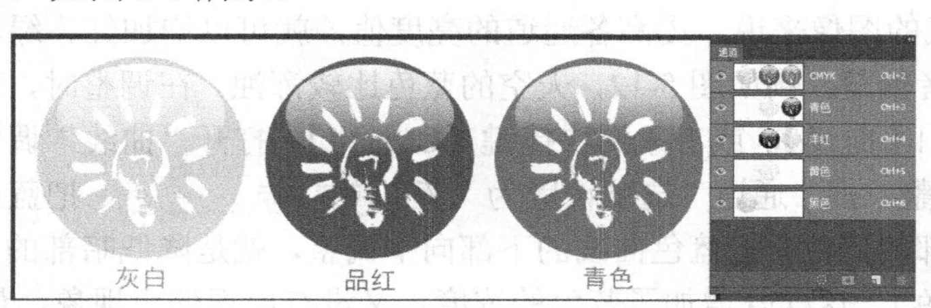

图 5-9　CMYK 每个通道显示油墨的含量

5.2.2 印刷中的 CMYK 设置

在印刷时，一般需要把这 CMYK 四个通道的灰度图制成胶片（称为出片），然后制成硫酸纸等，再上印刷机进行印刷。传统的印刷机有 4 个印刷滚筒，分别负责印制青色、洋红色、黄色和黑色。一张白纸进入印刷机后要被印 4 次，先被印上图像中青色的部分，再被印上洋红色、黄色和黑色部分，顺序如图 5-10 所示。从上面的顺序中，可以很明显地感受到各种油墨添加后的效果。在印刷过程中，纸张在各个滚筒间传送，如果因为热胀冷缩或者其他的一些原因产生了位移，就会出现套印的错位。尤其是在画册、精美杂志、地图等精细印刷品中，这个错位要尽量小，才能保证印刷的精确。要避免套印错位，我们在用色上就应该避免使用多种颜色的混合色。如图 5-11 所示，左右两种颜色都是青色，左边 CMY 都有颜色成分，要印刷三次；右边只有 C 一个颜色成分，只需要印刷一次就够了，所以套印错误的机会就小很多。

图 5-10 印刷上色的四个步骤

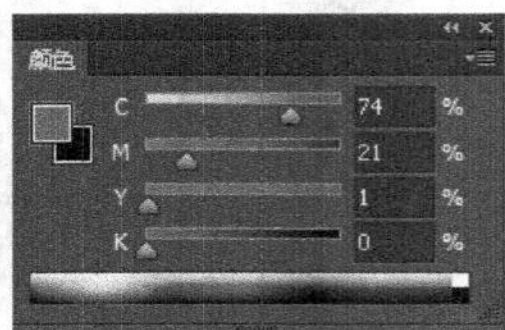

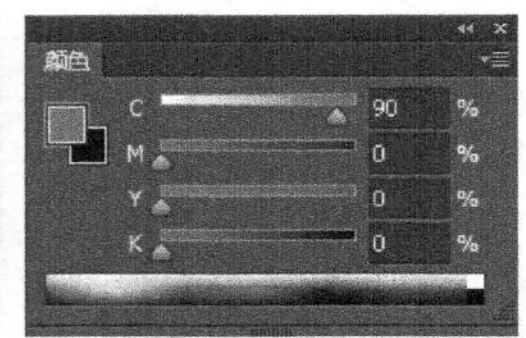

图 5-11 CMYK 四个通道的颜色表示

可见在制作印刷品的时候，我们所使用的颜色会影响成品的印刷成功率。如果是 RGB 模式，则完全不必担心这个问题，因为屏幕显示是不可能有套印错误的情形发生的。

5.2.3 利用单个通道调色

调整每个通道的灰阶亮度，可以调整图像的颜色。

对 RGB 模式的图像来说，提高各通道的亮度值，就可以增加红、绿、蓝的含量，使画面偏红、偏绿或者偏蓝。例如图 5-12，天空的蓝色比较浑浊。在调整时，可以利用菜单命令【图像】|【调整】|【曲线】，或者采用快捷键【Ctrl+M】，打开“曲线”调整对话框，进行如图 5-13 所示的调整，把“通道”选项设置为“蓝” 通道: 蓝 ，把蓝色曲线上部向上调整，就是增加亮部的蓝色，把蓝色曲线的下部向下调整，就是降低暗部的蓝色（同时增加蓝色的补色，即黄色），这样既增加了蓝色的浓度，又没有出现偏色现象，最终效果如图 5-14 所示，蓝色显得更艳丽，更清亮。

图 5-12 原图

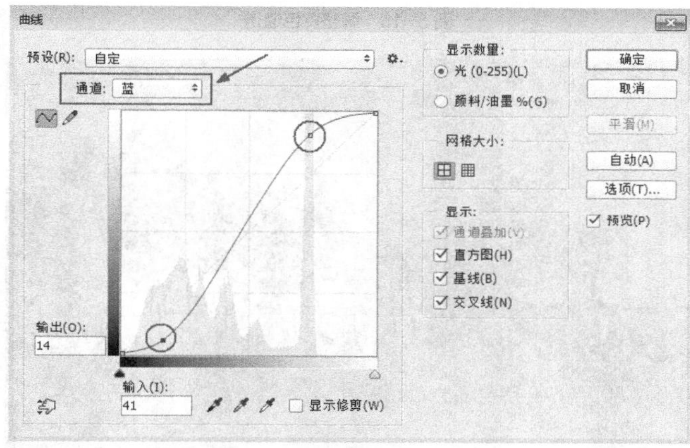

图 5-13 调整蓝色通道

图 5-14 调整后的图像效果

对 CMYK 模式的图像来说，提升某种颜色的含量，要降低其通道的亮度值，即增加这种墨水的含量。针对图 5-12，要增加画面中的蓝色，则需要减少黄色的含量，如图 5-15 所示，调整“黄色”通道的数值，在曲线上，把天空部分的黄色往下拉（减少黄色，增加蓝色），把地面部分的黄色向上拉（增加黄色），最终效果如图 5-16 所示。

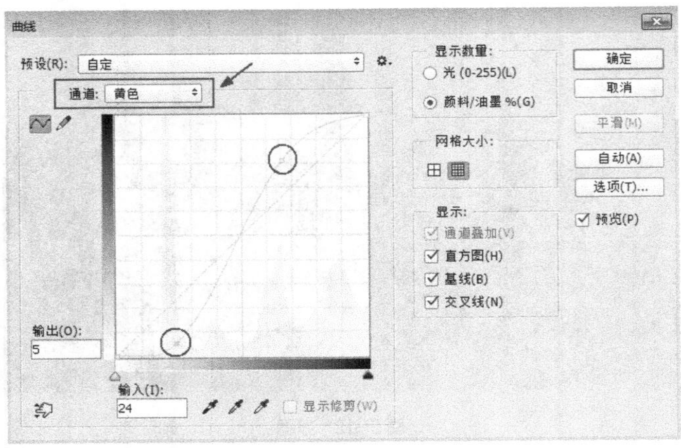

图 5-15　调整黄色通道

图 5-16　调整后的图像效果

为什么提亮蓝色需要调整黄色通道呢？这是因为在CMYK模式中没有蓝色通道。在色相环中，蓝色的互补色是黄色，如图5-17所示的色相环，降低黄色的含量，即增加蓝色的含量。同理也可以应用到其他颜色中，比如红色强，则青色就弱；绿色强，则品红就弱。

为了采用通道来调整颜色，我们根据色相环了解常见颜色的RGB构成，见表5-1。

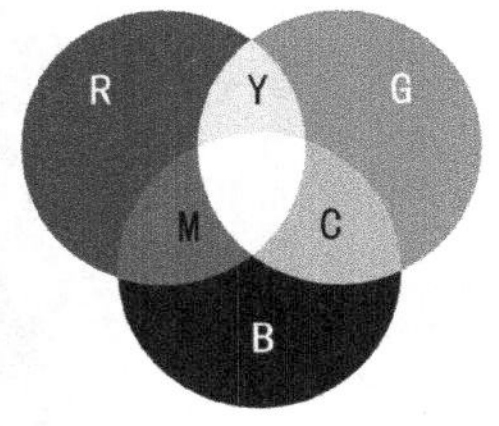

图 5-17　色相环

表 5-1　　常见颜色的 RGB 取值

颜色	RGB 取值			说明
	R	G	B	
红	255	0	0	与青互补
绿	0	255	0	与品红互补
蓝	0	0	255	与黄互补
黄	255	255	0	

续表

颜色	RGB 取值			说明
	R	G	B	
品红	255	0	255	
青	0	255	255	
黑	0	0	0	与白互补
白	255	255	255	
灰				RGB 相等

5.2.4 利用通道混合器调色

使用“通道混合器”命令可以将某个颜色通道中的图像颜色与其他颜色通道中的图像颜色按一定比例混合。通过此命令可以将彩色图像转换为黑白图像，也可以使用此命令为黑白照片上色。

执行【图像】|【调整】|【通道混合器】命令，弹出“通道混合器”对话框，如图 5-18 所示。在此对话框中可以进行各项设置，从而将图片调整至理想效果。

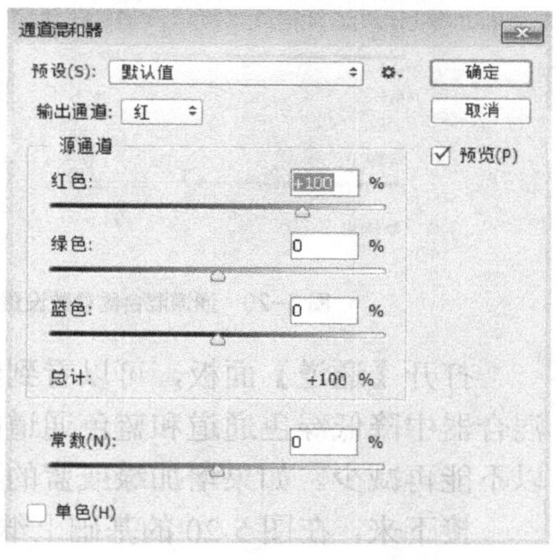

图 5-18 通道混合器

输出通道 输出通道: 红 ：在此下拉列表中可以选择需要调整的颜色通道。如果图像模式是 RGB 模式，则可以选择红、绿、蓝三个通道。

源通道 源通道 ：在此选项中有红绿蓝三个选项，分别可以通过拖动滑块或者是在数值框中输入数值来设置输出通道颜色的百分比，其范围都是−200～+200。

常数 常数(N): ：拖动此滑块可以调节输出通道的灰度值。将其向左拖动或者设置为负值时，图像会偏黑色；将其向右拖动或者设置为正值时，图像会偏白色。设置范围是−200～+200。

单色 □ 单色(H)：勾选此复选框，则彩色的图像将会变成灰度图。

某个特定的输出通道中为什么还有红绿蓝源通道呢？实际上通道混合器的调色原理就是通过混合进其他通道色彩的亮度来影响源通道色彩亮度，从而改变图片的色彩。通道混合器里的源通道只是借用了其他通道的亮度，而不是和其他通道的亮度进行交换，从而也不可能会改变其他通道的亮度。为了更好地理解，我们可以举例说明。

如图 5-19 所示，画面上从左往右依次是红、绿、蓝、黄、品红、青、白、黑（如果有打印色差，可以参考素材中的“彩条-通道混合器.tif”文件）。这里的彩条取色全部采用最纯最亮的值，如表 5-1 所示的取值。“通道混合器”对话框中，输出通道设置为“红”，也叫源通道。把通道中的“红色”拉到 0%，如图 5-20 所示（0 表示亮度为 0，也就是全黑，再减少亮度也是一样，只要没有其他混合通道加入，0 和-200 都是一样的；但是混合通道加进去影响不一样，因为混合后百分比的多少会对源通道颜色的亮度值产生影响）。这时的彩条变化如图 5-21 所示，图中的红色消失了。只要颜色里面含有红色（可参考表 5-1，如红色、品红、黄色、白色），都会被删除其中的红色值，所以我们看到图 5-21 中红色变成黑色（红色色值是 255、0、0，红色的 255 被删除就全是 0，所以变成黑色），黄色里的红删除变成了绿色（红+绿=黄），品红变成了蓝色（红+蓝=品红），白色的红删除就得到了青色（红+绿+蓝=白，绿+蓝=青），黑色里没有红色保持不变。

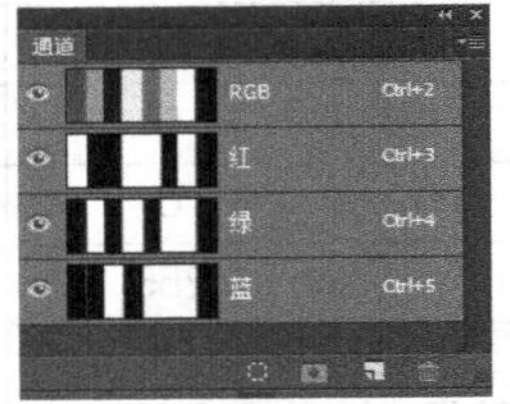

图 5-19　彩条原图及通道面板

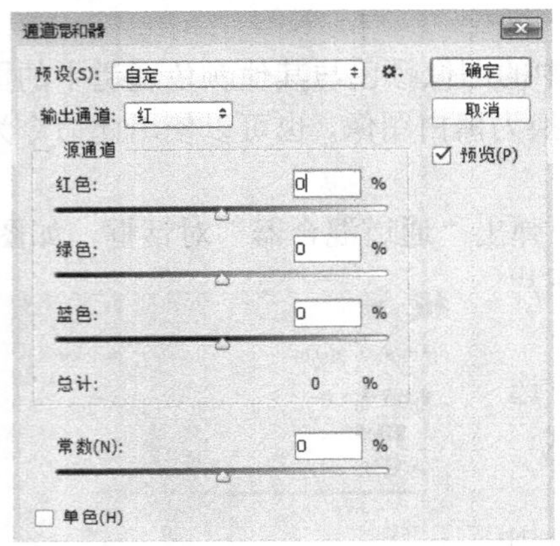

图 5-20　通道混合器参数设置

图 5-21　把红通道变为 0%

打开【通道】面板，可以看到红色通道变为全黑，如图 5-22 所示。这时，如果在通道混合器中降低绿色通道和蓝色通道的百分比，颜色也不会变。因为红色已经完全没有了，所以不能再减少。如果增加绿或蓝的百分比，会怎样呢？

接下来，在图 5-20 的基础上继续调整，红色保持 0%，把绿色调整到最右侧，即 100%，“通道混合器”对话框如图 5-23 所示。调色的效果如图 5-24 所示，与图 5-21 相比，绿色变成了黄色，青色变成了白色。这是因为在绿色和青色里加了 255 的红色进去。观察此时的【通道】面板，如图 5-25 所示，绿色和蓝色通道没变，只是红色的通道有的区域变为了白色。

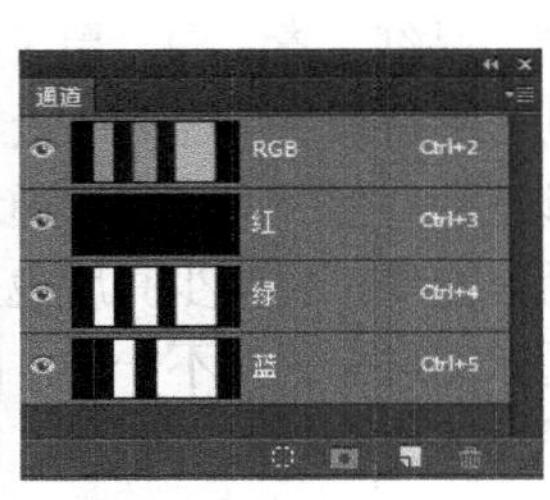

图 5-22　通道面板

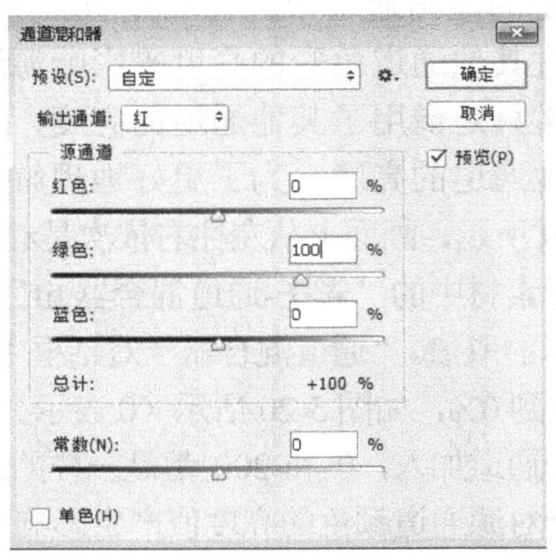

图 5-23　通道混合器参数设置

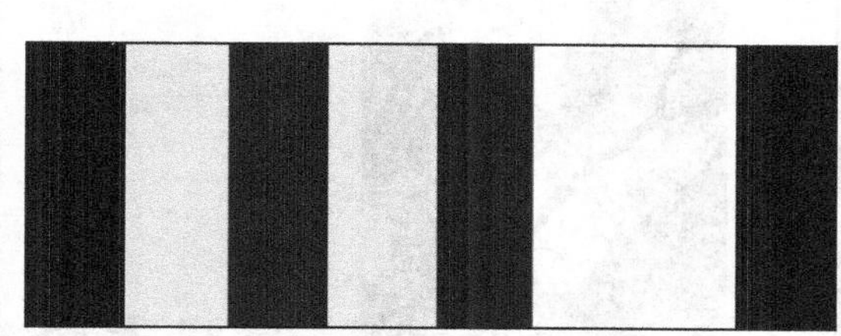
图 5-24　把红通道变为 0%，绿通道+100%

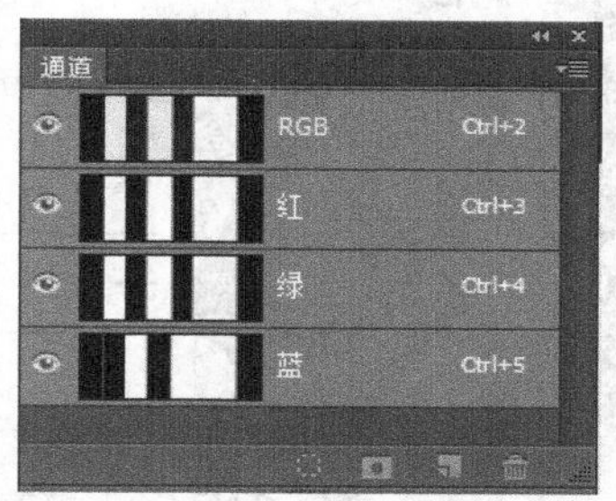

图 5-25　通道面板

通过这个实例可以看出，通道混合器的调色原理并不是真正地把一个通道的颜色给了另一个通道，在【通道】面板中可以看到，一个源通道和其他通道混合后，其他的通道一点没有被改变，通道混合器只改变源通道的亮度而不会影响其他通道。

实例 1　春色变秋色

若你手头有一张翠绿的春景照片，想要将其变成金色的秋景，灵活运用 Photoshop，只需要简单的步骤，就可以将春天变为秋天，如图 5-26 和图 5-27 所示。

图 5-26　实例 1 原图

图 5-27　实例 1 效果图

设计思路：根据 RGB 模式的色彩混合原理，红绿相加得黄，因此应给红色通道添加绿色，使其产生黄色。

知识技能：通道混合器。

实现步骤

（1）打开“实例 1 原图.jpg”。执行【图像】|【调整】|【通道混合器】命令，在弹出的“通道混合器”对话框中，将“源通道”栏的红色参数保持不变，绿色参数值设置为 100%，如图 5-28 所示，这时树叶呈现了黄色，但全图的亮度提高了一倍，总计变成了 200%，天空偏红。如果要保持原来的亮度，总计应该在 100%左右。为了使得天空恢复白色，则需要降低红色的值。降低红色通道到一定程度，如图 5-29 所示，则树叶又开始偏绿了。为了使得树叶变黄，需要继续增加绿色通道的值，如图 5-30 所示，把红色通道的数值设置为-66%，绿色通道的数值是+187%，这时的总计是 121%。为了使总计数值靠近 100%，可以适当降低蓝色通道的数值，如图 5-31 所示，则不但使得总计变为 100%，而且降低了画面上的洋红这种偏色。

图 5-28 红色不变，绿色 100

图 5-29 红色 12，绿色 100

图 5-30 红色-66，绿色 187

图 5-31 红色-66，绿色 187，蓝色-21

利用通道混合器来调色，要时刻关注图片的颜色变化，数值也可以有多种组合，比如在红色输出通道中，设置红色-50、绿色+200、蓝色-50，也可以调整出艳丽的黄色。

（2）调整亮度和对比度。执行【图像】|【调整】|【曲线】命令，在弹出的“曲线”对话框中，用鼠标拉动图中的斜线，效果如图 5-32 所示，使得亮度更亮，暗部更暗，直到自己认为图片色调合适为止，单击“确定”。至此，一张春景变秋景的图像就完成了。保存为“实例 2 效果图.jpg”。

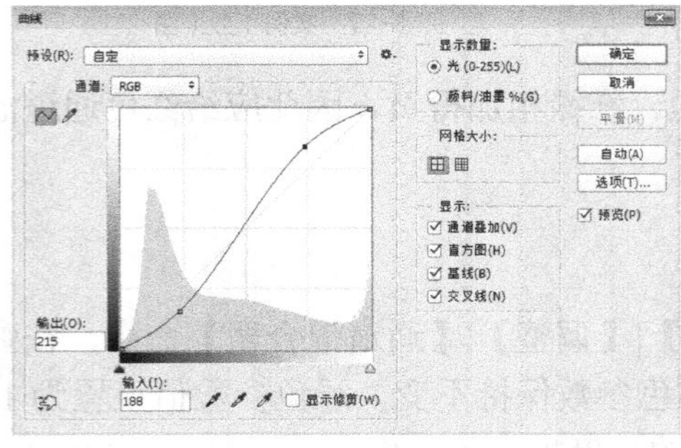

图 5-32 调整曲线

5.3 利用 Alpha 通道创建复杂选区

5.3.1 Alpha 通道的创建和编辑

Alpha 通道主要用于存储图像的选区，它不会对图像的颜色产生任何影响。当需要修改选区时，可以对通道进行删除、增加或载入选区等操作。

在【通道】面板的下方，有四个控制图标，说明如下。

"将通道作为选区载入"：单击此按钮可以将通道图像作为选区载入，即把通道转变为选区。

"将选区存储为通道"：单击此按钮可以将图层中的选区保存为 Alpha 通道。

"创建新通道"：单击此按钮可以建立新通道，如果将通道拖拽到该按钮上可以复制该通道。

"删除当前通道"：单击此按钮可以删除选定的 Alpha 通道。

创建 Alpha 通道的方法很简单。在【通道】面板的下方单击"创建新通道"按钮，即创建一个全黑的 Alpha 通道，名为 Alpha 1，如图 5-33 所示，其他颜色通道和复合通道全部呈现隐藏状态。在默认情况下新创建的 Alpha 通道的名称为 Alpha N（N 为按创建顺序依次排列的数字）。

当图像中存在选区时，通过执行【选择】|【存储选区】命令，或者单击"通道"面板底部的"将选区存储为通道"按钮，可以把选区转换为 Alpha 通道。如图 5-34 所示，图中的蓝色花朵选区被保存成 Alpha1 通道，而且原有的选区部分在通道中呈现白色，其他部分呈现黑色。

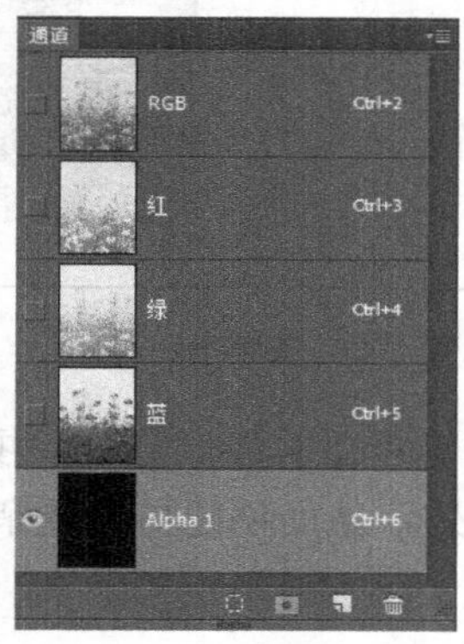

图 5-33　新建 Alpha 通道

图 5-34　把选区保存为 Alpha 通道

可以看出 Alpha 通道只有 256 级灰度的变化，其中白色表示选区，黑色表示选区之外的区域，灰色表示半透明选区。在 Alpha 通道中可以采用各种编辑绘图工具来上色或者制作特效等。

为了进一步了解选区和通道之间的关系，我们先新建一个 Alpha 通道，如图 5-33 所示，然后进一步修改这个通道，在通道中利用矩形选框工具创建三个矩形，分别填充白色、浅灰（RGB 都等于 190）、深灰（RGB 都等于 90），如图 5-35 所示。这时，单击"将通道作为选区载入"按钮，把通道转换成选区，如图 5-36 所示，只有纯白矩形色块和浅灰矩形色块上面出现了浮动的蚂蚁线，深灰上面没有出现蚂蚁线，仿佛深灰不是选区。

现在我们在【通道】面板中单击 RGB 复合通道，看到如图 5-37 所示的效果，两个浮动的选区框仍然在画面上。接下来单击【图层】面板，回到"背景"图层，按下快捷键【Ctrl+C】和【Ctrl+V】，复制并粘贴选区中的图像，成为"图层 1"。为了更好地看到结果，我们添加一个新图层"图层 2"，全白色，这时的结果如图 5-38 所示。我们看到，原来 Alpha1 通道上的深灰色矩形框实际上可以转换为透明度较高的选区，Alpha1 通道上只有纯黑色才表示完全透明，或者称之为非选区。浮动的蚂蚁线，只是表示不透明度超过 50%的选区。太透明的部分，不能用蚂蚁线体现。

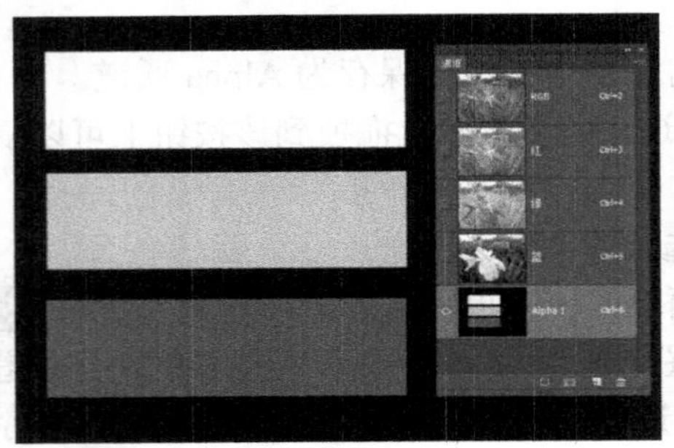

图 5-35 编辑 Alpha 通道，填充三个矩形

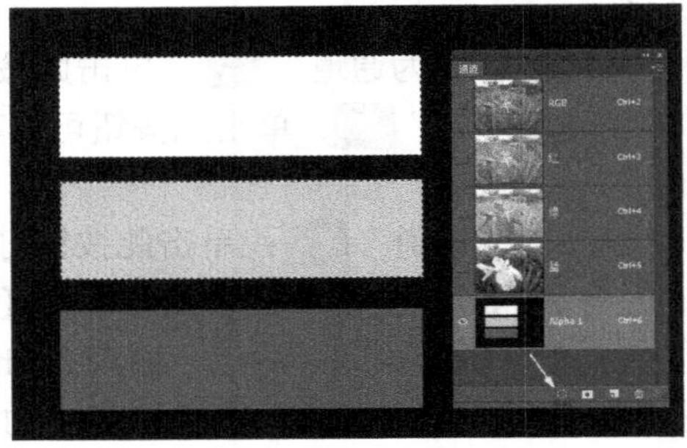

图 5-36 把 Alpha1 转变成选区

图 5-37 单击 RGB 复合通道

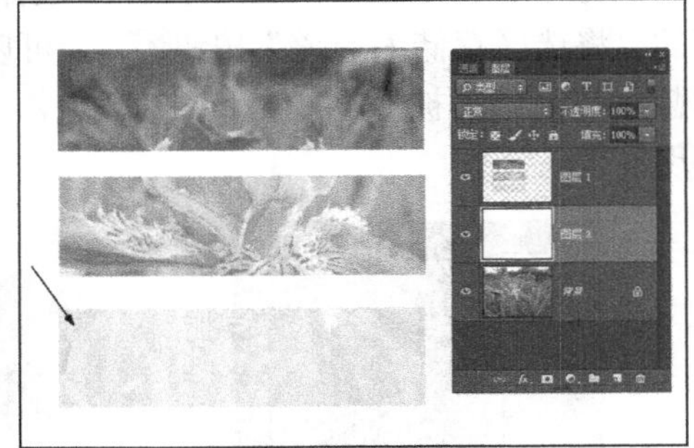

图 5-38 图层面板

在 Alpha 通道中，可以用画笔、铅笔等工具涂色，可以用选框工具绘制选区并填充颜色，可以使用各种调整命令来调整颜色，可以使用滤镜等制作特效，从而创建更加复杂的选区。

5.3.2 利用 Alpha 通道抠图

采用 Alpha 通道来抠图，经常用于主体和背景色调对比明显的情况，下面通过实例来说明。如图 5-39 所示，拍摄的照片中，油菜花开得正鲜艳，但背景色却是灰蒙蒙的。为了表现春天的灿烂明媚，需要把背景色选择出来，修改其颜色。但油菜花的茎叶都比较纤细，很难用以前学过的创建选区的工具如魔棒、快速选择、磁性套索、图层蒙版等来抠选茎叶或者背景，此时可以采用通道方法进行抠图。利用通道抠图主要有以下步骤。

（1）选择一个明暗对比强烈的通道，复制此通道成为 Alpha 通道。

打开其【通道】面板，可以看出蓝色通道黑白分明，花儿是暗色的，背景是亮色的，对比明显。如图 5-40 所示，拖动蓝色通道到“创建新通道”按钮，即复制蓝色通道，名称默认是“蓝 拷贝”。这时的“蓝 拷贝”已经不再是颜色通道了，它实际是 Alpha 通道（颜色通道不能改名，永远都叫作红、绿、蓝），可以双击“蓝 拷贝”改名。在这个通道中，白色代表的是 100%不透明的选区。

（2）调整 Alpha 通道的明暗，把要选择的主体区域变白色，要删除的区域变黑色。

如果要选择油菜花，则需要按下快捷键【Ctrl+I】，或者执行菜单命令【图像】|【调

整】|【反相】，让此通道中的黑色和白色互换，效果如图 5-41 所示。这时的天空是深灰，不是黑色，表示没有变成完全的透明，还需要继续调整。采用【Ctrl+M】，即调整曲线，如图 5-42 所示，使得天空基本变黑，油菜花变白。

图 5-39 油菜花原图

图 5-40 复制蓝色通道

图 5-41 “蓝 拷贝”通道执行反相

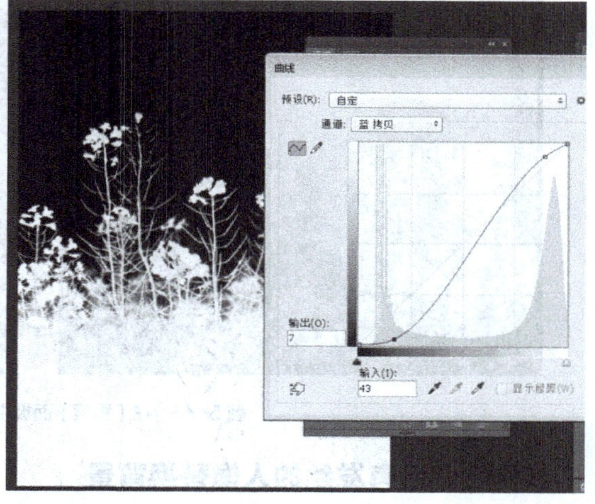

图 5-42 调整曲线黑白分明

（3）把 Alpha 通道转变为选区，单击 RGB 复合通道，然后回到【图层】面板进行编辑。

针对“蓝 拷贝”通道，单击“将通道作为选区载入”按钮 ，把此通道转变为选区，如图 5-43 所示。从这一步来看，“蓝 拷贝”中的白色不再是油菜花，仅仅指的是选区。我们要的当然不是“白色”的油菜花，因此，要单击 RGB 复合通道，如图 5-44 所示，看到金黄色的油菜花。然后单击【图层】面板，复制并粘贴油菜花区域，并填充蓝色的渐变背景，如图 5-45 所示。

通过这个例子可以看出，利用通道可以抠选纤细的主体。要点是要选择一个主体和背景明暗差别大的颜色通道，复制该通道成为 Alpha 通道，然后调整其亮度，把通道转变为选区。

图 5-43 载入选区

图 5-44 单击 RGB 复合通道

图 5-45 在【图层】面板中复制粘贴并填充蓝色渐变

实例 2 带有发丝的人像替换背景

普通的人像替换背景可以根据情况采用魔棒工具（见第 2 章 Photoshop 选区基础）或图层蒙版（见第 3 章 Photoshop 图层基础）等。但有时候人像主体的发丝比较明显，比如女孩飞扬飘逸的长发、男孩寸头顶部一根根直立的短发或者经过烫染的带有空气灵感的碎发，如果要替换背景，用魔术棒、套索、钢笔甚至蒙版都很难把头发干净地从背景中分离出来，于是利用 Alpha 创建选区就成了最必不可少的技巧，如图 5-46 和图 5-47 所示。

设计思路：先采用图层蒙版结合其他选区工具抠选出人像的大部分，然后添加发丝部分。选择发丝步骤如下：复制明暗反差最大的颜色通道，反相，使人物发丝部分变成白色，调整明暗，修改 Alpha 通道，把 Alpha 通道变为选区，复制头发。

知识技能：选择通道并复制，用曲线来调整亮度，把 Alpha 通道转换为选区。

图 5-46　原图

图 5-47　效果图

实现步骤

（1）采用图层蒙版结合其他工具抠选人像的大部分。打开“实例 2 原图.jpg”，把原有的“背景”图层双击变为“图层 0”，并创建“图层 0 拷贝”（隐藏“图层 0 拷贝”，以备抠发丝）。按照第 3 章/实例 4 的抠图方法，抠出人像大部分，如图 5-48 所示，这时发丝被擦除了（如果保留发丝，则也相应地保留了发丝中间的灰白色天空）。

图 5-48　利用图层蒙版和其他选区、绘图工具得到人像大部分

接下来要添加头发部分。在【图层】面板中隐藏“图层 0”和它的蒙版，显示“图层 0 拷贝”，又重新回到原图的模样。

（2）复制明暗反差最大的颜色通道。在【通道】面板中找一个头发和天空背景色差大的通道，本例选择绿色通道，将绿色通道拖拽到“创建新通道”按钮上复制该通道成为“绿拷贝”，如图 5-49 所示，此时其他通道为不可见状态。整个“绿 拷贝”是一个 Alpha 通道。

图 5-49 生成“绿 拷贝”通道

特别提示

在选择需要复制的通道时应注意，要选择颜色反差较大的通道，这样才能准确且快速地抠取需要的图像。所谓反差大，主要是指头发和发丝之间的背景反差大。其实蓝色通道的发丝部分色差也比较明显，但多数照片如果没有经过前期的化妆和后期的修整，整个蓝色通道的人像效果不太好看。

（3）反相“绿 拷贝”通道，使得发丝变白。单击“绿 拷贝”，使“绿 拷贝”成为当前选中的通道。此时人像中的头发是黑色的，为了变成白色，首先要反相，即执行【Ctrl+I】，得到图 5-50 的效果。此时头发变白，但天空没有变黑，是灰色。用矩形选框工具选择头部，反选得到头部以外的部分，填充黑色，如图 5-51 所示。然后执行【Ctrl+D】取消选区。

图 5-50 “绿 拷贝”通道反相

特别提示

因为人像的绝大部分已经通过步骤（1）选择出来了，我们只要发丝，所以其他部分都填充黑色，都不是选区。

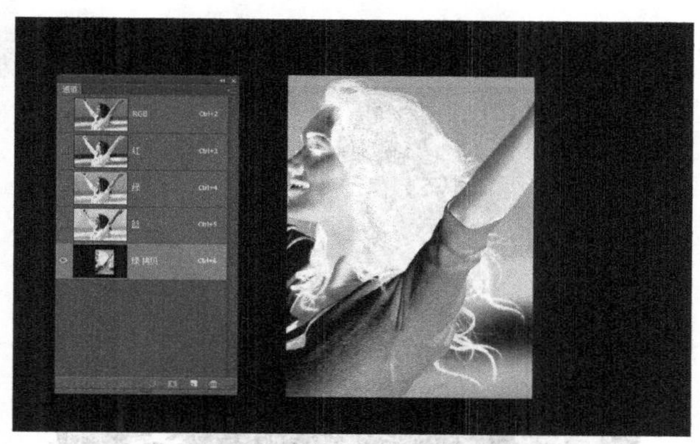

图5-51　把头部以外的部分都变黑

（4）把发丝之间的背景调整为黑色，发丝变白色。执行【Ctrl+M】或者采用菜单命令【文件】|【调整】|【曲线】，选择“在图像中取样以设置黑场”按钮，单击发丝中间的背景颜色，把这部分背景色设置为黑色，这时的曲线调整效果如图5-52所示。这时头部周围还有灰色，这些是海平面的颜色，只有在通道中把这部分颜色变为黑色，才可以在选区中变为透明。此时设置黑色为前景色，用“画笔工具”涂抹灰色的区域，使之变为黑色。接下来设置白色为前景色，用“画笔工具”涂抹头发，使得头发部分变得更白，结果如图5-53所示。

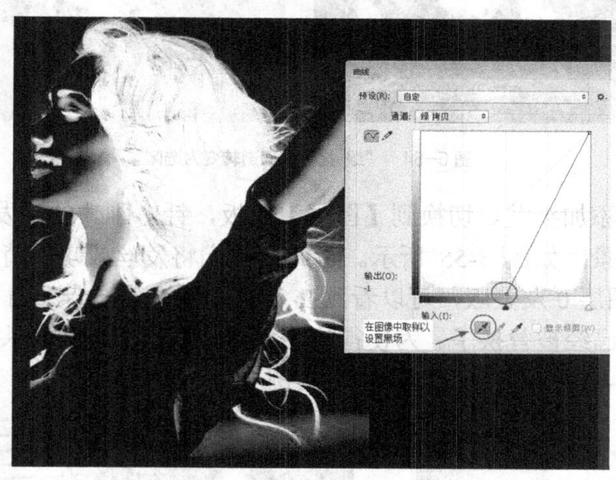

图5-52　调整曲线

特别提示

究竟头发应该有多白，天空有多黑，要多试几次才能找到合适的值。如果头发都设置为全白，势必天空色也会稍微变亮，删除不够干净。如果天空部分设置全黑，则头发的外边缘的细节必定要丢失。总之，找一个适当的平衡，既能够保留大部分的发丝（发丝基本是白色），又能够基本删除天空色（发丝之间的天空基本是黑色）。为了调整得更加准确，看清楚发丝，要用缩放工具把画面放大。

（5）把“绿 拷贝”通道转变为选区。单击【通道】面板下方的将“将通道作为选区载入”按钮，此时头发部分变为选区。单击【通道】面板中的RGB通道，使人物呈彩色显示。效果如图 5-54 所示。

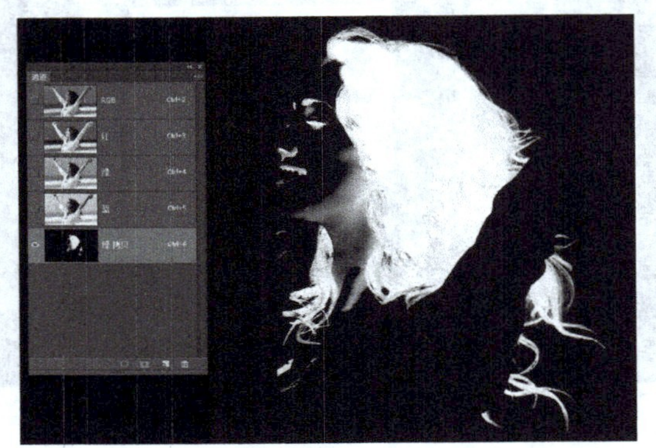

图 5-53　用黑色画笔涂抹头发以外的区域

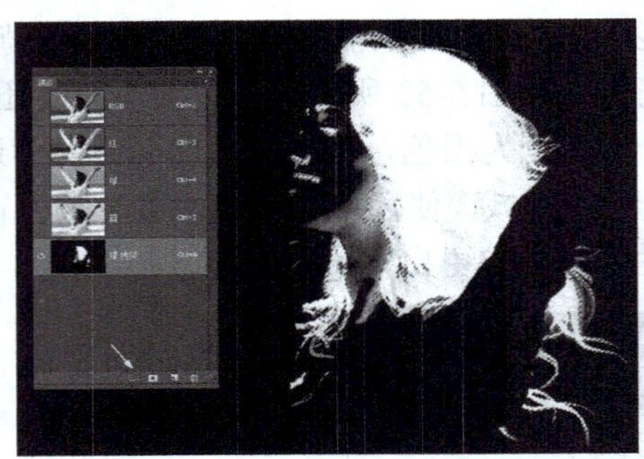

图 5-54　“绿 拷贝”通道转变为选区

（6）给人物主体添加头发。切换到【图层】面板，针对刚才的头发选区，反选，删除，即删除头发以外的背景，如图 5-55 所示。至此，我们将发丝成功从背景中抠离。接下来，显示步骤（1）中的图层 0 及蒙版，可以看到在人物主体的基础上添加了头发，如图 5-56 所示。这时人像的背景已经被替换了。为使得构图更加美观，把人物和头发合并在一起，并向右移动，效果如图 5-47 所示。保存文件为“实例 2 源文件.psd”。

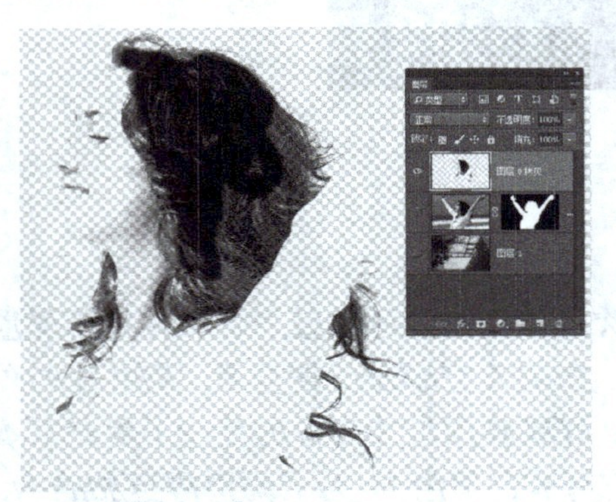

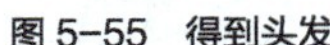

图 5-55　得到头发

图 5-56　显示图层 0 得到最终效果

5.3.3　利用 Alpha 通道结合滤镜制作特效

滤镜是 Photoshop 中的一个重要功能，使用滤镜能够制作出各具风格的图像效果。在【通道】面板中，针对 Alpha 通道，可以结合滤镜制作一些特殊效果，如图 5-57 所示，是喷溅边缘的图像效果。要制作此效果，就要使用滤镜在 Alpha 通道中先实现白色区域的喷溅效果。具体来说，分为三步。

首先新建一个 Alpha 通道，然后绘制矩形，填充白色，并取消选区，效果如图 5-58 所示（一定要取消选区）。

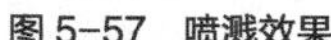

图 5-57 喷溅效果

图 5-58 在 Alpha1 通道中创建白色矩形

第二步是利用菜单命令【滤镜】|【滤镜库】，在打开的对话框中单击“画笔描边”中的“喷溅”，调整“喷色半径”和“平滑度”两个数值，如图 5-59 所示。得到喷溅边缘的白色矩形，如图 5-60 所示，然后载入选区。

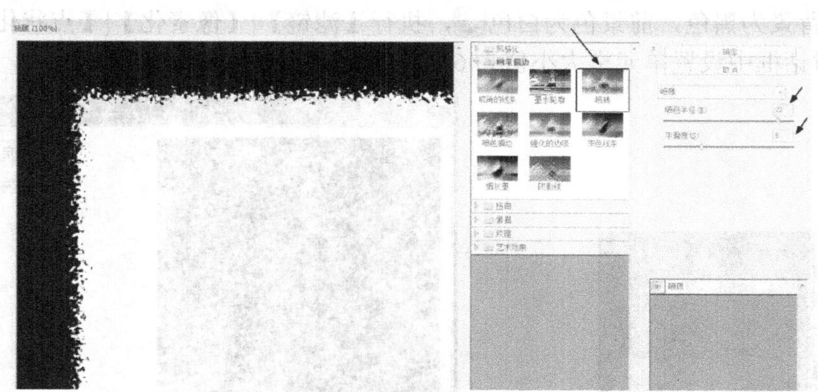

图 5-59 对 Alpha1 通道采用“喷溅”滤镜

第三步回到图层面板，复制选区中的内容，如图 5-61 所示。

图 5-60 最终的 Alpha1 通道

图 5-61 图层面板

实例 3　制作下雨效果

在图 5-62 基础上制作出图 5-63 所示的下雨的效果。

图 5-62　原图

图 5-63　下雨效果图

设计思路：在 Alpha 通道中应用 “点状化” 滤镜，设置动感模糊等效果制作下雨效果，调整图像色阶，载入选区，在图层中填充白色。

知识技能：Alpha 通道和滤镜的结合应用。

实现步骤

（1）新建通道，使用点状化滤镜添加白点。打开“实例 3 原图.jpg”图片。在【通道】面板上按下“创建新通道”按钮，新建一个 Alpha1 通道，默认为全黑的通道，如图 5-64 所示。设置背景为黑色，前景色为白色，执行【滤镜】|【像素化】|【点状化】命令，在“点状化”对话框中设置单元格大小值为 6，如图 5-65 所示。

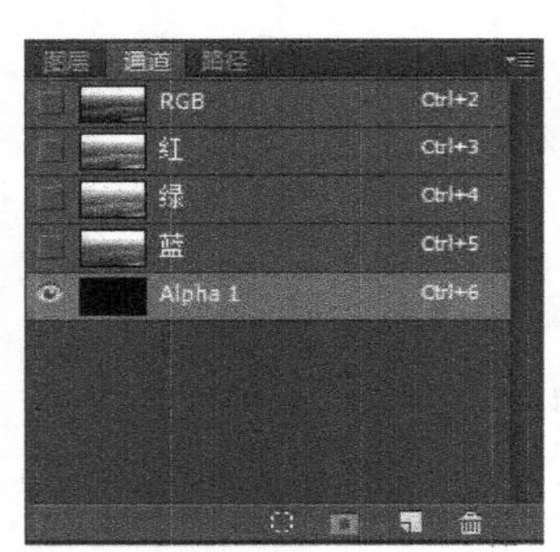

图 5-64　新建通道

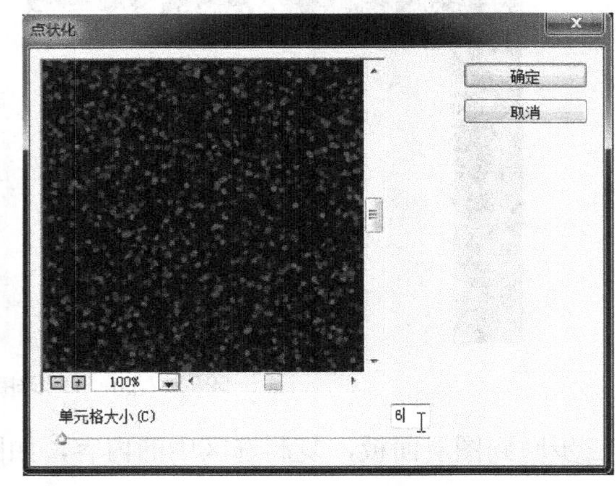

图 5-65　“点状化”对话框设置

特别提示

点状化是在当前的背景色上添加前景色，所以图像效果与当前的前景色和背景色有关。单元格的大小控制着点的大小。

（2）“阈值”设置，把通道调成为黑白两色。选中 Alpha1 通道，执行【图像】|【调整】|【阈值】命令，在“阈值”对话框中设置阈值色阶值为 30，调出白色的点，如图 5-66 所示。

特别提示

阈值就好比是黑白的分界线，画面中不管什么颜色，只要亮度超过这个阈值则变为白色，低于这个阈值则变为黑色。在本步骤中，只有灰度值，灰度超过 30 变白，低于 30 变黑。

（3）使用动感模糊拉出雨丝。执行【滤镜】|【模糊】|【动感模糊】命令，设置合适的角度和距离。角度控制雨下落的角度，距离则会影响雨点的长短。在此我们设置角度为 66，距离为 22，如图 5-67 所示。

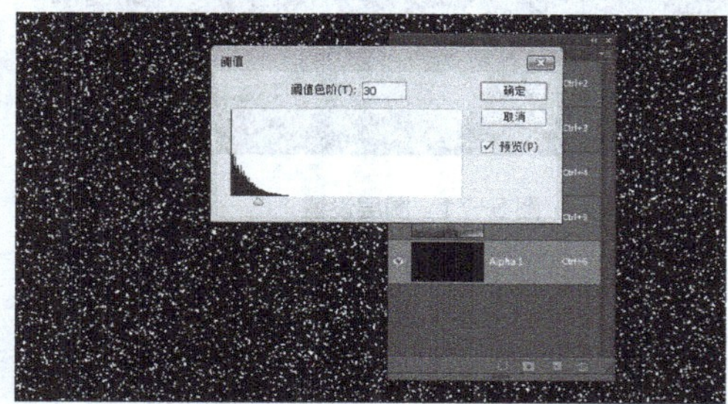

图 5-66 “阈值”设置

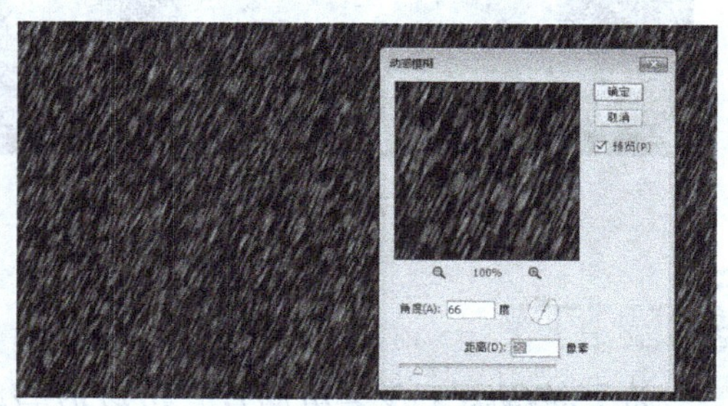

图 5-67 动感模糊设置

特别提示

动感模糊的数值大小还与当前文件的像素数有关。比如宽度 3000 像素的文件和宽度 300 像素的文件，要做出同样的动感模糊效果就不能采用同样的数值。

（4）调整色阶，使得雨丝效果更显著。执行【图像】|【调整】|【色阶】命令，或按快捷键组合【Ctrl+L】，改变其亮度对比度，如图 5-68 所示，针对输入色阶，往右拖动左侧滑块，往左拖动右侧滑块，同时观看通道亮度的变化，使得雨丝更加黑白分明。但此时雨丝的形状比较生硬。

（5）再次动感模糊，使雨丝边缘变得柔和。执行【滤镜】|【模糊】|【动感模糊】命令，设置合适的角度和距离，如图 5-69 所示。

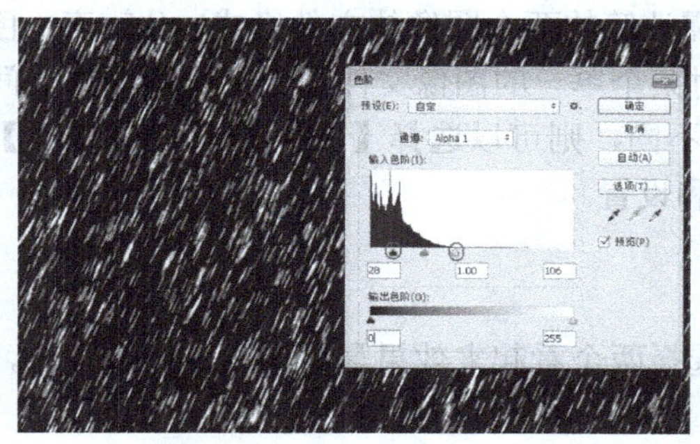

图 5-68 “色阶”设置

图 5-69 动感模糊设置

（6）把 Alpha 通道转变为选区。单击【通道】面板下方的将“将通道作为选区载入”按钮，此时雨点部分设置为选区。单击选中【通道】面板中的 RGB 复合通道，效果如图 5-70 所示。

（7）新建图层，填充雨点，调整图层不透明度。回到图层面板，新建图层 1，用白色的前景色填充，出现雨点。按组合键【Ctrl+D】取消选区。用软边的橡皮轻轻擦除上边缘和下边缘的白色。过于鲜明的雨丝看起来很不自然，可以将图层 1 的不透明度设置为“55%”，如图 5-71 所示。至此，阴天的图片现已变身为雨天的图片。

图 5-70 载入选区

图 5-71 图层设置

特别提示

为了使得雨天效果更逼真，可以适当调整背景图的亮度，使得画面变得阴暗。

5.4 通道的计算

“计算”命令可以将图像中的两个通道进行合成，并将合成后的结果保存到一个新图像中或新通道中，或者直接将合成后的结果转换成选区。

对于边缘较为复杂的图像提取，首先想到的是通过副本颜色通道的亮度调整，从而得到强对比的灰度图像。这种方式的图像提取是通过手动方式进行操作的，具有随意性。而【图像】|【计算】命令是专门针对通道，并且配合混合模式等选项，混合两个来自一个或者多个源图像中的单色通道，然后将结果应用到新图像、新通道或者现有的图像选区中。它的工作方式类似于【图层】面板上的混合模式。通道混合的特点在于能使用户无需进行繁杂的选择、复制、粘贴等，就能直接合并独立颜色通道上的内容。

为了正常地使用通道计算功能，必须确保需计算的两个图像的文件格式、分辨率、色彩模式、高度、宽度都相同，否则该命令只能针对某个单一的图像文件进行通道或图层之间的某种混合。若两个图像的分辨率、高度、宽度不同，则可以选择【图像】|【图像大小】命令，在打开的“图像大小”对话框中进行对比和设置。

实例 4 把象群彩照换背景并变成黑白

设计思路：在 RGB 红、绿、蓝通道中，选择两个看起来效果最好的通道进行混合，创建一个全新的通道。

知识技能：“计算”的用法。

实现步骤

（1）选择通道。打开“实例 4 背景图.jpg”和“实例 4 大象原图.jpg”两个文件。查看两幅原图的通道，各自确定画面效果最好的一个通道。本例目的是想把背景图中的山脉和树林以及象群合成一体。综合考虑有无噪点和杂色、反差、色调、明暗等关系，“实例 4 背景图.jpg”

选择红色通道，“实例 4 大象原图.jpg”选择绿色通道，如图 5-75 所示。

图 5-72　新背景图

图 5-73　象群原图

图 5-74　效果图

图 5-75　选择两个图片中的合适通道

特别提示

选择通道是根据各个图像的内容和质量来选择的，可以根据人像、风光、静物等不同题材的内容选择不同的通道，可以根据想达到的图像效果的反差、明调或暗调等进行相应的通道选择。选择不同的通道，其计算的结果有可能完全不同。

（2）通道合并，生成新通道 Alpha1。在“实例 4 背景图.jpg”视窗下，执行【图像】|【计算】命令。在源 1 里，默认是“实例 4 背景图.jpg”文件，在通道菜单中选择“红”通道；在源 2 里选择“实例 4 大象原图.jpg”文件，在通道菜单里选择“绿”通道。真正的难点是如何选择混合模式，不同的混合方式会有完全不同的效果。这里选择了“正片叠底”，并将“不透明度”改为 50%。目的是想得到背景图中的山脉远景和大象的近景。建议各种混合方式都可以试试，多实践会累积经验。“计算”对话框设置如图 5-76 所示。按下“确定”键后，“通道”面板中自动创建了一个 Alpha 1 新通道，如图 5-77 所示。

（3）生成灰度图像。选中 Alpha1 通道，执行【图像】|【模式】|【灰度】命令，丢掉其他无用的通道，如图 5-78 所示，生成灰度图像。为了加大图像的明暗对比，可以用【Ctrl+M】调整一下明暗。保存为“实例 4 效果图.jpg”。

特别提示

此处一定要先选中 Alpha1 通道，再执行改为灰度模式。否则，当前选中了哪个通道就会把哪个通道的灰度值应用到图像中。“实例 4 效果图.jpg”是灰度模式，如果需要填色，则可以转换为 RGB 模式等。

计算
源 1: 实例4 背景图.jpg
图层: 背景
通道: 红 反相(I)
源 2: 实例4 大象原图.jpg
图层: 背景
通道: 绿 反相(V)
混合: 正片叠底
不透明度(O): 50 %
蒙版(K)...
结果: 新建通道
确定
取消
预览(P)

图 5-76 “计算”对话框设置

图 5-77 生成新通道 Alpha1

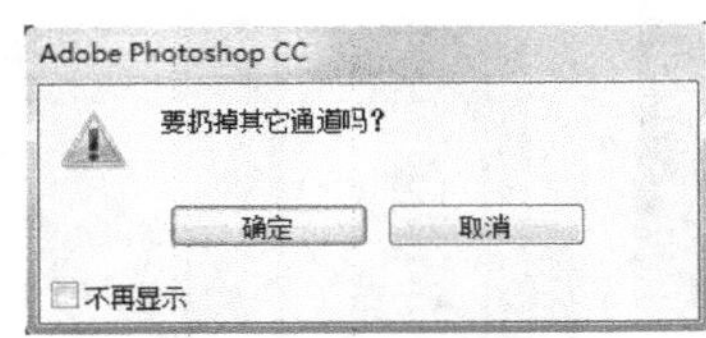

图 5-78 转变灰度模式

5.5 利用通道制作黑白照片

黑白照片以其简单的黑、白、灰三种颜色就能展现细腻的明暗过渡和层次感，从而表现出非凡的格调与品味，它能使张扬的个性与怀旧的美并存。我们经常会遇到把彩色图像转为黑白图像的时候。上一小节我们讲到了计算法，计算法是色彩转换黑白的一种高级方法，这种方法赋予你更多的选择权和调整度，能够得到极佳的效果。但这种方法更需要不断积累对色彩、明度、混合模式等的认识和经验。本节再介绍一种利用通道制作黑白照片的方法；即利用 Lab 通道中的“明度”通道。Lab 通道有一个明度通道 L 和 a、b 两个颜色通道。a 通道包括的颜色从深绿色（底亮度值）到灰色（中亮度值）再到亮粉红色（高亮度值）；b 通道中颜色从亮蓝色（底亮度值）到灰色（中亮度值）再到黄色（高亮度值）。Lab 通道中的明度通道 L 能够有效地避开图像中的颜色和噪点，得到较优质的黑白图像效果，如图 5-79 所示，左侧的彩色图直接去色后，变成中间的图，画面不够清透。如果采用 Lab 通道中的 L 通道，则效果如右图，莲花清丽明亮。

图 5-79 彩色图变为黑白图的对比

实例 5 把女孩彩照变黑白

设计思路：明度通道完全是由黑、白、灰所组成的，不含其他色彩信息，所有细节都位于明度通道，而色彩信息则分别储藏于 a、b 两个通道。利用这个特点，把明度通道作为彩色图像转换黑白图像的选择。

知识技能：RGB 模式到 Lab 模式、灰度模式的转换。

图 5-80 原图

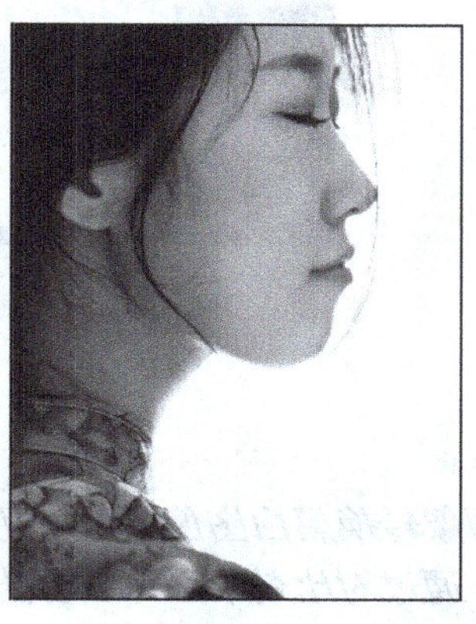

图 5-81 效果图

实现步骤

（1）RGB 模式到 Lab 模式的转换。打开“实例 5 原图.jpg”图像，执行【图像】|【模式】|【Lab 颜色】命令，完成 RGB 模式到 Lab 模式的转换，如图 5-82 所示。

（2）转成“灰度”模式。打开【通道】面板，单击“明度”通道，注意不要激活其他通道。执行【图像】|【模式】|【灰度】命令，扔掉颜色信息。此时图像转变为灰度图像，如图 5-83 所示。

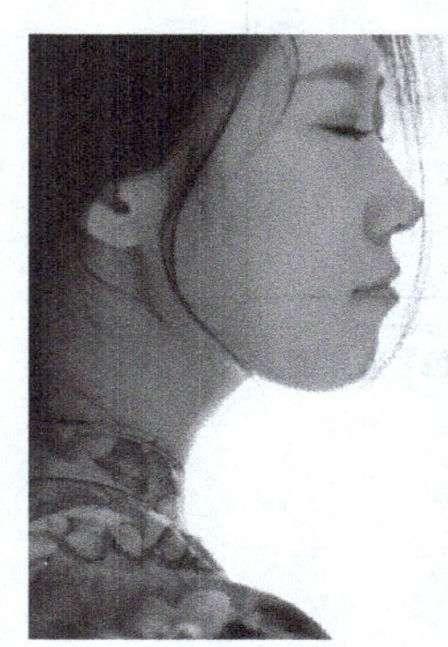

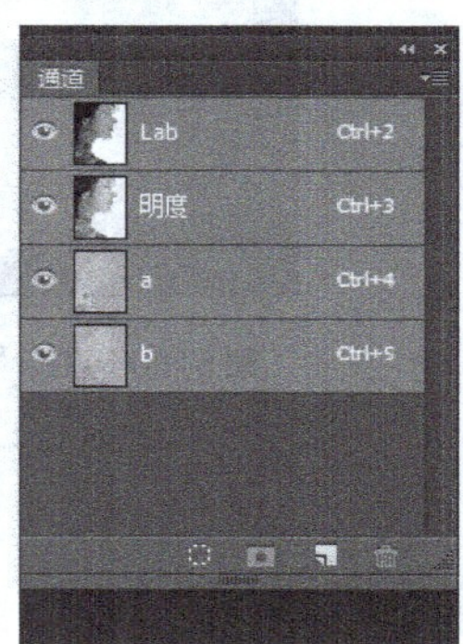

图 5-82 Lab 模式图

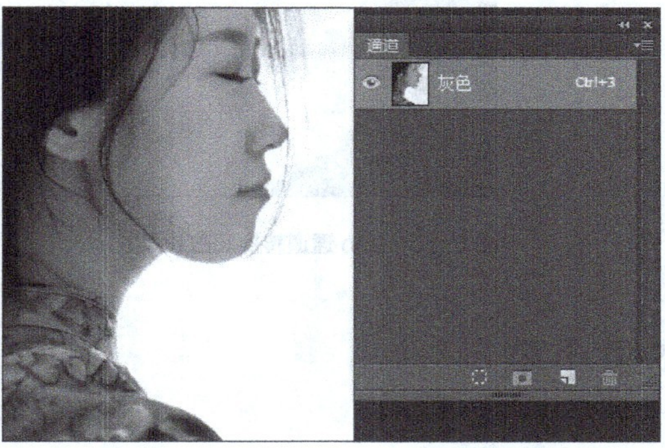

图 5-83 灰度效果图

特别提示

不转成灰度模式也可以。那就需要选中 Lab 中的明度通道，全选，复制，然后回到【图层】面板，粘贴进去，把明度通道的效果变成图层 1。

（3）微调明暗。执行【图像】|【调整】|【曲线】命令，对图像进行明暗对比的处理，

如图 5-84 所示。

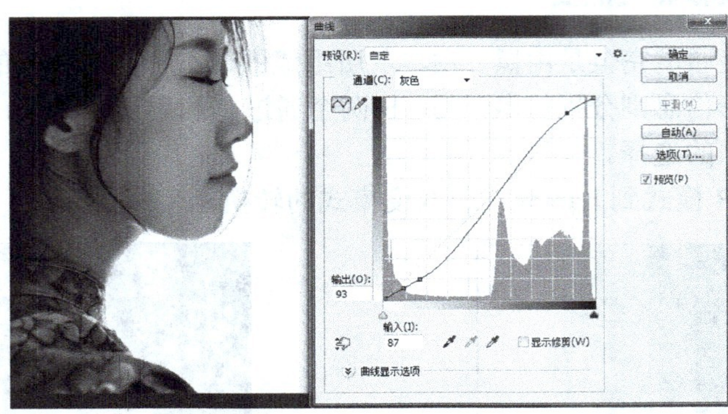

图 5-84　曲线调整

特别提示

彩色图像转换黑白图像的方法还有很多，比如在 RGB 模式下直接“去色”或转“灰度”模式。通过对比效果图可以看出，由 Lab 通道转换黑白的效果更细腻，如图 5-85 所示。而直接“去色”或“灰度”的效果就要灰暗一些，细节层次差一些，如图 5-86 所示。

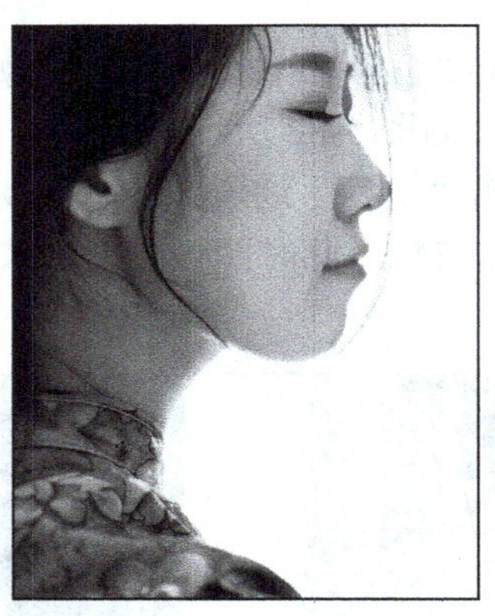

图 5-85　Lab 通道转换黑白效果图

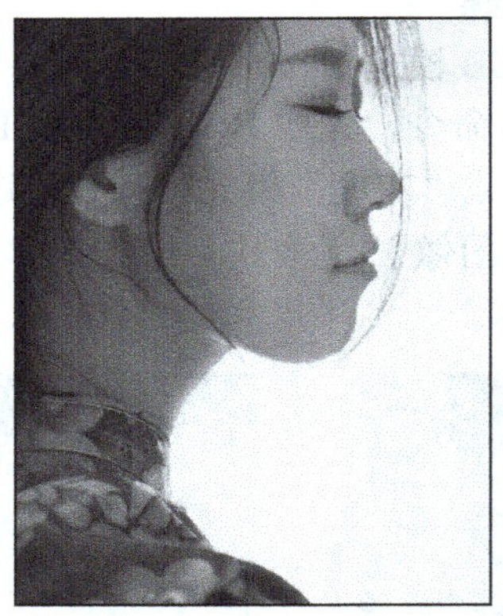

图 5-86　直接“去色”效果图

本章小结

1. 通道的分类与功能

（1）颜色通道是用于保存图像颜色信息的通道，不同的图像颜色模式显示在“通道”面板上的通道数量也不同。编辑颜色通道，可以改变图像色彩。

（2）Alpha 通道是用于编辑和保存选区的通道。利用通道，可以制作复杂选区，并把选区进行存储，以方便在制作中随时调用。

（3）专色通道是除基本通道外，为了实现其他颜色的印刷而添加的一种特殊的颜色通道，即用于设置印刷专色。

2．通道与滤镜的结合

在通道面板中，针对 Alpha 通道，可以结合滤镜制作一些特殊效果，如下雪、下雨、云雾等。

3．通道的计算

通道计算是通道的高级应用。“计算”命令专门针对通道，并且配合混合模式等选项，混合两个来自一个或者多个源图像中的单色通道，然后将结果应用到新图像、新通道或者现有的图像选区中。必须确保需计算的两个图像的文件格式、分辨率、色彩模式、高度、宽度都相同。

4．利用通道制作黑白照片

利用 Lab 通道中的“明度”通道能够有效地避开图像中的颜色和噪点，得到较优质的黑白图像效果。

课后练习

1．打开一副图像，转换成各种文件颜色模式，在“通道”面板中反复观察各个通道的呈现效果。

2．网上下载或拍摄一张头发飘逸的人像，练习 Alpha 通道抠图技巧。

3．把“素材/渔港.jpg”中的渔船抠选出来，放到大海的图片中。

4．利用通道制作暴风雪效果，如图 5-87 所示。

图 5-87　暴风雪效果

Photoshop+Illustrator

6 Chapter

第6章 图片的修正和颜色调整

学习目标

- 掌握使用“仿制图章”和“修复画笔”工具修复图片的方法。
- 掌握图片的自由裁切和固定尺寸的裁切方法。
- 掌握在 Photoshop 中调整照片颜色的各种方法。
- 能够根据图片的具体情况选择恰当的调色方法。

在平面设计时采用的图片素材有些是相机拍摄的照片，由于拍摄技术、环境或某种偶然因素的影响，有的图片不能满足主题表达的需要，或者本身就存在某种不足。使用 Photoshop 可以对这些图片进行一定程度的修整，修改图片的亮度、饱和度、颜色等，使图片符合审美和主题表达要求。

6.1 使用仿制图章消除或添加物体

在 Photoshop 中的“仿制图章工具” 主要用来复制取样的图像，可以将图像中一个位置的像素原样复制到图像的其他位置，使两个位置的内容一致。使用仿制图章工具从图像中取样，可将样本应用到其他图像或同一图像的其他部分，也可以将一个图层的一部分仿制到另一个图层。在 Photoshop 的这些工具中，仿制图章工具在修补图像方面具有强大的功能和优势。

6.1.1 仿制图章工具的使用方法

仿制图章工具的用法主要有三步。

（1）在工具箱中选取“仿制图章工具”，再把光标放到要进行处理的图像上，通常光标会变成一个“圆圈”，这个圆圈的大小就是仿制图章的大小。

（2）然后开始采样，也就是要设置“仿制源”。把光标停在一个要复制的地方，按住【Alt】键在此处单击鼠标，光标上会出现一个“+”外面包围一个圆圈，这就是选定的“仿制源”。这是采样点，即复制的起点。松开【Alt】键。

（3）把光标移动到图像上需要修改的位置，即目标位置，单击鼠标或拖动鼠标。如果只是单击鼠标，则在单击位置绘制一个采样点的副本；如果拖动鼠标进行涂抹，则可以创建连续的一系列副本。需要注意，当我们单击或拖动鼠标时，会出现一个“ + ”字形，这就是仿制源，单击或涂抹的地方会逐渐变成“ + ”所在位置的样子。

6.1.2 仿制图章工具的参数设置

单击“仿制图章工具”，可以看到工具的选项面板如图 6-1 所示。

图 6-1　“仿制图章工具”的选项面板

当选取了“仿制图章工具”后，可以在选项面板中设置“画笔”“模式”和“不透明度”等设置，与使用画笔工具的情况相同，这里不再详细介绍。可以通过选择画笔预设和模式，来控制仿制图章工具的复制效果，要注意“笔刷”的直径会影响复制的范围，软硬会影响绘制的边缘。还可以使用“流量”值来控制复制效果，类似于透明度的效果。

在使用“仿制图章工具”时，如果在选项面板中选择了“对齐”项，则无论涂抹停止和继续多少次，采样点都是最初单击的位置，也就是采样点保持不变。如果没有选中“对齐”选项，则取样之后，仿制图章的目标位置和源位置的距离和角度永远保持不变。在修图时要根据实际情况判断要不要选中“对齐”。

单击选项面板中的“切换仿制源调板”按钮，可以打开“仿制源”调板，如图 6-2 所示，“仿制源”上部显示的 5 个图标代表了图像上不同的取样点。图标非常形象，就是 5 种印章。在使用的时候，可以根据需要选择其中一种。在“仿制源”调板上还可以设置仿制源的位置、比例以及旋转度等参数值，其中 X、Y 的值决定了仿制源的内容的位置，即采样点的位置。W、H 的值决定了仿制内容的水平和垂直比例。如图 6-3 所示，用仿制图章在大荷花的位置取样，设置 W，H 的值为 50%，然后在右上角涂抹，会创建一个大小为原始像素 50%大小的仿制图像。

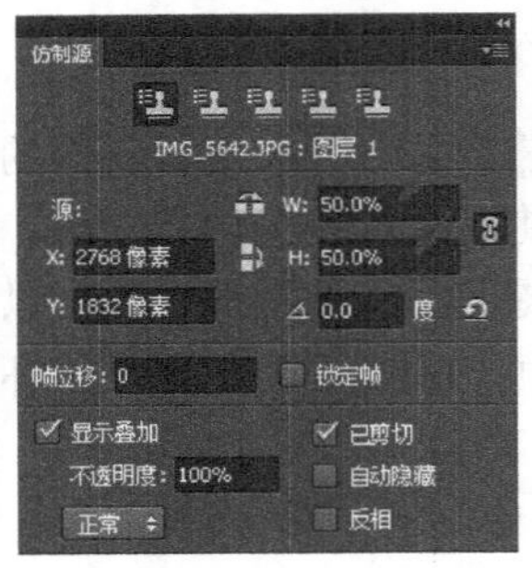

图 6-2 仿制源调板

图 6-3 荷花的仿制

这时创建的图像和源图都位于同一个图层，不能移动位置。如果我们想更方便地调整目标图像的位置、大小等，可以在文件中新建一个图层。这个图层默认是空白的，取样的时候都是空的。我们可以设置“样本”为“当前和下方图层”，如图 6-4 所示。把图层 1 作为当前图层，重新采用仿制图章来取样、涂抹，还会得到如图 6-3 所示的效果，但此时右上角的小荷花位于图层 1 中，可以很方便地编辑。

图 6-4 样本的选择

这里采用了仿制图章来添加物体，实际就是对原有的大荷花的复制、粘贴并编辑移动。但这种方法比制作选区、羽化、复制、粘贴要高效便捷。

图 6-5 图层面板

很多时候采用仿制图章是为了去掉图中多余的物体，比如去掉网上下载图片中的标识。选取仿制图章工具，按住【Alt】键，在“易游人”右侧点击花朵采样，然后在文字区域拖动鼠标复制以覆盖文字，如图 6-6 所示。这些图片的标识是版权的体现，我们在使用时首先要尊重版权。有时候用于教学或者学习等非商业用途时，可以适当加以修改。更多的使用情境是针对自己拍摄的照片，采用仿制图章工具去除多余的部分。

图 6-6 去掉图片中的标识文字

实例 1　去除照片中多余的物体

设计要求：把照片上小男孩周围的人物、塑料滚筒、小滑草车去掉，以突出表现小男孩，如图 6-7 和图 6-8 所示。

图 6-7　实例 1 照片原图

图 6-8　效果图

设计思路：选用合适的笔刷，定义采样点，区域拖动绘制。

知识技能：仿制图章中画笔大小、软硬的选择，合适的采样点的选择。

实现步骤

（1）对照片进行分析，确定修改的顺序。打开要处理的图片“实例 1 原图.jpg”，左侧的小滑草车周围都是干净的草坪，这种情形使用仿制图章最简单。小男孩手臂和头部周围的人物、塑料滚筒和小男孩连成一个整体，操作比较复杂。按照由简到难的顺序开始修改。

（2）去除小滑草车。使用“仿制图章”时要用到“画笔工具”，“画笔”的选择影响到图章的仿制效果。这里设定画笔大小为 250 像素，硬度为 30%。按住【Alt】键单击小车右侧的草地，确定采样点，如图 6-9 所示。松开【Alt】，在小车的位置涂抹，一次完成。

图 6-9　去除小车

特别提示

“画笔”的大小影响仿制的范围，要根据去除的区域的相对大小以及复杂程度进行选择；本文件的尺寸较大，原图是 5472 像素 ×3648 像素，所以仿制图章的尺寸也应该比较大。同“画笔”等工具的大小设置相同，也可以采用方括号来逐级改变仿制图章的大小。“画笔”的软硬度影响仿制区域的边缘。一般建议选择较软的笔刷，这样仿制出来的区域边缘与原图像可以较好地融合。

（3）多次变换仿制图章的大小和软硬，去除人物和塑料滚筒。仿制图章的大小继续采用 250 像素，硬度为 30%，在人物左侧取样，涂抹人物的大部分。在塑料滚筒的左侧取样，涂抹到滚筒的大部分，如图 6-10 所示。贴近头部的部分，要采用缩放工具放大画面，同时缩小仿制图章的大小，采用 125 像素，就近采样，然后涂抹，效果如图 6-11 所示。贴近耳朵、头发的部分，继续用缩放工具放大画面，如图 6-12 所示，同时缩小仿制图章到 45 像素，硬度提高到 60%，这样既能精细地修整，又不会虚化耳朵。这时候耳朵和头发之间还有一点蓝色，继续放大画面到500%，采用9像素大小的仿制图章，硬度减小到35%，继续取样，涂抹，得到如图6-13所示的效果。

图6-10 去掉人物和滚筒的大部分

图6-11 去掉塑料滚筒的上边缘

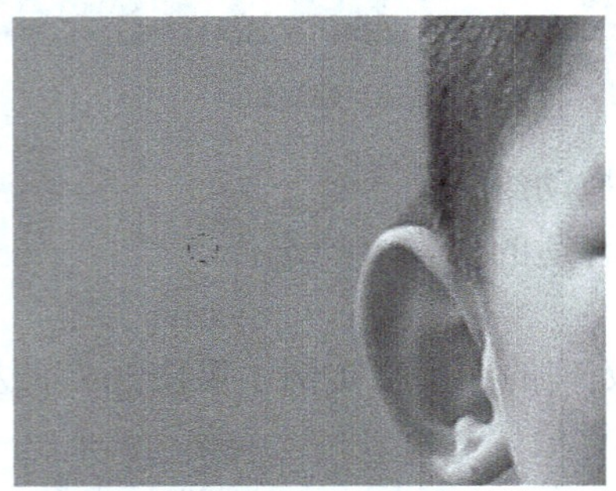

图6-12 去掉贴近头部的多余物体

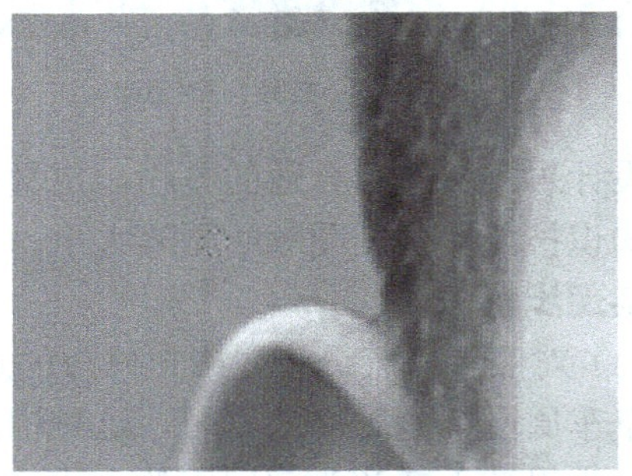

图6-13 去掉耳朵和头发之间的蓝色

要注意采样点并非是固定不变的，当拖动鼠标涂抹的时候，采样点会跟随鼠标的当前位置作相应变化，而且要根据不同区域的具体情况，多次按住【Alt】键定义合适的采样点。画面效果要自然，不能出现明显的涂抹痕迹。

（4）把所有多余的物体都涂抹掉后，选择【文件】|【另存为】保存文件成为“实例 1 效果图.jpg”。

实例2 去掉海边照片多余的人物

去掉海边照片多余的人物，如图6-14和图6-15所示。

图6-14 实例2海边照片原图

图6-15 去掉海边照片多余的人物后

这张海边的照片带有海平面，这是一道水平线。在使用仿制图章时，要考虑线的对齐，不要出现错位。所有带水平线、垂直线、斜线等明显线条的图片，在修整时一定要注意线条的完整。

设计要求：在不裁切照片的情况下把照片上的多余人物去掉。

设计思路：选用合适的笔刷，定义采样点。确定涂抹的方法。

知识技能：笔刷的选择，选择合适的采样点，参考线的用法。

实现步骤

（1）根据图片大小和周围区域的大小来设置仿制图章。打开照片“实例 2 原图.jpg”，这张图片大小为 3546 像素×2848 像素，根据取样的区域和要修改的人物尺寸，把当前的仿制图章大小设置为 100 像素，45%的硬度。

（2）确定采样点和涂抹的方式。先处理右上角的人物。在人物的左侧取样，取人物左侧的天空，要水平来回涂抹。效果如图 6-16 所示，仿制图章软硬要适中，可以多设置几次。在涂抹的时候，释放一次鼠标左键代表复制的结束，如果在释放鼠标之前“+”形状碰到了人物，则人物会在右侧出现，如图 6-17 所示。所以，要根据情况来释放鼠标，确认一次采样复制的结束。

图 6-16　用天空来遮掉人物上半部分

图 6-17　人物再次出现

（3）调整仿制图章大小。在海平面以下的图像比较复杂，要采用缩放工具放大图像，使得局部变清晰，如图 6-18 所示，并缩小仿制图章的大小，此处设置为 40 像素，依然左右涂抹。

图 6-18　缩小仿制图章

（4）利用参考线保证对齐。有时候涂抹的方向把握不好，会出现如图 6-19 所示的情况，海平面出现了错位。我们可以在海边上方的位置拉出水平参考线，利用参考线保证对齐。取样时，使⊕图形的中心点取在参考线上，在画面中涂抹时，按下【Caps Lock】大写键，把光标变成十字形，使得十字的中心对齐参考线，这样取样点和复制点都在同一条水平线上，就保证了对齐。涂抹完成之后，再次按下【Caps Lock】，取消大写锁定。涂抹的效果如图 6-20 所示。

图 6-19　海平面出现错位

图 6-20　保证采样点和复制起点对齐

特别提示

如果设置了参考线来保证取样的对齐，那么在第（2）步可以采用上下涂抹的方式。

（5）不断调整采样点大小，把所有多余区域都涂抹掉后，选择【文件】|【另存为】保存文件，文件名“实例 2 效果图.jpg”。

特别提示

根据不同区域分别定义合适的采样点，在处理过程中先放大显示图片，处理完后再缩小显示。

6.2 使用修复画笔美化人像

在现实生活中拍摄的照片，会因为各种原因而存在一些不满意的因素，例如，一个美女在拍照的那几天没有休息好，拍出的照片上有明显的黑眼圈，或者是脸上有几个临时性的痘痘、疤痕等。这些照片中的瑕疵都可以在 Photoshop 软件中通过使用“修复画笔”工具去除掉。

“修复画笔”工具 修复画笔工具 的功能主要是用于修整图像中的瑕疵，其使用方法与“仿制图章”工具的操作方法是一样的。“修复画笔”工具定义了采样点后，在要修复的目标位置上单击，效果是使采样点处的图像与点击位置及附近的图像融合起来，使整个图像看起来更加自然。该工具适合在颜色相近的图像上操作。“修复画笔”工具的选项面板如图 6-21 所示。

图 6-21 “修复画笔”工具选项面板

源：用来选择样本像素。分别包含“取样”和“图案”两个选项。

取样：是从当前图像中取样。

图案：选择该单选按钮后，可以单击其右侧的三角按钮，打开图案选取器，从其中选择预设的图案或者之前自定义好的图案作为取样像素。

其他选项的用法与“仿制图章”的用法相同。

特别提示

选择“修复画笔”工具后，首先要定位好目标位置，例如面部图像的痘痘、疤痕等，然后观察它周围的颜色，找相近的颜色，然后根据修复目标的大小，选择合适的画笔大小，在相近颜色上定义采样点。采样方法是按住【Alt】在选定的相近颜色处点击一下，然后在修复的目标点上单击，目标点的颜色就会被采样点的颜色替代，而且这种颜色会与目标点周围的颜色融合在一起。

实例 3　人像面部美化

本实例中人物面部刚刚摔伤，有非常明显的疤痕，如图 6-22 所示，破坏了整张照片的美观。通过“修复画笔”修复后的照片如图 6-23 所示。

图 6-22　实例 3 人像面部美化原图

图 6-23　人像面部美化效果图

设计要求：把照片上面部的疤痕去除，保持人物主体原有的模样。

设计思路：采用修复画笔工具，选用合适的笔刷，定义采样点，在面部疤痕区域涂抹。

知识技能：修复画笔大小和样式的选择，选择合适的采样点。

实现步骤

（1）选择“修复画笔”，选择合适的大小软硬。打开“实例 3 原图.jpg”，面部的皮肤颜色虽然看似一致，但其实却有明暗的差异。如果像实例 1 一样采用仿制图章，则会有明显的颜色差异，如图 6-24 所示，“修复画笔”与“仿制图章”的用法相似，但修复画笔复制的颜色会与目标区域周围的颜色融合，因此特别适合修复面部皮肤等。

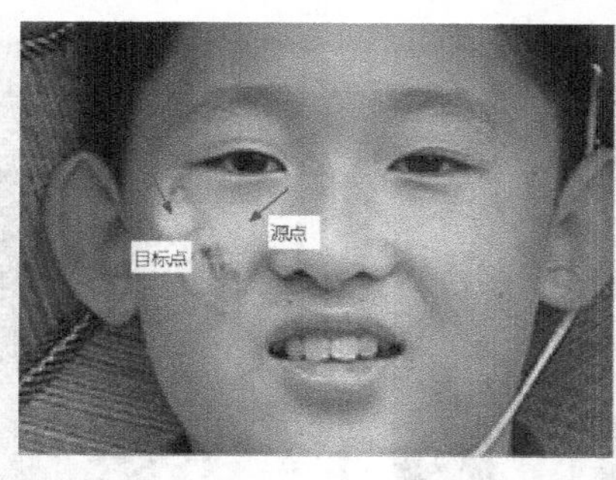

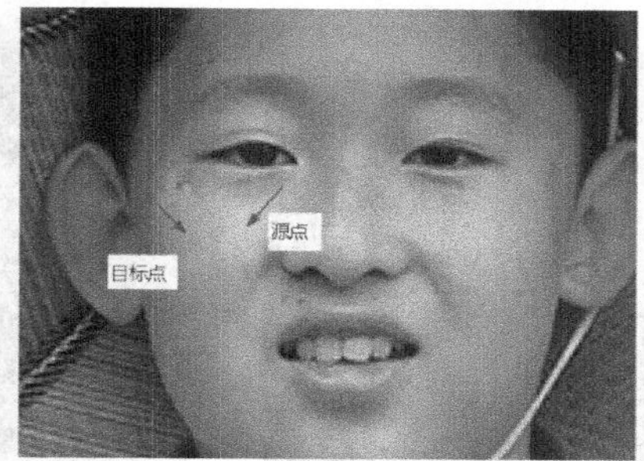

图 6-24　使用“仿制图章”和“修复画笔”的效果对比

如果只是一颗小痘痘，那么把“修复画笔”设置为合适的大小和软硬（大小要比痘痘大一圈，因为颜色会自动融合，所以硬度不要太软，50%左右）在近处取色，然后在痘痘上单击，痘痘就会马上消失。本例中因为疤痕较大，所以需要选择多处采样点，每个采样点的修复画笔大小也不相同，在操作中可以结合实际情况来进行选择。为了选择精细，可以用缩放工具把文件放大到 400%，在选项面板中选择“取样”选项 源：取样 。

（2）按住【Alt】在采样点处单击定义采样点，松开【Alt】键后，在要修复的目标点上单击。

（3）把面部的疤痕都修复后，选择【文件】|【另存为】，保存为“实例 3 效果图.jpg”。

6.3 使用磨皮滤镜美白皮肤

磨皮就是使用图层、蒙版、通道、工具、滤镜或其他软件给图片中的人物消除皮肤部分的斑点、瑕疵，杂色等，让皮肤看上去光滑、细腻、自然。磨皮可以采用蒙版、画笔、钢笔、减淡、加深等工具手工操作，也可以通过滤镜如 Noiseware、Portraiture、Topaz 或磨皮软件 NeatImage 等自动磨皮。滤镜在 Photoshop 中具有非常神奇的作用，主要是用来实现图像的各种特殊效果。以 Portraiture 滤镜为例，Portraiture 滤镜功能非常强大，磨皮方法比较特别，系统会自动识别需要磨皮的皮肤区域，也可以自己选择。然后用阈值大小控制噪点大小，调节其中的数值可以快速消除噪点。Portraiture 滤镜还有增强功能，可以对皮肤进行锐化及润色处理。

Portraiture 滤镜可以从网上下载，有 32 位和 64 位之分。因为 Photoshop CC 是 64 位的，所以要下载 64 位的，见素材中的“Portraiture64.8bf”。下载的滤镜要安装到 Photoshop CC 软件的安装目录中滤镜文件夹的特定位置，例如 D:\Program Files\Adobe\Photoshop CC\Required\Plug-Ins\Filters。因为每台计算机中安装软件的位置各不相同，我们可以从资源管理器中搜索“*.8bf”，看看滤镜文件存放的位置，然后把磨皮滤镜文件复制过去。这时，在 Photoshop 的“滤镜”菜单中就出现了一个子菜单“Imagenomic”，这个菜单下面有“Portraiture...”滤镜命令。

实例 4 人像面部美白

原图及效果图如图 6-25 和图 6-26 所示。

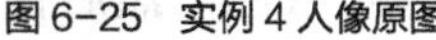

图 6-25 实例 4 人像原图

图 6-26 修复画笔处理效果和磨皮滤镜的效果

设计要求：把人像面部皮肤变得细腻柔滑。

设计思路：采用修复画笔工具涂抹大的斑点，采用磨皮滤镜处理小斑点。

知识技能：磨皮滤镜的用法。

实现步骤

（1）用“修复画笔”消除大的瑕疵。打开“实例 4 原图.jpg”，观察分析图片，发现人物的肤质比较细腻，但斑点较多。首先采用修复画笔工具，设置合适的大小和软硬，多次取样，去掉较大的明显的斑点，如图 6-26 左图所示。

（2）用磨皮滤镜处理小斑点。采用菜单命令【滤镜】|【Imagenomic】|【Portraiture…】命令，打开如图 6-27 所示的对话框，左边为主要参数设置面板："详细平滑"栏主要控制噪点范围；"肤色蒙版"栏主要控制皮肤区域及颜色等，可以用吸管吸取需要磨皮的区域；"增强功能"栏也非常重要，可以对整体效果进行锐化、模糊、调色等操作。本例中在"预设"中选择"平滑：中等"这一选项，调整底部的显示效果，使得人物面部放大显示。可以看到，皮肤上的小斑点已经消失了很多。另存为"实例 4 磨皮效果图.jpg"。

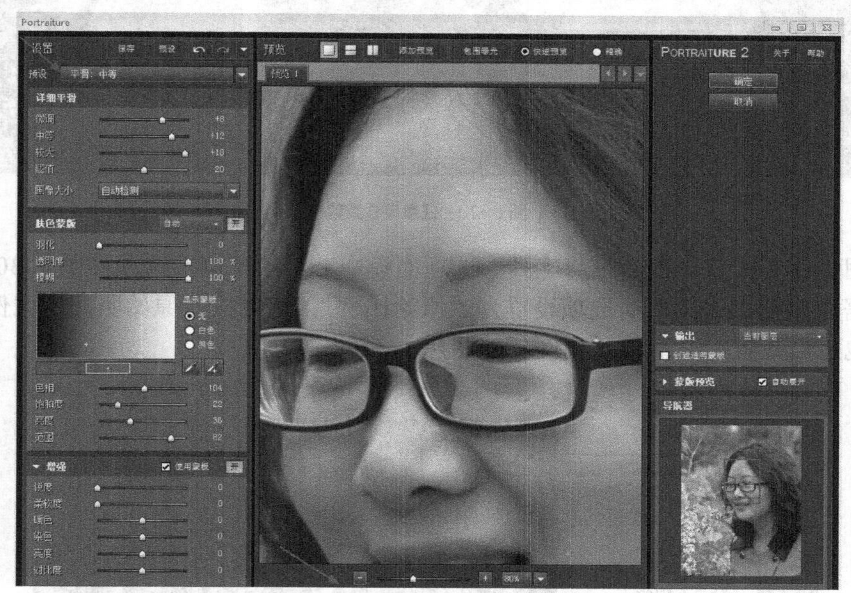

图 6-27　Portraiture 磨皮对话框

6.4 利用裁剪工具设置照片的尺寸

在生活中拍摄的许多照片，特别是旅游时拍摄的照片，有时会附带一些不相关的人或物，我们上面讲过了可以使用"仿制图章工具"去掉不相关的人或物，如果这些不相关的人只是在照片的边缘上，处理时只要将其裁剪掉就可以。如果我们制作冲洗用的照片，往往也需要先对照片进行"裁剪"，"裁剪"成合适的尺寸后再做进一步的处理。

（1）任意尺寸裁剪。在 Photoshop 中可以使用"裁剪工具"根据需要对处理的图像进行任意裁剪，主要用来修改构图。"裁剪工具"任意尺寸裁剪时的选项面板如图 6-28 所示。

图 6-28　"裁剪工具"任意尺寸裁剪时的选项面板

这时只需要拖动图片上的四个边，调整到自己感觉合适的大小，或者当光标变为时，直接在图中绘制一个裁剪范围，按【Enter】键确定裁剪就可以了。如图 6-29 所示，在原本的横版照片中绘制一个裁剪区域，并调整裁剪边框的位置，删掉周围不相关的景物，按【Enter】键确定裁剪效果。这样使得构图更加合理。

图 6-29 任意尺寸裁剪

（2）固定比例裁剪。在“裁剪工具”选项面板中，其“比例”选项如图 6-30 所示。我们可以根据需要把“比例”的选项设置为“原始比例”，可以按照原始照片的比例对照片进行裁剪。也可以设置为其他特定比例裁剪图片。

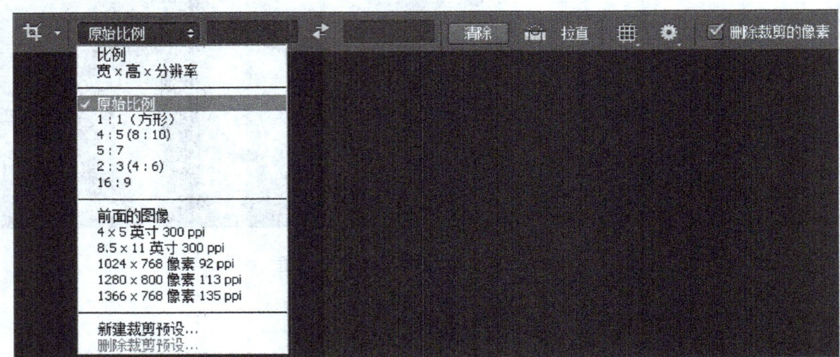

图 6-30 “比例”选项面板

（3）固定尺寸裁剪。有时候需要把照片处理成固定的尺寸，比如处理成固定的像素数放到网页的特定位置，或者设置为固定英寸去冲洗照片等。这些需求可以在 Photoshop 中使用固定尺寸裁剪的方法实现。在“裁剪工具”选项面板中，在相应的文本框里写上尺寸、单位、分辨率，可以进行固定尺寸的裁切，如图 6-31 所示。

图 6-31 “裁剪工具”固定尺寸裁剪选项面板

实例 5 把一张照片设置为 7 英寸的冲印尺寸

设计思路：判断照片最大的冲印尺寸，使用“裁剪工具”，设置固定尺寸裁剪。

实现步骤

（1）判断照片的最大冲印尺寸。打开要处理的照片“实例 5 原图.jpg”。执行菜单命令【图像】|【图像大小】，打开如图 6-32 所示的对话框。可以看到该图默认的分辨率是 72PPI，默

认的单位是厘米。在第 1 章中学过，数码冲印照片的分辨率通常设置为 300PPI，因此在不选中重新采样的情况下（保持当前的像素数 5184×3456 不变），把分辨率调整为 300PPI，宽度和高度的单位都设置为英寸，则如图 6-33 所示，宽度为 17.28 英寸，高度是 11.52 英寸。这个冲洗尺寸超过了本例要求的 7 英寸，也就是说，本照片冲洗 7 寸是完全没问题的。

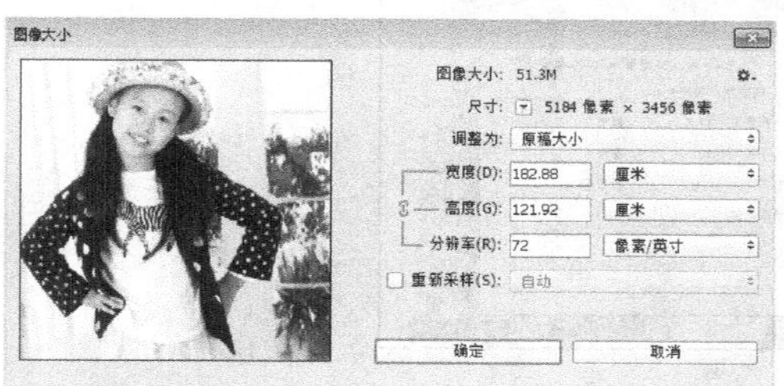

图 6-32　图像大小原始设置

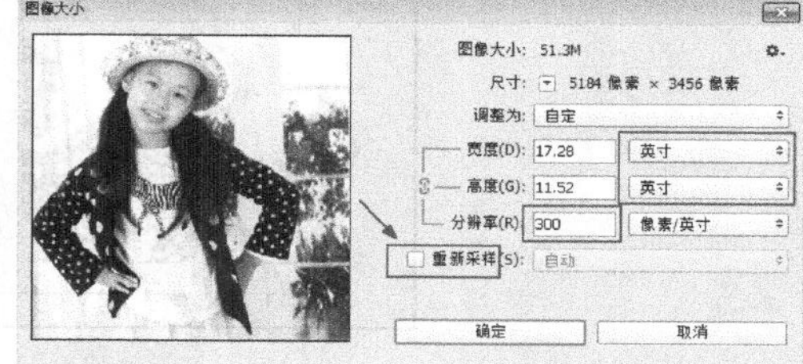

图 6-33　重新设置分辨率和单位之后的尺寸

特别提示

如果能在资源管理器中得到该照片文件的像素数值，每个边长除以 300，就能判断出该照片文件的最大冲印尺寸。

（2）设置“裁剪工具”选项。选择“裁剪工具”，在其选项面板的“比例”下拉选项中选择宽×高×分辨率项，设置宽度为 7 英寸，高度为 5 英寸，分辨率为 300 像素/英寸，其余采用默认值，如图 6-34 所示。

图 6-34　“裁剪工具”的“宽×高×分辨率”设置

（3）设置裁剪的区域。在图片上拖动四个边，选择合适的区域，如图 6-35 所示，使人物面部位于九宫格右上角的交点位置，即位于画面的视觉中心，以保证构图的合理性。按【Enter】键确定裁剪，裁剪后图片如图 6-36 所示。

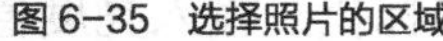

图 6-35　选择照片的区域

图 6-36　裁剪后的效果

（4）观察裁剪后的图像大小。执行菜单命令【图像】|【图像大小】，打开如图 6-37 所示的对话框，可以看到此图的像素数变为 2100×1500，分辨率是 300PPI，输出尺寸是 17.78×12.7 厘米，换算成英寸就是 7×5 英寸，满足冲印要求。把文件另存为“实例 5 效果图.jpg”。

图 6-37　裁剪之后的图像大小

6.5 调整颜色亮度

颜色的调整命令都在【图像】|【调整】菜单下面。亮度的调整有“亮度/对比度”“曲线”“色阶”“曝光度”等。在此以“曲线”命令为例调整图像的亮度，因为曲线的调整效果比较自然。

在 Photoshop 中打开一张要处理的照片，选择菜单命令【图像】|【调整】|【曲线】，或者按快捷键【Ctrl+M】，就可以打开如图 6-38 所示的“曲线”对话框。

按住【Alt】键的同时用鼠标在曲线图内单击，这时调整网格将由默认的一排 4 个变成 10 个，如图 6-39 所示，可以更精确地控制曲线。

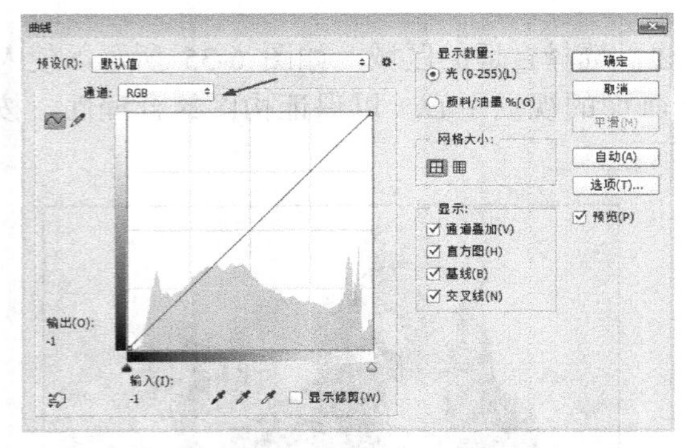

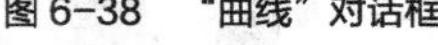
图 6-38　“曲线”对话框

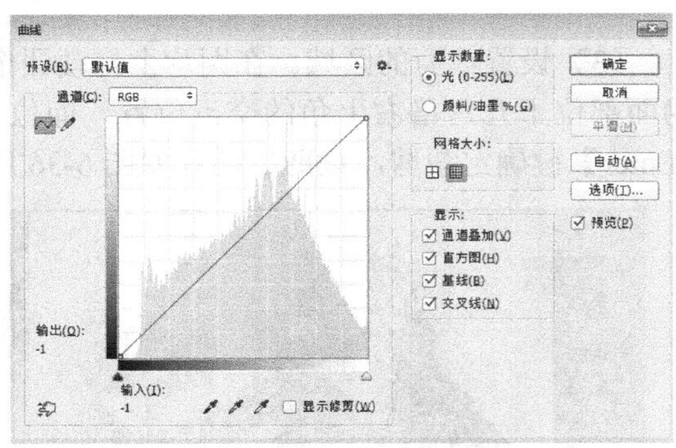

图 6-39　“曲线”对话框网格改为一排 10 个

曲线调整的初始状态默认选择处理的是 RGB 通道，图中直线代表了 RGB 通道的亮度值，曲线的表达式为 y=x。左下角处是黑色，右上角处是白色，只要拖动直线把它调整成合适的曲线就可以改变当前要处理图像的亮度分布情况。图中横坐标代表输入亮度值，即图像原本的亮度值，取值范围在 0～255。纵坐标代表调整之后输出的亮度值，取值范围同样为 0～255。在曲线上单击会产生一个小节点，通过鼠标拖动这小节点可以调整与该节点相邻的两个节点间曲线的弯曲情况，用来精细调整亮度。

如图 6-40 所示，照片是傍晚拍摄的，画面较暗。采用【Ctrl+M】打开曲线对话框，如

图 6-41 所示，用光标在天空的位置单击，则曲线上出现了一个节点，这个节点的输入亮度是 181，对应着天空的亮度值。从这个节点处往上拉动曲线，增大到 224，以这个点为主周围的颜色也都跟着变亮了。

图 6-40　照片原图

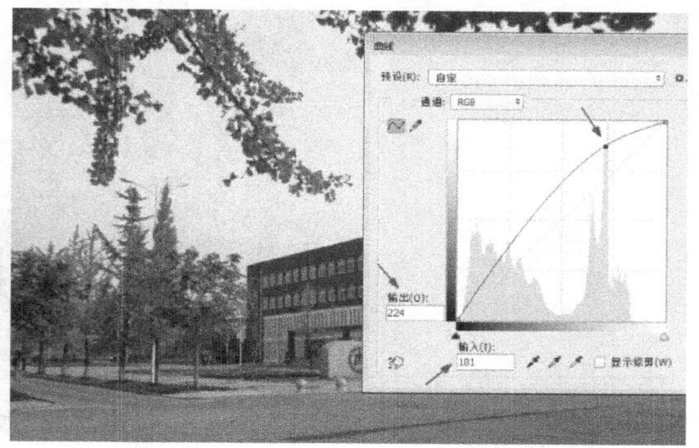

图 6-41　调整“曲线”输入色阶

特别提示

按住【Shift】键的同时逐个单击节点，可以选中多个节点。把某个节点用鼠标拖到表格外面或者单击选中节点后按【Del】键可以删除某个节点。最多只可以向曲线中添加 14 个节点。

实例 6　利用曲线调整亮度

设计思路：利用“曲线”调整图 6-42 的亮度，效果如图 6-43 所示。

知识技能：“曲线”的调整方法。

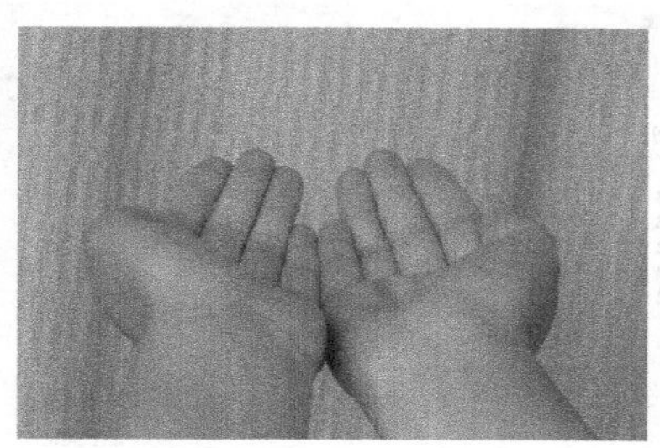

图 6-42　实例 6 照片原图

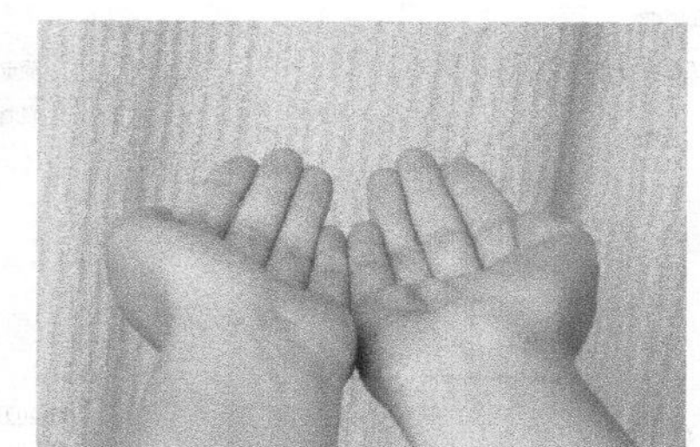

图 6-43　调整亮度之后的效果图

实现步骤

（1）分析照片的特点。打开要处理的照片文件“实例 6 原图.jpg”，画面中的主体是双手，虽然比较清晰但皮肤不够细腻白嫩，需要提高亮度。

（2）采用“曲线”调整亮度。执行菜单命令【图像】|【调整】|【曲线】，打开“曲线”对话框。

在手腕位置单击，在曲线上相应出现了一个调整节点，向上调整，如图 6-44 所示，使得双手变亮变白。把文件另存为“实例 6 效果图.jpg”。

如果要整体调整画面的亮度，通常不要添加多个节点。如果要制作画面特效，则可以添加。

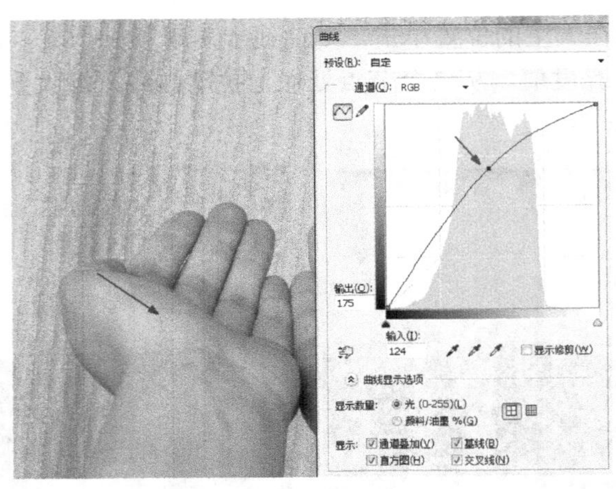

图 6-44 调整曲线对话框

6.6 调整颜色饱和度

Photoshop 提供了“自然饱和度”命令，见【图像】|【调整】|【自然饱和度】。“自然饱和度”能够提升画面中比较柔和（即饱和度低）的颜色，而使原本饱和度够的颜色保持原状，类似于对照片补光，是对颜色的补光，可以防止皮肤颜色变得过饱和以及不自然；而“饱和度”能够提升所有颜色的强度，可能导致过饱和，使局部细节消失，最常见是皮肤的过饱和（变成橙色且不自然）。

选择【图像】|【调整】|【色相/饱和度】或按快捷键【Ctrl+U】可以调整图像的色相、饱和度和明度。“色相/饱和度”对话框如图 6-45 所示。

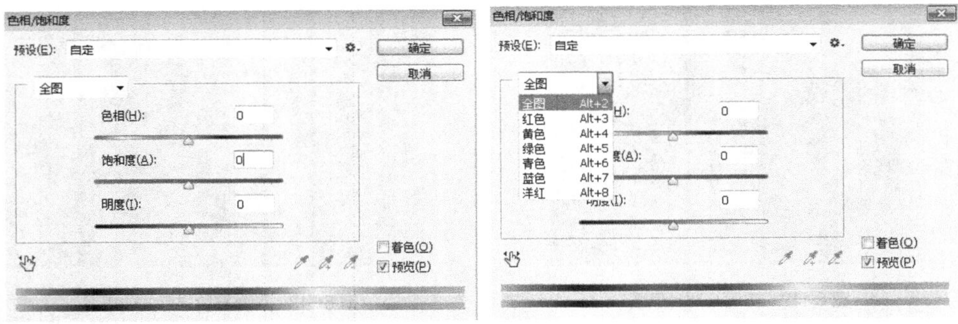

图 6-45 “色相/饱和度”对话框

在编辑下拉列表框中可以选择“全图”来调整全图的色相和饱和度，也可以选择“红色”“黄色”“绿色”“青色”“蓝色”和“洋红色”中的某一个颜色来调整单一颜色的色相和饱和度。这些颜色都是软件自定义的颜色。

在对话框中的“色相”框中可以输入-180～180 之间的数值，或者直接拖动滑块进行调整。在“饱和度”框中可以输入-100～100 之间的数值，也可以直接拖动滑块进行调整。在“明度”框中可以输入-100～100 之间的数值，也可以直接拖动滑块进行调整。

在编辑列表中选择了某个单一颜色时，对话框中的吸管工具才变为有效。例如选择了“红色”的“色相/饱和度”对话框如图 6-46 所示。

在“全图”选项下对话框底部的两个颜色条显示了调整的状态，上面一条表示调整前的状态，下面一条表示调整后的状态。而在单色选项下，两个彩色条中间会出一个灰色块，其中深灰部分表示要调整的颜色范围。从图 6-46 中可以看出，要调整的为“红色”范围。可以通过鼠标拖动深灰色两边的浅灰色小滑块来增加或减少深灰色部分的区域，用来调整要改变颜色的范围。两个浅灰色部分表示颜色衰减的范围，也可以通过拖动两个浅灰色滑块来进行调整。

吸管工具可以用来确定要调整的范围。单击第一个吸管工具，在原图像上某个位置上单击，就可以选定单击位置的颜色作为色彩调整的范围。使用第二个吸管工具可以增加颜色的范围，使用第三个吸管工具可以减少选择的颜色范围。

“色相/饱和度”对话框中的颜色选择，首先应判断需要改变的颜色，如图 6-47 所示，选择“蓝色”，然后单击天空的蓝色（如果软件判断天空不是蓝色而是青色，则对话框会自动变成“青色”）。增加其饱和度到“+47”，天空蓝色变得浓艳。图中调整的不是一种蓝色，而是一段蓝色范围。

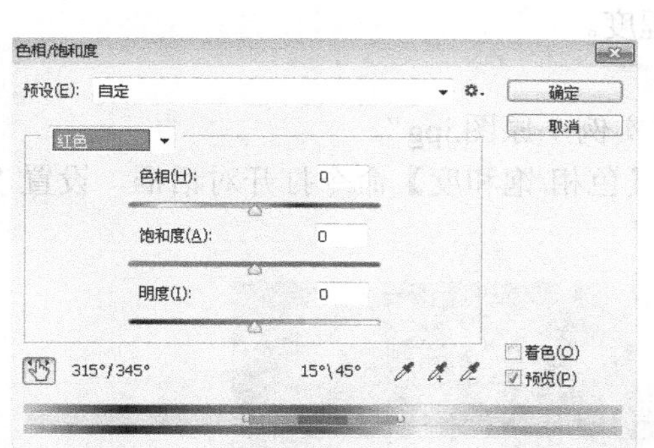

图 6-46 “色相/饱和度”单色对话框

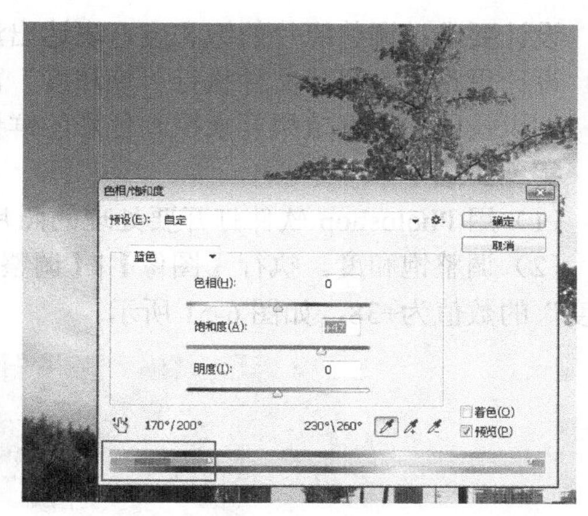

图 6-47 调整蓝色的饱和度

在 Photoshop CC 中还增加了一个非常方便的用法，在对话框的左下角有一个图标，如图 6-48 所示，使用此图标可以直接在画面中单击颜色并拖动改变其饱和度。比如单击图中的树叶，向右拖动，就可以增加黄色的鲜艳程度。

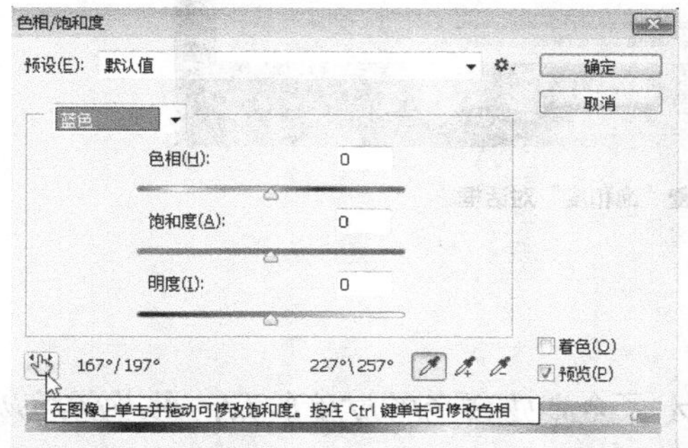

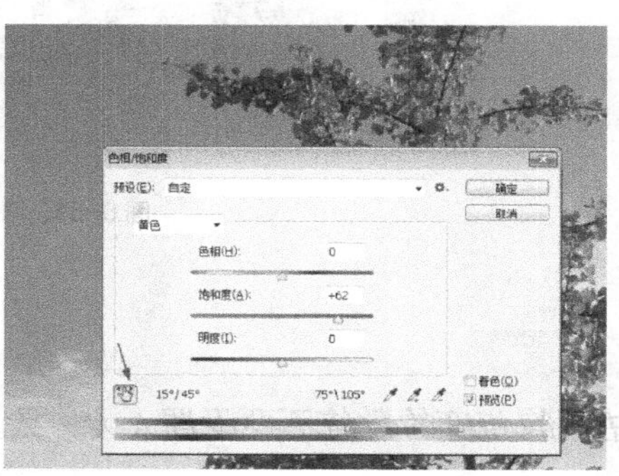

图 6-48 修改饱和度的便捷用法

实例 7　把照片颜色变得浓郁

秋天的色彩应该是浓郁斑斓的。可以使用“饱和度”命令对颜色平淡的照片进行调整，制作出更悦目的图像效果。

图 6-49　实例 7 原图

图 6-50　调整饱和度后的效果

设计要求：调整照片的饱和度，表达出浓郁的秋天色彩如图 6-49 和图 6-50 所示。

设计思路：对照片文件执行“饱和度”命令，设置合适的数值。

知识技能：根据效果要求控制色彩的鲜艳程度。

实现步骤

（1）用 Photoshop 软件打开要处理的照片“实例 7 原图.jpg”。

（2）调整饱和度。执行【图像】|【调整】|【色相/饱和度】命令打开对话框，设置“饱和度”的数值为+38，如图 6-51 所示。

图 6-51　调整“饱和度”对话框

特别提示

注意饱和度的数值不要设置太大，太大了会造成颜色的过度饱和，修改的痕迹太重。

另存为“实例 7 效果图.jpg”。

6.7 调整颜色种类

调整颜色的种类就是调整色相，比如由红色变绿色，由黄色变蓝色等。调整色相的方法有很多，比如前面的“色相/饱和度”命令，不但能改变饱和度，也能改变色相。“替换颜色”“色彩平衡”“渐变映射”“照片滤镜”等都可以改变选定区域的色相。究竟使用哪个命令，需要根据图片的实际情况和设计要求进行选择。

改变画面整体的颜色通常可以采用“色相/饱和度”“色彩平衡”“渐变映射”“照片滤镜”等命令，不需要制作选区，直接针对整个画面进行调整，改变画面原有的颜色效果，渲染出一种特定的情感氛围。

局部画面颜色的调整稍微复杂。通常是先制作选区，设置羽化效果，然后调整颜色；或者调整图层来控制颜色调整的范围；也可以不做选区，直接采用“色相/饱和度”（选某个颜色）、“替换颜色”等命令。

实例 8　把蓝色连衣裙变为玫红色

图 6-52 中女子的衣裙是孔雀蓝色。裙子的颜色比较艳丽，周围木板上也有类似的颜色，但这种颜色不影响人物主体，因此适合采用“替换颜色”命令，效果如图 6-53 所示。

图 6-52　实例 8 原图

图 6-53　替换颜色效果图

设计思路：利用【图像】|【调整】|【替换颜色】命令给选定的区域替换颜色。

知识技能：用“吸管”工具进行选区的添加和减少，修改色相值。

实现步骤

（1）打开“替换颜色”对话框。打开要处理的照片“实例 8 原图.jpg”，如图 6-52 所示。选择【图像】|【调整】|【替换颜色】命令，打开“替换颜色”对话框，如图 6-54 所示，采用默认的“颜色容差”值，默认“吸管”工具是被选中的，利用吸管工具单击要替换颜色的位置取色。本例中是在女子的衣裙上单击，这时蓝色衣裙的大部分被选中了。此时的“颜色”和“结果色”是相同的。

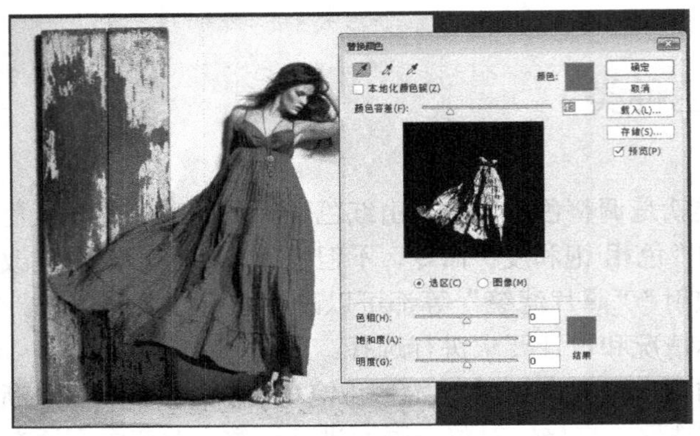

图 6-54 “替换颜色”对话框

（2）设置替换的颜色。上一步已经选中蓝色，要替换成什么颜色呢？下面就要设置替换的颜色。拖动“色相”滑块，或者单击“结果色”取色，设置成玫红色，如图 6-55 所示。可以看到蓝色衣裙大部分被玫红色替换。但还有一些部分没有被选中。

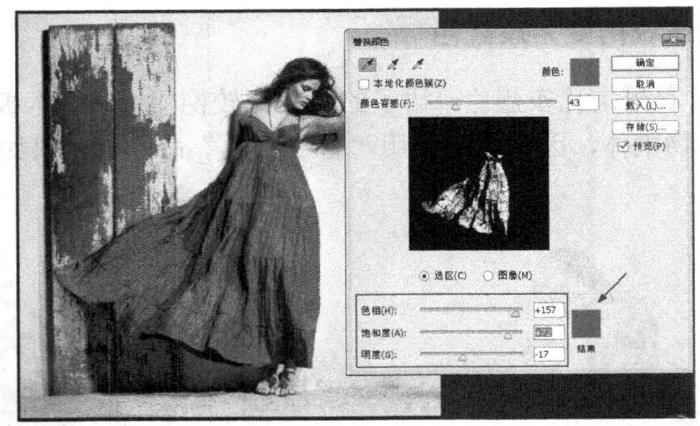

图 6-55 设置“结果色”

（3）创建衣裙的完整选区。使用“添加到取样”工具继续在衣裙的蓝色部分单击，添加颜色选区，使用工具来减少颜色选区。多次单击添加，这时蓝色衣裙全部变为玫红色，如图 6-56 所示。我们也可以根据需要调整玫红色的饱和度和明度。在替换颜色对话框中，还可以看到蓝色衣裙选区全部变为白色。调整满意之后，另存为“实例 8 效果图.jpg”。

图 6-56 蓝色衣裙全部变为玫红色

特别提示

人物旁边的木板上也有了些许的玫红色，和人物衣裙的颜色协调一致，这种调整是允许的。

除了“替换颜色”命令，本例还可以采用“色相/饱和度”命令来替换衣裙的颜色，如图 6-57 所示，调整选项设置为“青色”，把色相调整为+163，蓝色衣裙变为玫红色。

图 6-57　用色相/饱和度替换颜色

特别提示

因为本例中衣裙的颜色单一且艳丽，周围的环境色中没有非常重要的相似颜色，这种情况采用“替换颜色”和“色相/饱和度”命令很适用。

实例 9　把男孩的衣服替换为指定的颜色

“替换颜色”“色相/饱和度”命令等只可以调整颜色，但无法把颜色调整成某种设定好的颜色。要想把一种颜色替换成指定的颜色，需要采用图层的“色相”混合模式。

设计要求：原图的男孩穿着蓝色的衣服，要求改成特定的颜色（C=0，M=90，Y=90，K=0），如图 6-58 和图 6-59 所示。

图 6-58　实例 9 原图

图 6-59　修改成指定的颜色

设计思路：利用“色相”混合模式，结合图层蒙版控制调整颜色的区域。

知识技能：“色相”混合模式的用法。

实现步骤

（1）新建图层，修改混合模式为“色相”。打开要处理的照片“实例 9 原图.jpg”，新建图层 1，填充指定的颜色（C=0，M=90，Y=90，K=0）。把图层 1 的混合模式设置为“色相”。画面效果如图 6-60 所示，除了人物的衣服变为红色，地面、树木、头盔等也都相应变为红色，这种红色就是指定的颜色。红色的衣服，红色的头盔，更符合当前秋天的氛围。

“色相”混合模式是用当前图层的色相，与背景图层的饱和度、纯度混合，得到两个图层的混合显示效果。

（2）用图层蒙版控制显示范围。隐藏图层 1。把“背景”设置为当前图层，用快速选择工具选中男孩的蓝色衣服和头盔上的蓝色，反选，得到衣服和头盔之外的选区。显示图层 1，把图层 1 设置为当前图层，添加图层蒙版，如图 6-61 所示。这时，在蒙版上只有衣服和头盔是白色的，其余都是黑色的。也就是图层 1 的原本的红色中，隐藏了衣服和头盔以外的区域。

图 6-60　新建图层

图 6-61　图层蒙版控制显示范围

另存文件“实例 9 效果图.jpg”。

实例 10　把单色的花朵调整为五颜六色

设计要求：原图的郁金香都是同样的颜色，挑选其中的几朵调整成其他的颜色，如图 6-62 和图 6-63 所示。

图 6-62　实例 10 原图

图 6-63　实例 10 效果图

设计思路：利用调整图层结合图层蒙版控制调整颜色的区域。

知识技能：调整图层的用法。

实现步骤

（1）添加第一个调整图层。打开“实例 10 原图.jpg”单击【图层】面板下方的“创建新的填充或调整图层”按钮，如图 6-64 所示，在弹出的菜单中选择“色相/饱和度”命令。执行完命令之后，在“背景”图层中会新建一个图层，名为“色相/饱和度 1”，这是一个调整图层，由“调整操作”和“图层蒙版”两部分组成，如图 6-65 所示，调整操作就是把色相调整为+37，花朵呈现橙黄色。图层蒙版控制着当前调色操作的显示范围。默认是全白色蒙版，表示当前全图的颜色都被调整为橙黄色。

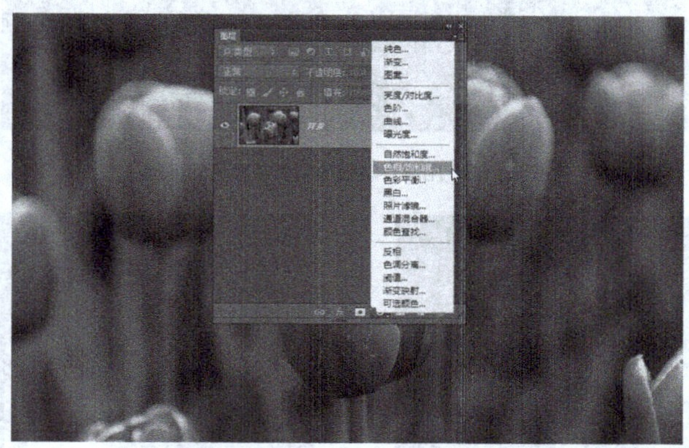

图 6-64　添加“色相/饱和度”调整图层

图 6-65　在调整图层 1 中修改画面颜色

（2）修改“调整图层1”的显示范围，只留一朵橙黄色花。步骤（1）中所有的花朵都变成了橙黄色，我们可以通过“调整图层 1”的图层蒙版来控制显示范围，也就是在图层蒙版上只有最前面花朵的区域是白色，周围都是黑色。为此，我们可以先用纯黑色填充图层蒙版，然后用白色的软边画笔在花朵的位置涂抹，如图 6-66 所示。

（3）添加第二个调整图层并控制显示范围。采用同样的方法继续添加调整图层 2，这个图层是“色相/饱和度 2”。调整的颜色是紫红色，但步骤（1）中原本调整好的橙黄色花朵变成了红色，如图 6-67 所示。修改“调整图层 2”的蒙版，还是先填充全黑，然后用白色画笔涂抹一朵花，效果如图 6-68 所示。

（4）添加第三个调整图层并控制显示范围。步骤同上，效果如图 6-69 所示。调整完成之后，文件另存为“实例 10 效果图.jpg”。

图 6-66　用图层蒙版控制调整颜色的范围

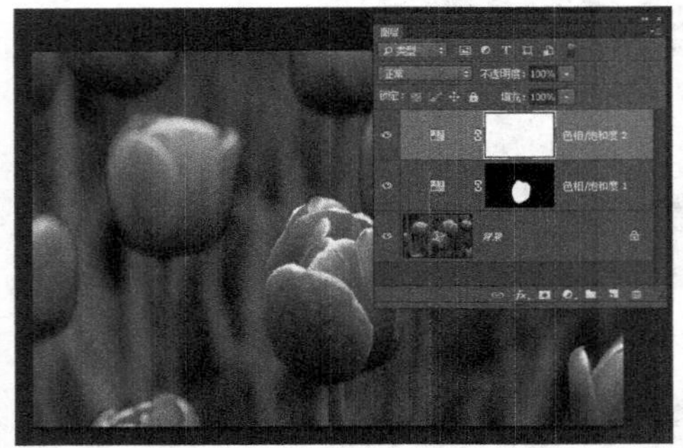

图 6-67　添加第二个调整图层

图 6-68　修改“调整图层 2”的图层蒙版

图 6-69　最终的调色效果

“调整图层”也是一种图层类型，它由调整操作和图层蒙版两部分构成，它能调整它下面所有图层的颜色，如图 6-69 所示，原本的橙色花又被调成了红色。如果想要调整特定的某个图层的颜色，则需要把调整图层和特定的图层成组，做法就是按住【Alt】，单击【图层】面板中两个图层的交界处。用调整图层调色，与【图像】/【调整】中所有的命令相比，它实际上是一种非破坏性的调整，原图并没有被修改，还是原来的“背景”图层，而且每一项调整命令和效果，都可以通过双击调整图层的来重新修改。

6.8 利用“渐变映射”调整颜色

“色相/饱和度”中的“着色”命令，可以使得图像除去原有的颜色而呈现统一的色调。如图 6-70 所示为一幅拍摄的彩色图像，使用“着色”选项后效果如图 6-71 所示。这种调色比较单一化，只能调成一种颜色倾向。

图 6-70 彩色图像

图 6-71 “着色”后效果

“渐变映射”命令可以将相等的图像灰度范围映射到指定的渐变填充色上，把图像原本的颜色控制在设定的范围之内。“渐变映射”对话框如图 6-72 所示。

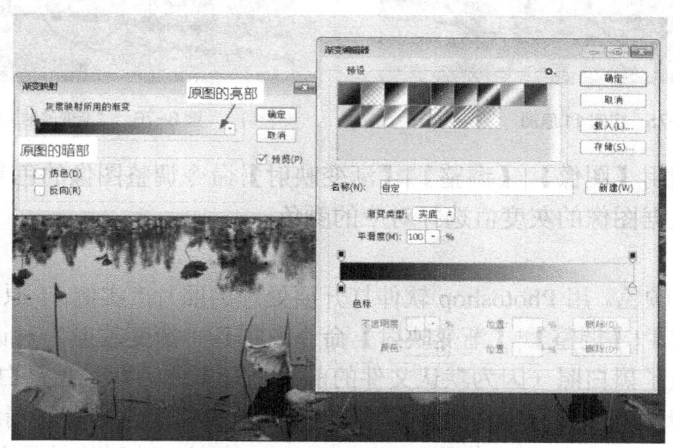

图 6-72 “渐变映射”对话框

首先要在对话框中“灰度映射所用的渐变”栏中选择一种“渐变色条”。默认情况下，渐变色条是当前前景色到背景色的渐变效果。渐变色条的左端点颜色对应着图像的暗部，右端点颜色对应着图像的亮部，中间颜色对应着图像中的中间调部分。整个图像可以不失细节地被转换为所选择的渐变颜色。

如图 6-73 所示，这是一张刮画纸作品，是黑底彩线的。采用“渐变映射”命令，可以实现如图 6-74 所示的效果图，底图变为白色，线条变为黑色，中间调变成蓝灰色。

图 6-73 原图

图 6-74 效果图

实例 11 把照片整体调整成怀旧色调

设计要求：把照片整体调整成怀旧色调。怀旧色调可以用蓝灰色、灰绿色、浅黄色来体现，如图 6-75 和图 6-76 所示。

图 6-75 实例 11 原图

图 6-76 “渐变映射”操作后效果

设计思路：利用【图像】|【调整】|【渐变映射】命令调整图像的色彩范围。

知识技能：根据图像的灰度值选择对应的颜色。

实现步骤

（1）编辑渐变颜色。用 Photoshop 软件打开要处理的照片“实例 11 原图.jpg”，如图 6-75 所示，选择【图像】|【调整】|【渐变映射】命令，打开“渐变映射”对话框，如图 6-77 所示。这时画面变成了黑白照（因为默认文件的前景色是黑色，背景色是白色）。

单击渐变色带，就会打开“渐变编辑器”。在这里先修改左端和右端的颜色，分别是暗青蓝色（HSB=198，97，3）和浅黄色（HSB=45，14，99），映射的是画面中的暗部和亮部。中间添加两个颜色，分别是青灰色（HSB=198，72，24）和黄灰色（HSB=55，19，68）。效果如图 6-78 所示。

（2）颜色的亮度和渐变的位置对应。中间的两个颜色，其亮度要和渐变的位置对应起来，这样的映射才是合理的。比如第 2 个色标是青灰色，HSB=198，72，24。亮度是 24，要对应着渐变的位置也是 24。这样对应的结果，是画面的亮度不发生改变，还是色相和饱和度的映射。

（3）调整完成之后，另存为“实例 11 效果图.jpg”。

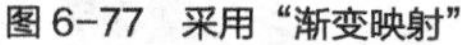
图 6-77 采用“渐变映射”

图 6-78 编辑“渐变映射”的颜色

本章小结

本章讲述了图片修整的方法和颜色调整的方法。图片的修整主要是采用仿制图章去掉画面中多余的物体，采用修复画笔来修复面部皮肤等。采用裁剪工具修改画面的构图，或者把图像裁剪成指定的尺寸。颜色的调整主要从颜色的三要素即亮度、饱和度、色相出发，学习使用曲线调整亮度和对比度，使用“色相/饱和度”来调整饱和度和修改色相，采用替换颜色、调整图层、混合模式、渐变映射等来改变颜色。无论是图片的修整还是颜色的调整，都要根据图片的实际情况和设计要求来灵活选择工具和方法。

课后练习

1．采用仿制图章工具来修图，修掉画面中多余的人物，如图 6-79 所示。原图见“素材/图 6-79.jpg”。

图 6-79 题 1 原图和效果图

2．调整小女孩衣服的颜色，如图 6-80 所示。原图见“素材/图 6-80.jpg”。

图 6-80　题 2 原图和效果图

3．调整图片的亮度和饱和度，如图 6-81 所示。原图见“素材/图 6-81.jpg”。

图 6-81　题 3 原图和效果图

4．用“渐变映射”调整图片的颜色呈现范围，如图 6-82 所示。原图见“素材/图 6-82.jpg”。

图 6-82　题 4 原图和效果图

7 Chapter

第7章 Adobe Ilustrator CC 绘图基础

学习目标

- 掌握 Illustrator 的各种图形绘制工具和编辑调整工具的用法。
- 掌握 Illustrator 的颜色填充方法。
- 掌握使用 Illustrator 定制图案的方法。
- 掌握 Illustrator 的图形效果、3D 效果的用法。
- 能够利用 Illustrator 设计文字，创建编辑多种形式的文本段落。
- 能够利用 Illustrator 绘制各种人物、动物、植物或风景图。
- 掌握 Illustrator 与 Photoshop 的区别与联系，能够把两个软件联系起来使用，发挥各自的优势。

Adobe Illustrator 是强大的矢量图绘制和编辑工具软件，既能够绘制出形态多样的矢量图形，又能够和 Photoshop 文件相互调用，满足平面设计的需求。本章讲解 Illustrator 最基本的用法。

7.1 文件的新建和保存、页面修改

在 Illustrator 中新建文件时，要采用【文件】|【新建】命令，打开的对话框如图 7-1 所示。默认情况下只有一个画板，文件大小是 A4，单位是毫米，颜色模式是 CMYK，可以选择横版和竖版，印刷的出血设置为 0 毫米。

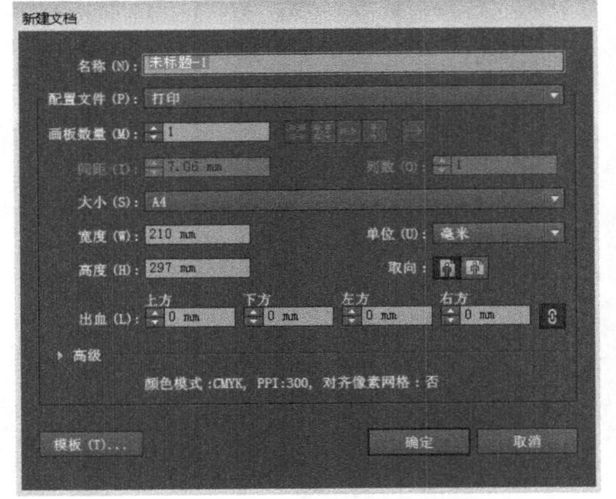

图 7-1 新建文件对话框

如果想修改文件的尺寸和出血值，采用【文件】|【文档设置】命令。

如果想修改颜色模式，采用【文件】|【文档颜色模式】命令，可以在 CMYK 和 RGB 之间转换。

要想使得页面方向在横版和竖版之间转换，可以在【画板】面板（所有的面板，都可以在【窗口】菜单中找到）中，单击右上角的折叠菜单标志，出现与“画板”相关的一系列命令，如图 7-2 所示，选择【画板选项】命令，在出现的“画板选项”对话框中，可以修改页面的方向以及尺寸，还可以设置显示“中心点标记”“十字线”等。

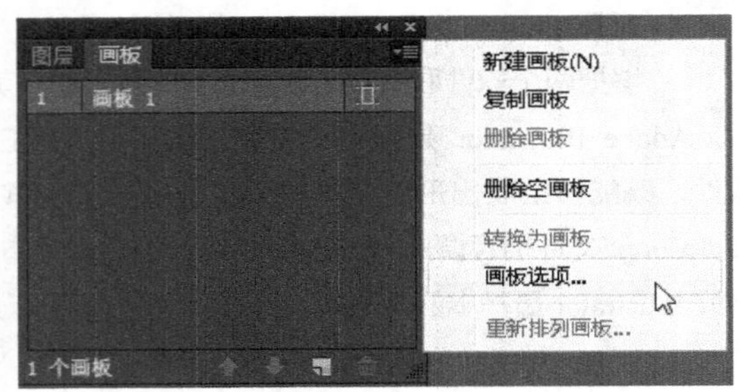

图 7-2 “画板”的折叠菜单

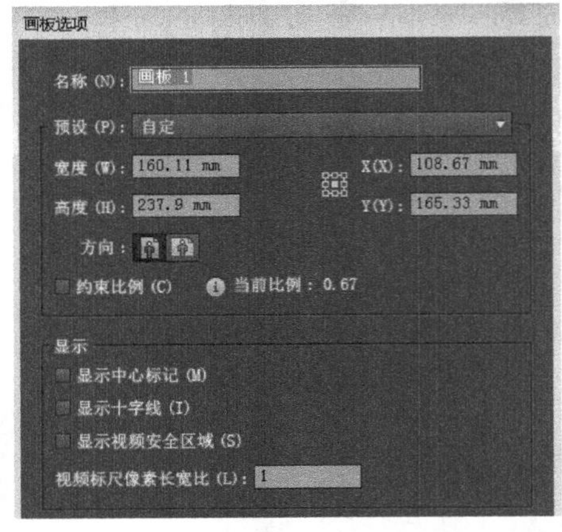

图 7-3 “画板选项”面板

Illustrator 中默认的白色背景其实不是白色背景，而是透明背景。显示为白色只是为了用户绘图方便。这点和 Photoshop 不一样。如果尝试采用 Photoshop 打开*.AI 文件，会发现背景是透明的。如果想在 Illustrator 中设置或改变背景的颜色，可以绘制一个和页面等大的矩形，填充颜色，然后置于最底层，就相当于背景了。

.AI 是 Illustrator 程序默认的文件格式，也经常保存为.EPS 格式和*.PDF 格式。其中，EPS 是封装的 PostScript，是在应用程序之间传输矢量图稿的流行文件格式。几乎所有的文字处理和图形应用程序都接受导入或置入封装的 PostScript 文件。EPS 格式

保留许多使用 Adobe Illustrator 创建的图形元素，这意味着可以重新打开 EPS 文件并作为 Illustrator 文件编辑。因为 EPS 文件基于 PostScript 语言，所以可以包含矢量图形和位图图形。

7.2 常用的绘图工具

常用的绘图工具有“钢笔工具组”“直线段工具组”“矩形工具组”“铅笔工具组”“画笔工具组”“符号喷枪工具组”等。利用这些工具可以快捷轻松地绘制出各种图形对象、轻松编辑处理图形文档。其中“钢笔工具”是最强大的绘图工具，可以绘制直线、曲线和各种精确的图形。Illustrator 中钢笔工具的用法和 Photoshop 中的钢笔工具用法非常相似，其曲线的绘制、移动、调整、复制等用法都可以参考第四章。

7.2.1 直线段工具组

直线段工具组包括“直线段工具”、“弧形工具”、“螺旋线工具”、“矩形网格工具”、“极坐标网格工具”等，如图 7-4 所示。任何一种工具，选中以后，在页面的绘图区中单击，均会弹出该工具选项面板，可以精确设置其参数。例如，选中“直线段工具”，在画面的空白区单击，则出现如图 7-5 所示的对话框，在其中可以修改直线段的长度、倾斜角度以及是否填色。除了“螺旋线工具”之外，其他工具也可以通过在工具箱中双击的方法，打开选项对话框。

“直线段工具”：在工具箱中点选“直线段工具”，先按住【～】键，再按住鼠标左键进行半圆旋转，就可以得到多条直线段，如图 7-6 所示。

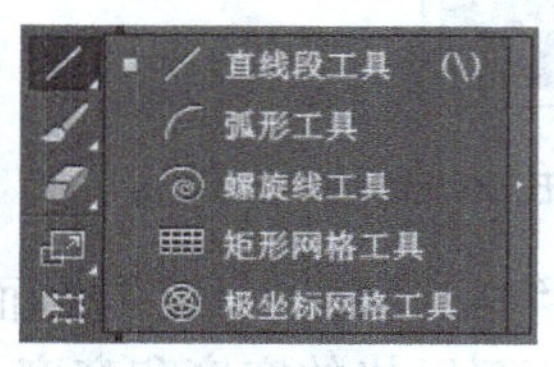

图 7-4 直线段工具组

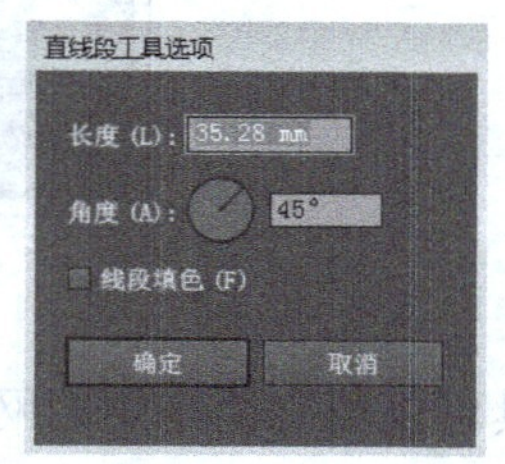

图 7-5 直线段工具选项设置

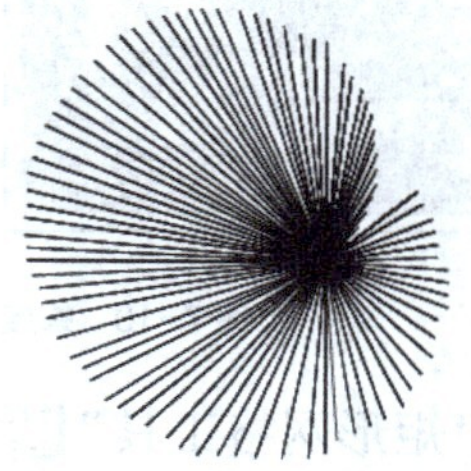

图 7-6 绘制多条直线

“弧形工具”：利用“弧形工具”可以绘制闭合的弧形区域和开放的弧线。例如在绘制“热带鱼”图形时，在工具箱中选择“弧形工具”，在页面中单击，则出现“弧形工具”选项面板，如图 7-7 所示，设置 X 轴、Y 轴长度都是 50mm，类型为闭合，斜率为-50，选中“弧线填色”选项，单击“确定”，则可以在页面中绘制如图 7-8 所示的形状。设置 X 轴、Y 轴长度都是 25mm，其余设置不变，则绘制出较小的闭合弧形。采用“选择工具”移动其位置，并绘制小的黑色圆形，得到如图 7-9 所示的“热带鱼”图形。弧线图形采用“钢笔工具”也可以很方便地绘制出来。

“螺旋线工具”：用于绘制顺时针或逆时针的螺旋线。在工具箱选择“螺旋线工具”之后，在页面中单击，可以打开“螺旋线”选项面板，如图 7-10 所示。“半径”用来设定中心到螺旋线最外点的距离。“衰减”用来设定螺旋线的每一条螺旋线相对于前一条螺旋线应减少的量，即下一螺旋的半径占上一螺旋半径的百分比，衰减值等于 100%时是圆形。“段数”用来指定螺旋线具有的总的线段数（螺旋线的每个完整螺旋由 4 条线段组成）。如果要绘制五圈螺旋线，且每一圈的间距较近，则可以设置“段数”值为 20，“衰减”值为 90%，如图 7-11 所示。因为螺旋线具有精确的衰减值，因此采用“钢笔工具”很难绘制。

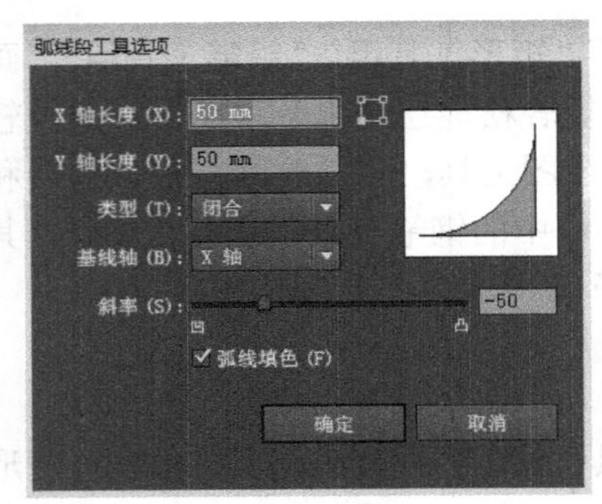

图 7-7　弧线工具选项面板

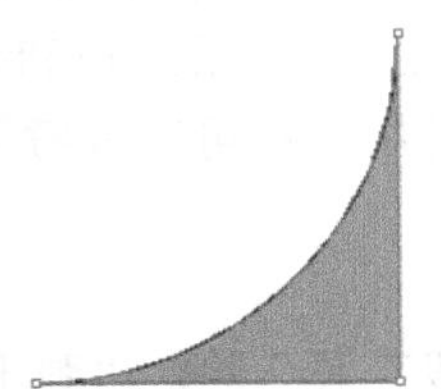

图 7-8　弧线图形

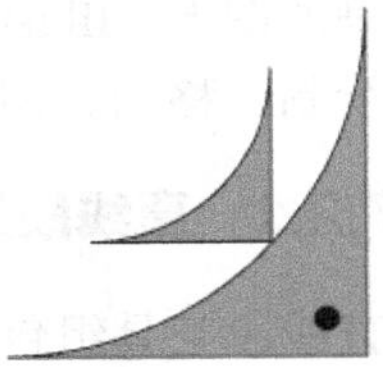

图 7-9　“热带鱼”图形

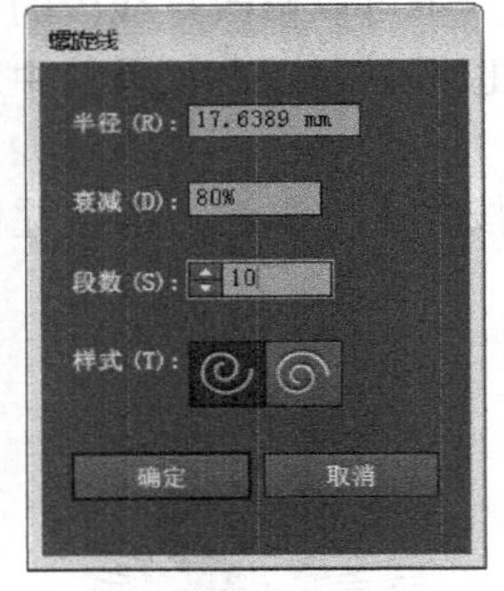

图 7-10　螺旋线选项面板

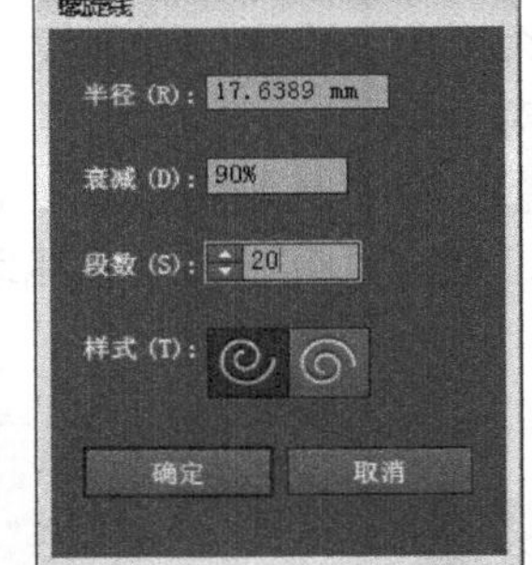

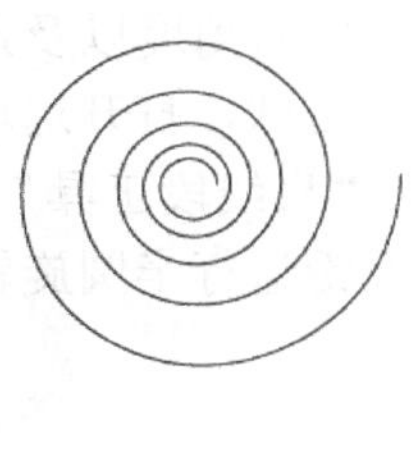

图 7-11　五圈螺旋线的参数设置

“矩形网格工具”：该工具可以用来绘制矩形网格。打开“矩形网格工具”选项面板，如图 7-12 所示，“默认大小”选项中的“宽度”“高度”值指整个矩形网格的宽度和高度。“水平分割线”选项中的“数量”指的是网格顶部和底部之间出现的水平分割线的数量。“倾斜”（取值范围为−500%～500%）决定水平分隔线从网格顶部或底部倾向于上侧或下侧的方式。其中，0%是均匀分隔，正值为倾向上侧，负值为倾向下侧。如果选中 使用外部矩形作为框架 (O)，则最外面是一个单独的矩形；如果不选中“将外部矩形作为框架使用”，则上下左右都是单独的线段。

如果不想绘制固定大小的矩形网格，可以在工具箱中双击“矩形网格工具”，在弹出的对话框中设置参数，确定以后，在画面中拖动鼠标即可绘制，如图 7-12 所示。

“极坐标网格工具”：用于绘制椭圆或圆形极坐标网格。其选项面板如图 7-13 所示，如果选中“从椭圆形创建复合路径（c）”选项，则可以将同心圆转换为独立复合路径并每隔一个圆填色。

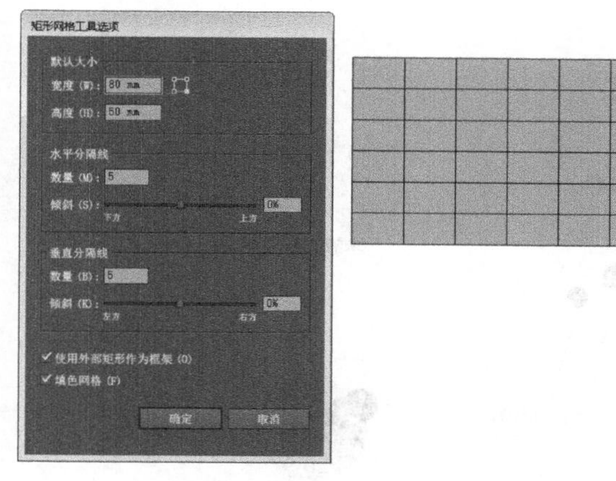

图 7-12　矩形网格工具选项面板

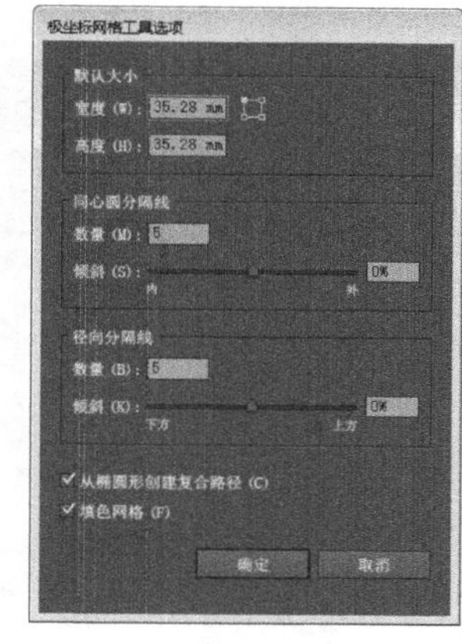

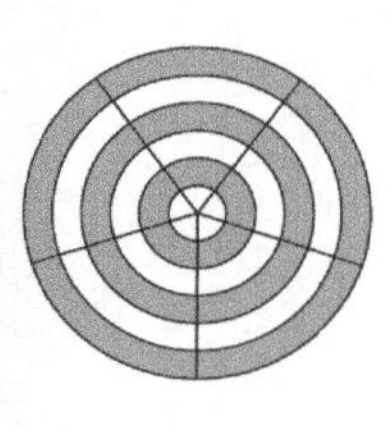

图 7-13　极坐标网格工具选项面板

7.2.2　矩形工具组

矩形工具组包括“矩形工具”、“圆角矩形工具”、“椭圆工具”、“多边形工具”、“星形工具”和“光晕工具”等，如图 7-14 所示，用来绘制长方形、正方形、圆角矩形、椭圆形、圆形、多边形、星形和光晕等闭合图形。在工具箱中选择“矩形”“圆角矩形”“椭圆”“多边形”“星形”等工具，在页面上单击，会出现相应工具的对话框，可以在其中设置具体尺寸，确定后，即可得到一个固定大小的图形。如果不在页面上单击而是在画面中直接拖动，则可以得到一个任意大小的图形。

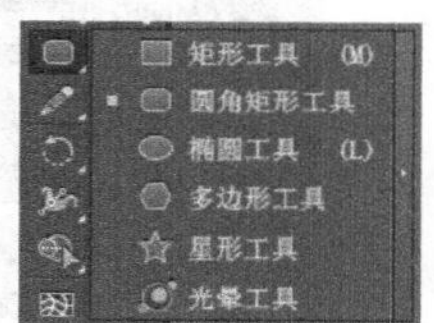

图 7-14　矩形工具组

特别提示

按下【Alt】键拖动鼠标，即可绘制出以鼠标单击点为中心的图形；按住【Shift】键拖动鼠标，能够绘制正方形、正圆形等；在绘制圆角矩形时，按向右箭头，可绘制枕形，即实现最大的圆角半径；按向上向下箭头，可以更改圆角半径；在绘制多边形或星形时，按向上或向下箭头，可以增加或减少边角的数量；在绘制星形的同时，按下【Ctrl】键，则可以改变星形的凹凸程度。

“光晕工具”：该工具可以绘制出类似于镜头光晕的效果，如图 7-15 所示就是光晕图形的组成。绘制时，先选择工具箱中的“光晕工具”，然后在页面相应的位置单击并拖动鼠标，绘制出光晕的中心控制点和光晕，最后在页面的合适位置单击，创建末端控制柄，将光晕绘制完成。通过调节“中心控制点”和“末端控制柄”的位置，控制着光晕的方向。双击“光晕工具”，打开“光晕工具选项”面板，如图 7-16 所示，可以在其中精确地指定中心控制点的直径和光晕的模糊程度，以及光环和光线的数量等。要看光晕的效果，一定要加底图或底色。在默认的白色底上，往往呈现暗色的光晕。利用默认的参数设置，可以得到如图 7-17 所示的效果。

“直径”选项：用于设置光圈直径的大小。参数值越大，光圈越大。

“不透明度”选项：设置中心控制点的不透明度。

“亮度”选项：设置中心控制点的亮度。数值越大，控制点越亮。

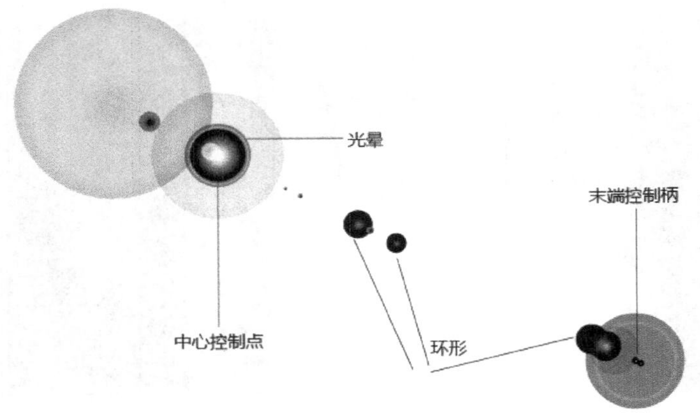

图 7-15 光晕的组成

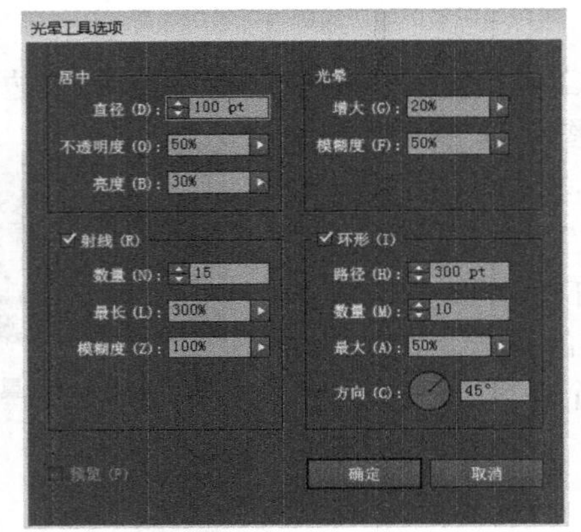

图 7-16 光晕工具选项面板

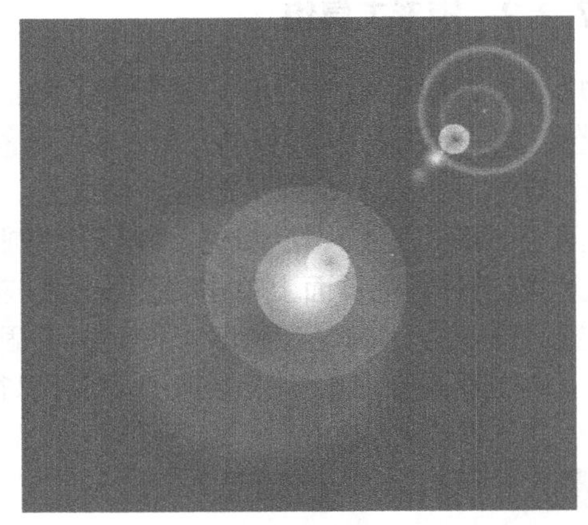

图 7-17 光晕效果

“增大”选项：设置光晕围绕中心控制点的放射程度。

“模糊度”选项：设置光晕在图形中的模糊程度。数值越大，光晕越模糊。

“射线”选项组：设置光晕图形的光线。当选中该复选框时，显示向外发散的光线；取消该选项时，将不显示向外发散的光线。

“环形”选项组：设置光晕图形的光环。当选中该复选框时，显示光晕图形的光环；当取消该选项时，将不显示光晕图形的光环。

绘制中心控制点时，按键盘上的向上箭头“↑”会增加射线数量，按向下箭头“↓”会减少射线数量；在绘制末端控制点时，按下“↑”增加小光圈数量，按下“↓”减少小光圈数量，按下【Ctrl】键控制尾端的光圈大小。

7.2.3 铅笔工具组

矩形工具组包括“铅笔工具”、“平滑工具”、“路径橡皮擦工具”、“连接工具”等，如图 7-18 所示。

“铅笔工具”：利用“铅笔工具”绘图就像用铅笔在纸上绘画一样，可以绘制比较随意的路径。选择该工具后，单击并拖动鼠标即可绘制路径。如果拖动鼠标时光标变成形状，则路径的两个端点就会连接在一起，成为闭合路径。“铅笔工具”经常用来绘制一些自由随意的线条，如图 7-19 所示，用“铅笔工具”绘制冰激凌甜筒和雪糕。

图 7-18　铅笔工具组

双击“铅笔工具”，可以得到如图 7-20 所示的选项面板，面板中关于“铅笔工具”的参数如下。

图 7-19　铅笔工具绘制图形

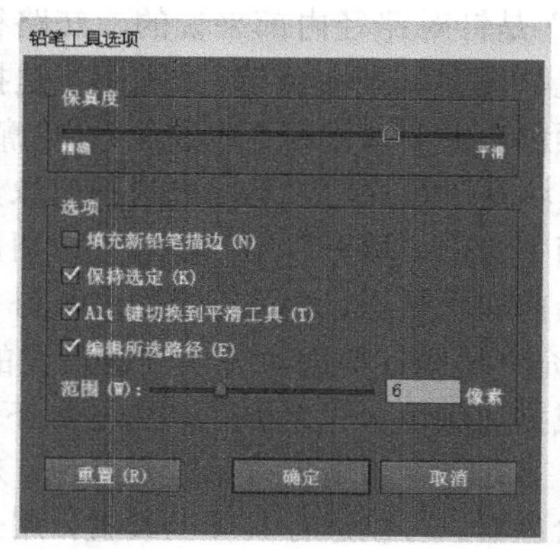

图 7-20　铅笔的选项面板

保真度：用来控制路径添加新锚点时移动鼠标或光笔的最远距离。

保持选定：选择该项时，可以在绘制完路径以后，仍使路径保持选择状态，否则绘制好的路径就不会被选择。

编辑选择路径：选择该选项时，使用“铅笔工具”可以更改现有路径。

范围：数值在 0～20 之间，用来决定当用铅笔编辑路径时，必须使鼠标与路径达到多近的距离。

“平滑工具”：使用此工具可以对路径进行平滑处理。首先要选中路径，然后用此工具点住锚点，向外拖动即可。

“路径橡皮擦工具”：首先选中路径，如果用此工具在路径上单击并拖动，则可以分割路径或者删除部分路径。如果用此工具在路径上单击，则可以清除整个路径。

“连接工具”：能把两条方向基本相同且有间隔的开放路径连接在一起。

线条的分割与连接如图 7-21 所示。

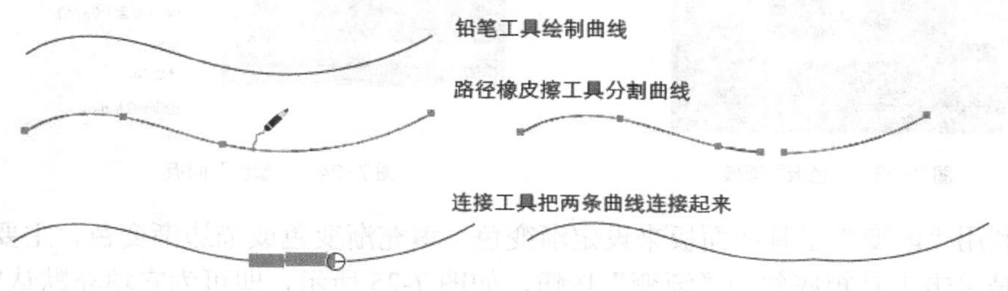

图 7-21　路径橡皮擦工具和连接工具的用法

7.3 颜色填充和描边

Photoshop 的工具箱中有前景色和背景色的设置，Illustrator 工具箱中的“颜色设置”按钮如图 7-22 所示，主要用来设置“填充”和“描边”的颜色。

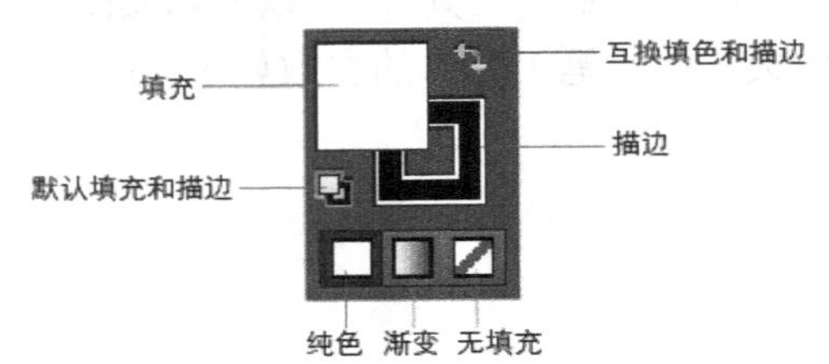

图 7-22 工具箱中的“填充”和“描边”

“填充”是针对路径内部来说的，在路径内部填充颜色、图案、渐变色等。“描边”是指为路径设置颜色，也可以称为“线条色”“轮廓色”等。无论是填充还是描边，都要先选择对象，然后在工具箱中单击“填充”或“描边”按钮，将其设置为当前编辑状态，再进行操作，如图 7-22 所示，“填充”按钮在前面，说明当前设置的是“填充”颜色。在创建了路径后，可以随时修改填充或描边颜色。设置颜色的方法如下。

（1）用工具箱中的填色按钮设定颜色。双击工具箱中的“填充”按钮或者“描边”按钮，则会出现拾色器，可以进行具体的设置，用来进行纯色填充或纯色描边。如果事先设置了渐变色，则可以采用渐变填充或描边。

（2）利用“色板”面板设定颜色。“色板”中包含的是 Illustrator 中提供的预设颜色，如图 7-23 所示。选择对象之后，单击一个色板可以将其应用到所选对象的填充或描边中。单击色板面板下方的“色板库”按钮，可以打开“色板”菜单，选择一个预设的色板库，包括图案、渐变、专色等。单击“色板类型”按钮，则色板中的填充样式会显示为某种特定的类型，如颜色、渐变、图案等。

（3）利用“颜色”面板设定颜色。选择对象后，单击“颜色”面板中的填充颜色图标或描边颜色图标，将其中一项设置为当前选项，然后拖动滑块或在色带中单击或直接输入数值，可以设置或调整对象的填充或描边颜色，如图 7-24 所示，“填充”图标在前面，设定的是填充颜色。

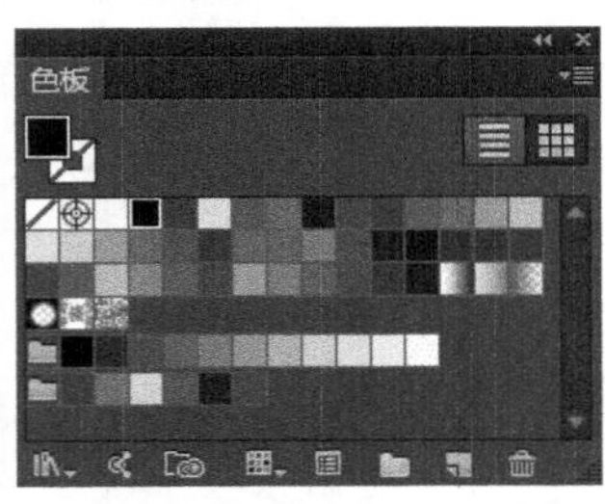

图 7-23 “色板”面板

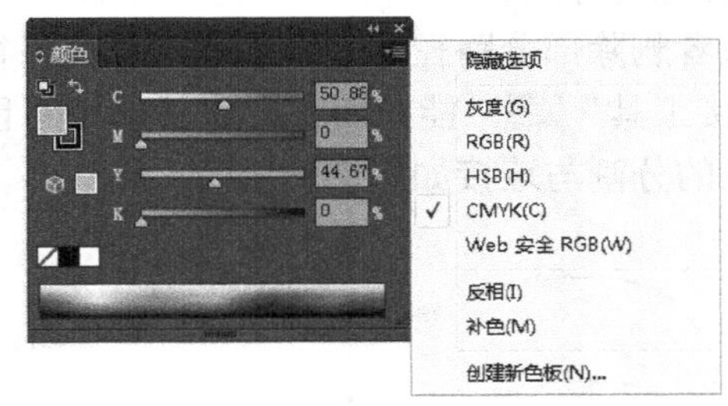

图 7-24 “颜色”面板

（4）利用“渐变”工具和面板来设定渐变色。填充渐变色或描边渐变色，主要有两种方法。一种是单击工具箱底部的“渐变”按钮，如图 7-25 所示，即可为它填充默认的渐变色。另一种是双击工具箱中的“渐变”工具，打开“渐变”面板详细设置渐变色，如图 7-26 所示，这里的渐变类型有“线性”和“径向”两种。

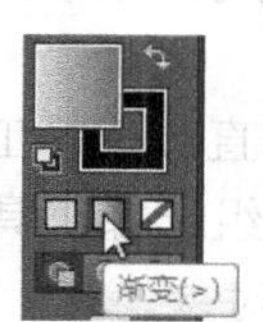

图 7-25 “渐变”按钮

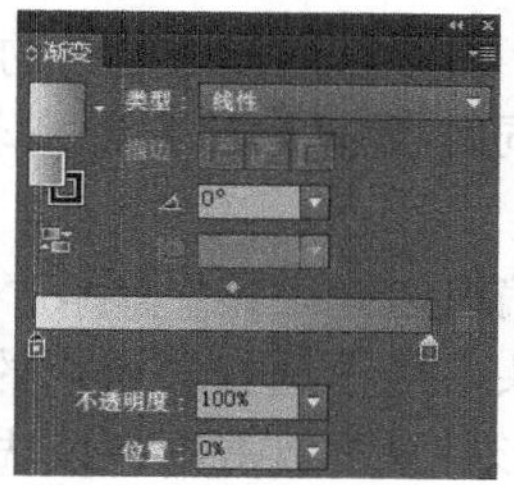

图 7-26 “渐变”面板

颜色的添加：在渐变色带下面单击可以添加新的渐变色标。

颜色的修改：单击一个色标将它选中，拖动“颜色”面板中的滑块或者单击“颜色”面板中的色带，都可以调整该色标的颜色。或者将“色板”面板中的颜色拖动到渐变颜色带上，则可以添加一个该颜色的色标。如果将“色板”面板中的颜色拖动到渐变色标上，则可以替换该色标的颜色。如果按住【Alt】键拖动一个渐变色标，则会复制这一色标。如果将色标拖出面板之外，则会删除该色标。

调整渐变色的方向和位置：在图形中填充了渐变之后，选择该对象，采用渐变工具在对象上单击并拖动鼠标，可以调整渐变的位置和方向，如图 7-27 所示。

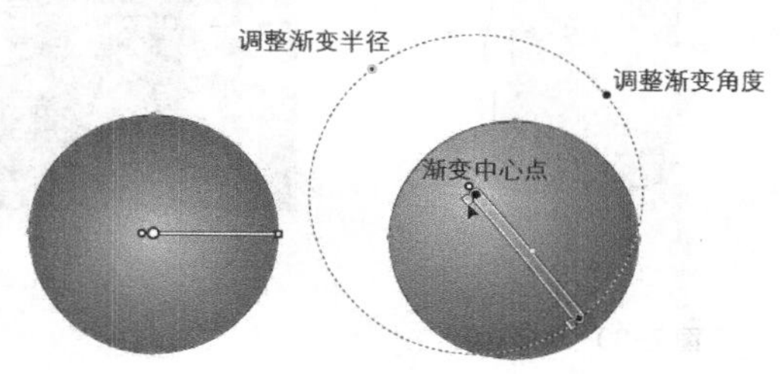

图 7-27 调整渐变的位置和方向

（5）设置“描边”样式。默认的描边是 1pt 的实线，打开“描边”面板，如图 7-28 所示，则可以设定线的粗细和样式。比如用“极坐标网格工具”绘制 6 个同心圆，设定“虚线”，虚线值为 3pt，间隙值也为 3pt，则效果如图 7-29 所示。

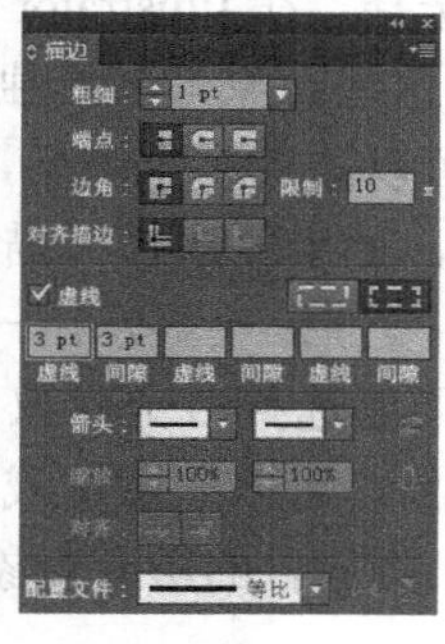

图 7-28 “描边”面板

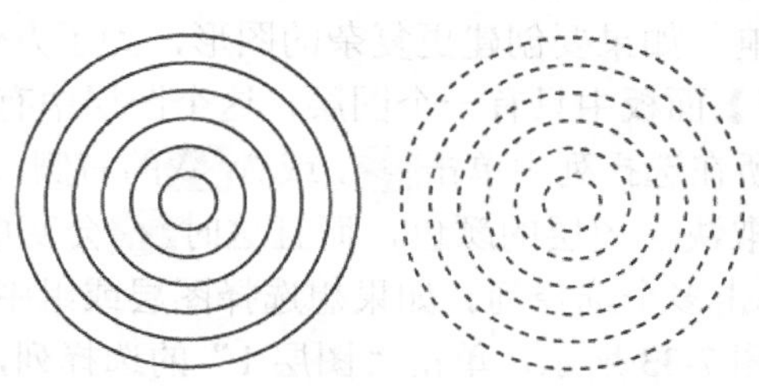

图 7-29 设置虚线描边效果

7.4 图形对象的编辑

7.4.1 选择和移动对象

（1）使用“选择工具”。使用“选择工具”单击一个对象，即可将它选取，所选对象周围会出现一个矩形的定界框，如图 7-30 所示。如果采用“选择工具”在页面中单击并拖出一个选框，则可以选择选框中的所有对象。选择对象之后，按住鼠标左键拖动，可以移动对象，如果同时按住【Alt】键拖动对象，则可以复制该对象。在页面的空白处单击，可以取消选择。

（2）使用“编组选择工具”。“编组选择工具”在“直接选择工具”组中，是带加号的灰色箭头，用于选择群组内的对象或者群组。用“编组选择工具”在图形上单击可以选择该图形对象，双击则可以选择与该对象同组的所有对象。

（3）使用“魔术棒工具”。使用“魔术棒工具”可以同时选择具有相同或相似属性的所有对象。首先在工具箱中双击“魔术棒工具”，出现该工具的选项面板，勾选一个选项并设置容差值，然后在页面上单击对象即可，如图 7-31 所示，要想选择所有雪糕的奶油部分，可勾选“填充颜色”选项，然后用“魔术棒工具”在其中一个雪糕的奶油上单击，结果会得到与奶油部分相同颜色的所有对象。

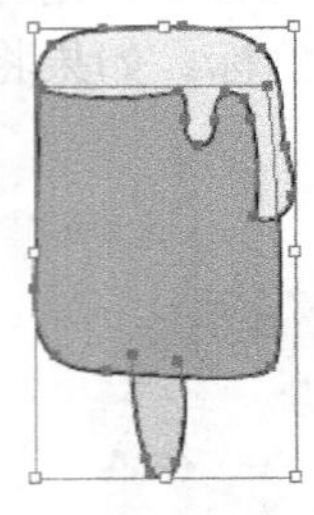

图 7-30 选择对象

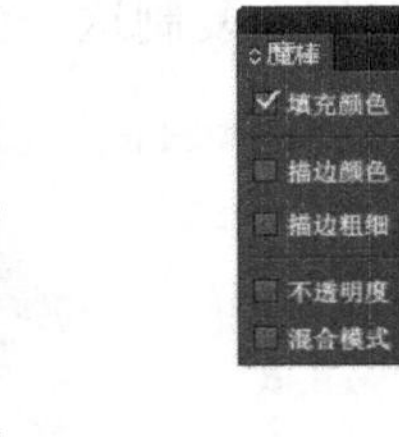

图 7-31 魔术棒选择多个对象

（4）使用“套索工具”。“套索工具”是带有箭头的套索，用于框选多个锚点或路径线段。

（5）使用【图层】面板。在绘制复杂的图形时，图形的各组成部分容易被遮挡，使用“选择工具”不容易选中目标，这时可以采用【图层】面板来选择。在 Illustrator 中，默认创建的对象都处于一个图层中。即一个图层可以包含多个对象，这些对象可以单独编辑，相互之间不受影响。如果要创建更复杂的图形，为了方便管理，可以添加多个图层，如图 7-32 所示，【图层】面板中只有一个图层，这个图层中有多个对象，如果要选择“描边”对象，可在该对象所在选择列中单击，或者的右侧，对象被选中之后，会显示出一个标识，图标的颜色取决于图层的颜色，而且这时会变成。如果要选择多个对象，可以按住【Shift】键单击多个选择列。如果想选择图层或组中的所有对象，可以在图层或组的选择列中单击，如图 7-33 所示，单击“图层 1”的选择列，则图层 1 所包含的所有对象都被选中，每个选择列后面都出现了标识。

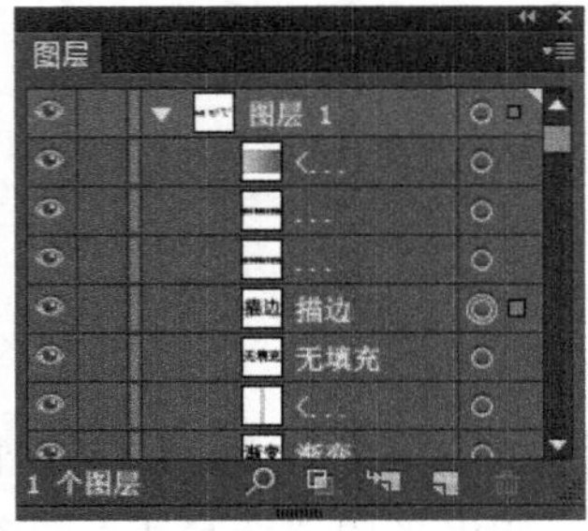

图 7-32 【图层】面板

图 7-33 选中图层 1 所有对象

当新建图层时，Illustrator 会为每个图层分配一种颜色以便区分。在该图层中创建的所有对象，其定界框的颜色都与本图层的颜色相同。如果要修改图层的颜色，则可以双击该图层，在打开的“图层选项”对话框中设置。

（6）调整对象的顺序。在绘图时，最先创建的图形位于最底层，以后创建的图形会依次向上堆叠。选择一个或多个图形时，单击鼠标右键得到快捷菜单，执行【排列】中的命令，可以调整所选图形的堆叠顺序，如图 7-35 所示。此外，直接在【图层】面板中向上或向下拖动选择列，也可以调整对象的堆叠顺序。

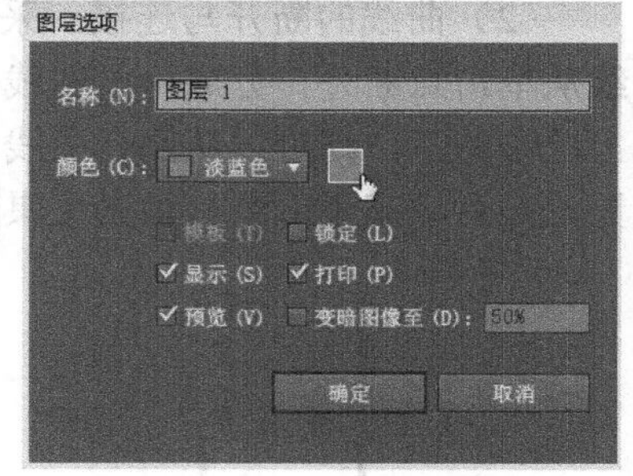

图 7-34 “图层选项”面板

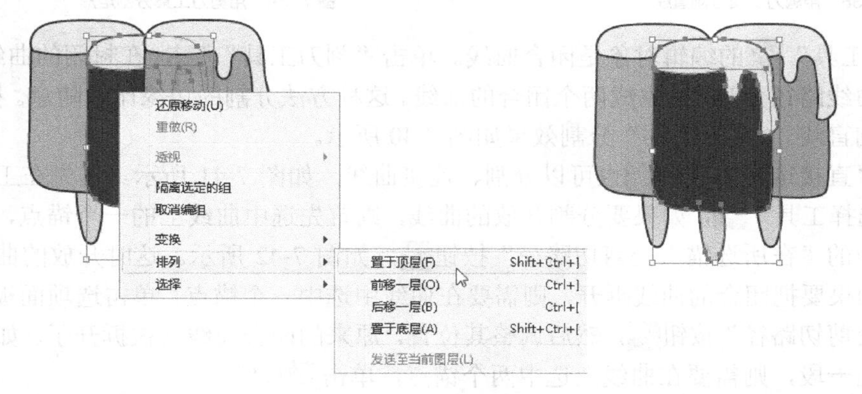

图 7-35 调整对象的排列顺序

7.4.2 修改图形的形状

图形形状的修改有多种方法，可以根据具体的情况进行选择。

（1）调整曲线锚点的位置和曲率。采用“直接选择工具”能选择、移动、调整曲线中的锚点的位置或者曲率，如图 7-36 所示，如果已经采用“选择工具”选中图形，则该图形中所有的锚点都被选中，然后再单击直接选择工具，则所有的锚点都被选中，且出现所有的曲率调节锚点。如果没有采用“选择工具”选中图形，而是采用“直接选择工具”单击图形，则只能选中图形中的某个锚点，按住【Shift】键，可以多选锚点。如果用“直接选择工具”单击并拖动一个区域，则区域中的锚点都被选中，如图 7-37 所示，当所有的锚点都被选中之后，可以统一调整其曲率；选中某一个锚点或多个锚点时，可以调整相应锚点的位置和相应曲线的曲率。如果采用“直接选择工具”选中一个锚点，则也可采用“钢笔工具组”中的“转换点工具”修改其曲率，使用方法和 Photoshop 中的“转换点工具”类似。

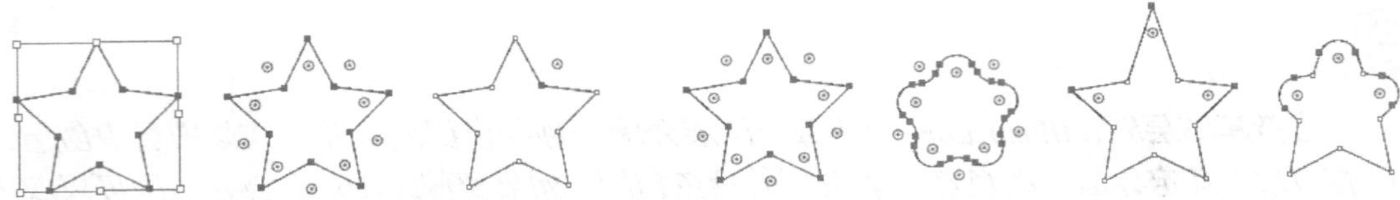

图 7-36　选择全部锚点和选择单个锚点　　图 7-37　调整曲率和锚点的位置

（2）曲线的断开与连接。采用“剪刀工具”在开放的曲线上单击，则可以使一段曲线从单击点断开，分成两段曲线，如图 7-38 所示。如果采用“剪刀工具”在闭合的曲线上单击两下，则可以从闭合曲线上截取一段，如图 7-39 所示。无论是开放还是闭合的曲线，无论是否填充了颜色，剪刀工具切割的都只是路径本身。

图 7-38　用剪刀工具分割直线 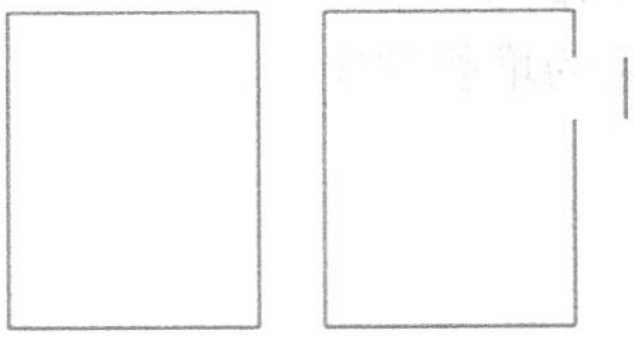　　图 7-39　用剪刀工具分割矩形

“刻刀工具”的编辑对象是闭合曲线。单击“刻刀工具”，在封闭的曲线上拖动，即可将该曲线路径分割开，生成两个闭合的曲线。这种方法分割的边缘比较随意。按下【Alt】键可以绘制直线。“刻刀工具”分割效果如图 7-40 所示。

采用“直接选择工具”也可以分割、连接曲线，如图 7-41 所示。首先在工具箱中单击“直接选择工具”，如果要分割开放的曲线，则首先选中曲线上的一个锚点，然后单击选项面板中的“在所选锚点处剪切路径”按钮，如图 7-42 所示。这时开放的曲线就被分为两段。如果要把闭合的曲线拆开，则需要在曲线中选中一个锚点，单击选项面板中的“在所选锚点处剪切路径”按钮，然后调整其位置，原来的闭合曲线就被拆开了。如果要从曲线上分割出一段，则需要在曲线上选中两个锚点，单击按钮。

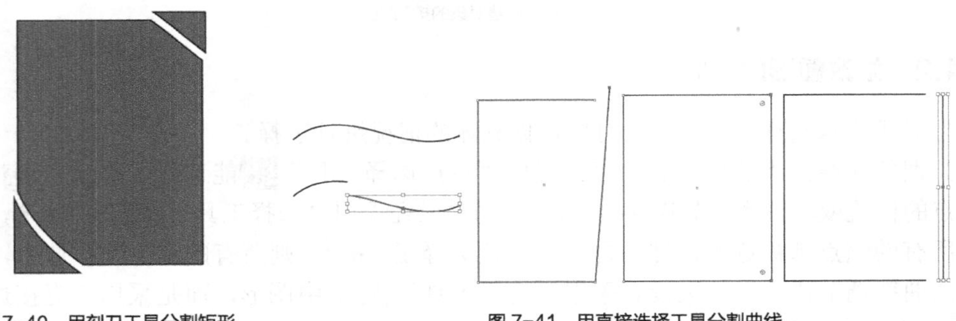

图 7-40　用刻刀工具分割矩形　　图 7-41　用直接选择工具分割曲线

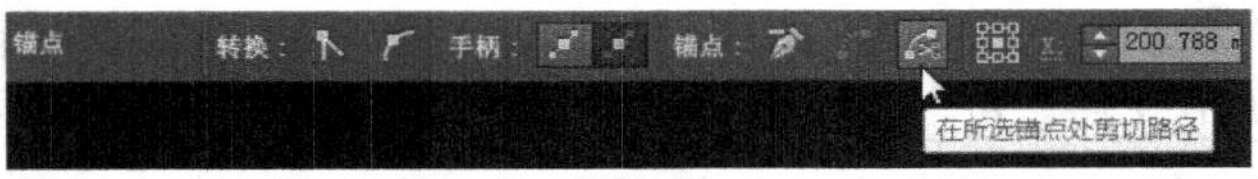

图 7-42　直接选择工具的选项面板

要想把断开的曲线连接到一起，则需要采用“直接选择工具”选中需要连接的两个

锚点，然后单击选项面板中的“连接所选终点”按钮，则原本开放的曲线就会用直线段连接起来，如图 7-43 所示。

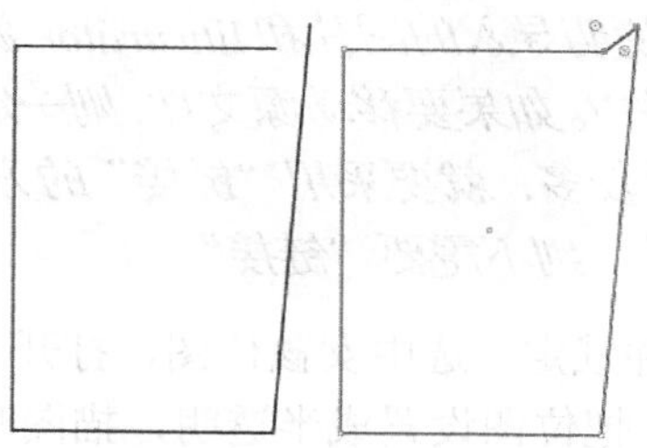

图 7-43　把开放的曲线连接起来

对于已经绘制的图形，还可以利用【外观】面板修改“描边”和“填充”的样式；利用【透明度】面板设置填充色的不透明度等。

实例 1　绘制卡通女孩

绘制矢量图形是 Illustrator 的强大功能。简单的图形可以在 Illustrator 中直接绘制，如果是比较复杂的图形，则通常需要先在纸上绘出草图，然后把草图数字化，导入到 Illustrator 中再进行描图。

设计思路：把草图导入到 Illustrator 中作为背景图层，设置为半透明，锁定，新建图层，绘图，最后涂色。

知识技能：图层透明度的设置，各种绘图工具的使用。

实现步骤

（1）新建文件并导入女孩位图。执行【文件】|【新建】命令，新建一个 297 毫米×210 毫米、颜色模式为 CMYK 的空白图片。执行【文件】|【置入】命令，在打开的对话框中找到“卡通女孩.jpg”图片，如图 7-45 所示，要取消“链接”选项前面的√，这样位图图片就嵌入到 Illustrator 中。

图 7-44　卡通女孩效果图

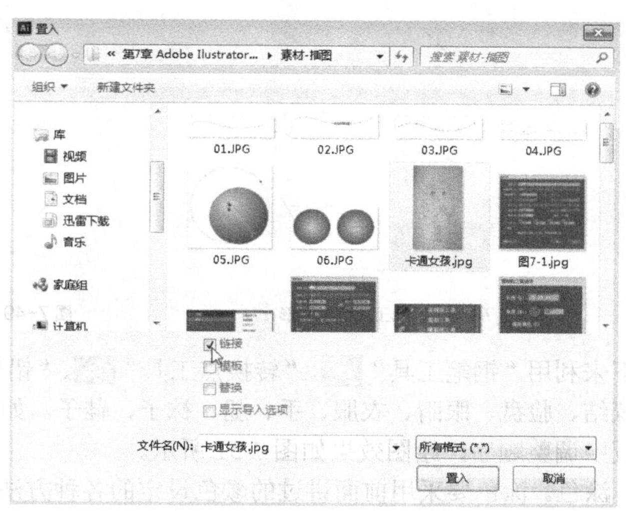

图 7-45　“置入”对话框

特别提示

"链接"选项如果选中，则说明导入的图片和Illustrator 源文件之间是一种链接的关系，图片并没有真正插入到源文件中。如果要移动源文件，则一定要连同链接的文件一起移动。比如制作画册时，插入的图片较多，就要采用"链接"的方式，否则文件运行会很慢。如果像本例这样只导入一张图片，则不需要"链接"。

（2）设置位图的透明度，并锁定。选中女孩位图，打开【透明度】面板，设置"不透明度"为 50%，如图 7-46 所示。把位图设置成半透明，描图时比较方便参照。打开【图层】面板，把图层 1 锁定，当做描摹的背景，如图 7-47 所示。

图 7-46　设置透明度

图 7-47　锁定图层

（3）新建图层，绘图。在【图层】面板中，单击下方的"新建"按钮，新建图层 2。绘制的图形都可以放到图层 2 中。首先绘制的是黑边空白填充的图形。

考虑到前后遮挡问题，首先绘制最下面的头发。使用"钢笔工具"，在图形的凸点和凹点上单击。绘图技巧和 Photoshop 中的"钢笔工具"类似，如图 7-48 所示，一定要绘制闭合区域，这样方便填色。接下来采用"转换点工具"，先把需要凸出的直线锚点变为曲线，曲线的曲率要和背景图基本一致，调整的效果如图 7-49 所示。继续采用"转换点工具"，把需要凹进去的直线锚点变为曲线，如图 7-50 所示。后面的很多曲线都采用这种办法绘制，不再一一赘述。

图 7-48　钢笔工具绘制图形

图 7-49　转换凸出的锚点为平滑

接下来利用"钢笔工具"、"转换点工具"、"铅笔工具"、"椭圆工具"等绘制蝴蝶结、脸盘、眼睛、衣服、手、腿、袜子、鞋子。如果前后顺序遮挡出错，则在【图层】面板中调整顺序，绘图效果如图 7-51 所示。

（4）涂色。涂色要采用前面讲过的颜色设定的各种方法。在涂色的过程中，会遇到一些问题，不同的图片绘制遇到的问题也不同。例如本例中，会出现 7-52 所示的前后遮挡问题。如果脸盘图形在蝴蝶结上方是不行的，需要在【图层】面板中把脸盘图形移动到蝴蝶结下方。

或者把蝴蝶结移动到脸盘上方。究竟移动哪一个对象，需要看情况，取最简单的做法。

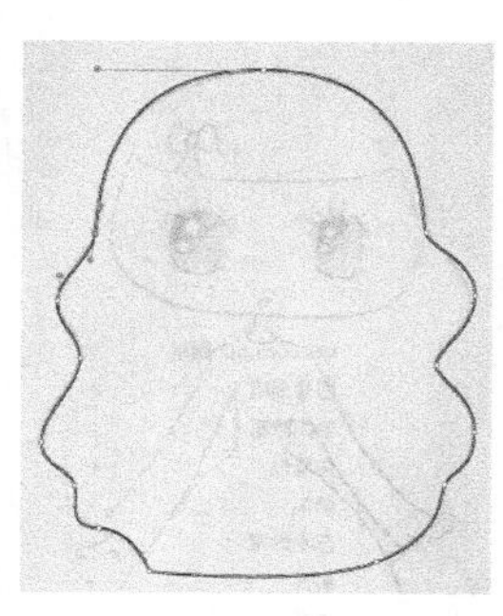

图 7-50 转换凹下去的锚点

图 7-51 卡通女孩的轮廓图

图 7-52 调整图形的前后顺序

当两个图形的填充颜色一致时，可以采用“吸管工具”，如图 7-53 所示，首先选中需要填色的图形，即左边的鞋子，然后选择“吸管工具”，在右边的鞋子上单击即可。这种涂色方法方便高效，还能保证颜色的一致性。

本例在涂色时会出现线条交叉的情况，如图 7-54 所示，因为在绘图时衣袖和裙子出现了交叉，所以在涂色时，线条也会交叉显示。本例中，衣袖是在裙子上方的，所以裙子的边线应该删掉。最终效果如图 7-44 所示。

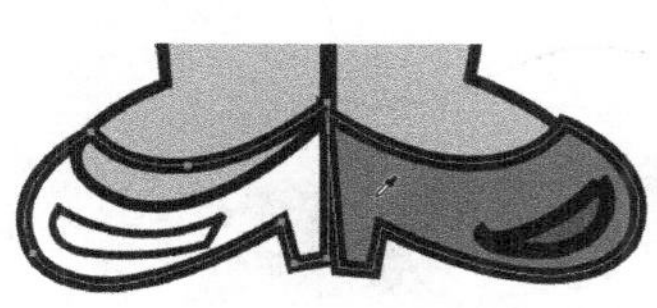

图 7-53 用吸管工具涂色

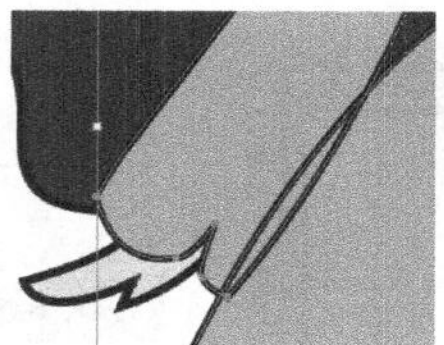

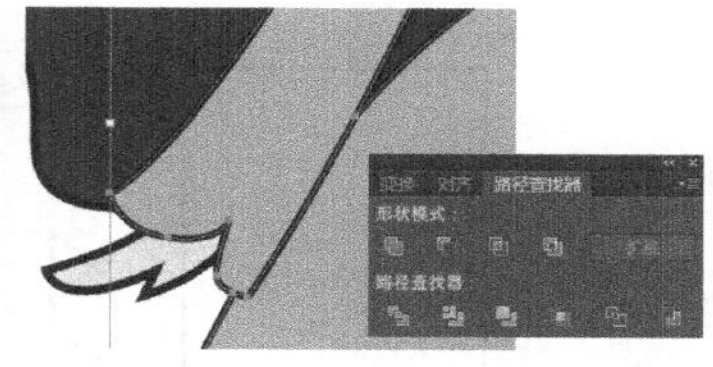

图 7-54 删除多余的线条

7.5 画笔绘图

Illustrator 的“画笔工具”是针对线条来说的，普通的线条描边往往只有颜色、粗细虚实之分，而采用“画笔工具”能够使得线条具有一定的装饰效果。采用【画笔】面板来创建和组织画笔。画笔有书法画笔、散点画笔、毛刷画笔、图案画笔、艺术画笔等类型。在默认状态下，画笔面板会包含每一种类型的数个画笔。打开【画笔】面板右上角的折叠菜单，如图 7-55 所示，五种类型的画笔都被选中，单击下方的“打开画笔库”命令，呈现出 Illustrator

自带的画笔样式。画笔库中的每一种画笔都属于一个特定的类型，如果在显示画笔时显示全部类型，则画笔库中的画笔都会显示到【画笔】面板中。

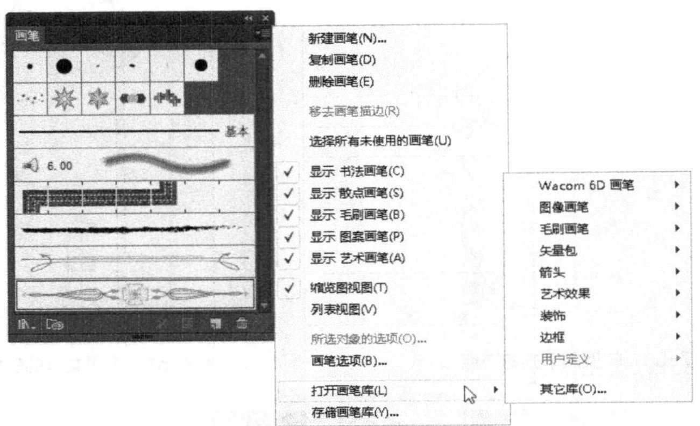

图 7-55 【画笔】面板及菜单

【画笔】面板能用来确定显示哪些类型的画笔，还可以移动、复制、删除其中的画笔样式。在使用“画笔工具”时，在【画笔】面板中选择一种画笔样式，直接在画面上绘制形状即可；也可以先绘制普通的图形，选中该图形，然后单击【画笔】面板中的画笔样式应用到图形中。图 7-56 是先绘制普通描边的图形，然后采用不同画笔描边的效果。

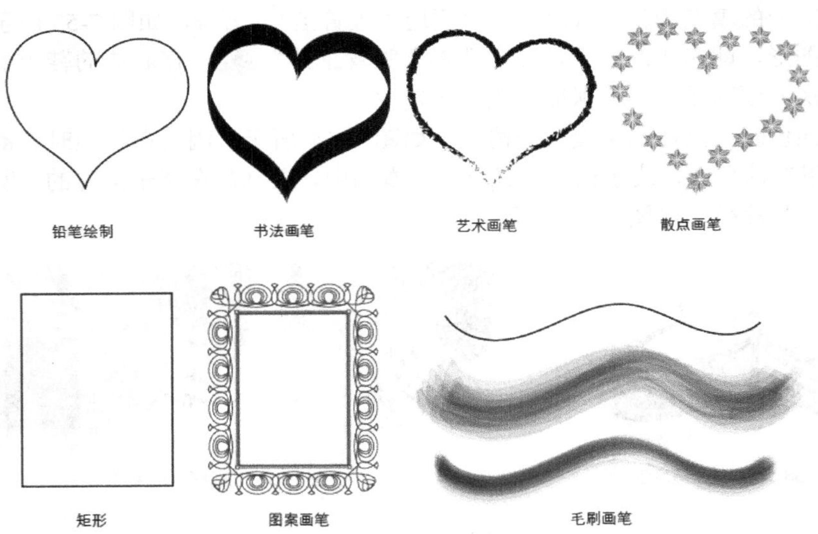

图 7-56 不同类型的画笔效果

在【画笔】面板中双击画笔样式，可以重新设置画笔的参数，不同类型的画笔参数各不相同。以“散点画笔”类型为例，单击【打开画笔库】|【装饰】|【装饰_散布】命令，得到【装饰_散布】面板，如图 7-57 所示，里面包括各种样式的画笔，这些画笔都属于“散点画笔”类型。单击【装饰_散布】面板中的“心形”，则“心形”会出现在【画笔】面板中，如图 7-58 所示。单击工具箱中的“画笔工具”，选择【画笔】面板中的“心形”画笔样式，在画面上绘制一条不规则曲线，效果如图 7-59 所示。双击【画笔】面板中的心形画笔样式，

可以打开“散点画笔”选项对话框，如图 7-60 所示，把“大小”由“固定”改为“随机”，数值都是 60%，“分布”数值改为 0%，别的参数不变，得到如图 7-61 所示的描边样式。

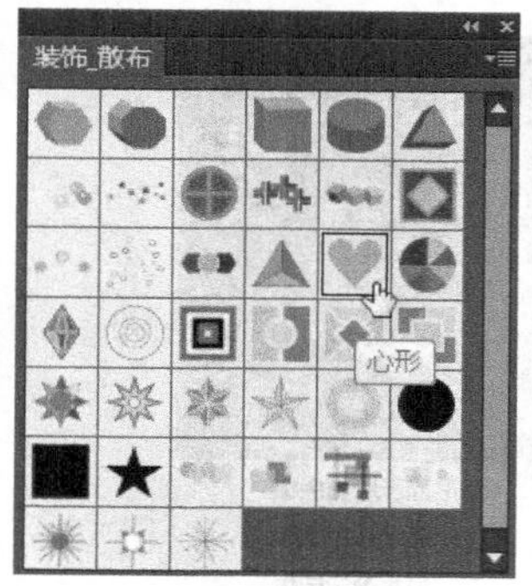

图 7-57 “装饰_散布”画笔

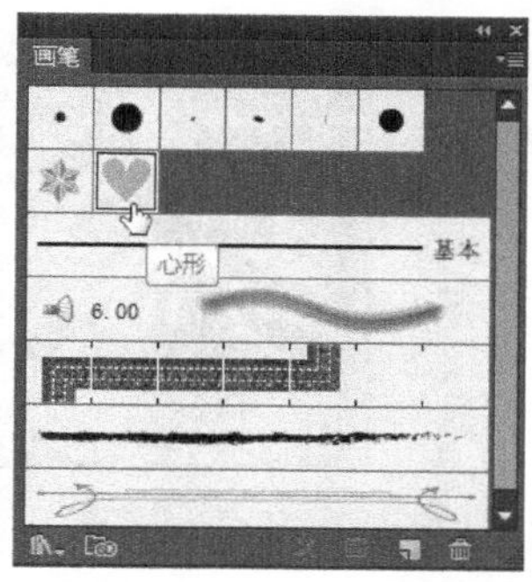

图 7-58 添加“心形”到【画笔】面板

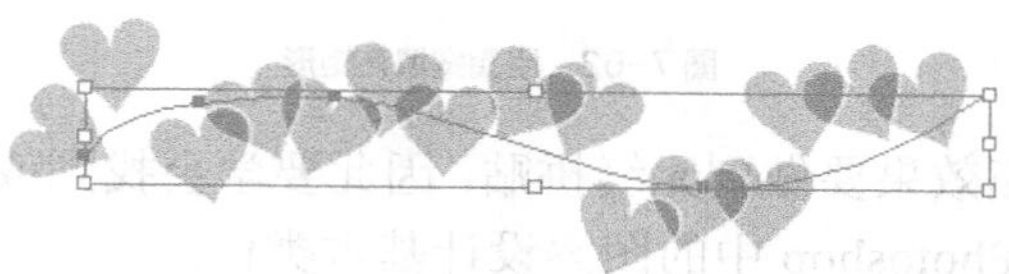

图 7-59 采用“心形画笔”绘图

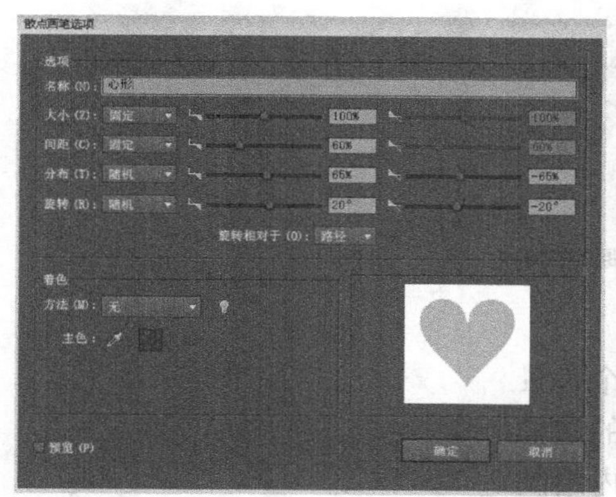

图 7-60 心形画笔选项的调整

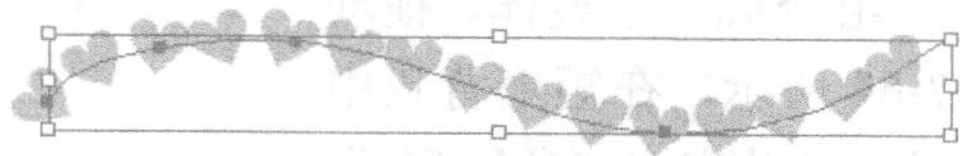

图 7-61 调整之后的心形画笔描边样式

7.6 定义图案

Illustrator 中不仅可以用纯色、渐变色填充图形，还可以采用图案填充。图案能起到装饰、美化的作用。打开【色板】面板，显示“图案色板，”如图 7-62 所示，色板中会显示图案样式。在页面中绘制一个矩形，单击“植物”图案，则可以在矩形中填充“植物”图案样式。

图 7-62　用图案填充矩形

Illustrator 中图案填充效果要做到无缝拼贴，因此要学会找到或者设计最原始的图案，如图 7-63 所示。这一点和 Photoshop 中的图案设计基本类似。

图 7-63　原始的图案

图案的设计通常分为以下两种情况。

（1）带有矩形边框的图案设计。绘制一个背景矩形，颜色根据设计的主题而定，背景矩形的边框就是图案的边框。设计图案时，在矩形边框内绘制图形。要想做到无缝拼贴，则必须把所有的图形调整到背景边框以内，然后用“选择工具”选中所有的图形（包括矩形边框），组合成一个整体，拖动到【色板】中即可。如图 7-64 所示，在矩形背景中添加了四个大小不一的原点，以及文字“HAPPY”，这些要素都没有超出矩形的边界，则填充效果是无缝拼贴。

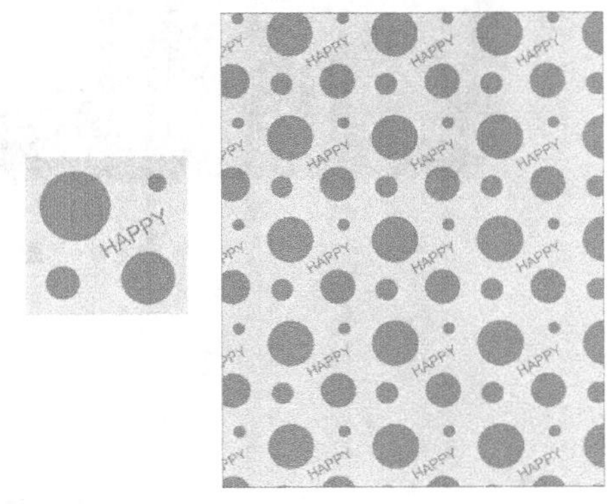

图 7-64　带有矩形边框的图案设计与填充

特别提示

如果希望设计的图案是透明背景，则在把图形拖动到【色板】之前，把用作定界框的矩形设置为无填色无描边即可。

（2）不规则图形的图案设计。有时候用来设计图案的形状是不规则的，缺少明显的矩形边框，例如图 7-65 所示的砖墙图案。针对这种情况，首先要明确图案的组成。绘制一个矩形，无填充，无描边，并且把它置于所有对象的后面（【Shift】+【Ctrl】+【[】），如图 7-65 所示，【图层】面板中，这个无填充无描边的矩形位于所有图形的后面，它就定义了图案的边框。然后通过【图层】面板选中圆角矩形的组合和无填充无描边矩形，用“选择工具”拖动到【色板】中即可。这是定制复杂图案时最简单最常用的方法。

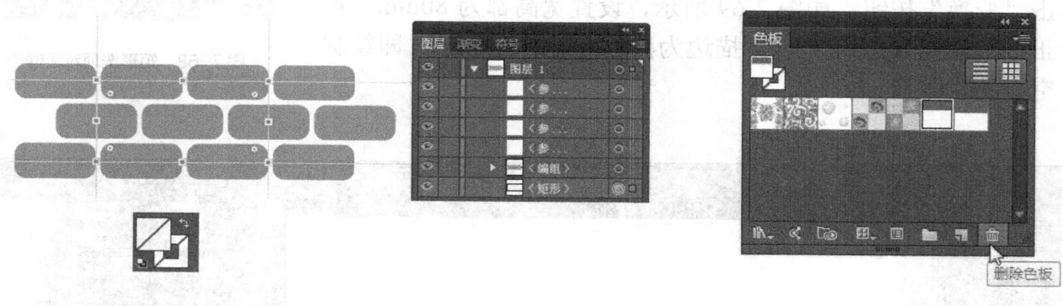

图 7-65　从不规则的砖墙图形中取无填充无描边矩形　　图 7-66　删除图案

如果设计的图案不满足需要，则可以从【色板】中将其删除。在【色板】中，单击要删除的图案样式，单击下方的“删除色板”按钮，则会出现对话框，如图 7-66 所示单击“是”即可。

实例 2　图案设计

要求在一张 A4 纸上设计六种图案，每种图案放到 80mm×80mm 的矩形中，效果如图 7-67 所示。

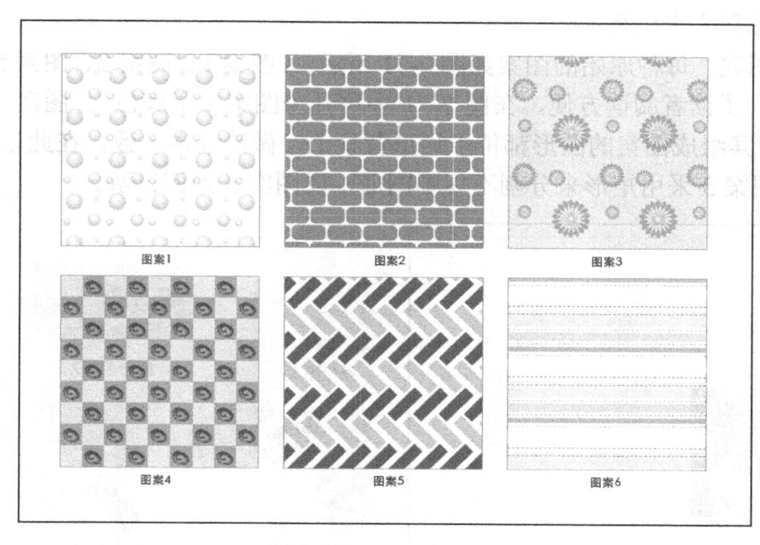

图 7-67　图案设计效果图

设计思路：新建 A4 大小的文件，绘制 80mm×80mm 的正方形，复制 6 个正方形，对齐且间距相等，定义图案，用图案填充正方形。

知识技能：固定尺寸的矩形绘制，多个对象的对齐与等距分布，图案的定义与对象填充。

实现步骤

（1）新建文件并绘制正方形。执行【文件】|【新建】命令，新建一个 297 毫米×210 毫米、颜色模式为 CMYK 的空白图片。采用工具箱中的“矩形工具”，在页面中单击，出现如图 7-68 所示的【矩形】对话框，设置其宽度和高度都为 80mm。如果已经在页面上绘制了矩形，则可以在矩形工具的选项面板中，单击“变换”按钮，如图 7-69 所示，设置宽高都为 80mm。设置正方形填充颜色为“无”，描边为黑色，粗细为 0.5pt，即绘制出空心的正方形。

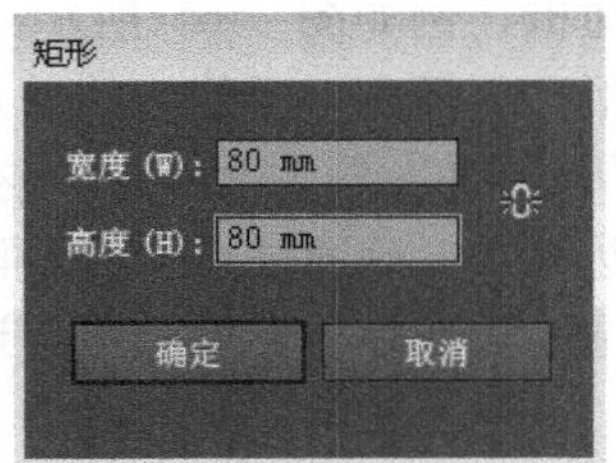

图 7-68 矩形选项对话框

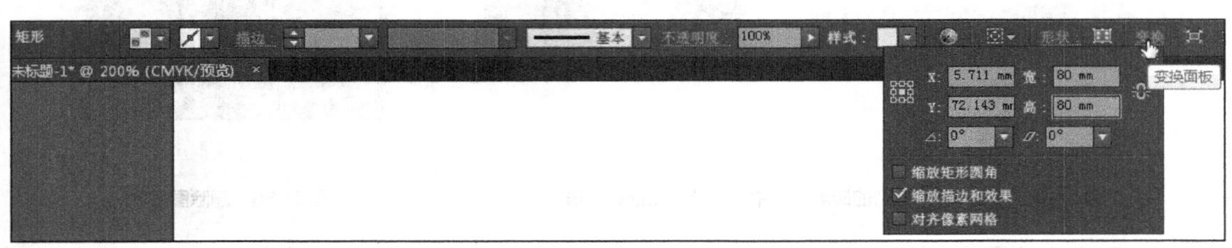

图 7-69 利用“变换”修改矩形的尺寸

（2）复制正方形，对齐且间距相等。采用选择工具，按住【Alt】键拖动正方形，则会在目标位置复制出一个正方形，继续复制，如图 7-70 所示，页面上已经出现了三个相同的正方形。选中这三个图形，打开【对齐】面板，单击“垂直顶对齐”，然后单击中的任何一个（因为三个正方形大小相同，所以，左分布、居中分布、右分布的效果一致），这时三个正方形的间距相等。选中这三个图形，继续利用“选择工具”，按住【Alt】键向下拖动，则出现六个图形。

（3）设计图案。每种原始的图案如图 7-71 所示。（图案 1、图案 2、图案 5、图案 6 原本都是透明底，为了读者阅读方便，在图 7-71 中这几个图案加了底色）。图案 1、图案 3、图案 4、图案 6，其组成图案的图形都位于矩形背景上，做法基本一致，在此以图案 4 为例讲解。图案 2、图案 5 采用矩形来分割不规则图形，以图案 5 为例讲解。

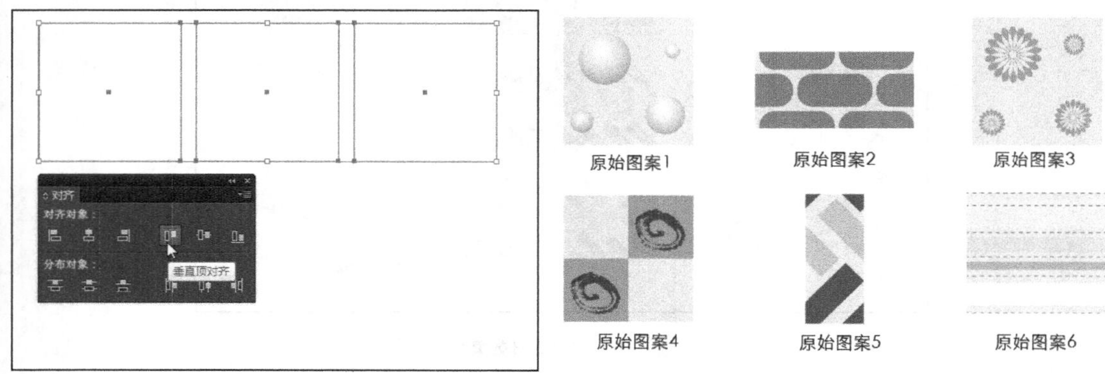

图 7-70 正方形的移动与对齐

图 7-71 原始的图案

图案 4 的设计过程如下。图案 4 是由四个小正方形组成的，这四个小正方形也相当于一个大的矩形背景，上面有不同的颜色和曲线形状。

步骤 1：绘制正方形。采用工具箱中的“矩形工具”，按住【Shift】键，在页面中单击并拖动，创建一个任意尺寸的正方形，设置填充色为浅粉色，无描边。利用“选择工具”，按住【Alt】键向右拖动，则复制出一个正方形，填充暗粉色，如图 7-72 所示。要想两个正方形对齐，既不重合又没有空隙，可以打开【视图】|【显示网格】命令，且执行【视图】|【对齐网格】命令，用缩放工具放大显示效果。

图 7-72　正方形的复制和填充

图 7-73　用画笔绘制曲线

步骤 2：添加画笔样式并绘制曲线。在【画笔】面板中，执行【打开画笔库】|【艺术效果】|【艺术效果_画笔】，在出现的【艺术效果_画笔】面板中，单击“干画笔 2”，则“干画笔 2”这种样式呈现在【画笔】面板中。单击“画笔工具”，选择【画笔】面板中的“干画笔 2”，设置描边色为更深的粉色，随意绘制一条曲线，如图 7-73 所示。利用“选择工具”选中右侧的正方形和曲线，按【Ctrl】+【G】组合键编组。

步骤 3：复制图形和组合，形成方格图案，如图 7-74 所示。

步骤 4：组合图形形成图案。全选方格图形，按【Ctrl】+【G】组合键编组，把方格图生成一个组合，拖动到【色板】中即可。在页面中绘制一个矩形，用刚才定制的方格图案填充，检验一下效果是否合适。如果觉得方格图案尺寸太大，则可以调整图 7-74 的组合图形的大小。方法是双击“选择工具”，在出现的【移动】选项面板中选中“变换图案”，确定。然后按住【Shift】键，用“选择工具”调整组合图形的大小。尺寸调小之后，拖放到【色板】，生成新的图案，重新对矩形填充，效果如图 7-75 所示。

图 7-74　图形的移动和复制

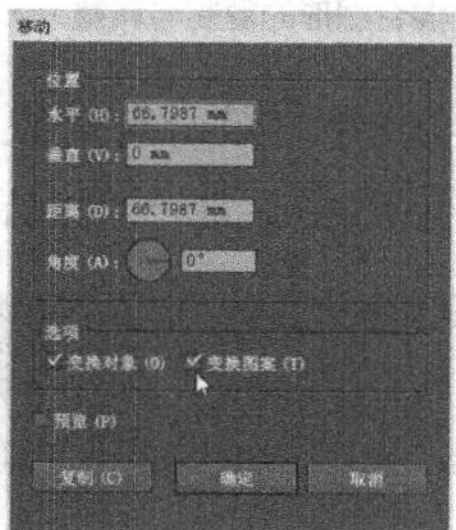

图 7-75　调整图案的尺寸

图案 5 的设计步骤如下。图案 5 比较复杂，采用了“混合工具”来制作初始的图形。

步骤 1：绘制两个倾斜的小矩形。绘制一个红色小矩形，倾斜 45 度，采用选择工具，按住【Alt+Shift】组合键拖动到右侧，如图 7-76 所示，这样即沿直线制作了一个副本。

步骤 2：制作混合图形。双击工具箱中的混合工具，在出现的【混合选项】对话框中，如图 7-75 所示，设置间距为“指定的步数”，数值为“6”，单击确定按钮。采用混合工具，在图 7-76 所示的两个图形上依次单击，则两个图形之间会生成 6 个图形，如图 7-78 所示。

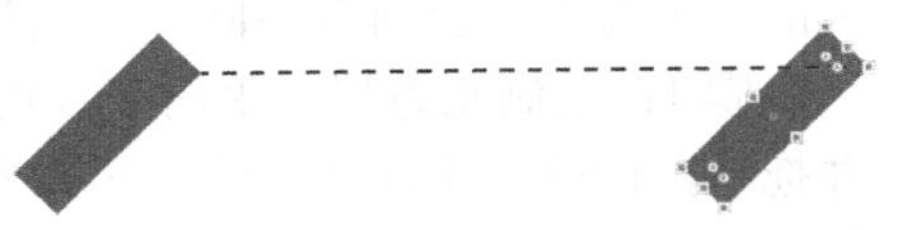

图 7-76 沿直线复制矩形

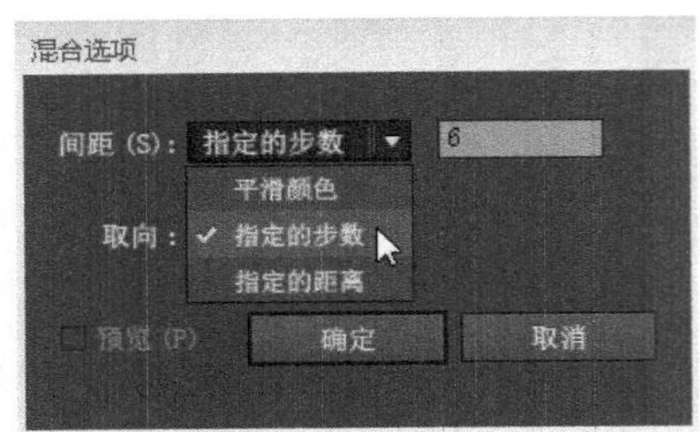

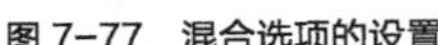

图 7-77 混合选项的设置

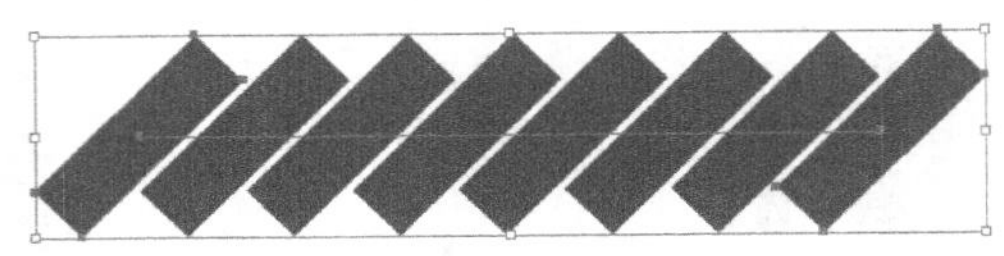

图 7-78 混合图形的创建

步骤 3：复制图形。采用选择工具复制两组混合图形，把中间的混合图形改成橙黄色，并单击“镜像工具”水平翻转，调整三组混合图形的位置，如图 7-79 所示。

步骤 4：绘制矩形边框。显示标尺，创建四条参考线，如图 7-80 所示。垂直的两条参考线分别对齐左右相邻的两个红色矩形的左下角顶点，水平的两条参考线分别对齐第一行和第三行两个红色矩形的左下角顶点。四条参考线围成的区域就是图案的最基本形状。

图 7-79 混合图形的复制与调整

图 7-80 找到图案的基本形状

步骤 5：绘制矩形边界。在所有对象的底层绘制一个无填色、无描边的矩形，隐藏参考线，如图 7-81 所示，选中矩形和其他三个混合图形，用“选择工具”拖放到【色板】中即可。

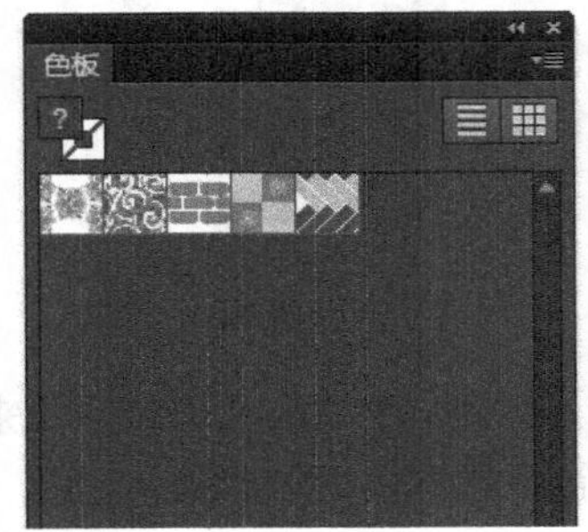

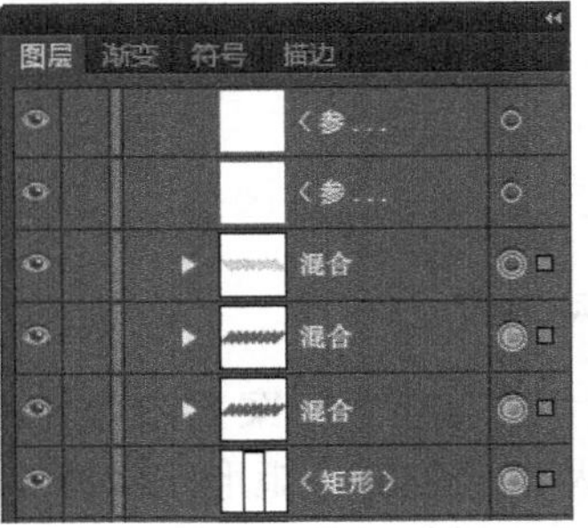

图 7-81 创建图案

7.7 图形的变形与修整

变形工具包括旋转工具组、比例缩放工具组以及宽度工具组，详细的各种工具如图 7-82 所示，“自由变换工具”，甚至“选择工具”也能起到缩放、旋转的功能。【路径查找器】面板中的各种形状模式按钮和路径运算按钮，可以用于修整路径，如图 7-83 所示。

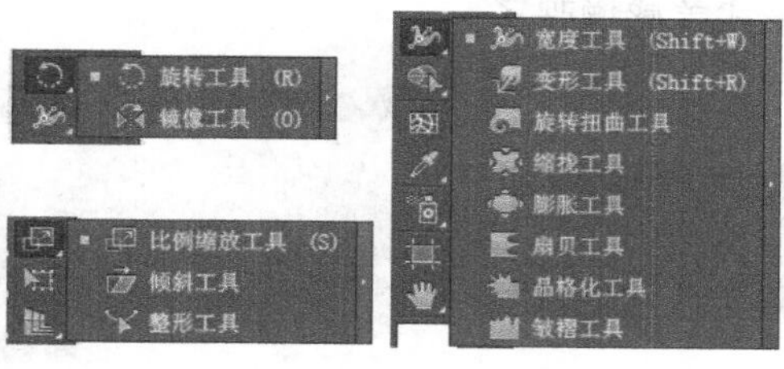

图 7-82 各种变形工具

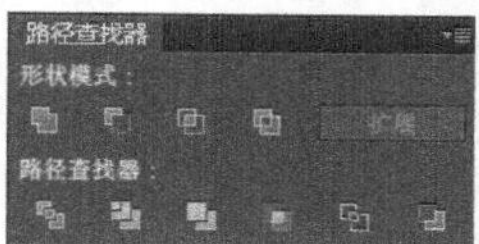

图 7-83 路径查找器面板

实例 3 设计组合图形

设计如图 7-84 所示的组合图形。

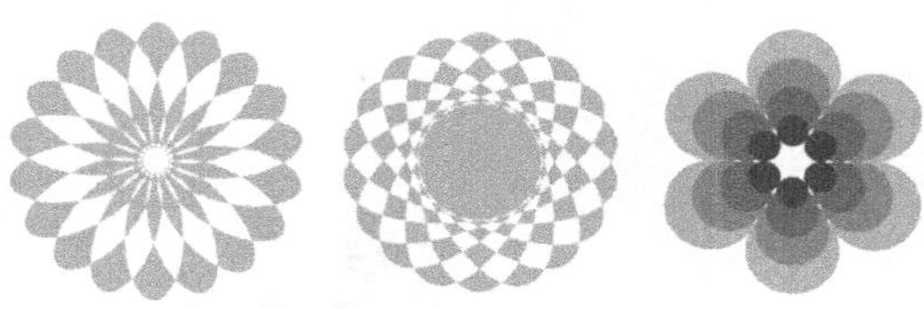

图 7-84 组合图形

设计思路：绘制并填充椭圆，旋转并复制椭圆，重复复制，修整路径。

知识技能：旋转并复制图形，重复复制，路径的修整。

实现步骤

（1）绘制并旋转复制椭圆。新建文件，采用“椭圆工具”在页面中单击并拖动，绘制椭圆形，填充粉红色。默认的旋转中心点是图形的几何中心。单击“旋转工具”，按住【Alt】键在椭圆下方单击，出现【旋转】对话框，如图 7-85 所示。刚才单击的点，成为图形旋转的中心点。在对话框中，设置旋转的角度为-20 度，并单击“复制”按钮，效果如图 7-86 所示。

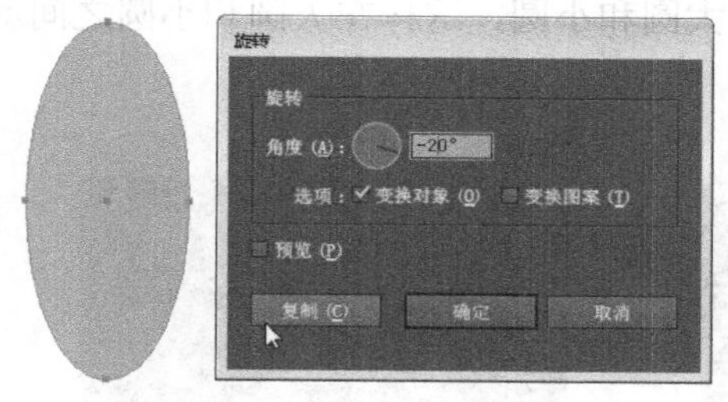

图 7-85 旋转对话框

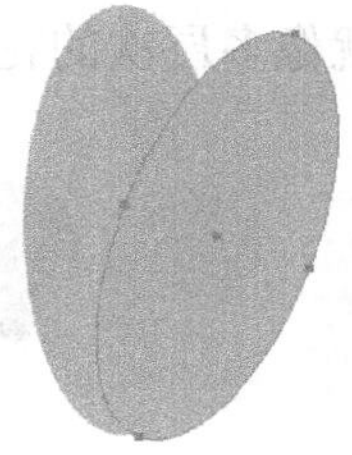

图 7-86 旋转并复制椭圆

特别提示

在本例中，椭圆要沿着圆周旋转，因此每次旋转的角度要能把 360 度整除。

（2）重复复制椭圆。要想重复刚才的变换操作，即旋转-20 度并制作副本，可以采用组合键【Ctrl+D】。不停地按下【Ctrl+D】组合键，直到出现图 7-87 所示的图形。这个图形的形式感不够丰富。

（3）修整路径。选中所有的图形，在【路径查找器】面板中单击“差集”按钮，得到的效果图如图 7-88 所示。这时的图形形式美感增强了。

图 7-87　重复变换得到的图形

图 7-88　“差集”运算得到新的效果图

（4）设计图案并填充矩形。调整图形的尺寸，设计成图案，填充矩形，效果如图 7-89 所示。

这种重复变换的样式非常丰富，如果在旋转时，保持原来默认的旋转中心点，则创建的图形如图 7-90 所示。

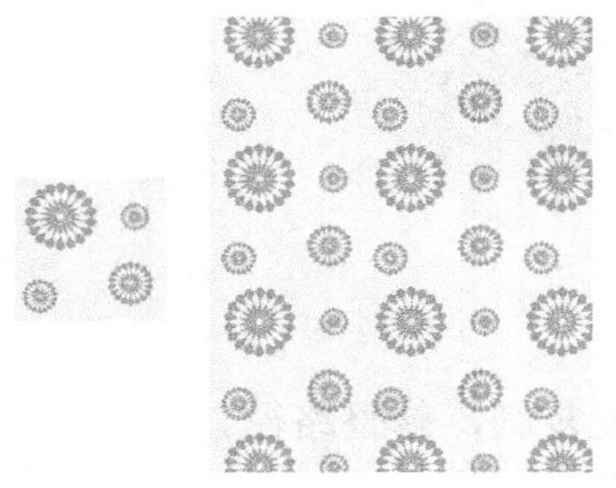

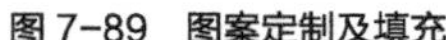

图 7-89　图案定制及填充

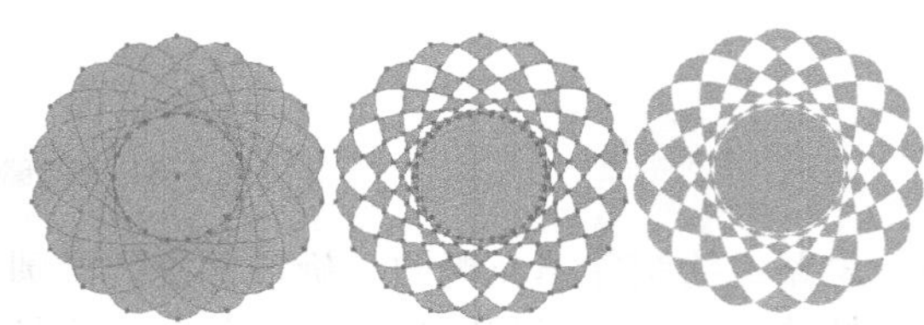

图 7-90　重复变换的另外效果

“混合工具”能够在两个图形之间添加一些过渡图形。如果混合的两个对象大小相同，例如实例 2 的“图案 5”，则可以实现图形的等距复制；如果混合的两个对象大小或颜色不同，则会在两个图形之间添加一些大小和颜色不同的渐变图形。如图 7-91 所示，先绘制两个大小、颜色不同的圆形，然后双击“混合工具”，设置其选项，“指定的步数”取值为 2。接下来，采用“混合工具”依次单击大圆和小圆，这样在大圆和小圆之间就填充了 2 个图形，就像多层次的花瓣一样。

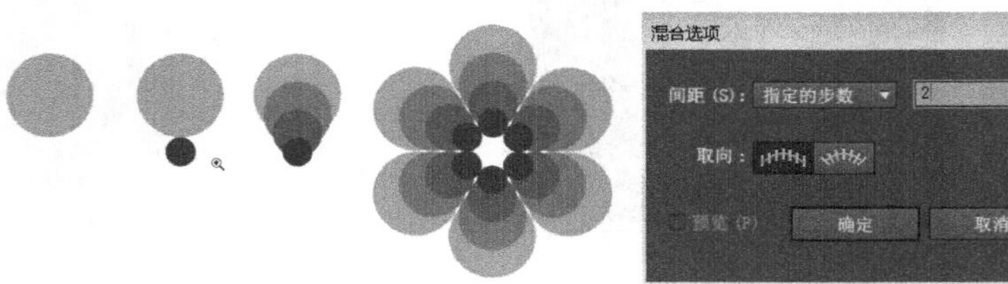

图 7-91　先混合再重复变换

要想做成花朵，还需要采用前面讲过的针对“旋转”操作的重复变换。

同样的花朵效果，也可以先重复变换制作多个圆形，然后利用“混合工具”在最外层的大花瓣和最内层的小花瓣之间混合两层花瓣，制作过程如图 7-92 所示。

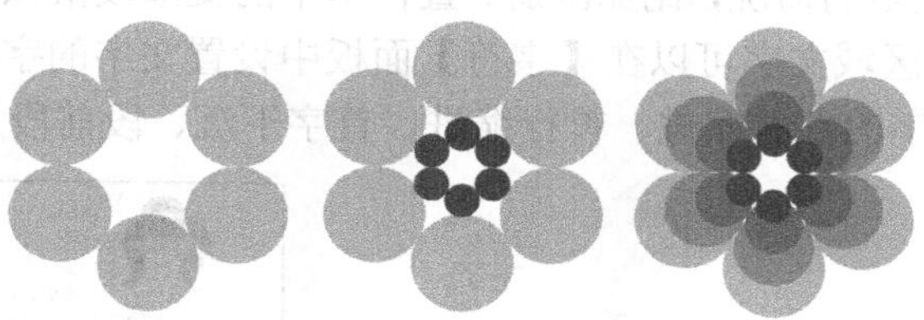

图 7-92　先重复变换再混合

7.8 路径文字

单击 Illustrator 中的文字工具组，可以看到工具组中有“文字工具”“区域文字工具”“路径文字工具”“直排文字工具”“直排区域文字工具”“直排路径文字工具”和“修饰文字工具”，如图 7-93 所示。

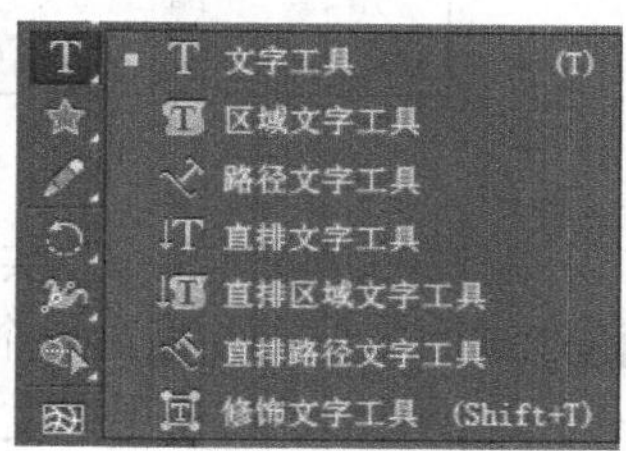

图 7-93　文字工具组

Illustrator 中创建文字的方法主要有 3 种：从某一点输入文字（即为点文字），插入文字到指定区域（即区域文字或段落文字），沿路径创建文字（即为路径文字）。

7.8.1 点文字

点文字是指从单击位置开始，随着字符的输入而扩展的一行或一列文字。文字不会自动换行，如果要换行，则需要按下回车键。这种方式非常适合在图稿中输入少量文本的情况，比如标志中的文字、图案中的文字、标题文字等。创建点文字通常采用“文字工具”和“直排文字工具”（两个工具既可以创建点文字、段落文字，还可以结合开放路径创建路径文字，结合闭合路径创建路径区域文字）。

“文字工具”可用来创建横排的点文字，而“直排文字工具”可用来创建竖排的点文字，如图 7-94 所示，标题是横排文字，站名是竖排文字。以“文字工具”为例，选择此工具，在页面中单击，设置文字插入点（一定不要拖拉出矩形框），单击处会出现闪烁的光标，此时输入文字即可创建点文字。

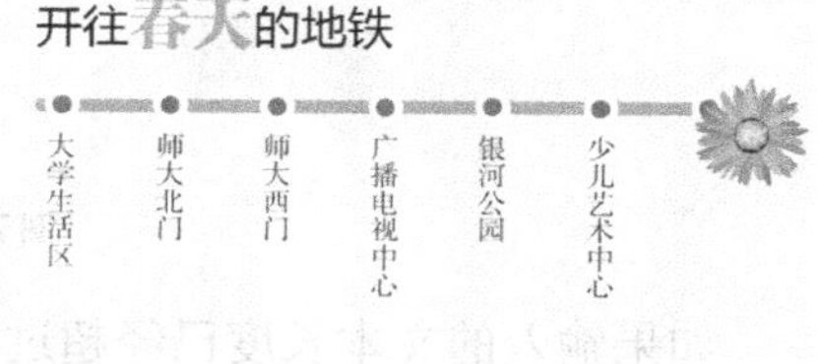

图 7-94　点文字效果

特别提示

如果使用了特殊字体，为了保证字体能准确再现，可以右击字体，选择【创建轮廓】命令，把文字变为曲线图形。即使其他的计算机上没有安装当前的字体，也能准确显示出来。文字转换成曲线后将不再具有任何文本属性，变成了普通的曲线图形。所以在使用该命令之前，一定要先设置好所有的文本属性。【创建轮廓】与 Photoshop 中的文字“栅格化”类似。

7.8.2 区域文字

区域文字，是指利用对象的边界来控制字符排列，当文本触及边界时会自动换行。区域文字适用于文字数量较多的情况，比如画册、宣传单中的文本段落以及各种特殊形状的文字块，如图 7-95 所示。区域文字可以在【字符】面板中设置文字的字符间距、行间距等，在【段落】面板中设置文字的左右缩进、首行缩进、首字下沉、段前段后间距等。

图 7-95 区域文字的效果

常说的“段落文字”实际上就是区域文字的一种，它的边界是矩形边框。使用“文字工具” 在画面中单击并拖出一个矩形框，然后在其中输入文字，这就是段落文字。如果事先绘制好一个闭合图形，再使用“文字工具” ，当光标移动到闭合图形中且靠近路径时，光标会变成 ，这时输入的文字就是区域文字，原有的路径成为文字边框。如果采用“区域文字工具” ，则需要用 单击路径，然后直接输入文字，会得到横排的区域文字。相应的，如果使用“直排区域文字工具” ，则需要用 单击路径，然后输入就得到了竖排的区域文字。这时，原有的闭合图形变成了无填充无描边的路径，成为文字的区域边框，如图 7-96 所示。

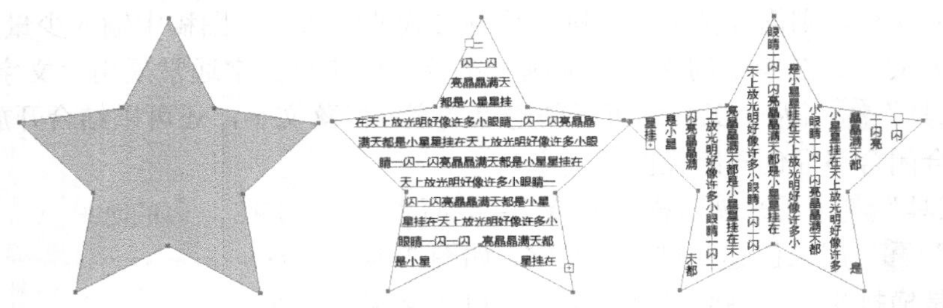

图 7-96 横排区域文字和竖排区域文字

如果输入的文本长度已经超过区域的容量，则靠近边框区域底部的地方会出现 标识，这是文字“溢出”现象，多余的文字无法显示。如果想要使得溢出的文字显示出来，可调整文本区域的大小。还可以用光标单击溢出标志 ，光标呈现 状态，然后绘制另外的显示区域，把文字串接到另一个对象中，如图 7-97 所示。

曲曲折折的荷塘上面，弥望的是田田的叶子。叶子出水很高，像亭亭的舞女的裙。层层的叶子中间，零星地点缀着些白花，有袅娜地开着的，有羞涩地打着朵儿的；正如一粒粒的明珠

又如碧天里的星星，又如刚出浴的美人。微风过处，送来缕缕清香，仿佛远处高楼上渺茫的歌声似的。这时候叶子与花也有一丝的颤动，像闪电般，霎时传过荷塘的那边去了。叶子本是肩并肩密密地挨着，这便宛然有了

一道凝碧的波痕。叶子底下是脉脉的流水，遮住了，不能见一些颜色；而叶子却更见风致了。

图 7-97 区域文字的串接

7.8.3 路径文字

路径文字，是指沿着开放或封闭的路径排列的文

字，这时的路径将变为文字路径，即用户可以在路径上输入和编辑文字。当改变路径时，沿路径排列的文字也会随之改变。

在创建路径文字时，首先都要绘制一条开放或闭合的路径。

如果是沿着开放的路径创建路径文字，也可以使用“文字工具”。当光标移动到靠近路径时，光标会变成，这时文字会沿着路径输入。

使用“路径文字工具”时，输入的文字其基线与路径平行。用“直排路径文字工具”时，输入的文字其基线与路径垂直，如图 7-98 所示。无论哪种情况，文本都会沿路径排列。如果输入的文本长度已经超过路径的容许量，则靠近路径末端会出现文字“溢出”标志，这时可以扩展路径来显示溢出文字或者将文字串接到另外的路径中。无论是采用哪种方式创建路径文字，原有的路径都会变成无填充无描边的透明样式。

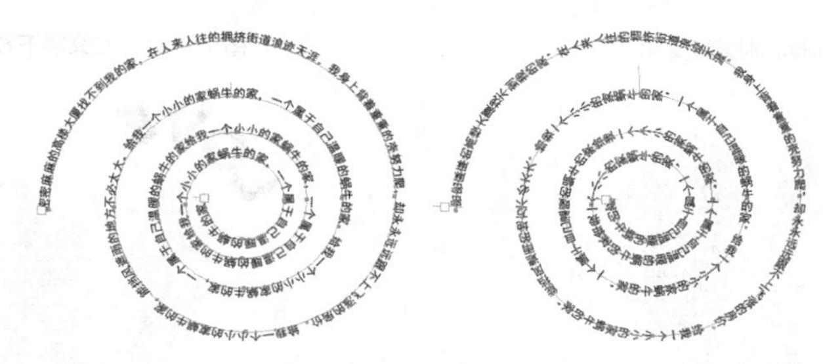

图 7-98 路径文字和直排路径文字

实例 4 设计心形文字

设计思路：绘制心形，在心形区域中输入文字，沿着心形路径输入文字，创建部分描边路径，如图 7-99 所示。

知识技能：创建区域文字和路径文字，绘制或截取部分路径并描边。

实现步骤

（1）绘制心形。采用“钢笔工具”绘制心形，绘制方法和第四章 Photoshop 中的钢笔绘制心形是一样的，此处不再赘述。复制两个心形，以备后续使用（这一复制操作非常重要）。

图 7-99 心形文字效果图

（2）在粉色心形中创建区域文字。选择“区域文字工具”，单击心形路径，然后在心形中输入文字 LOVE，与心形边框尺寸相比，文字尺寸要较小，这样形成的文字区域更贴近心形，如图 7-100 所示。英文单词之间没有留空格，否则会造成文字的换行，影响美观。

现在的心形已经变成无填充无边框的文字路径了，无法重新填充。而我们需要在文字下方放置一个粉色的心形背景。此时，就用到了步骤（1）复制的心形。移动这个心形，填充粉色，移动其位置，右击，在快捷菜单中选择【排列】|【置于底层】。这时文字紧贴心形边界，可以把文字区域变小。按住组合键【Alt+Shift】，从中心位置保持比例调整心形大小，此时效果如图 7-101 所示。

（3）创建外圈的“LOVE”路径文字。因为外圈是心形的路径文字，它所依托的心形要比区域文字大一圈，所以要复制一个步骤（1）的心形路径，并适当放大，如图 7-102 所示。

采用“路径文字工具”，在路径上单击并输入“LOVE”，字体为“Spin Cycle”，字形较大，与区域文字形成对比，也构成了画面的视觉中心。用“直接选择工具”调整文字路径的起点和终点位置。当调整起点位置时，光标变成状态，当调整终点位置时，光标变成状态，如图 7-103 所示。

图 7-100　创建心形区域文字

图 7-101　在文字下方添加粉色心形背景

图 7-102　创建文字路径

图 7-103　输入文字并调整文字路径的起点和终点

（4）创建外圈其他的汉字。重新复制第 1 步中的心形路径，并适当放大。为了编辑方便，最好不要和第 3 步的心形路径完全重合，可以适当错开位置。采用“路径文字工具”，在路径上单击并输入“只是因为在人群中看了你一眼……”，字体为“微软雅黑”，大小适中，用“直接选择工具”调整文字路径的起点和终点位置，并调整文字的颜色，如图 7-104 所示。

图 7-104　创建心形文字

（5）创建两段描边路径。在外圈的路径文字“LOVE”两侧添加两段曲线，增强了图形的整体效果。这两段曲线可以用钢笔工具绘制，也可以把原有的心形路径进行拆分。最终效果如图 7-99 所示。

实例 5　设计“隆重开业”文字

文字笔划的拉长、缩短、共用等是文字设计的常用方法，本例的文字设计采用了笔划的拉长与共用手法，如图 7-105 所示。

设计思路：创建点文字，倾斜变形，把文字改变为曲线，改变笔划，填充两层描边。

知识技能：创建文字轮廓，路径的修改，偏移路径。

图 7-105　“隆重开业”文字效果图

实现步骤

（1）输入文字并倾斜变形。采用“矩形工具”绘制矩形，并填充深红色。锁定此深红色矩形（锁定非常重要，以免后面采用框选方法选择文字时会不小心移动了此矩形）。使用“文字工具”输入“隆重开业”，字体是“方正大黑_GBK”，字号较大，文字颜色设置为黄色。采用“倾斜工具”调整文字，呈现斜向上的状态，如图 7-106 所示。

图 7-106 创建倾斜变形的文字

（2）把文字变为曲线。右击文字，在快捷菜单中选择【创建轮廓】，这时的文字不再具有文字的属性，变成了普通的曲线图形，如图 7-107 所示，这样文字的路径还可以修改形状。

图 7-107 把文字变为曲线

（3）拉伸“隆重”的笔划，且合并为一体。“隆重”二字下方共用一条横线，且“隆重”和“开业”位置高低不同，因此调整笔划形状时，把“隆重”作为一组，把“开业”作为一组。用“直接选择工具”选中锚点并拉伸，多余的锚点用“删除锚点工具”来删除，用最少的锚点来控制形状，如图 7-108 所示。用“直接选择工具”选中“隆重”二字所有的锚点，打开【路径查找器】面板，单击“形状模式”中的“联集”按钮，则“隆重”下方的横线合并为一个整体，如图 7-109 所示。

图 7-108 拉伸笔划

图 7-109 笔划的合并

（4）调整“隆重”笔划成为流畅的曲线。采用“添加锚点工具”和“删除锚点工具”调整锚点的数量，采用“锚点工具”调整曲线的曲率，文字笔划形状如图 7-110 所示。

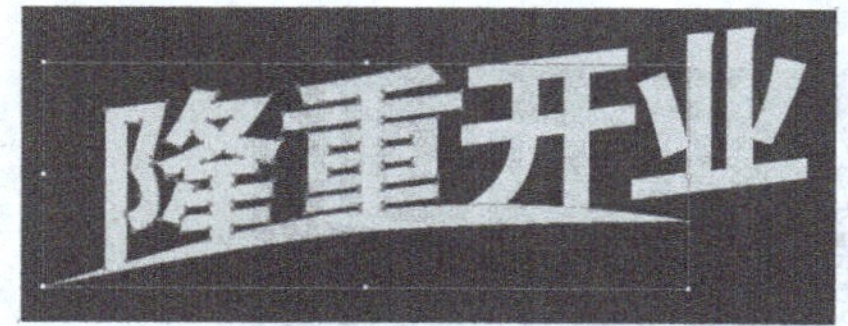

图 7-110 “隆重”笔划的调整

图 7-111 “开业”笔划的调整

（5）调整“开业”的位置与笔划。采用“直接选择工具”选中“开业”二字所有的锚点，向下移动，使得“开”的第一条横线对齐“重”的第一条横线。拉伸并调整“开”的笔划，如图 7-111 所示。

（6）合并所有的文字成为一个整体。用“选择工具”选中所有的文字图形，打开【路径查找器】面板，单击“形状模式”中的“联集”按钮，把所有的路径都合并为一个整体，如图 7-112 所示。

图 7-112　所有的文字合并为一个整体

（7）给文字描边。先复制文字，把副本移到画面之外（复制很重要）。用“选择工具”选中“隆重开业”，单击【对象】菜单下面的【路径】|【偏移路径】命令，得到【偏移路径】对话框，如图 7-113 所示，设置 “位置”的数值为 0.7mm，单击确定。此时的效果是路径向外扩展了，重新用白色填充路径，则出现如图 7-114 所示的效果。

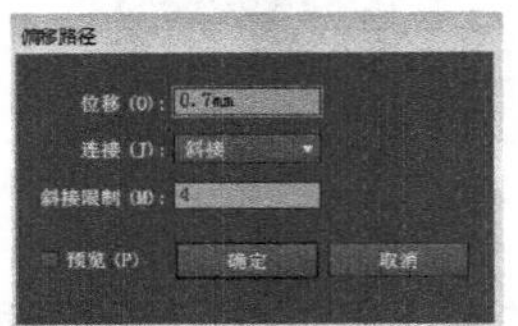

图 7-113　偏移路径对话框

图 7-114　用白色填充偏移的路径

把刚才的文字副本移动到原来的位置，设置其描边颜色为黑色，效果如图 7-115 所示。

图 7-115　文字的描边效果

采用【外观】面板添加两层描边，如图 7-116 所示，最初是 1.5pt 黑色描边，然后又添加了 0.5pt 的白色描边，则最终的结果是环形边。因为黑边较宽，所以是外层的黑边包围着内层的白边，如图 7-117 所示。究竟采用哪一种方法，需要读者根据设计需求来决定。

图 7-116　外观面板

图 7-117　文字两层描边效果

7.9 符号的应用

符号是可以重复使用的对象，应用符号可以方便、快捷地生成很多相似的图形实例，比如一片树林、一群鱼、一片花等，如图 7-118 所示。不再需要一个一个的复制，减小了设计文件的大小。

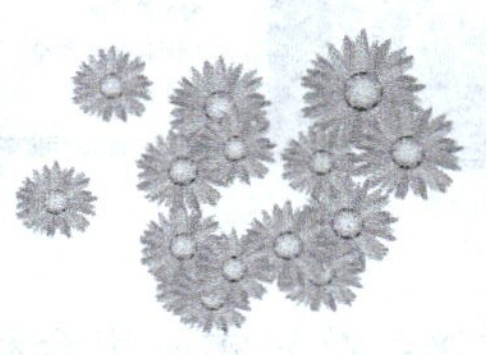

图 7-118　符号的集合

符号集是一组使用符号喷枪工具创建的符号实例，每个符号实例都与【符号】面板或符号库中的符号链接在一起。符号喷枪工具组有“符号喷枪工具”“符号移位器工具”“符号紧缩器工具”“符号缩放器工具”“符号旋转器工具”“符号着色器工具”“符号滤色器工具”“符号样式器工具”组成，如图 7-119 所示。

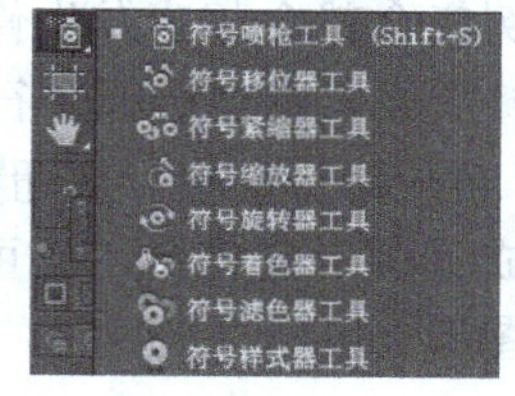

图 7-119　符号喷枪工具组

创建符号：首先绘制一个图形，如图 7-120 所示，绘制了一个花朵，然后打开【符号】面板，选择花朵，拖动到符号面板中。在出现的【符号选项】中输入符号的名称“花朵”，并设置类型为“图形”。

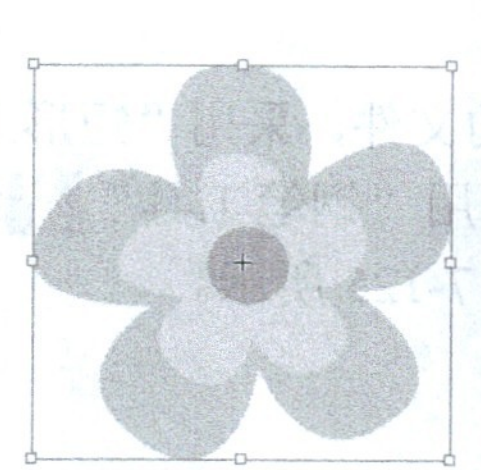
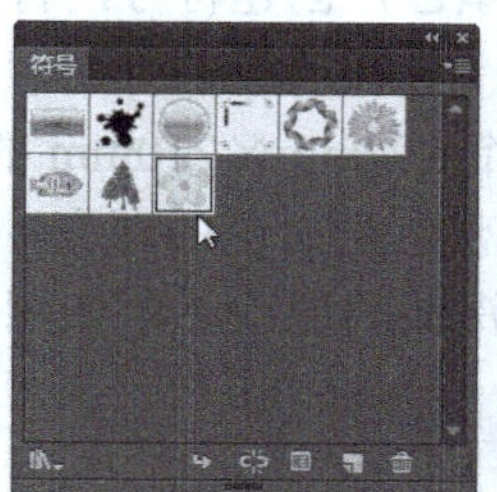

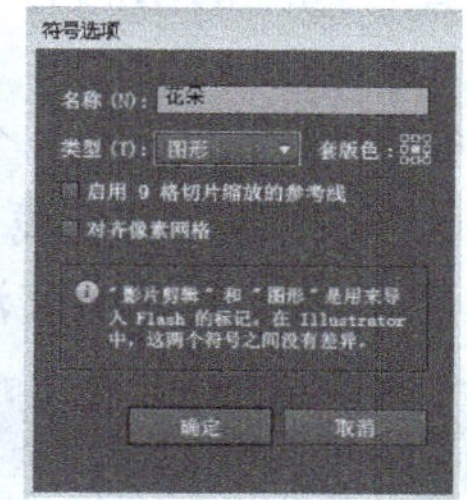

图 7-120　创建符号

编辑符号：双击【符号】面板中需要修改的符号，进入符号编辑窗口，修改图形的样式，然后退出符号编辑窗口。此时，不仅是【符号】面板中的符号样式已经发生了改变，而且页面上所有与此符号相链接的所有图形都相应发生了改变，如图 7-121 所示。

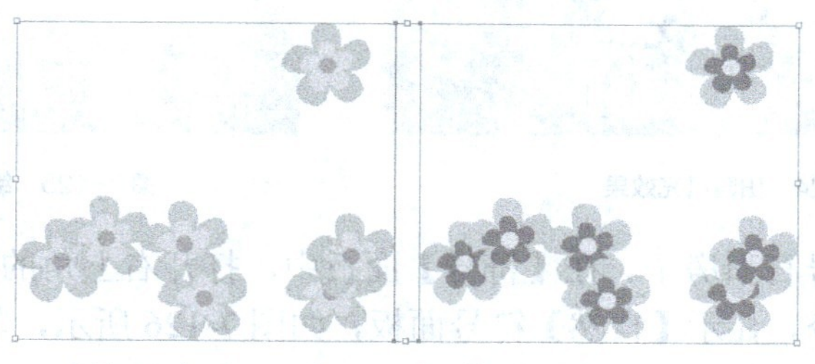

图 7-121　符号的修改

替换符号：首先选择画面中绘制完成的符号实例，然后单击【符号】面板中另外的符号，在面板右上角的折叠菜单中选择【替换符号】命令，则符号集合中原有的符号实例被新的符号替换，如图 7-122 所示。

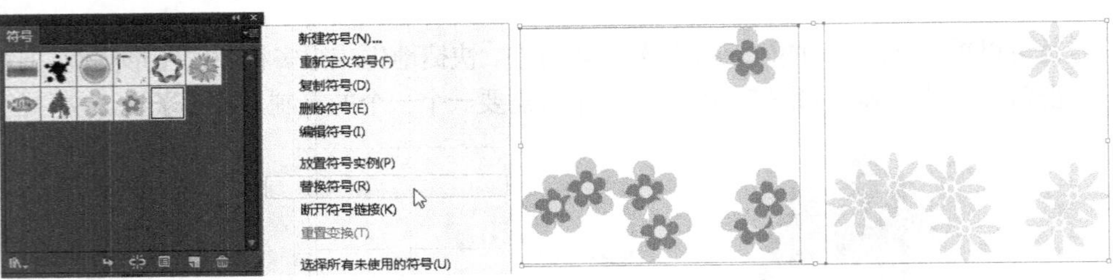

图 7-122 符号的替换

断开符号链接：符号实例集合和【符号】面板中各种符号之间存在着“链接”的关系，因此，修改了符号则符号实例集合就会相应发生修改。如果想断开符号和实例之间的链接关系，则在选择了符号集合之后，单击【符号】面板中的“断开符号链接”按钮，如图 7-123 所示，符号实例就变成了图形的集合，还可以“取消编组”，变成一个个独立的图形。

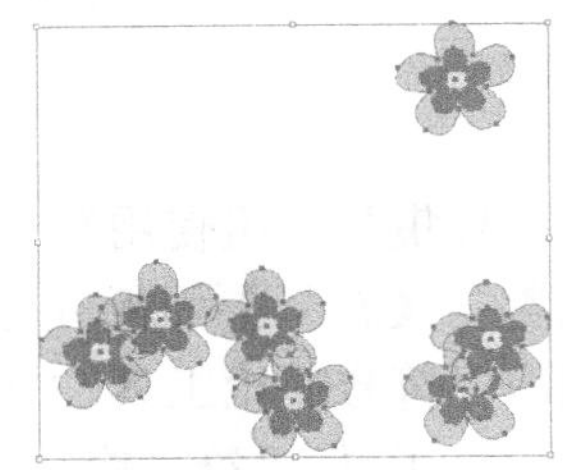

图 7-123 断开符号链接变成了图形组合

实例 6 绘制田园风光矢量图

设计思路：绘制天空，草地，散布的花朵，小房子，小羊，如图 7-124 所示。

知识技能：各种图形的绘制和填色，创建符号，符号喷枪工具组的用法。

实现步骤

（1）绘制天空、草地。新建一个 297mm×210mm 的文件，采用“矩形工具”绘制一个和文件尺寸等大的矩形，填充浅蓝色到白色的渐变。用“钢笔工具”绘制三块渐变色的草地，调整前后顺序，呈现明暗深浅的层次感，如图 7-125 所示。

图 7-124 田园风光效果

图 7-125 绘制天空和草地

（2）绘制白云、岩石和房子。在【符号】面板中，打开右上角的折叠菜单，执行【打开符号库】|【自然】命令，显示【自然】符号面板，如图 7-126 所示，单击“云彩 1”“云彩 2”“云彩 3”和“岩石 3”“岩石 4”“岩石 5”样式，把这六个符号添加到【符号】面板中。执

行【打开符号库】|【徽标元素】命令，会打开【徽标元素】符号面板，如图 7-127 所示，单击“房子”样式，添加到【符号】面板中。采用“符号喷枪工具”在天空位置绘制不同形状的云彩，在草地位置绘制不同形状的岩石。采用“符号移位器”调整云彩和岩石的位置，采用“符号缩放器”调整其大小，采用“符号滤色器”调整其透明度。针对云彩来说，地平线附近的云彩尺寸要小，颜色要淡，数量较多。

图 7-126　【自然】符号面板

图 7-127　【徽标元素】符号面板

针对“房子”符号，把“房子”拖到页面上之后，单击【符号】面板中的“断开符号链接”按钮，修改房子图形，删掉门口的小路，如图 7-128 所示。

调整房子的排列顺序，把房子图形放置到前两片“草地”的后面，最终绘制的效果如图 7-129 所示。

图 7-128　修改房子

图 7-129　绘制云彩、岩石、房子

（3）设计花朵符号并绘制花朵。绘制如图 7-130 所示的两种花朵，定义成符号，然后采用“符号喷枪工具”在草地的位置喷绘花朵，调整其大小、位置、透明度等。效果如图 7-131 所示。

图 7-130　花朵符号

图 7-131　添加花朵符号

（4）绘制小树和小羊，并添加到画面中。

采用铅笔工具、钢笔工具等绘制小树，并编组。绘制小羊时，可以把白色到浅蓝色的渐变圆形设计为符号，然后用“符号喷枪工具”绘制一团羊毛。单击【符号】面板中的“断开符号链接”按钮，修改羊毛的形状。调整好形状之后，和小羊的其他部分合成一个整体，编组。绘制过程如图 7-132 所示。

因为画面中不是成片的树林，因此小树没有必要做成符号，复制几棵，移动其位置即可。复制小羊，移动其位置，修改大小。最终效果如图 7-124 所示。

图 7-132　小树和小羊的绘制过程

7.10 Illustrator 和 Photoshop 的相互调用

Photoshop 的优势在于位图图像的编辑与处理，Illustrator 主要用于矢量图形设计，其优势在于图形绘制、文字设计、排版等，因此在设计过程中要根据两个软件的特点来选择应用。通常的顺序是，首先根据设计的需要使用 Photoshop 处理图片，包括图片的颜色、尺寸、外观样式（方形图、褪底图、边框图等），采用恰当的分辨率和色彩模式，保存成一定的文件格式（比如普通印刷用 300PPI 的分辨率，CMYK 模式，TIF 文件格式；屏幕输出用 96 的分辨率，RGB 模式，JPG 文件格式）。接下来打开 Illustrator，导入做好的位图，输入文字，添加线条，调整排版等，然后输出为 PDF 文件。

在 Illustrator 中置入位图：执行【文件】|【置入】命令，在打开的对话框中找到相应的图片。“置入”位图分为“链接”文件和“嵌入”文件两种形式。“链接”选项如果选中，则说明图片和 Illustrator 源文件之间是一种链接的关系，图片并没有真正插入到源文件中。如果要移动源文件，则一定要连同链接的文件一起移动。比如制作画册时，插入的图片较多，要采用“链接”，否则文件运行会很慢。若取消“链接”选项前面的√，则是在 Illustrator 中“嵌入”位图图片。例如在制作宣传单页时，只需要一两张位图，则使用嵌入即可。

把 Illustrator 中做好的矢量图保存成位图：有些特殊的效果很难用 Photoshop 来完成，比如 Illustrator“画笔工具”的各种水彩画笔效果、手绘效果等，如果在 Photoshop 中想利用该效果，可以把 Illustrator 中做好的矢量图保存成位图。具体的做法是采用【文件】|【导出】命令，选择保存的类型（例如 PSD，JPG 等）和“画板”范围。

在导出 JPG 格式文件时，会出现【JPEG 选项】面板，如图 7-133 所示，要选择合适的颜色模型、图像的品质、分辨率等。这些参数非常重要，一定要根据位图的用途来选择。

在导出 PSD 格式文件时，会出现【Photoshop 导出选项】面板，如图 7-134 所示。要设置颜色模型、分辨率，还有设置是否保留图层和文字属性。

实例 7　旅游宣传单设计

通常宣传单的设计需要简单绘制草图，包括画面的分割比例，版面元素的尺寸，组合编排等，然后采用 Photoshop 处理图片，用 Illustrator 输入文字并排版输出，效果如图 7-135 所示。

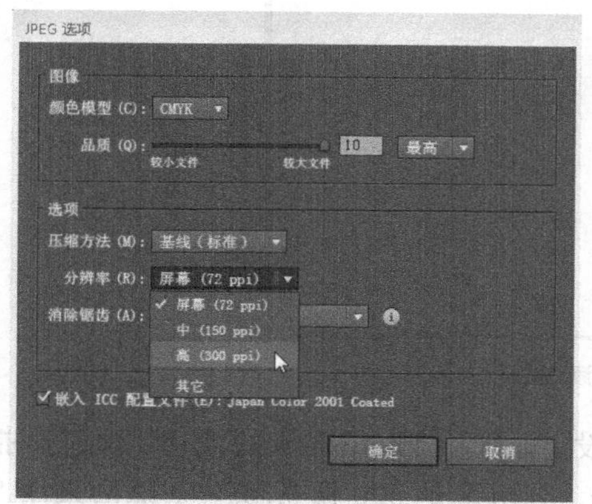

图 7-133　JPEG 导出选项面板

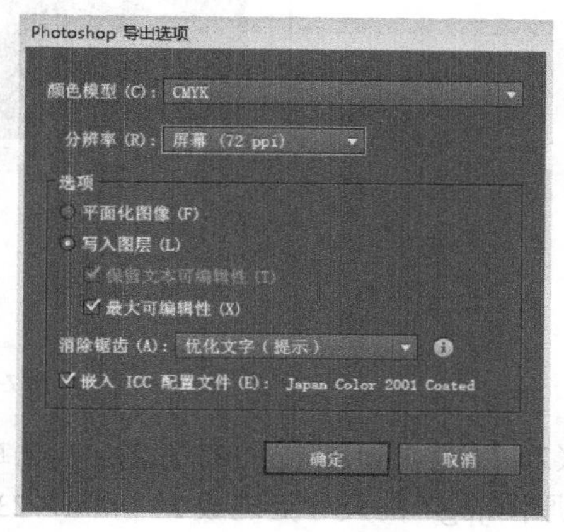

图 7-134　Photoshop 导出选项面板

图 7-135　旅游宣传单效果图（正反面）

设计思路：在 Photoshop 中处理位图，在 Illustrator 中添加画板，置入位图，绘制曲线图形，设计文字，文字排版组合。

知识技能：文件尺寸设定，画板的添加，Photoshop 修改并设置位图的尺寸，绘制曲线分隔，绘制电话图形，设计透视文字，设计 3D 文字。

实现步骤

（1）新建文件并添加画板。要制作 B5 尺寸的宣传单（210mm×285mm），考虑到印刷出血，每边增加 2mm 的出血值，可以新建一个 214mm×289mm 的文件，CMYK 模式。此宣传单是正面和反面，共两页，因此在 Illustrator 中要添加一个新的页面。新页面的添加是用“添加画板”的方法。在【画板】面板中，单击下方的“新建画板”按钮，可以增加一个画板，如图 7-136 所示。

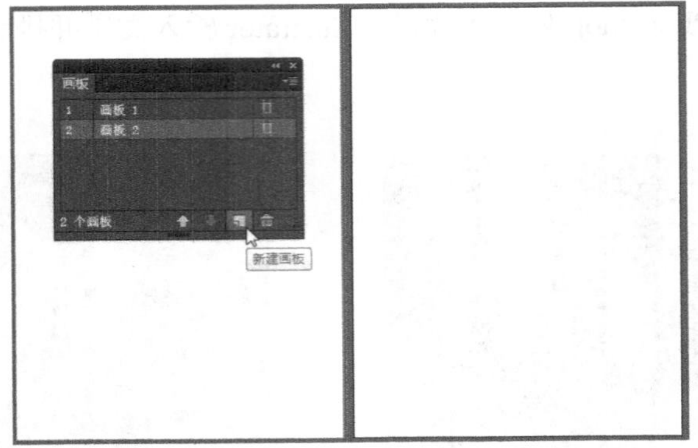

图 7-136 添加画板

（2）采用 Photoshop 处理位图。根据草图设定，采用 Photoshop 的裁切工具，把“大背景原图.jpg”的尺寸处理成 214 mm×234mm，分辨率是 300 像素/英寸。然后采用“仿制图章工具”消除海面上的帆船，如图 7-137 所示，保存为“背景图 2.tif”。同样处理三个小插图，插图 1 裁切成 45 mm×30mm，插图 2 裁切成 50mm×35mm，插图 3 裁切成 27 mm×35mm，这些小插图的分辨率也是 300PPI。

（3）置入位图。在文件的第一个画板上，采用【文件】|【置入】命令，置入“背景图 2.tif”，不要采用链接的形式。在文件的第二个画板上，置入其他三个小图片。

（4）绘制正面和反面的曲线图形。采用“钢笔工具”，结合“锚点工具”绘制曲线图形，如图 7-138 所示，复制两个图形，调整其形状和颜色，放置到正面的页面下方。同样继续复制三个图形，调整颜色、位置和形状，放置到反面的页面下方，如图 7-139 所示。

图 7-137 位图的处理

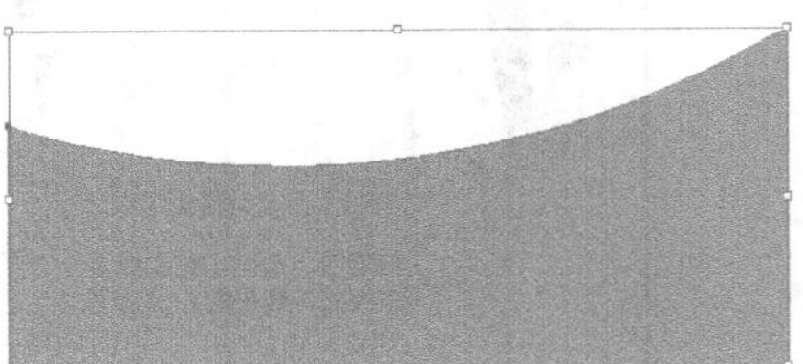

图 7-138 绘制曲线形状

图 7-139 绘制正反面所有的曲线形状

（5）设计标题文字。标题“暑期钜惠 全家出游”是透视文字效果，“日照”是 3D 文字效果。制作透视文字的步骤如下。

① 双击【画板】面板前方的序号，把画板 1 设为当前画板，然后采用【视图】|【透视网格】|【两点透视】|【两点-正常视图】命令，在画板 1 中显示透视网格。输入文字“暑期钜惠”和“全家出游”，字体为“汉仪菱心体”，并在文字的右键快捷菜单中选择“创建文字轮廓”命令，把文字变为曲线（一定要把文字变为曲线）。

② 当前默认的“平面切换构件图标”是，表示当前的透视面是左侧面。把“全家出游”放置到左侧面的特定位置，采用“透视选区工具”，调整文字的形状。单击“透视网格工具”，在平面切换构件图标中单击右侧面，采用“透视选区工具”，调整“暑期钜惠”文字的位置。效果如图 7-140 所示。

③ 设置完成之后，单击【视图】|【透视网格】|【隐藏网格】命令。

“日照”3D 文字的设计步骤如下。

① 输入“日照”，字体是“方正综艺体_GBK”。采用菜单命令【效果】|【3D】|【凸出和斜角】，打开“3D 凸出和斜角选项”对话框，单击“更多选项”按钮，出现如图 7-141 所示的对话框。

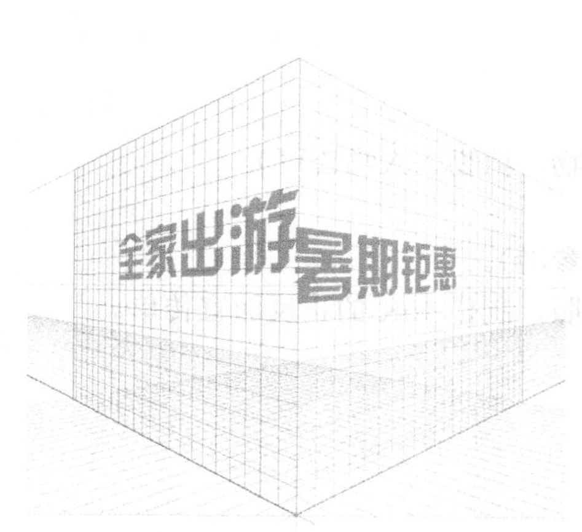

图 7-140　制作透视文字

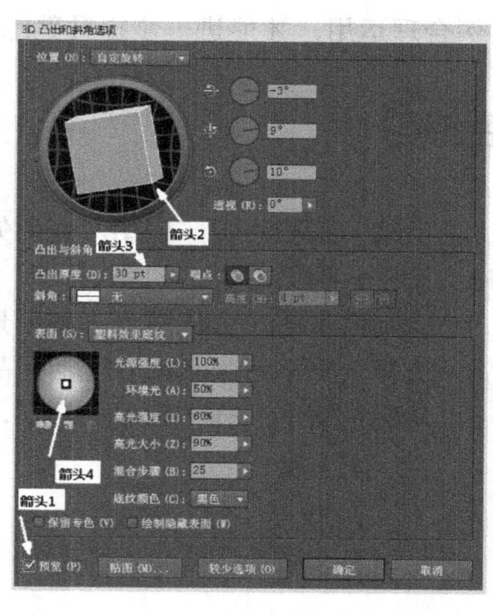

图 7-141　3D 凸出和斜角选项对话框

② 注意对话框中标出的箭头 1～4 的设置。选中下方的“预览”，则随时可以看到文字的变化。转动正方体图标，调整其透视的方向。“凸出厚度”控制着文字的厚度。把文字的光照位置调整到正面。效果如图 7-142 所示。

图 7-142　3D 文字的制作

（6）输入说明文字。用图形装饰标题文字，使得标题的形式更丰富，调整文字的颜色。

输入段落文字，字体为“微软雅黑”，对齐小插图。绘制“电话”图形。最终效果如图 7-135 所示。

（7）保存文件。把文件保存为“实例 7.ai”文件，然后另存为“实例 7.pdf”文件。

作为商品的宣传单，最必不可少的要素包括广告的标题、商家的名称、广告的正文以及地址电话等附加信息。广告的标题是最重要的，要通过放大尺寸、增加与背景的对比等方式增强瞩目性。

本章小结

Illustrator 最大的优势在于矢量图的绘制。针对具体的绘图情况要学会灵活选择并合理运用各种工具。在本章只讲解了该软件最基本的用法，裁切蒙版、描摹、复合字体等很多种功能都没有涉及，希望能作为 Photoshop 位图处理的有力补充。无论什么工具，都要结合具体的实例合理运用，才能进一步提升熟练程度和设计技法。

课后练习

1．手绘一张草稿图，描图，变为矢量图（动物、植物、人物皆可）。
2．设计 6 种无缝拼接的图案。
3．绘制风景图（可从网上下载风景图，作为参考）。
4．选择一种学习用具或者生活用品，自行拍照，制作 16K 的正反面宣传单。
5．从淘宝网上选择一种促销文字，模仿设计。

中　篇

平面设计的基础理论

Photoshop+Illustrator

Chapter 8

第 8 章 文字设计与编排

学习目标

- 了解文字的属性。
- 掌握文字的设计原则和常用的设计方法。
- 能够利用 Photoshop 和 Illustrator 设计各式文字。
- 掌握常用的文字编排设计方法。

在平面设计中，文字是主要的组成要素。文字具有双重性。首先，文字是一种符号，记录了语言，传达了信息，负载着一定的意义。其次，文字本身也属于信息特殊的图形表达方式，具有外在的形式感，有特定的性格，传达出一定的思想感情。这种双重性，使文字元素不同于图形元素，它能在意形音的基础上，根据不同的视觉功能和目的，对文字造型和结构进行不同的组合变化，充分表达页面主体丰富的内涵和情感。文字的形态与关系是设计的主要问题。具体包括字体与字号的选择，对字型的创造，文字的段落编排，文字与图形图像的组织，它们之间的大小、疏密、空间、布局、色彩等的安排，都是我们在文字设计中所关注的。

8.1 文字的基本属性

文字的基本面貌是由字体和字号来决定的，这也是文字的基本属性。

8.1.1　字体的特征

字体，指的是具有特殊书写形式和风格的完整的字符集。

字族，是以描述某一个中心字体为基础，而演变出来的一系列字体的集合。这样的变体，包括如粗体 Bold，斜体 Italic，轻磅体 Light，压缩体 Condensed，压缩粗体 Condensed Bold，极粗体 Ultra Bold 等。不同的字体能体现出文字在结构形式和风格方面的特点。在设计中也常使用同一字族的不同变体来使得版面达到和谐变化的视觉效果，比如使用粗体或者斜体。

字体设计通常包含两方面的内容，一是重新“造字”，运用各种工具（毛笔、钢笔、铅笔、树枝、计算机等）创造新的文字形态和文字关系。二是合理“选字”，即从计算机现有的丰富的字库中选出最恰当的字体。有时候是把“造字”和“选字”合二为一。

我们先来分析一下计算机字库中的常见字体，如图 8-1 所示，这些字体有自己的名称、面貌、个性，风格各异，也有不同的功能。其中，宋体和黑体是长期以来最常用、最可靠的字体。对于这些字体特征的认识，有助于合理选用。

（1）宋体。宋体起于北宋，成于明代，又称明朝体。其字形方正，横细竖粗，多修饰角。宋体风格古朴稳重、大方典雅、精致高贵，具有很强的装饰性，可根据文字的粗细，用于标题或正文。在字库中，还有字体公司研发的如“方正标宋”“方正书宋”“方正报宋”“方正雅宋”“方正颜宋”等多种衍生的宋体，这些是在宋体大的规范标准下具有不同特点可适用于不同需求的字体。对于其他的字体，一般也都有这样相应的配套衍生字体，为设计需求提供了更丰富的选择。如图 8-2 所示，“迪奥花蜜活颜丝悦系列”“极致奢宠的抗老护肤臻品”等文字采用宋体，体现了化妆品的高品质，精美、雅致、华丽。如图 8-3 所示，图片的标题“举世荣耀 传世大宅”采用宋体，且文字居中排列，金色的底图，传递出楼盘高贵、华美、荣耀之感。

方正宋一简体	方正细黑一简	方正大悠黑简
方正宋三简体	方正黑体简体	方正粗悠黑简
方正书宋简体	方正正中黑体	方正中粗悠黑
方正大标宋简	方正艺黑简体	方正中悠黑简
方正小标宋简	方正美黑简体	方正准悠黑简
方正报宋简体	方正悠黑简体	方正悠黑简体
方正兰亭宋体	方正俊黑简体	方正中细悠黑
清刻本悦宋简	方正兰亭黑体	方正细悠黑简
方正粗雅宋简	方正品尚黑体	方正纤悠黑简
方正颜宋简粗	方正水黑简体	
方正准圆简体	方正细珊瑚体	方正启体简体
方正隶变简体	方正汉真广标	方正启迪简体
方正硬笔行书	方正粗活意体	方正静蕾体简
方正瘦金书简	方正水云简体	方正四海行书
方正姚体简体	方正青铜体简	方正童体硬笔
方正典雅楷体	方正藏似汉体简	吕建德行楷简
方正卡通简体	方正水柱体简	叶根友毛行楷
方正少儿简体	方正综艺体简	方正黄草简体
方正粗倩简体	方正像素12简	佛君包装简体
汉仪菱心体简	汉仪太极体简	汉仪柏青简体
漢儀雪峰體簡	汉仪秀英体简	微软雅黑加粗

图 8-1　不同的字体效果举例

（2）黑体。黑体根据拉丁字母无装饰线体字借鉴而来，笔画没有装饰变化，平头齐尾，笔画较粗，具有一致性，体现出理性、坚硬、朴素、浑厚、庄重、大方的个性特征。黑体也有相应的配套字体，如图 8-1 所示，方正字库有美黑、艺黑、俊黑、悠黑、兰亭黑、品尚黑等衍生黑体，每种黑体还有粗细之分。比较粗重的黑体适合做标题，比较细的黑体适合做正文。

图 8-2 迪奥护肤品广告

图 8-3 恒大华府广告

如图 8-4 所示，标题文字“3 重大礼疯狂送”粗重有力，瞩目性强，富有吸引力，突现了促销的力度。图 8-5 移动通信的广告标题“信息就是力量”，用黑体呈现出品牌的理性、可靠、值得信赖。图 8-6 薇姿网络广告图片中“VICHY 薇姿”“水润肌肤养成计”采用细黑，体现出该品牌时尚、现代、简约、精美的特性；而“3.5 折”“满 298 减 60”字号较大较粗，引人注目。图 8-7 是 PowerPoint 页面，标题文字采用微软雅黑粗体，正文采用微软雅黑。微软雅黑属于无衬线黑体，它的字形略呈扁方而饱满，笔画简洁而舒展，易于阅读。这款字体的清新和优美给人留下了深刻的印象，最适合用于 PowerPoint 课件。

图 8-4 手机广告

图 8-5 中国移动通信广告

图 8-6 薇姿网络广告

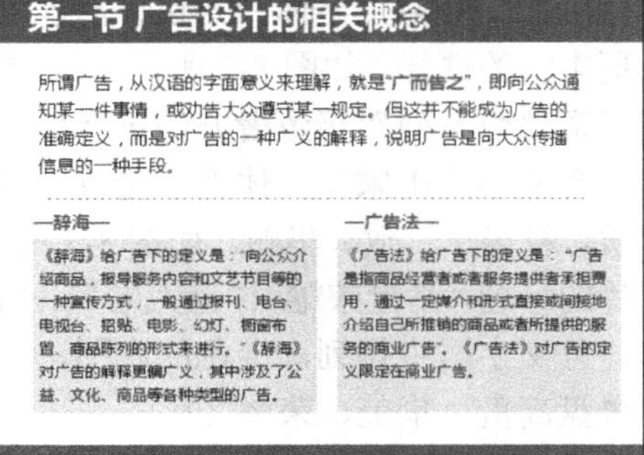

图 8-7 PowerPoint 课件页面

（3）其他字体。仿宋体字形略长，横竖笔画粗细一致，竖笔画直，横笔向右上稍翘，起落笔有顿笔，具有毛笔或钢笔的书写特征，挺拔秀丽，人文气质浓厚，适宜传统、人文、女性题材。楷体，字形结构平稳端正，比例适当，合乎规范，具有一定的亲和力和人文气质。隶书、魏碑等字体都属于中国传统书法字体，通常用于传统文化题材。准圆体，横平竖直，类似等线体，但笔划头尾都为圆头，并用小圆角转折过渡，字体匀称工整，温而不火，不失雅致，是作为文章内容的最好字体之一，通常不适合做标题。

各字库公司都开发了很多设计类的字体，每种字体都有不同的气质特性。比如方正青铜体具有战争的凌厉气质，方正藏仪汉体具有异域的神秘气质，方正清刻本悦宋简体具有清新的文艺气质，各种字迹毛笔字体、钢笔字体具有历史文化气质等，都需要设计者根据画面的主题合理选择。

（4）拉丁文字。汉字有最常用的宋体、黑体，拉丁文字也同样有经久不衰的经典字体，有众多的字库家族已经存在了几十年甚至几百年，如 Times New Roman、Futura、AvantGarde、Courier 等都是长盛不衰的经典字体。简单地可以把拉丁文字分为饰线体和无饰线体两种。图 8-8 是一些常用的平面设计英文字体，例如 Bodoni、Rockwell、Garamond 等属于饰线体，而 Helvetica、Myriad、Futura 等都属于无饰线体。在图 8-9 的 Lazare 钻石广告中，用饰线体来展现钻石精湛的工艺、光辉闪亮的特质。在图 8-10 的迪奥香水广告中，用饰线体文字结合金光闪闪的人物和背景图来突出香水的华美、精致、典雅。

图 8-8　经典英文字体效果

图 8-9　Lazare 钻石广告

图 8-10　Dior 香水广告

图 8-11 的电脑海报中，采用无饰线的粗体文字，非常醒目，有震撼力，体现了战争的残酷性。图 8-12 的促销海报中，无饰线粗体文字简洁明了，中间的“50%”打折尺寸放大，提升了阅读吸引力。图 8-13 中的标题采用了较细的无饰线文字，呈现出产品时尚、现代、简约的美感。图 8-14 属于简约型的版式设计，“01”“02”序号笔划较粗，醒目，其余的文

字也属于无饰线文字，笔画较细，整齐有序，简洁明快。

图 8-11 “最长的一日”电影海报

图 8-12 购物中心促销海报

图 8-13 iPhone 6 广告

图 8-14 版式设计

（5）标准字体。标准字体是指经过设计的专门用以表现企业名称或品牌的字体，是企业形象识别系统中的基本要素之一，它应用广泛，具有明确的说明性，可直接将企业或品牌传达给观众，与视觉、听觉同步传递信息，强化企业形象与品牌的诉求力，与标志具有同等重要性。图 8-15 呈现了海尔、李宁、可口可乐的标准字体，在它们的相关广告设计中，都会用自己的标准字体去呈现企业的名称或品牌。

图 8-15 企业标准文字

（6）版面中的字体种类。在一个版面上应该用几种字体呢？上世纪二三十年代包豪斯的视觉传达大师赫伯特 • 拜耶（Herbert Bayer）倡导在平面设计作品中使用单一的文字，甚至排斥了文字的大小写，他致力于创造简单、理性的版面和字体。如图 8-16 所示，赫伯特 • 拜耶的海报采用了一种无饰线体，只通过字号大小、颜色和排列方式来区分等级。但当时这个做法并不是所有的设计师都认同，比如未来主义艺术家们强调自我、非理性、混乱，字体种类很多，图形随意编排，如图 8-17 所示。字体的种类，样式，是与时代背景和设计风格密切相关的。当前对我们的设计来说，通常文字在页面上有它的功能性。比如图 8-18 所示的广告设计中，有的文字做标题，有的文字做广告语，有的文字做正文或者标注，文字的大小或字体要有变化。在课件设计中，较粗大或带装饰的文字做课件的标题，较小且简洁的文字做课件的教学内容。因此，在一个页面上通常不超过 3 种字体，否则会显得花里胡哨、杂乱无章。

图 8-16　“康定斯基展览”海报

图 8-17　未来主义风格设计

图 8-18　海尔广告

特别提示

字库中的各种字体或者标准字体的设计已经达到最佳效果，不要随意拉长或压扁字体，以免破坏原有的美感。

文字的主要功能是在视觉传达中向大众传达各种信息，要达到这一目的，我们必须考虑文字的诉求效果，表达清晰的视觉印象。因此，平面设计中的字体应避免繁杂零乱，使人易认，易懂，切忌为了设计而设计。

8.1.2　文字的大小

文字的大小通常用字号或磅值来表示，就如同长度单位可以用“米”也可以用“尺”。我国的活字大小采用号数制为主、点数制为辅的混合制来计量。

字号是指印刷用活字的大小，是从活字的字背到字腹的距离。号数制是以互不成倍数的几种活字为标准，加倍或减半自成体系。字号的大小可以分为以下四个序列。

- 四号序列：一号、四号、小六号。
- 五号序列：初号、二号、五号、七号。
- 小五号序列：小初号、小二号、小五号、八号。
- 六号序列：三号、六号。

点数制又叫磅数制，是英文 point 的音译，缩写为 P，既不是公制也不是英制，是印刷中专用的尺度。1 磅= 1/72 英寸≈0.35mm。号数制与点数制的对照关系见表 8-1。

表 8-1 号数、点数制对照表

字号	磅值	字号	磅值
小六	6.5	六号	7.5
小五	9	五号	10.5
小四	12	四号	14
小三	15	三号	16
小二	18	二号	22
小一	24	一号	26

通常在杂志或画册设计中，正文采用小五号或者五号，也就是对应的 9 磅或者 10.5 磅。在 PowerPoint 课件设计中，如果是辅助授课用的课件，那么正文文字不能小于 20 磅。

8.2 文字的设计原则

文字首先要满足人们阅读的需要，把信息准确无误地传递出去，同时，还要考虑到形式上的美感，有的文字有个性，有的文字有秩序，有的文字规范整齐，有的文字随意洒脱，无论哪一种，都是为了与主题思想更好地契合，更好地表达设计的主题和构想。在文字设计时要满足文字的易读、瞩目性等通用原则，还要具有美感和独创性。针对不同主题的表达，还会有一些特有的设计原则。

8.2.1 易读性

文字的易读性，主要体现在内容容易理解，文字清晰可读。

字体会影响文字的易读性，因此字体的选择要恰当。如图 8-19 所示，同样的文字，同样的字号，使用微软雅黑的显示效果要比使用华文行楷显得清晰易读。普通的行楷字体，只是看起来很美，往往缺乏实用性，尤其是文字较小的时候，笔划容易出现黏连，因此很少用于正文。字迹行楷体，如叶根友行楷、吕建德行楷等，往往用作标题。

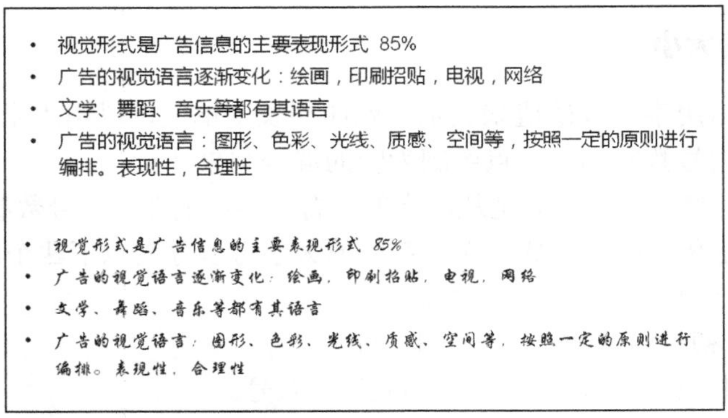

- 视觉形式是广告信息的主要表现形式 85%
- 广告的视觉语言逐渐变化：绘画，印刷招贴，电视，网络
- 文学、舞蹈、音乐等都有其语言
- 广告的视觉语言：图形、色彩、光线、质感、空间等，按照一定的原则进行编排。表现性，合理性

- 视觉形式是广告信息的主要表现形式 85%
- 广告的视觉语言逐渐变化：绘画，印刷招贴，电视，网络
- 文学、舞蹈、音乐等都有其语言
- 广告的视觉语言：图形、色彩、光线、质感、空间等，按照一定的原则进行编排。表现性，合理性

图 8-19 字体影响易读性

文字和底图的关系会影响文字的易读性。如果背景图的颜色比较繁琐，文字直接写在背景图上会显得不清楚，如图 8-20 所示。这时候要改变文字的颜色，选择与背景图强烈对比的颜色，或者处理背景图。如图 8-21 所示，在背景图上添加图层蒙版，在蒙版上制作黑白渐变，形成一种淡出效果。

图 8-20　文字直接写在背景图上

浣溪沙
李璟
菡萏香销翠叶残，
西风愁起绿波间。
还与韶光共憔悴，
不堪看。
细雨梦回鸡塞远，
小楼吹彻玉笙寒。
多少泪珠何限恨，
倚栏干。

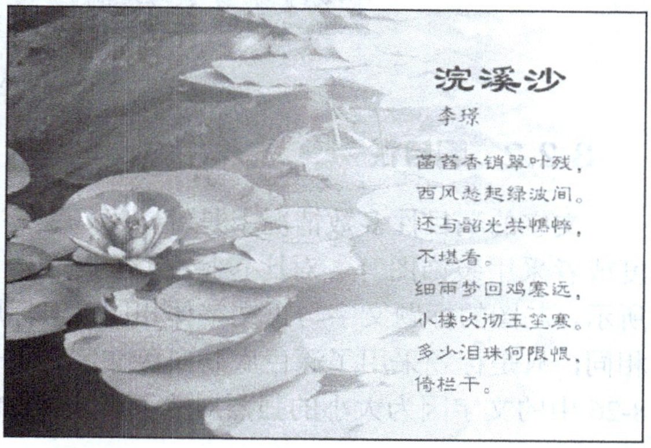

图 8-21　背景图作淡出效果

如果文字的底图是纯色的，则要考虑文字的颜色和背景颜色的对比。通常是把浅色文字写到深色背景上，或者把深色文字写到浅色背景上，如图 8-22 所示。如果不知道如何选择颜色，则可以选择同一色相，比如在浅褐色的背景上输入深褐色的文字，然后添加文字的白色描边即可。

有时候文字的易读性还受到挑战，文字的设计逐渐向易读的极限逼近。如图 8-23 所示，文字的呈现方式有时候是残缺不全的，只呈现某一部分，或者文字颜色融入到背景色中，或者采用特殊的排列方式等。这些文字的设计方式增加了辨识的难度，但信息的传递并没有受到影响。

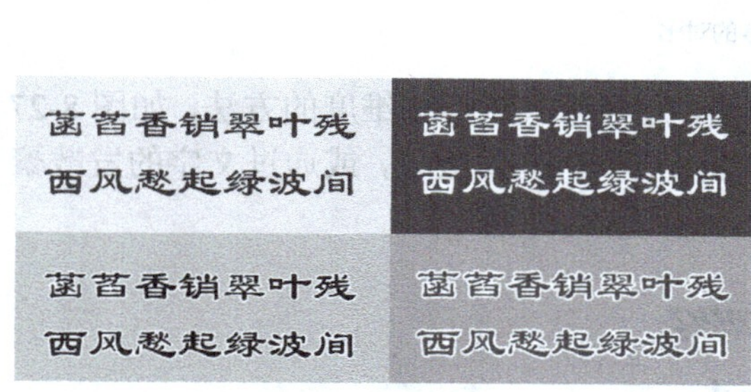

图 8-22　文字颜色和底图颜色形成对比

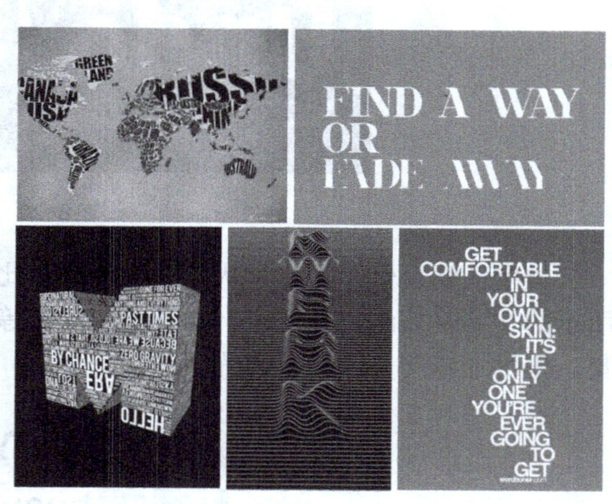

图 8-23　文字易读性被破坏

文字的内容重要还是形式重要，是由设计的主题来确定的，有时候为了追求形式，文字不再追求易读性。如图 8-24 所示，这幅图中的小文字已经看不清具体的内容，只是用文字的排列形式表达主题。

图 8-24 小文字不可读

8.2.2 瞩目性

文字的瞩目性多数情况下是针对标题文字而言的，采用的手法通常是加强对比、增加维度或者采用装饰图等。对比包括字体的对比、颜色的对比、大小的对比等方面。如图 8-25 所示，左图的标题文字与正文字体相同，但标题尺寸明显大于正文文字。右图的内容与左图相同，只是标题采用了深色底、白色文字，进一步强化了与正文的对比，更加引人注目。图 8-26 中的文字因为大小的强烈对比而意义更加鲜明。

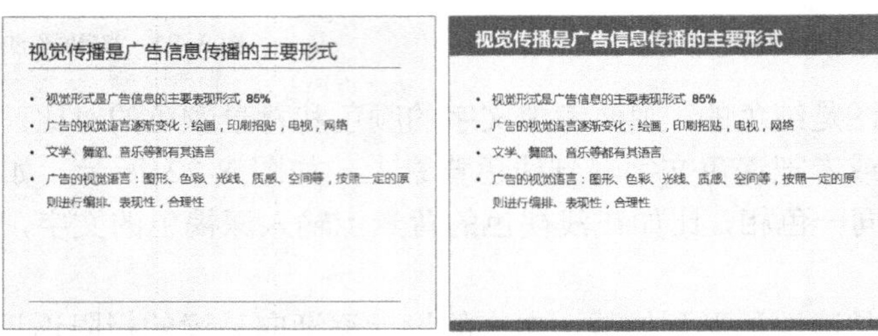

图 8-25 标题文字与正文文字形成对比

图 8-26 文字的对比

文字的瞩目性除了文字大小、颜色等对比手法，还经常采用增加维度的方法，如图 8-27 所示的文字是三维立体文字，或者通过投影等方法形成一种立体效果，或通过文字的发散聚集，来增加维度，吸引注意力。

图 8-27 增加文字的维度

8.2.3　一致性

这里的一致性主要指的是内容和形式要和谐一致，共同作用于主题的信息传达。如图 8-28 所示，“我有一所房子，面朝大海，春暖花开”是诗句，充满美丽忧伤的文艺调，选择“文鼎霹雳体”就不合适，可以选择“方正清刻本悦宋简体”。“富强民主文明和谐”等口号类的文字，要有力量，因此选择“方正悠黑简体”就要比“方正瘦金书”合适。除了字体之外，其他的一些表现形式，比如文字笔划的拉伸、共用、装饰等手法，都要传递主题信息，不要喧宾夺主、画蛇添足。如图 8-29 所示的平面广告中，女性服装“秋水伊人”广告中的文字显得柔美浪漫，而男性服装“利郎”广告中的文字则突显简约稳重的特点。

我有一所房子 面朝大海，春暖花开	我有一所房子 面朝大海，春暖花开
富强 民主 文明 和谐 自由 平等 公正 法治 爱国 敬业 诚信 友善	富强 民主 文明 和谐 自由 平等 公正 法治 爱国 敬业 诚信 友善

图 8-28　文字内容与形式的一致性

图 8-29　广告中的文字设计

8.3　文字的设计方法

文字的设计方法包括文字笔划的设计和文字结构的设计，具体来说有笔划共用、笔划的删除、笔划拉长缩短、笔划的装饰、正负巧构、图片文字、渐变文字、套环文字、文字的分割重组等，图 8-30 列举出了常见的文字设计效果。在第 2 章讲过图片字、套环字，第 4 章中讲过渐变文字，第 7 章中讲过笔划的连接、透视文字、立体文字，在此讲解分割重组文字、笔划、正负相关文字、笔划的图形化、双色文字、描边文字的设计过程和方法。设计这些文字可以用 Photoshop，也可以采用 Illustrator 等其他软件，在此只选择一种软件讲解。

图 8-30　文字的设计实例

8.3.1　分割重组文字

分割重组文字是把原有的字号较大的文字进行切割，删除中间的某一部分，然后在删除的位置补充添加字号较小的文字，如图 8-31 所示。

实现步骤（使用 Photoshop 制作）

（1）输入并栅格化文字。使用 Photoshop 在图片上输入文字“瞬间”（方正悠黑简体），放大文字，在文字图层，栅格化文字，把文字图层变成普通的填充图层。只有把文字图层栅格化，才可以选择文字的部分区域。

（2）选择文字局部，删除，并输入小文字。如图 8-32 所示，在文字中创建一个矩形选区，删除。创建的矩形选区要和输入的小文字的尺寸合理匹配，如图 8-33 所示，选区太小则显得拥挤，选区过大文字太小，则会影响文字的整体效果。

图 8-31　切割重组文字实例

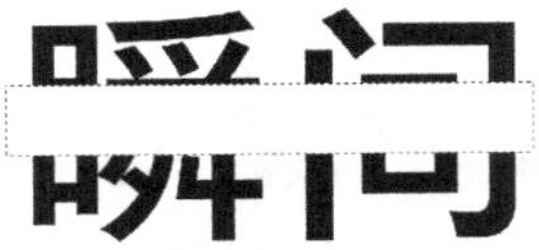

图 8-32　选择并删除部分文字

图 8-33　选区尺寸与文字尺寸的配合

（3）适当调整背景图的亮度。在本例中，要把背景图调暗，这样文字才能突出显示。

特别提示

文字分割的样式是多种多样的，本例中采用矩形水平分割，也可以采用竖直分割、倾斜分割、圆形分割等多种样式。

8.3.2　文字的笔划修改

文字笔划的修改包括笔划的拉长、缩短、删除、共用、加粗、变细、连接、图形化、装饰、变色等多种方式，目的是为了丰富文字的形式，与文字本身的含义吻合，或者传递企业或产品的信息。如图 8-34 所示，“shopping” 中的字母 o 和字母 i 上面的圆点被图形替换，使得文字更加生动形象。延伸思考一下，如果不修改字母 o 和字母 i，而修改字母 pp，用圆圆的眼睛或笑脸等图形来替换，也是很好的选择。

实现步骤（使用 Illustrator 制作）

（1）输入文字并创建轮廓。使用 Illustrator 输入文字“shopping”（字体是 Bryant-Medium），放大文字。选中文字，右键，选择“创建轮廓”，把文字变成普通的图形，如图 8-35 所示。只有创建轮廓，文字才可以进行局部的修改。

图 8-34　文字笔划的图形化实例

图 8-35　文字创建轮廓变成图形

（2）取消文字编组，删除字母并添加图形。文字创建了轮廓之后，所有字母是一个组合。选中这一组合，右键，取消编组，则每个字母都变成独立的图形。删除字母 o 和 i 上面的圆点，用绘制好的图形来替换。

（3）组合对象。把替换好的图形和原有的字母重新编组，成为一个整体，制作完成。

创建轮廓特别重要，如果要制作笔画的拉伸，也同样需要将输入的文字创建轮廓，然后用“直接选择工具”  来修改节点，取消编组并重新排列文字，使得文字错落有致，如图 8-36 所示。如果要采用 Photoshop 修改文字笔划，则必须要把文字图层栅格化。

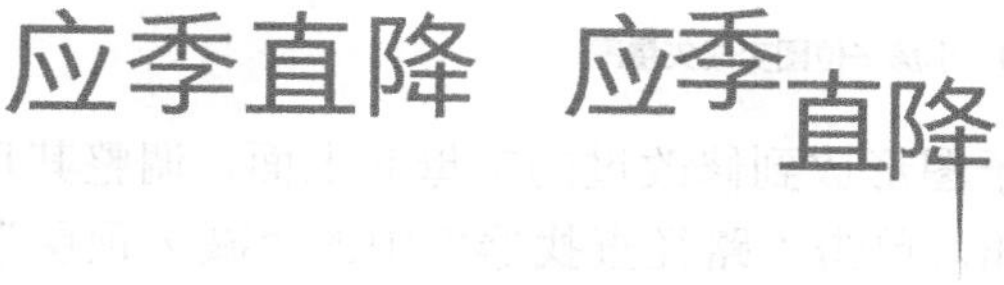

应季直降　应季直降

图 8-36　文字笔划的拉长

图 8-37　笔划的图形化

在输入文字时，要注意字体和图形搭配和谐。如图 8-37 所示，“创意”采用汉仪菱心体，去掉“意”最上方的一点，很自然地加入灯泡图形，使得灯泡和文字有整体感。

8.3.3　正负相关文字

对于文字设计来说，正形是指可以直观看到的笔划、结构等文字组成部分，负形则指其余空白处。负形也是文字的组成，负形影响着正形的存在，影响正形的美感。负形具有图形化的特征，可以增强和提升正形的品质感。正形和负形是一体的两个面，对立且融合。如图 8-38 所示，正形为单词 home，负形是小房子、眼睛、弯弯的嘴巴。与正形相比，负形更加具象，更容易识别和增加深刻的记忆，比较生动有趣。

图 8-38　正负相关文字实例

实现步骤（使用 Illustrator 制作）

（1）输入文字并创建轮廓，修改字母 h。使用 Illustrator 输入文字“home”（字体是 Arial 粗体），放大文字。选中文字，右键，选择“创建轮廓”，把文字变成普通的图形，并取消编组。针对字母 h，用钢笔工具  在其上绘制一个形状，使得 h 变成实心图形，单击“路径查找器”中的“联集”，把两个图形融为一体，如图 8-39 所示。

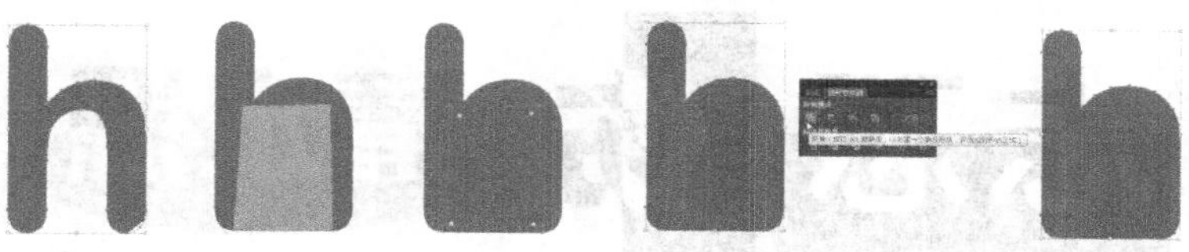

图 8-39　字母 h 的处理

（2）置入位图，并描摹成为矢量图。从网上下载一个小房子的图片，采用【文件】|【置入】命令，置入到 Illustrator 的环境中。选中此图片，单击“图像描摹”按钮图像描摹，如图 8-40 所示，把小房子的位图变成描摹对象，然后单击“扩展”按钮扩展，把位图变成矢量图。接下来在右键快捷菜单中选择“取消编组”，选中组合中的白色部分，删除，这时整个位图变成了只有黑色部分的矢量图，重新成组。

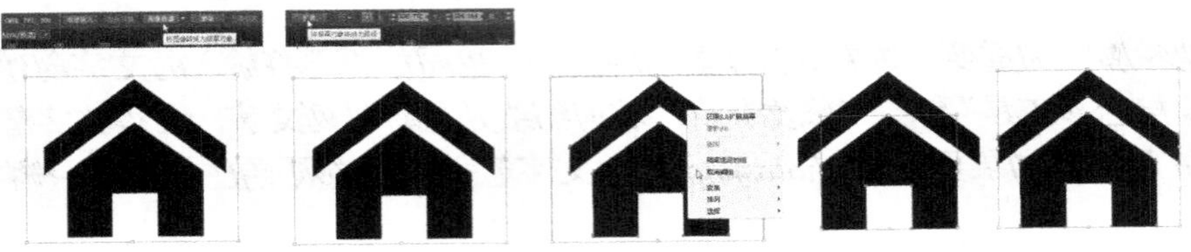

图 8-40　小房子位图变成矢量图

（3）把房子图形放到文字中。把房子图形放到修改过的字母 h 上面，调整其尺寸，一定要超过 h 的边缘，然后全选房子和字母 h，单击“路径查找器”中的“减去顶层”按钮，如图 8-41 所示，得到正负图形。小房子是从字母 h 中删除的部分，是空白区。

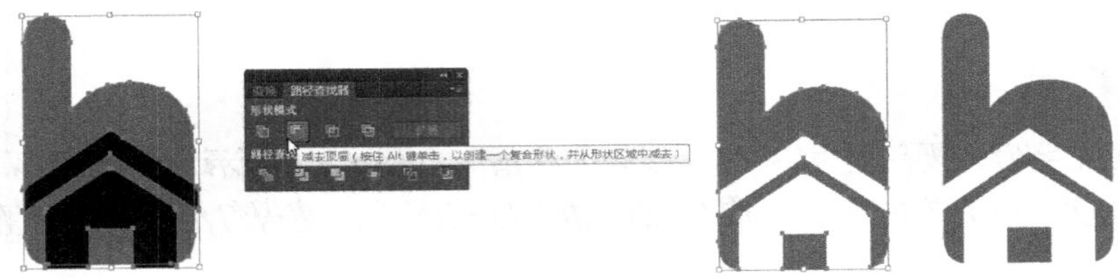

图 8-41　字母 h 和房子的正负相关图形

（4）同样的方法制作笑脸字母 o。

从制作过程来看，字母 h 和 o 的正负相关图形，是在原有的字母中删除了房子、眼睛、嘴巴部分，而不是添加白色的图形，因此即使改变背景的颜色，home 也都是正负相关图形，如图 8-42 所示，可以看出添加和删除的区别。

图 8-42　图形的添加和删除对比效果

8.3.4　双色文字

双色文字在颜色搭配上使用了上下呼应或者左右呼应的方法，我中有你，你中有我，相互配合。如图 8-43 所示，“忐忑”是水平分割的黑白文字，“伤”是垂直分割的黑白文字，“清水源”是椭圆分割的蓝白文字。

图 8-43　双色文字实例

实现步骤（黑白文字使用 Photoshop 制作，蓝白文字使用 Illustrator 制作）

（1）黑白文字。在 Photoshop 中，把背景填充纯白色，输入纯黑色文字“忐忑”（字体是方正悠黑简体），调整合适的大小。合并文字图层和背景图层，采用矩形选框工具，选中下半部分区域，采用快捷键【Ctrl+I】，把这部分区域的颜色反相，即原本的白底黑字变成了黑底白字。“伤”的做法基本相同，只是需要选中左侧的部分选区，反相。

（2）蓝白文字。在 Illustrator 中，输入蓝色文字“清水源”（字体是方正综艺简体），创建文字轮廓。绘制和文字同样颜色的椭圆形，把位置移动到文字下半部分，如图 8-44 所示，同时选中椭圆和文字，单击【路径查找器】中的“差集”，即减去交叉的部分。

图 8-44 蓝白文字的分割

这种做法是把文字的下半部分删除，实际上并不是白色。如果真正要把下半部分填充白色，则需要单击【路径查找器】中的“裁剪”按钮▣，得到下半部分，填充为白色，如图 8-45 所示，然后把白色图形叠加到图 8-45 最后的效果图上。

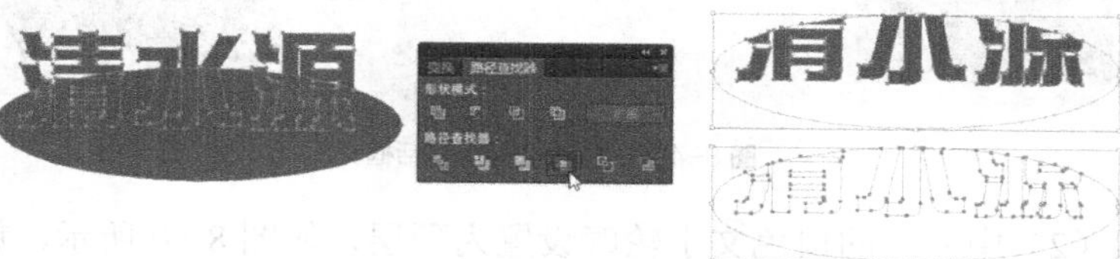

图 8-45 把文字下半部分改成白色

特别提示

在 Photoshop 中采用反相的方式只适合黑白文字这样本来颜色就相反的文字，如果是制作蓝白文字、绿白文字（蓝色和白色、绿色和白色不是相反的颜色），则需要通过选区来选择出文字的某个部分，重新修改颜色。

8.3.5 描边文字

文字描边可以增加页面的层次感，描边文字具有统一的外观，成为一个整体，并形成与底图的分离效果，如图 8-46 所示，“动漫形象设计大赛”就是描边文字。

实现步骤（使用 Illustrator 制作）

（1）输入文字并创建轮廓。在 Illustrator 中，绘制一个矩形，填充浅橙色（C=22%，M=22%，Y=32%，K=0%）。然后输入白色文字“动漫形象”和“设计大赛”，字体是方正综艺体。选中所有的文字，在右键快

图 8-46 描边文字实例

捷菜单中选择【创建轮廓】命令，如图 8-47 所示，并采用倾斜工具作成倾斜的形状。

（2）复制文字轮廓图。复制上一步的文字轮廓。这一步是为了保留文字的形状。

（3）添加描边。把描边的颜色设置为深棕（C=60%，M=90%，Y=100%，K=40%），选中步骤（1）中的文字轮廓，打开【描边】面板，如图 8-48 所示，设置描边的粗细为 6pt，设置连接限制数值为 1，其余采用默认。这时白色的文字看不到了，只看到了粗粗的描边。

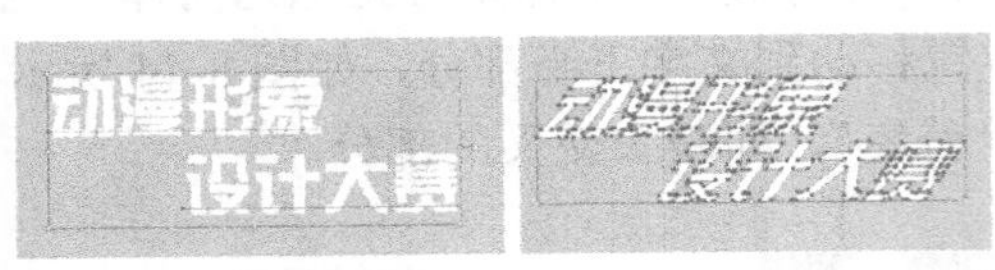

图 8-47　输入文字并创建轮廓

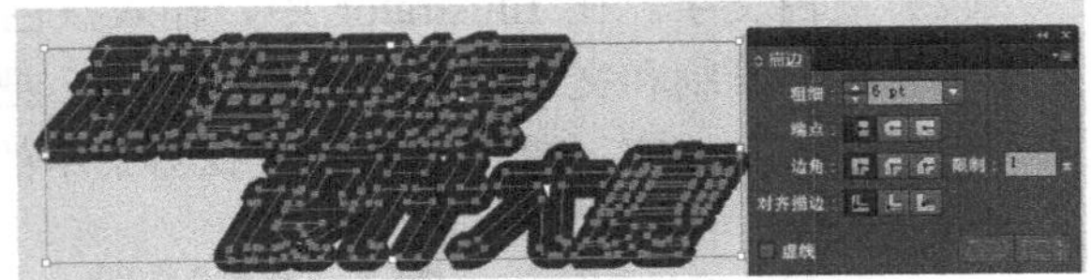

图 8-48　“描边”设置

除了这种方法，描边效果还可以通过菜单命令【效果】|【路径】|【位移路径】来进行设置。选中文字轮廓之后，采用【效果】|【路径】|【位移路径】命令，打开如图 8-49 所示的对话框，设置位移数值为 1mm，斜接限制为 1，并选中“预览”选项，也可以得到扩展的路径效果。这时的文字还是白色。修改其填充色为深棕。

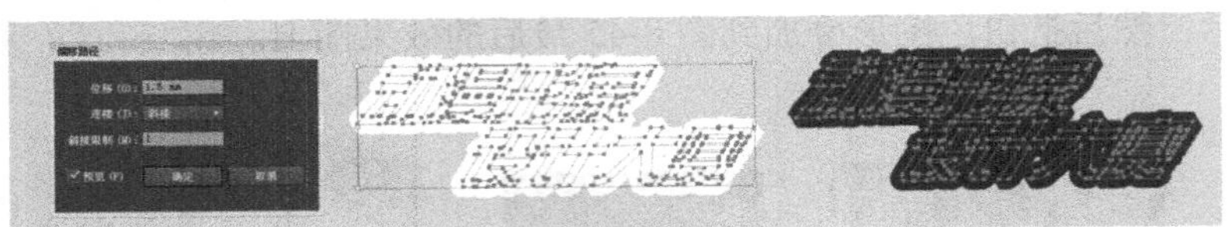

图 8-49　“偏移路径”对话框

（4）把步骤（2）中复制的白色文字轮廓设置为顶层，如图 8-50 所示，放置到步骤（3）制作的深棕色文字上方即可。

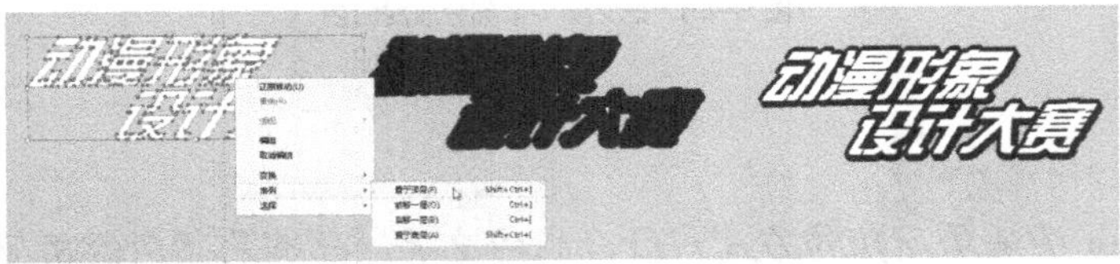

图 8-50　把白色文字副本放置到深棕色文字上方

8.4 文字的编排设计

8.4.1　字距、行距、分栏

字距，指的是同一行中文字之间的距离。行距指的是行与行之间的距离。把握字距、行距，不仅是阅读功能的需要，也是形式美感的需要。在 Photoshop 或 Illustrator 中每种特定的字体和尺寸，其字距和行距都是计算机事先设定好的。在编排文字时，我们可以改变默认的字距行距，以求实现最佳的形式表现。较小的字距和行距会产生一种整体、紧密的视觉效果，然而字距行距太小，会显得混乱，增加阅读的难度。拉大字距和行距，会使得单个文字回归到“点”，排列显得精致、优雅，但太大的字距和行距，也会降低阅读的速度，甚至混淆文字的横竖排列方式。如图 8-51 所示，呈现了不同字距行距的效果。这些段落文字是在 Ilustrator 中输入的，字体是方正准圆，字号是 8.5pt。段落 1 是默认的字距行距，行距是字号的 1.2 倍，是 10.2pt；段落 2 是把行距设置成 9pt；段落 3 是把行距设置为 12.5pt，字距设置为 50；段落 4 和段落 3 的行距一致，但字距设置为 600。比较这四个段落的显示效果，段落 3 是最容易阅读的。

在设计时，要根据主题意图和整体编排的效果来确定字距和行距。如图 8-52 所示，最下面的小字“陪伴是最温情的告白”拉大了字距，与上面的标题文字形成了对比。

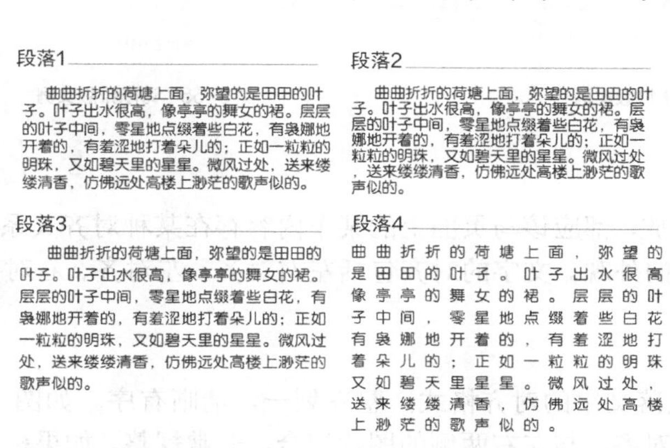

图 8-51 不同字距行距的显示效果

图 8-52 文字不同字距的效果

通常，拉大行距要比增加文字大小更能造就清晰流畅的阅读效果，这一点在 PowerPoint 页面中尤其明显。如图 8-53 所示，右图比左图更容易被学习者所接受。

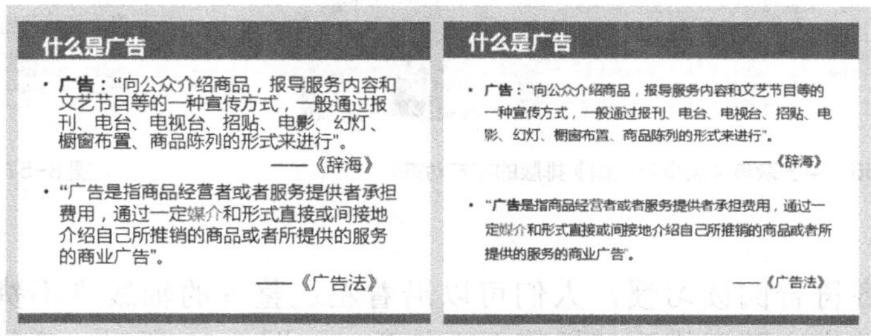

图 8-53 PowerPoint 页面中的行距处理

文字的分栏是为了消除文字行宽过长带来的疲劳和紧张，提高阅读效率。这一点可以从报纸、杂志排版中得到启发。在文字编排中每一行到底多少文字合适呢？这与人的视野、文字的意群长度以及阅读媒体本身有关系。人的阅读视野决定文字数的上限，合适的文字数应该能保证人在阅读时不必动头部，只需要眼球做非常小的移动就能完成阅读，所以每行的文字不能太多。对于长篇幅的文字段落进行分栏处理，根据版面的大小通常分为 2～4 栏，会使得阅读舒服高效，如图 8-54 所示，内容被分成了整齐均一的 4 栏。有时正文是以不规则的折线分栏，依然能够保证文字的顺利阅读。

文字的意群长度决定着文字数的下限，比如诗歌的编排通常是一句一行，中间不加标点，如图 8-55 所示。无论使用哪种阅读媒介，人们的阅读习惯都需要文字离边界有一定的距离，文字不能紧贴边缘。

雨雪天上学，灵活安排更应有规可循

□钟倩

图 8-54 《齐鲁晚报》排版实例

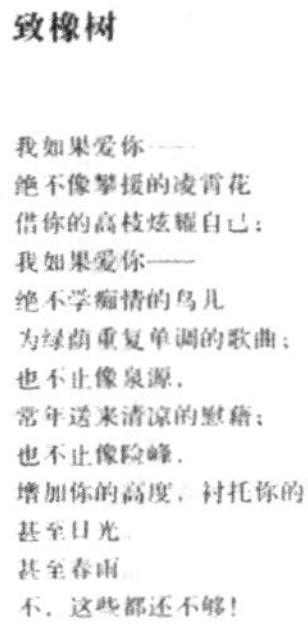

致橡树

我如果爱你——
绝不像攀援的凌霄花
借你的高枝炫耀自己；
我如果爱你——
绝不学痴情的鸟儿
为绿荫重复单调的歌曲；
也不止像泉源，
常年送来清凉的慰藉；
也不止像险峰，
增加你的高度，衬托你的威仪。
甚至日光，
甚至春雨。
不，这些都还不够！

图 8-55 诗歌排版实例

8.4.2 文字编排的对齐

任何文字都不能在页面上随意安放，都应该与页面上的某个内容存在某种对齐关系，这样才能建立起条理清晰、精巧、清爽的外观。文字的对齐包括左右对齐、左对齐、右对齐和居中对齐。

1．左右对齐

文字左右对齐是最常用的中文段落文字的对齐格式，整齐划一，清晰有序。如图 8-56 所示，分栏的两个文字段落都是左右对齐，与左右两侧的图片配合，非常规整。如果标题和正文都采用同样的字体且都采用左右对齐，则可以采用不同的字号打破单一，丰富编排形式。如图 8-57 所示，标题文字较大，体现了层次关系。

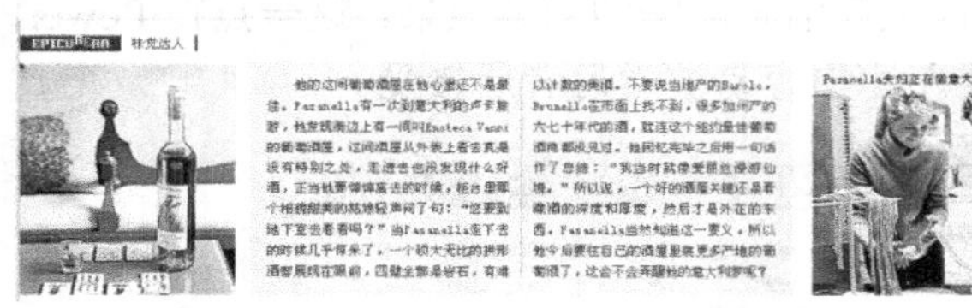

图 8-56 电子杂志《美食与美酒》排版的左右对齐

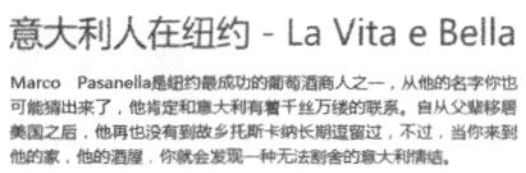

意大利人在纽约 - La Vita e Bella

Marco Pasanella是纽约最成功的葡萄酒商人之一，从他的名字你也可能猜出来了，他肯定和意大利有着千丝万缕的联系。自从父辈移居美国之后，他再也没有到故乡托斯卡纳长期逗留过，不过，当你来到他的家，他的酒屋，你就会发现一种无法割舍的意大利情结。

图 8-57 改变标题字号

2．左对齐

文字左边对齐符合阅读习惯，人们可以沿着左边整齐的轴线毫不费力地找到每一行的开头，而右侧的文字随意排列，规整而不刻意。如图 8-58 所示，广告的标题和正文都采用了左对齐方式，方便了阅读，也体现出了“云无心以出岫，鸟倦飞而知还”的浓浓人文情怀。

3．右对齐

文字右边对齐是与人们的视觉习惯相反的，每一行的起始位置不规则，是新颖而个性的编排方式，往往是为了与图形、照片形成呼应。如图 8-59 所示，页面正文的小字都是曾经的报纸栏目标题，右对齐排列，与左侧的明灯、明镜图片形成了呼应。

4．居中对齐

文字居中对齐是以中轴线为准，文字居中排列，左右两端字距可相等也可以长短不一。这种编排显得优雅、庄重、古典、严肃，但阅读不方便，适合文字较少的设计。如图 8-60 所示的两则房产广告，其标题和广告正文都采用居中对齐，彰显了房产的尊贵大气。

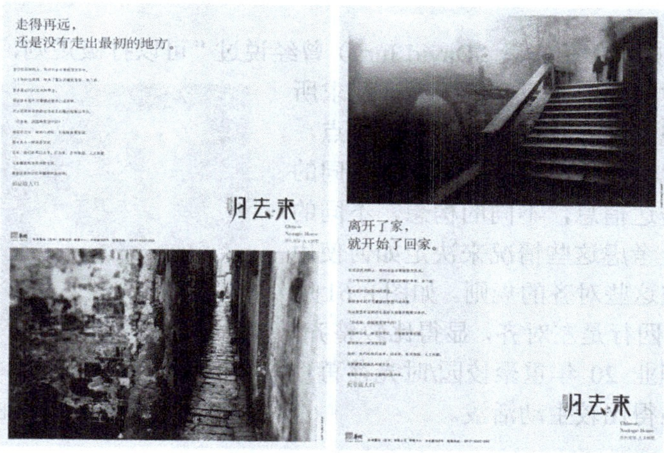

图 8-58　第 14 届中国广告节获奖作品

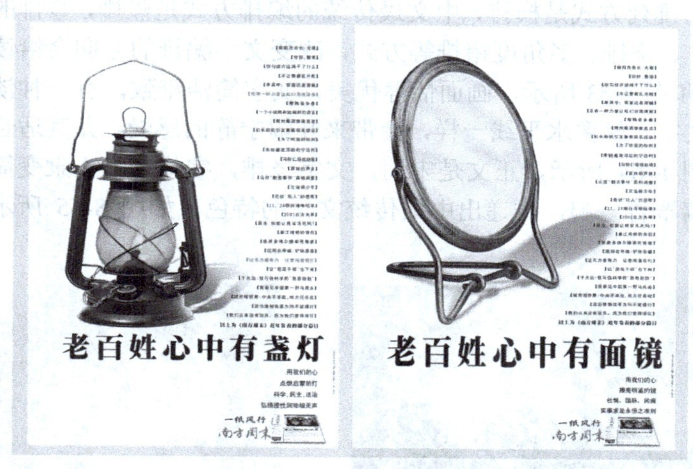

图 8-59　《南方周末》广告

图 8-60　文字中间对齐实例

5. 打破对齐

字体编排设计师戴维·朱里（David Jury）曾经说过“可以打破规则，但不能忽视规则”。无论是哪种对齐方式，都是我们根据设计要求所应该采用的编排规则。这些规则是设计的起点，方便衡量设计的优劣。每个设计主题都有不同的要求，有不同的传达信息，不同的构想，不同的受众，我们要综合考虑这些情况来决定如何使用或者放弃或者打破这些对齐的规则。如图 8-61 所示，图中的文字有四行是左对齐，显得比较整齐，而第三行文字“毕业 20 年重聚校园/时光荏苒”打破了左对齐，显得比较生动活泼。

图 8-61　毕业纪念册页面

8.4.3　文字编排的方向性

文字最常见的排列方式是横排，中文最传统的编排方式是竖排，竖排的文字有传统的味道。文字还有斜排、绕排、多角度错排等方式，改变文字编排的方向会给读者带来不一样的感受。如图 8-62 和图 8-63 所示，画面恬静优美，文字简洁雅致，有一种淡淡忧伤和文艺腔调。水平排列的文字，就像水平线一样，会带来开阔宁静的感受，尤其适合填写在画面大面积的空白上。如图 8-64 所示，正文是宋词，文字竖排，字体是方正隶变简体，与背景图中的廊柱黛瓦、白墙翠竹一起，传递出中国传统文化的特色。如图 8-65 所示的文字斜排，增添了画面的动感。

图 8-62　文字横排实例

图 8-63　文字横排实例

图 8-64　文字竖排实例

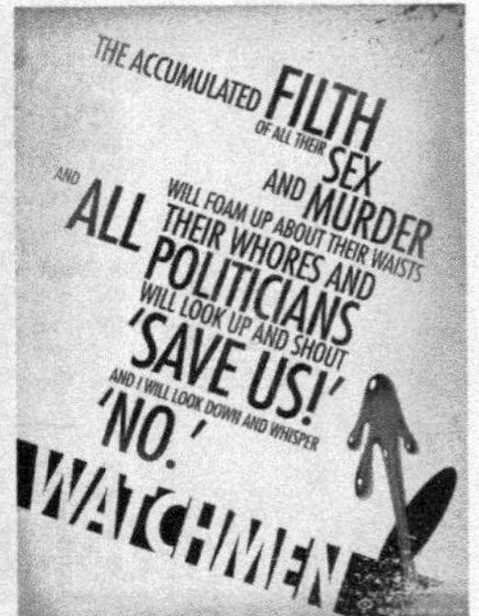

图 8-65　文字斜排实例

8.4.4　文字编排中的对比

拉大文字的对比，能够更好地区分信息在文本属性上的差异，常用的对比有粗细对比、大小对比、颜色对比、文字底色的对比、疏密对比等。对比还可以生成节奏感，用视觉表现信息的层级与主次关系，容易形成通畅的视觉流程。如图 8-66 所示的文字效果都是“淘宝网”的文字编排，上图的颜色和字体都未变，主要是文字大小的对比，而且最下方的“最炫格子风 缺衣不可”是白底黑字，更加强化了对比。下图中的“279”采用了颜色的对比和大小的对比，引人注目。图 8-67 通过颜色的对比、大小的对比、明暗的对比，不但丰富了文字编排的形式，而且产生了新颖的含义。

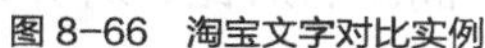
图 8-66　淘宝文字对比实例

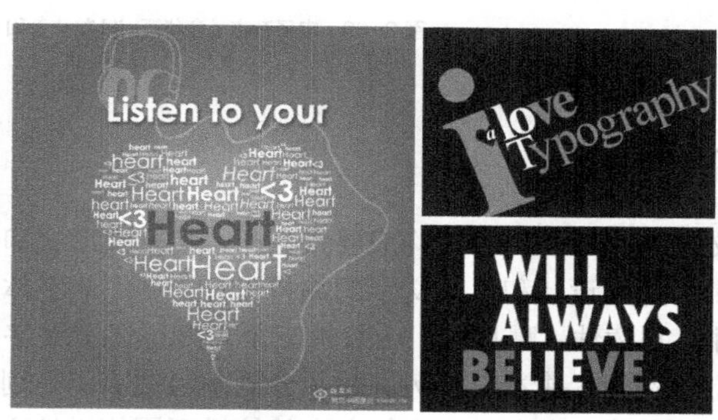

图 8-67　创意文字对比实例

8.4.5　文字编排格式的一致性

文字编排格式的一致性主要指相同功能的文字其外在形式要保持一致，或者风格一致。例如文字的间距、行距、颜色、字体、字号、添加的装饰效果等。这种一致性不仅体现在单张画面中，对于多页文档的设计更重要。格式的一致，其目的是形成统一的视觉效果。如图 8-68 是“唯品会”网站首页的一部分，“全球购物站”下面的六个站点的标题、分割线、底图风格都是一致的，只有文字内容和底图内容不同。同样的风格表示这六大站点的地位是一致的，没有主次轻重之分。如图 8-69 所示的电子杂志目录页面，其板块的标题文字、内容目录文字都是统一的，体现出明显的层级关系，使得读者在阅读的瞬间就能把握文字的分类。

图 8-68　文字编排一致性实例

图 8-69 电子杂志《奢华汇-IH 美味》和《易游人》目录

本章小结

文字作为平面设计的构成要素之一，其表现形式和排列影响着视觉传达效果。本章讲解了文字的外形设计和多个文字的编排设计。首先从字体、大小两个方面讲述了文字的基本属性，并从易读性、瞩目性、一致性三个角度讲述了文字的设计原则。本章列举了多种文字设计的方法实例，并着重举例讲解了分割重组文字、笔划修改、正负相关、双色文字、描边文字的设计方法。多个或者多行文字的编排要围绕设计主题，注意间距、对比、对齐，并沿着一定的方向排列，相同功能的文字的排列效果要保持一致。

课后练习

1．收集 10 张生活环境中的文字图片，亲身体验文字与生活、文字与设计之间的亲密关系，养成平日收集资料的习惯与方法。

2．在一张 A4 纸上，绘制 6 个 8 厘米×8 厘米的小图，在每个小图中设计一种文字，保存成 PDF 格式的文件，并彩色打印（采用 Photoshop 制作 3 种，采用 AI 制作 3 种）。

3．从下面的题目中任选一个题目，设计 3 种样式。新建文件的尺寸为 A4，文件保存格式为 PDF，并彩色打印。

（1）新品上市，秋装新品韩版个性时尚型男款长袖 T 恤，原价 299 元，尝新价 168 元，NEW PRODUCTS，AUTUMN SHIRT。

（2）波西米亚风情，热卖连衣长裙，夏季新款，甜美沙滩裙，Dress，Elegant。

这些文字是必须有的，无需加标点，可以添加横线、色块、色框、圆点、斜线等各种装饰元素。英文大小写随意。

Photoshop+Illustrator

9 Chapter

第 9 章 平面设计中的图形图像

学习目标

- 掌握图形图像的类别和特点。
- 掌握图形图像的表现方式。
- 掌握多个图片的常用排版方式。
- 掌握常用的图文排版方式。

人们常说“一张图胜过千字文”，这说明图形图像作为视觉语言的基本词汇，在信息传达方面具有直接、准确、迅速、高效等特性。本章主要介绍平面设计中图形图像的类别及特征，常用的处理方法，还有多图排版和图文排版方式，以期在平面设计中能够合理地使用图形图像，从而更好地发挥其特点，利用其优势。

9.1 图形图像的类别

9.1.1 手绘插画

插画是现代设计中一种重要的视觉传达形式，它运用丰富的手绘方法来呈现感性、多样的艺术风格。平面设计中的商业插画包括出版物配图、卡通吉祥物、影视海报、游戏人物设定及游戏内置的美术场景设计、广告、漫画、绘本、贺卡、挂历、装饰画、包装等多种形式，还延伸到现在的网络及手机平台上的虚拟物品及相关视觉应用等。插画可以作为文字的有效补充，使文字意念变得更明确清晰，让人们得到感性认识的满足，不仅能够传递企业或产品的信息，还能体现出人文气质和艺术品位。Aeppol 童话风格的插画，表达出浪漫、唯美、温馨的情感态度，如图 9-1 所示。

图 9–1 Aeppol 的插画

商业插画的基本功能就是将信息简洁、明确、清晰地传递给观众，展示生动具体的产品和服务形象，引起观众的兴趣，并使之在审美的过程中欣然接受宣传的内容。图 9-2 所示的肯德基平面广告就采用了手绘插画的方法，轻松有趣，给鸡块和汉堡赋予了形象和角色，增添了画面的亲和力和感染力。

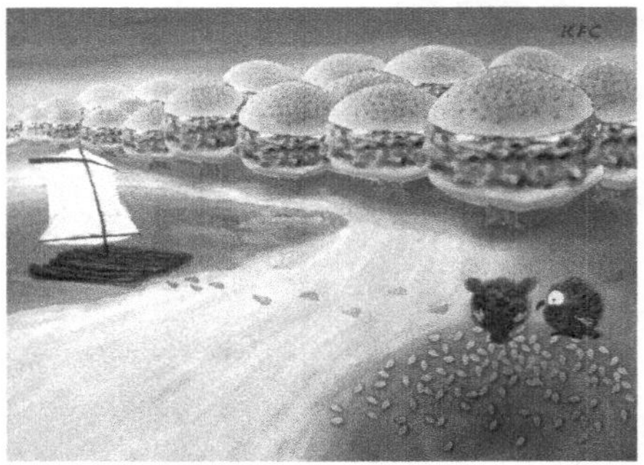

图 9–2 肯德基插画广告

在插画的绘制过程中，可以运用一切绘画手法。比如在图 9-3 的茶叶包装设计中采用了中国的书法做标题，国画作背景图，并加入了祥云、纹样等元素，体现了中国特色。中国画和书法经常用于表现中国传统的建筑、文化、茶叶、丝绸、美食等题材的设计中。

图 9-3 普洱茶包装设计

平面设计中使用的插画不仅在艺术性的表现和情感的渲染上有一定优势，而且更适于对平面设计中的一些抽象概念进行视觉化表述。摄影图片无法展现的内部结构图、生产流程图等，也可以采用插画的形式来清晰地再现。利用插画还可以清除与主题无关的形象，更清楚地为广告目的服务。

9.1.2 摄影照片

摄影是指使用某种专门设备进行影像记录的过程，它可以把日常生活中稍纵即逝的平凡事物转化为不朽的视觉图像。摄影照片因为其超强的真实感、直观性而具有很强的说服力。随着摄影技术的日渐发展，摄影照片已经变得越来越富有表现性和创造性。在广告设计中，采用摄影照片可以展示产品的丰富细节与场景，通过对摄影照片的处理、加工，可以使照片满足所有的创意表达。图 9-4 所示的香水广告，代言人和背景色一致采用金色，体现了产品的华丽与尊贵。图 9-5 所示的手表广告中，用摄影照片展示了手表的优越品质和精湛工艺。

图 9-4 迪奥香水广告

图 9-5 时度手表广告

有时候为了增加设计的艺术效果，又不削弱对产品细节的表现，我们可以把摄影照片与插画结合起来。如图 9-6 所示的肯德基广告中，蛋挞和面包依然采用摄影照片体现其真实感，其他元素则采用插画表现，强化艺术表现力。

在美食、旅游、时尚类画册的设计中，摄影照片是主体，如图 9-7 所示。在这类视觉杂志中，需要大量富有感染力的照片打动观众，使观众仿佛身临其境。

图 9-6　摄影照片和插画结合（肯德基广告）

图 9-7　电子杂志页面

9.1.3　抽象图形

抽象图形是将自然形象进行概括、提炼、简化而得到的形态，例如点、线、面等几何形和不规则有机形等。它们各有自己的形态和特征，在设计中各自有其功能，在第 10 章中会专门详细讲解。抽象的图形在画面中通常不是主角，但它们能起到烘托主题、划分版面、营造气氛、引导视线等作用。如图 9-8 所示，两幅图中的底色增加了画面的层次感，色块的边界线和绘制的线条则起到划分版面、分类信息的作用。在图 9-9 中，背景图上的各种曲线更好地营造出了冬奥会冰上项目的动感、速度感以及流畅的美感。

图 9-8　利用面和线条划分版面

设计中所需的图形图像可以手绘或者利用绘图工具进行创作，或拍摄照片，也可以利用已有的丰富的网上素材。随着网络技术的普及和发展，网络共享资源越来越丰富。各式各样的图片素材网站、多样的图片搜索引擎、各种方便的图片下载工具，可以使我们从网络上方便地获取所需的图形图像。网络上海量的图片素材为平面设计提供了优秀的资源，也能更好地开拓了设计的视野，为设计提供了更多的灵感。但是在使用网络图片进行商业设计时，要考虑图片的分辨率是否合适，还要考虑网络素材的版权问题。

图 9-9　温哥华冬奥会海报

9.2 图形图像的表现形式

设计中使用的图像通常有方形图、轮廓图、退底图、合成图、边框图、出血图等形式，我们要根据不同的设计情境选择恰当的形式。

9.2.1　方形图

方形图是以直线边框来限定面积的一种图像表现形式，宽高比可以根据需要进行设定。照相机的取景框是方形的，绘画的纸张是方形的，软件绘图编辑窗口也是方形的。在真实再现方面，方形图可以更好地保留图片的全貌。在版式设计方面，利用方形图可以划分版面的结构。对于方形图的剪裁，需要兼顾图片内容的展现、作品尺寸和比例（裁剪方法见第 6 章）。图 9-10 所示的杂志页面中采用的都是方形图，中规中矩，整齐划一，整个页面的版式比较稳定。当方形图较小时，可以采用网格版式排列，或者采用不同的尺寸，或者散点排列。如图 9-11 所示，这样的处理给刻板规整的版式增加了些许随意感。

图 9-10　方形图（杂志页面）

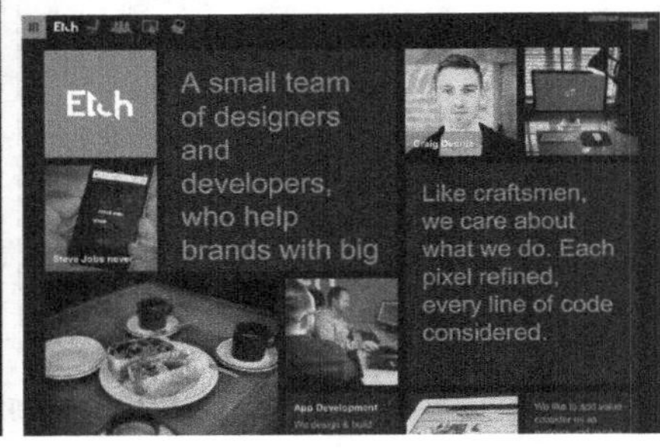

图 9–11　网格版式（网页）

当方形图较小时，我们也可以把方形图当成“点”，用多个方形图组成新的图形或者文字，如图 9-12 所示，多期杂志封面组成一个 S 形。

图 9–12　多个小方形图的重组

9.2.2　退底图

退底图也叫抠图，是将画面中主题图形沿着边线进行抠取，并删掉原有的背景。使用退底图，一方面可以把图像中的重要信息从繁琐的背景中分离出来，以强调主体部分；另一方面，退底图形比较活泼、自由，能够与画面中的文字、色块等其他视觉元素互动，使得整体效果更加和谐统一。图 9-13 中，左图的咖啡杯删掉原有的背景，重组成一棵圣诞树的形状，整个画面呈现出红色的节日气氛。中间图片的男子是退底图，与精心设计的带有透视错觉的页面浑然一体。右图的梳子和房檐都是褪底图，在画面中左右呼应，活跃了画面。

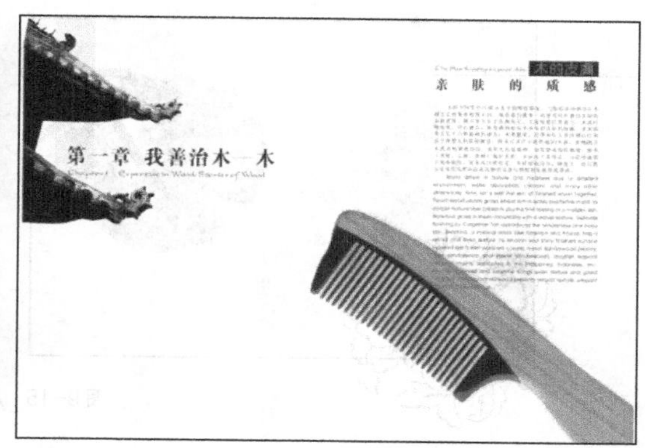

图 9-13　退底图

方形图和退底图各有其特点，方形图稳重，退底图活泼，在设计中应根据图像信息传达的需要和主题思想来选择图像的表现形式。在网页设计、画册设计、多媒体界面设计中往往都是综合利用这两种形式，依据不同形式图像的特点和属性做出合理选择。如图 9-14 所示的电子杂志页面，左图的盘子和右图的大门，都是退底图，形式感比较丰富，突出了各自的自由外形。小图片采用方形图，起到稳定整体画面的作用。左图中的小图片是对齐的关系，与右图中分散排列的小图片相比显得更稳定。

图 9-14　奢华汇电子杂志页面

很多在影楼拍摄的照片，其拍摄背景是人为创设的，这跟用退底人像进行合成有相似之处，虽然环境各有特色，但缺少了真实感。各领域中有特别意义的人物都不适合用退底图来表现，最常用的是方形图和出血图的形式。因为退底图体现出的自由轻快的印象，不够严肃庄重，会减轻他们的存在感。我们回想一下时政、军事、经济等各类报刊、杂志的图片排版就能进一步理解这么做的原因。娱乐明星在适当的页面中可以采用退底图。

退底图在 Photoshop 软件中可以采用多种办法来创建，比如各种选区工具、蒙版、通道、路径等，要根据图像的具体情况来选择。

9.2.3　轮廓图

轮廓图的图形边界既不是方形，也不是退底图所呈现的图像的自由外形，而是居于这两者之间的多种特殊的轮廓形式，既无需抠图，又具备丰富的形式感，比如圆形、多边形等几何形，也可以是树叶、人形、文字等有机形，还可以是喷溅、撕裂等偶然形。如图 9-15 所示的人像照片的边界是圆形，右图是六边形，画面形式比方形图丰富。

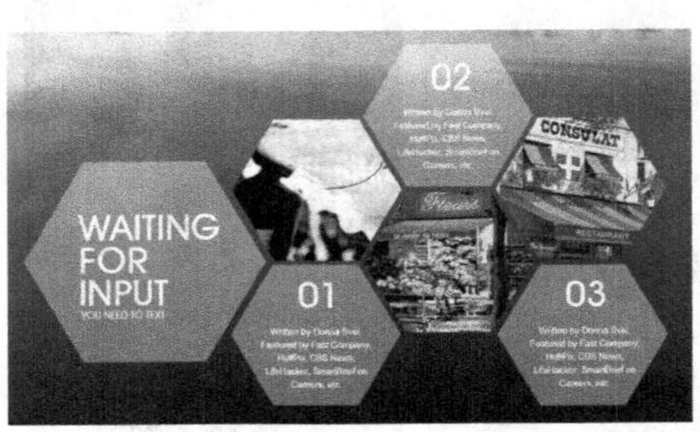

图 9-15　几何形轮廓

图 9-16 是温哥华冬奥会的海报，以加拿标志性的枫叶为主元素，体育的韵律美通过线条的变化体现出来。

图 9-16　枫叶轮廓

在电影或音乐会的海报设计中经常会用人物的轮廓作为主体图像的外形。如图 9-17 所示，海报的主体轮廓都是迈克尔·杰克逊的招牌动作，具有超强的视觉冲击力。

图 9-17　人形轮廓

图像主体采用偶然形的边界会增加画面的随意和自由感觉。如图 9-18 所示的电子杂志页面，采用书法中的“飞白”笔法，随性而艺术。

图 9-18　偶然形边界

无论是方形图、轮廓图还是退底图，在印刷输出时，如果图片超出文件的页面边界，则是印刷“出血图”，就要考虑图片的尺寸要超出边界一定的数值（通常是 3mm），以备裁剪。

9.2.4　边框图

为图形图像添加边框，往往是在方形图或者轮廓图的基础上添加的，边框可以增加画面的层次感。图 9-19 中人像照片添加了边框，边框的颜色隔离了人像照片和背景，使得人像从背景图上突现出来。

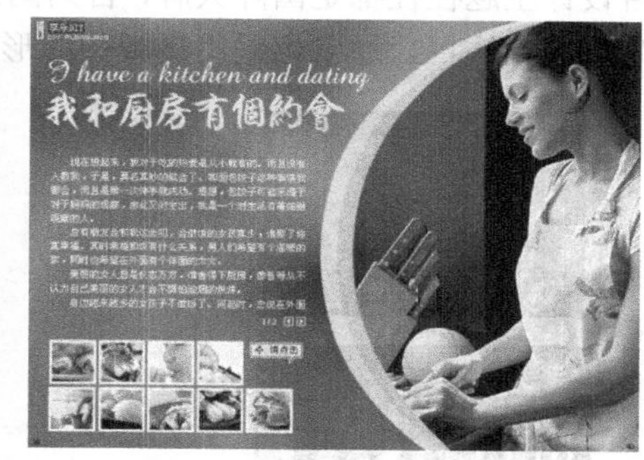

图 9-19　边框色隔离主体和背景，增加层次感

图形图像上的边框还可以使图片具备统一的外观特征，统一的表现风格，体现相似的功能性。如图 9-20 左图所示的三张小照片都是方形图加边框，地位平等。右图的三个圆形小图都添加了边框，虽然大小各不相同，但同样颜色的边框消减了它们之间的差异性。

图 9-20　边框统一的图片的外观

在 PPT 设计或者画册设计中，也经常会遇到多个元素的处理和排列问题。对于同类或同级的多个元素，就经常采用统一的边框，以增强画面的整体感，如图 9-21 所示。

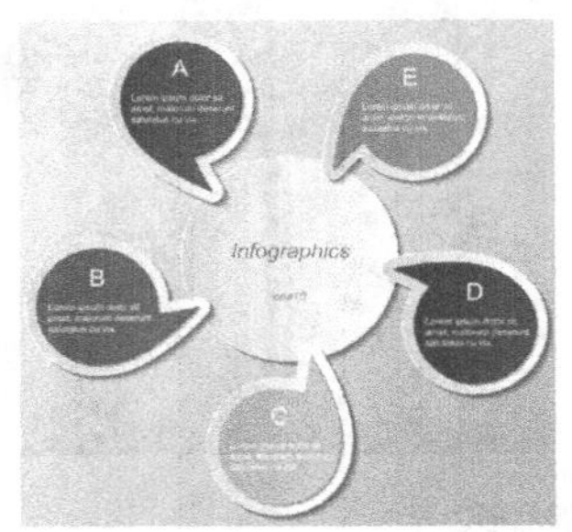

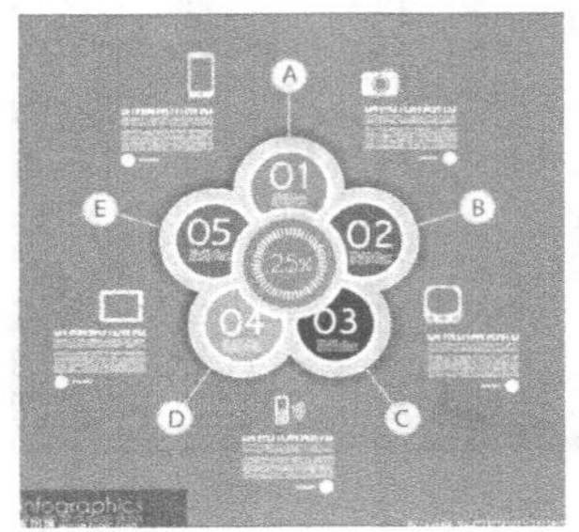

图 9-21　外框增加了多个元素的整体性

9.2.5　满版图

满版图是方形图的特殊形式，指一张图片占据整个版面，图片可以是人物形象也可以是创意所需要的特写场景，在图片适当位置直接加入标题、说明文字或标志图形。满版图可以有效增强图形图像的视觉冲击力，更好地表达设计主题。如图 9-22 所示的 Gucci 手表广告，画面中文字极少，主要依靠满版的产品来增强视觉冲击。图 9-23 则用了代言人和产品照片。这类广告设计主题往往都是国际大牌，否则图片无法掌控画面的强大气场。很多时尚类杂志的封面为了引人注目，通常也采用满版图的形式。

图 9-22　满版图（Gucci 手表广告）

图 9-23　满版图（Chanel 广告）

9.3　图片之间的关系

在设计中，多个图片之间的编排主要有对齐、叠压、散点排列等形式。

9.3.1　对齐

对齐是指在设计版面中，以一定的结构线为基准，使得所用图片对齐基线的编排方法。多个图片的对齐会呈现出整齐、有序的视觉效果。图片之间的对齐关系主要是针对方形图来说的，如图 9-24 所示，小图片尺寸一致，且在水平方向或者垂直方向上保持对齐，页面呈现出统一的外观和秩序感。

图 9-24　方形图的对齐

在设计时，要注意各种图片形式的配合使用，在统一之中体现变化。如图 9-25 所示，左图小图片之间保持对齐，与大图片形成了对比。右图的小图片虽然大小一致且对齐，但与标题栏和网页底部的黑色矩形形成了对比。

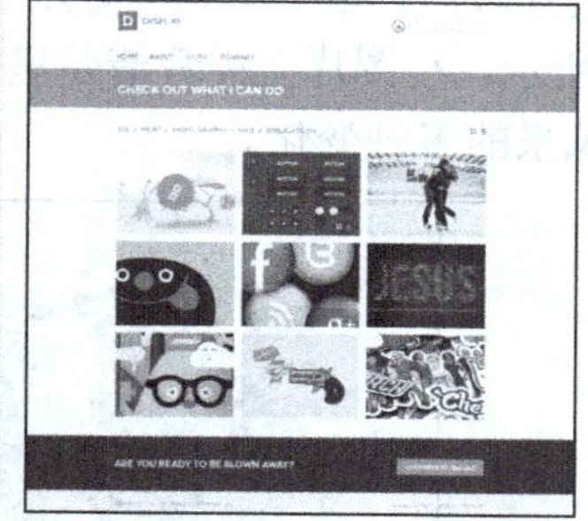

图 9-25　局部对齐，整体对比

在 Photoshop 或者 Illustrator 中制作图片之间的对齐，可以采用参考线，也可以利用【对齐】面板。有时候图片之间对齐不一定是水平或者垂直对齐，也可以沿斜线对齐。如图 9-26 所示，这两个图中的小图片都是倾斜排列，既能削减水平或垂直对齐带来的刻板整齐的感觉，也能增加自由与动感。

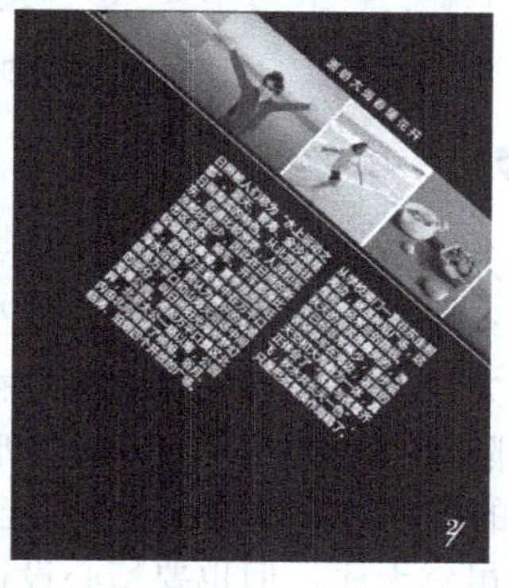

图 9-26　对齐并倾斜排列

9.3.2 叠压

把图片叠压摆放，可在版面中形成图片的前后空间关系，增加层次感，形成轻松随意的视觉效果。在这种编排方式中应当注意，叠压时切勿掩盖住图片中传达信息的重要部分。如图 9-27 所示，左图四张方形小图片彼此叠压且方向不同，能在有限的空间内呈现出活泼轻快的视觉感受。这种排列与对齐相比，更随意、更生动。图 9-27 的右图是三块手表的退底图，彼此叠压却并未失去产品各自的外观形象，图片尺寸前大后小，更能体现页面的层次与空间感。

图 9-27 图片的叠压体现层次感

有时图片尺寸较小，多个小图片叠压是为了体现整体效果，并不刻意追求小图片的可读性。如图 9-28 所示，小图片无需看清楚里面的内容，多个小图片的叠加聚集成为一个整体，只是为了呈现风景的多种变化。

图 9-28 图片的叠加形成整体

9.3.3 散点排列

散点排列也叫做分散排列，是指多个小图片以散点的形式分布在设计版面中。这种排列方式可以增强版面的动感和随意效果。运用散点排列方式，需要注意图片的大小和间距的疏密关系，以及排列的方向，是否形成了清晰的视觉传达流程。如图 9-29 所示，这四个图中的小图片就是画面中随意摆放的点，不管是方形图、退底图还是轮廓图，都率性排列，打破了常规、理性、规则的排列方式，充分体现了自由、活力，使得整个画面更具动态感和空间感。这些分散的元素虽然无序，但也要精心设计，主次搭配，才能使得形散神不散。

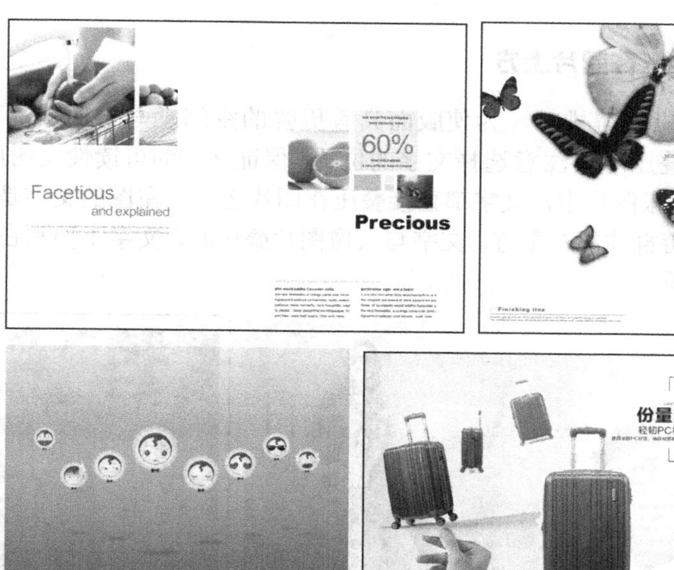

图 9-29　散点排列

9.4 图片和文字的关系

图片与文字都是平面设计的主要视觉元素，通常会以图文混合编排的形式出现在版面中。合理编排图片和文字的关系，才能使设计达到最佳的视觉传播效率和效果，形成更直观的视觉体验。常见的图片和文字的编排方式主要有文字与图片对齐、文字叠压在图片之上及文字绕图排列。

9.4.1 文字对齐图片

对齐是平面设计的基本原则，也是最常见的图文关系。以图片的边缘为基线，调整文字的对齐方式，使得文字与图片边缘水平或者垂直对齐。使用方形图时，这种图文关系能够更冷静的体现观看逻辑，清晰易读。如图 9-30 所示的网页产品展示，小图片都是方形图，彼此之间是对齐关系，产品说明文字都位于图片的下方，对齐图片，整个画面的呈现方式是非常整齐的。图 9-31 所示的杂志内页中，文字对齐图片也是最常用的排版方式。

图 9-30　文字对齐图片（网店产品展示）

图 9-31　文字对齐图片（杂志页面）

9.4.2 文字叠压在图片上方

在进行图文的位置编排时，为使版面具有更强的空间感与层次感，可以将文字与图片叠压排放。图文叠压时要注意选择文字的位置，保证文字的可读性及图片的完整和美观。如图 9-32 所示的两张图片中，文字都直接叠压在图片之上，左图的文字是在“地面”上，右图的文字是在模特群体的左下方。文字与人像图片叠压时，文字不要写在人像的面部或者其他特别重要的位置。

图 9-32 文字与图片叠压

当文字比较多的时候，很难在图片上找到合适的位置。我们可以在图片和文字中间添加一个半透明的底，这样既不影响图片的展现，又不会破坏文字的易读性，如图 9-33 所示。有时候如果底图只是为了渲染气氛，可以把底图做成淡出的效果，这样也不影响文字的可读性（参考第 8 章“文字的设计原则”部分）。

图 9-33 文字和图片之间添加半透明底

9.4.3 文字绕图排列

文字绕图排列，可以使版面紧凑，清晰，使观者能够更顺畅地阅读文字。图文之间留有适当的距离，使之既相互融合，又互不影响，还能形成彼此呼应的效果。如图 9-34 所示的两张图片，文字绕着布袋或沙漏的外部轮廓进行排列，图文自然融合，生动而有趣，这种编排方式具有很好的设计感。在 Photoshop 或 Illustrator 中，文字绕图排列都可以先沿图像边缘绘制路径，然后用文本工具在路径中输入即可。

在设置区域文字的对齐时，默认是“左对齐”，如图 9-35 所示。这时右边缘参差错落，单击【段落】面板的“全部对齐”按钮，如图 9-36 所示，则文字段落会沿着路径的左右边缘对齐排列。

图 9-34　文字绕图排列

图 9-35　文字段落左对齐

图 9-36　文字段落两端对齐

本章小结

图形图像和文字一样，也是平面设计的构成要素，与文字相比，图像在信息传递方面更加高效快捷。在类型上，手绘插画既能传递产品信息，还能体现出人文气质和艺术品位；摄影照片能体现出超强的真实感和表现力；抽象的图形有利于信息的整理和分类，增强其形式感。在表现形式上，方形图稳定，退底图灵活，边框图有一致性，满版图有再现力，在实际的运用中要根据设计主题来选择。平面设计中图片之间、图文之间的关系体现着版面的情绪或性格，能够传递企业或产品的信息，影响着视觉传达的效果。

课后练习

1．收集各传统节日的图片，例如春节、元宵节、清明节、端午节、中秋节等，选择古诗词，练习图文搭配。

2．以“我的一天”为主题设计图片。尺寸是 1440 像素×900 像素，采用三张以上的原创照片，照片采用方形图、退底图等恰当的形式。

Photoshop+Illustrator

10 Chapter

第 10 章 平面设计中的点线面

学习目标

- 掌握点线面的基本概念。
- 理解点线面的形态特征及其相互关系。
- 掌握点线面的视觉功能。
- 了解平面各元素的常用构成形式以及在设计中的用法。

汉语语境中的“平面设计”在西方称为“Graphic Design”或“Graphic Art”，即“图形设计”或“图形艺术”，强调了现代设计与传统图形设计的历史渊源。点、线、面作为图形设计的三大基石，任何形态都可以通过点线面按照一定的形式法则进行组合和编排来呈现，从而创造出无限多的视觉效果。平面设计中的点线面应该和几何学里的概念相区别，它们具有不同的形态和视觉美感，带给人不同的情感体验。只有合理地利用其各自的特点，把握各要素之间的相互关系和相互作用，才能创作出具有艺术美感的平面作品。

10.1 点的概念和表现形式

点线面是视觉形态中的基础元素，点，是这些视觉元素中最小的单位。几何学里的点是线的开端和结束，是线与线的交点，代表了空间中的一个位置，既没有大小、形状，也没有方向。平面设计中的点作为造型中的最小单位，它可以有形状、大小、位置和面积，也可以有不同的色彩、明暗和肌理表现。

10.1.1 点的形态

点的艺术形态有规则形态和非规则形态之分，或称为几何形态和自由形态。几何里面出现的规整图形如圆、椭圆、正方形、三角形、多边形以及这些基本图形的组合体都属于规则形态的点，如图 10-1 所示，这些点具有规矩、严谨的特点。凡是具有中心点的形状或块面，无论其形状轮廓有多复杂，都属于点的概念。点可以是形状，也可以是具体图像，如石子、树叶、水滴、花朵、果实、天空的星座、海里的船只等。这些非规则形态的点，具有自然性、随机性等特点。如图 10-2 所示，人和各种动物的脚印以点的形态分布在画面中，表达了随着人类的入侵一些动物正在逐渐消亡，唤起人类保护濒危物种的迫切感。

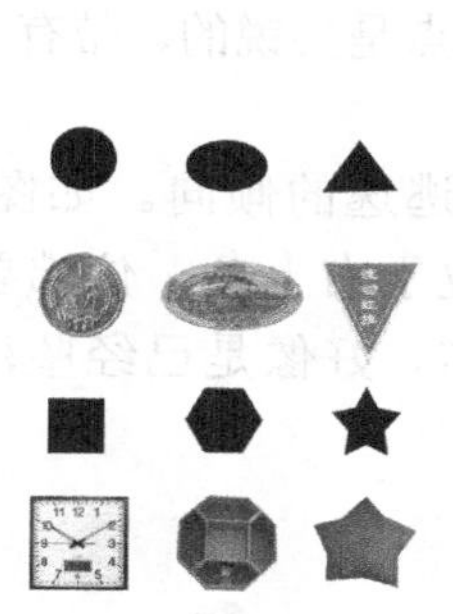

图 10-1　规则形态的点

图 10-2　无规则形态的点（2010 日本东京设计周“濒危物种”获奖作品）

有些点的形态可以通过画笔徒手绘制、泼洒、喷溅等手段产生，或者借助瓶盖、麻绳等特殊的工具来制作。这些点与计算机产生的点比起来，更鲜活、更能凸显原创的个性和生命力，如图 10-3 所示。

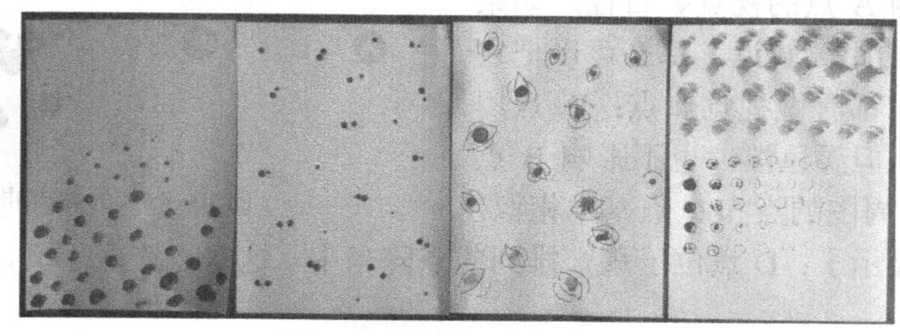

图 10-3　徒手绘制的点

10.1.2 点的相对性

作为视觉元素的点与面的区分，并不依赖于该元素自身的量度，而是依赖于和周围环境的比较，也就是说点具有相对性，它在对比中存在。任何形状的元素，只要存在于比它更大的空间之中，都作为点的视觉要素存在。例如花是花坛中的点，而作为面的花坛又是整个花园中的一个点。画面中越小的元素越具有点的特性，但当点的面积在画面中不断扩大时，它的轮廓特征将越加显现，甚至点的肌理也清晰可辨，点的特征削弱，面的特征增强。如图 10-4 左图的梨花是点的形态，右图中梨花放大，呈现出面的形态。由此看出，点的存在是相对的，大小是相对的，形态也是相对的。

图 10-4 点的相对性

10.1.3 点的特征

不同形态的点在视觉上反映出不同的特征与个性，带给我们不同的视觉感受。如图 10-5 所示，圆形的点是饱满圆润的，方形的点是稳定坚固的，三角形的点是尖锐的，带有一定的指向性。自由形态的点，其特征就更加丰富了。

点的位置很重要，画面中心的点比较稳定，边缘的点则有逃逸的倾向。如图 10-6 所示，A 点位于版面的视觉重心，很稳定，是视觉焦点；B 点位于右上角，仿佛要逃出画面；C 点位于右边界中间，正在坠落；D 点位于底线中间偏右，好像是已经坠落下来不动了。

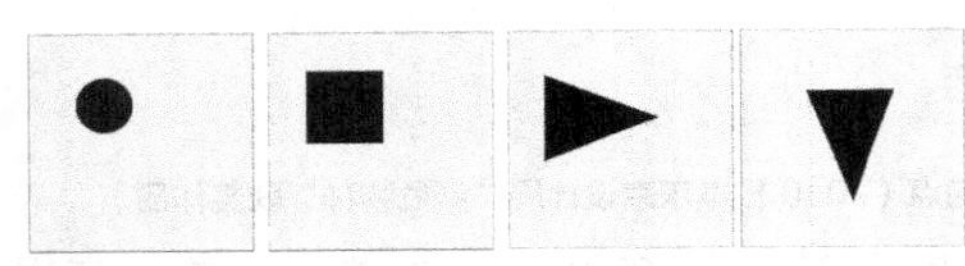

图 10-5 点的形态特征

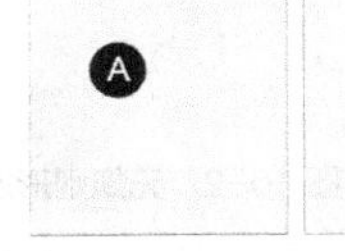

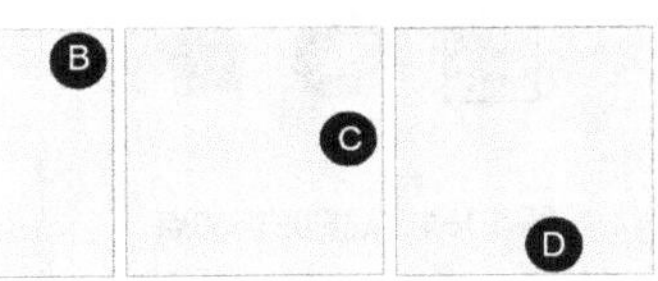

图 10-6 点的位置

点的虚实、排列方式等，也会给人带来不同的感受。图 10-7 中，A 点周围的点比较小且颜色淡，不影响 A 点的视觉瞩目性，如果其他的点和 A 点的距离较近，那么可以把它们当成一个整体，都看做视觉焦点；B 点周围虽然有大的点，但颜色淡，也不影响 B 点的焦点感觉；C 点周围的点和 C 点基本相似，它已经不能突出显示了；D 点位于规则排列的点阵当中，这些点连成了面，D 点也失去了视觉焦点的作用。

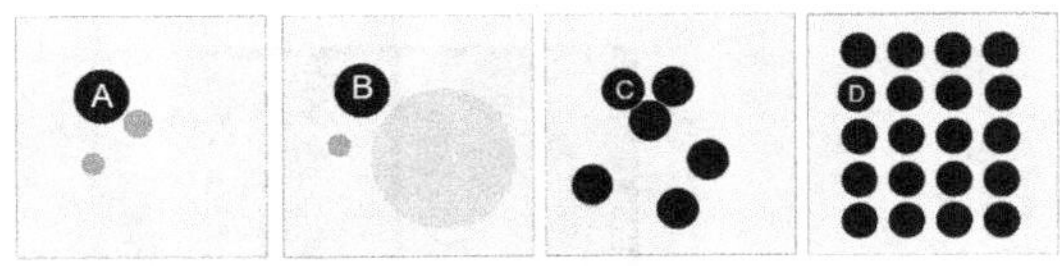

图 10-7 点的虚实和排列方式

10.2 点的视觉功能

点在平面设计中具有重要的作用，主要体现在以下三个方面。

10.2.1　形成视觉焦点，引导视觉流程

单个的点具有吸引注意力的焦点特征，点在向内聚焦的同时又在向外辐射。当画面中出现点时，人们的视线就会集中在这个点上，而当点移动时，人的视线也会随之移动。所以，画面中心的单个点会比较引人注目，产生安定的、舒适的、静态的感觉。由于长期形成的观察习惯，一个版面中的不同视域，受到的关注程度是有所不同的，同时，也会给读者不同的心理感受。把版面水平方向和垂直方向分成三份，出现的四个交点可以作为视觉焦点，尤其是左上角的交点，更加引人注目，如图 10-8 所示。

当多个点错落排列时，人的视线会随着点的轨迹运动，产生一种节奏感与跳跃感。在平面设计中，可以利用点的不同组合和排列来表达画面的空间感和节奏感，使版面具有丰富的视觉效果，如图 10-9 所示。

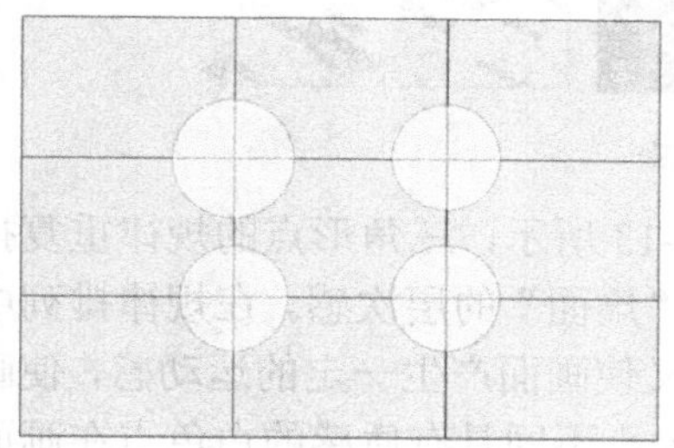

图 10-8　画面的视觉中心

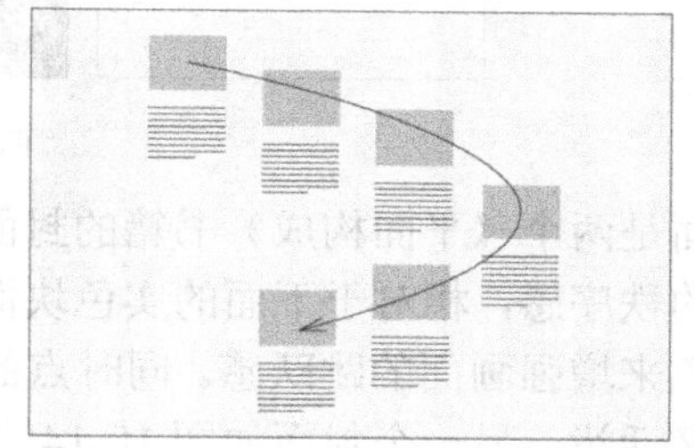

图 10-9　多个点形成视觉流程

图 10-10 是瑞士平面设计大师尼古拉斯 · 卓斯乐（Niklaus Troxler）的两个招贴海报。左图在色彩单一的蓝色画面中，一张不规则的白纸被四个红色的胶带固定在画面的中心成为视觉中心的焦点，让人不得不关注其上文字表达的信息。右图是四个圆形，仿佛四个音符在画面上跳跃。图 10-11 汽车广告中的甲壳虫汽车位于画面左上角的视觉焦点上，周围是大面积的空白，尤其引人注目，使整个作品在视觉上有一目了然的表达效果。

图 10-10　尼古拉斯 · 卓斯乐招贴设计

图 10-11　大众甲壳虫汽车广告“Think small”

10.2.2 用点装饰画面

点在画面装饰中的运用极其频繁，通过对点的位置、大小、疏密、虚实、轻重等的变化组合，可以产生不同的装饰效果，如图 10-12 所示。点的规律排列或有序变化会产生秩序感，使人更加注重点与点之间的相互关系，在视觉上产生线或面的感觉，从而构成新的形态。密集的点使人的视觉有压迫感，从而彰显画面的张力和紧张感，而疏散的点可以使画面具有舒缓、自由、随意的效果，给人以轻松、活跃的情感体验。

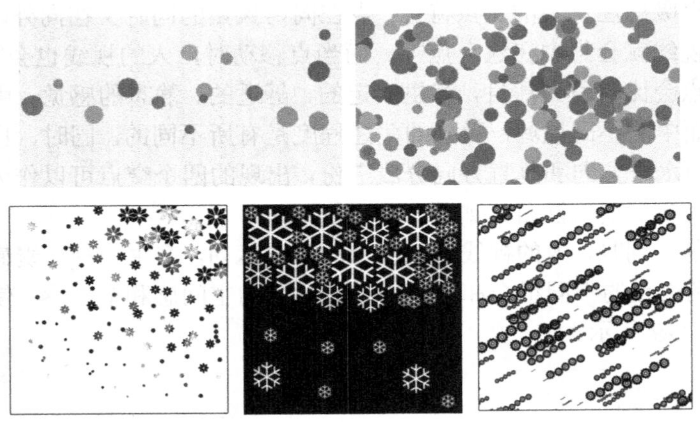

图 10-12 点的疏密

下面是两个《平面构成》书籍的封面，如图 10-13 所示，三角形点的规律重复排列会产生一定的秩序感，相对于下面的实色块面给人一种“虚面”的层次感。在规律排列中用改变点的颜色来增强画面的跳跃感。同时点的倾斜排列又使画面产生一定的运动感，使画面整体既严肃又活泼。另一个封面如图 10-14 所示，多个大小不同具有质感的白色点在画面中随意排放，点的独立性较强，产生一种随意的涣散的空间视觉效果，带给人轻松活跃的情绪体验。右上角的黑色点和下面的多个白点在构图上均衡画面，又起到聚焦引起关注的作用。图 10-15 中的浅浅的树叶和四个彩色小方块都是为了装饰画面，丰富视觉层次。在设计中要注意，装饰点的数量和大小要合适，不能喧宾夺主。

图 10-13 规整排列的装饰点

图 10-14 散落排列的装饰点

图 10-15 用树叶和方块作装饰

10.2.3 点的聚集形成新的图形

将若干个点有规律地重复排放，使整个画面完全以点的形式出现，将会使观察者从画面的整体效果上产生一种具象图像的感觉。如果点的密度足够大，则容易将所有的点想象成一个面。如果这些密度足够大的点还有大小明暗的变化，则更容易被联想成一个具象的图像。不同大小、不同灰度等级的点密集排列就组合成一个人脸图像，如图 10-16 所示。而图 10-17 则通过大小、颜色不同的心形组成了一个大的心形。在广告设计中，利用集点成形可以制作出非常有感染力的作品。图 10-18 就是“绝对伏特加”的两个平面广告。组成图形的点，可以是文字、可以是乐符，可以是任何的形状。

图 10-16　黑白点组成图像

图 10-17　心形的集合

图 10-18　“绝对伏特加”广告

10.3 线的概念和表现形式

几何学中的线是两点的连接或点的移动轨迹，是没有粗细只有位置和长度属性的。但在平面设计中，凡是在画面中相对较为细长的元素均可理解为线，线既有位置、长度，也有其厚度和宽度。线与点相比强调运动和方向，其内在的动态特征远大于静态特征。当线的粗细达到一定宽度时就成为了面，而要保持它作为线的特征就需要适当增加它的长度，所以线也是相对的。线粗到什么程度才能被认为是面，要和周围环境中其他要素相比较才能确定。

10.3.1 线的形态

在大自然和人造物中有丰富的线的形态，如图 10-19 所示，把照片去色之后，线条的美感更加显著。

平面造型中，线的形态多种多样。使用不同的绘图工具和绘图材料，我们可以得到具有丰富笔触的线条，如图 10-20 所示。在广泛使用电脑绘图的时代，也不要忘记原来的手工绘图带来的质感与情绪。

图 10-19 建筑线条和植物线条

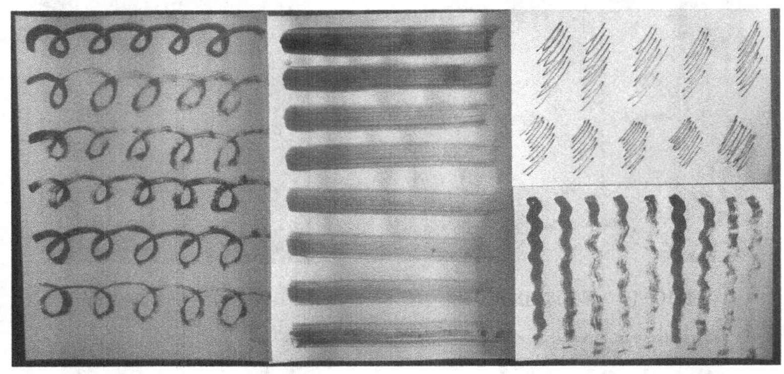

图 10-20 手绘的线条

线可以是物体的轮廓、边界，可以是两个不同颜色的面的交界，可以是点运动的轨迹，也可以是点沿着某一方向排列形成的。当距离较近的点呈线状排列时，间隔之间似乎有了引力，点的感觉弱化，变成了线的感觉（就像平时所说的虚线）。图 10-21 所示的这 4 幅图都是法国设计师 Rudi Meyer（鲁迪近耶）设计的以线条为主的招贴，其中较小的文字排列形成各种直线。

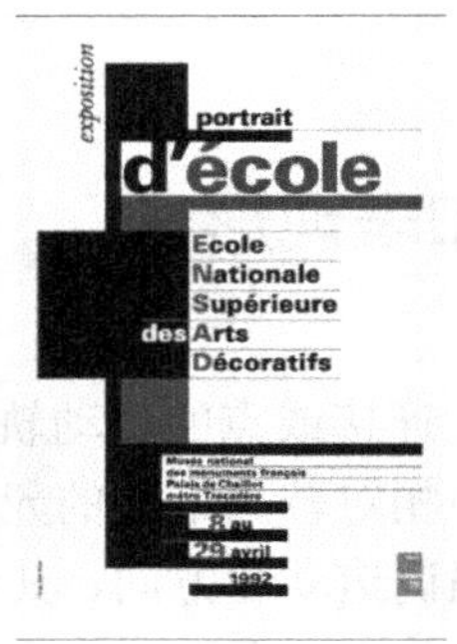

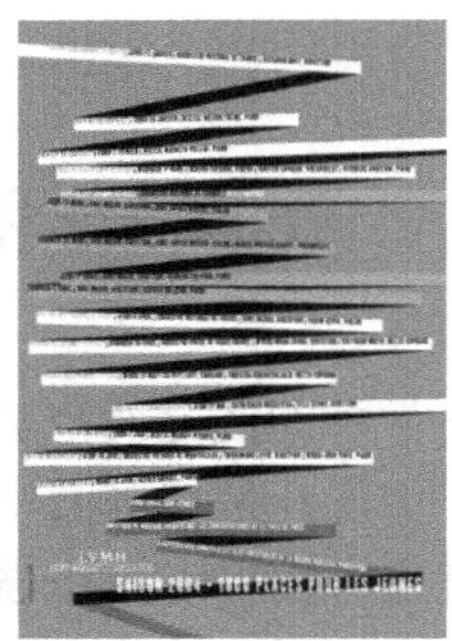

图 10-21 文字排列成直线

文字也可以沿着一定形状的路径排列，形成曲线、折线等，如图 10-22 所示。

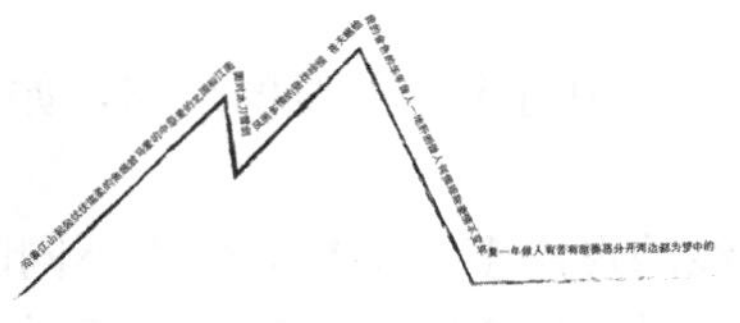

图 10-22 文字沿特定形状排列形成曲线或折线

10.3.2　线的特征

平面中最基本的线型是直线和曲线，还有实线和虚线、粗线和细线、长线和短线、闭合和非闭合等分类，每种形态的线都具有不同的情感特征。

（1）直线的特征。

直线根据其走向又分为水平线、垂直线、斜线和折线。水平线给人以平稳、宁静、永恒的感觉，让人联想到地平线、海平面。图 10-23 所示的平面广告中，辽阔的海平面、柔和晕染的光影色彩给人开阔宁静之感。

图 10-23　水平线（巴西 Summerville 海滩度假村广告）

垂直线条则给人挺拔、刚毅、进取、庄严、权威等心理感受。图 10-24 所示的郁金香是仰拍的，体现的不是花朵的柔美，而是生长的力量。图 10-25 用竖线表现出支持的力量。

图 10-24　竖线照片

图 10-25　竖线（科技文化节海报）

斜线则让人感到倾斜、不安定，具有鲜明的运动感，如图 10-26 所示，文字排成了动感的斜线。图 10-27 所示的广告中，鞋子像快艇在海面上划出了三条斜线，与商标一致，传达出产品的运动特色。

图 10-26　斜线（药品广告）

图 10-27　斜线（阿迪达斯广告）

（2）曲线。

相对于直线的力量、速度、紧张，曲线具有柔和、优美、随意等特征，富有韵律感和节奏感。曲线有几何曲线和自由曲线之分，几何曲线具有对称、规整的秩序美，而自由曲线更加灵活、自然。曲线的整齐排列使人感觉流畅，如行云流水，而曲线的不整齐排列会让人感到杂乱、无序，产生散漫、自由的情绪体验。图 10-28 是尼古拉斯设计的一张爵士乐海报，画面仅以虚实两种线条就生动地描绘出一个人在吹奏萨克斯，不同颜色的自由线条从萨克斯管飞出，乐声飞扬，给人以放松、享受的画面感。图 10-29 是 ipod 音乐播放器广告，黑色的人形在跳舞，使得白色小盒子 iPod 在第一时间抓住人的眼球，非常强烈的黑白对比，加上鲜艳的背景颜色，长长的白色曲线和人物曼妙的轮廓一起传达了 ipod 带给人的音乐享受。

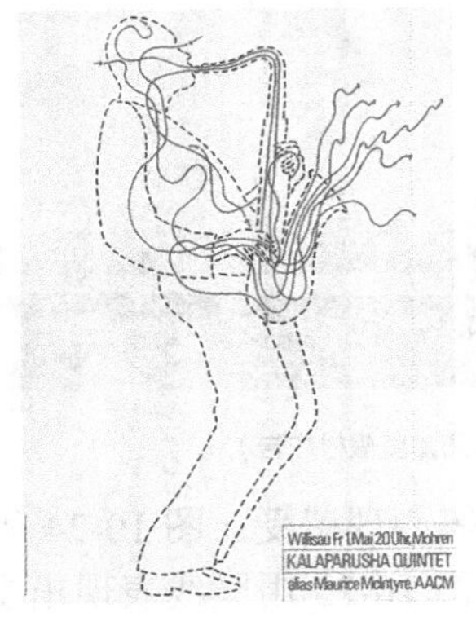

图 10-28　曲线构图（音乐招贴）

图 10-29　曲线（ipod 广告）

除了基本线条外，线的虚实、粗细、长短的不同也会产生不同的视觉体验。比如实线稳固，虚线活跃；细线精致、挺拔、锐利，而粗线强劲、简陋、粗糙等。细线当做分割线显得比较细腻，粗线显得有力量，根据主题需要，本例用细线更恰当一些，如图 10-30 所示。

图 10-30　细线与粗线的对比

10.4 线的视觉功能

10.4.1 用线条创造视觉焦点，引导视线

将线条围绕某个中心点进行旋转，使线形成具有聚焦感觉的视觉效果，从而引导人们的视线集中在焦点处。图 10-31 所示的两张图都采用了线的聚集来引导视觉流程，在焦点处放

置广告标题或产品，很容易使观看者的目光集中到这里。

线条在图形设计中有很强的视觉表现力，很多时候在平面设计中会利用线条增强画面的张力和运动感，给人强烈的视觉印象。在别克汽车的宣传海报中，利用了向右上方倾斜的粗细不等的浅色线和深色线作为背景，产生了鲜明的运动感和视觉冲击力，如图 10-32 所示。

图 10-31　线的聚焦

图 10-32　线条增强画面张力

线的聚焦或发散可以形成一个视觉焦点，此外我们还可以通过单条直线或曲线来引导观看者的视线，从画面的一个元素转换到另一个元素。图 10-33 为法航的两个广告图片，用鞋跟、伞的弧面形成的线条指向"AIR FRANCE"品牌标志，使观者的视线自然转向，形成对品牌的关注。

图 10-33　线的引导（法航广告）

10.4.2　用线条构成图形图像

平面设计中，利用线条的勾勒可以描绘各种形态的轮廓，形成各种各样的图形、图案，这些对象在画面中多数以面的形态出现。图 10-34 是尼古拉斯-卓思乐的另外三张音乐宣传海报，作品中使用自由的线条构成了人形和乐器造型。

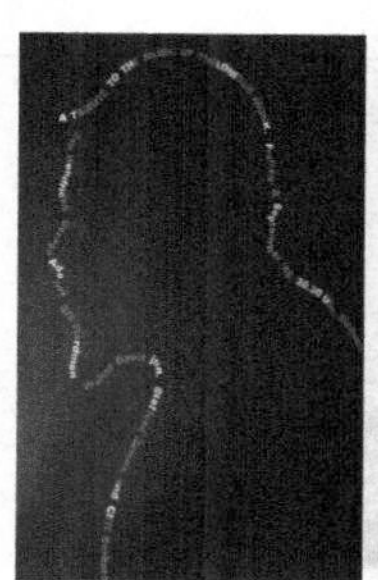

图 10-34　线条构成图像（尼古拉斯音乐招贴）

线条构成图像的另一种形式是将各种形态的线条进行排列、组合，集合成面构成物的形态。如图 10-35 所示，各种形态的线条组合成了多个动作、神态各异的斑马图像。图 10-36 背景是黑白线条，上面的“禁止”图案颜色与背景色相反，也是由线条组成的面。

图 10-35　线条构成图像

图 10-36　线条构成图像

10.4.3　用线条划定边界

我们在画面中绘制线条，可以划分版面的不同功能区域。如图 10-37 所示的 PPT 课件目录页，在图标和文字之间绘制垂直的虚线，起到内容的分类和隔离作用。在 PPT 设计过程中，经常会用线条划定版面的标题区、标注区、内容展示区等。当两个不同的颜色的面相交时，无需专门绘制，自然会在两个面之间形成一条线，这条线就成为两个面的边界线。这样的两个面，可以在颜色、质地、形状等方面产生差异，从而形成不同的分割线效果，使得版面信息层次分明、重点突出。图 10-38 所示的标题的底色是蓝色，蓝色的矩形贯穿画面，把版面划分成了上中下三部分。

图 10-37　在版面中绘制直线划分版面

图 10-38　两个面颜色不同，形成分割线

在版面的合适位置绘制线条，合理地划分页面，可以使得内容信息分类清楚，有条理有秩序。图 10-39 是“谭木匠”的画册页面设计，画面上的细线既能够引导观众的视线，又能丰富标题的样式，划分信息的类别。

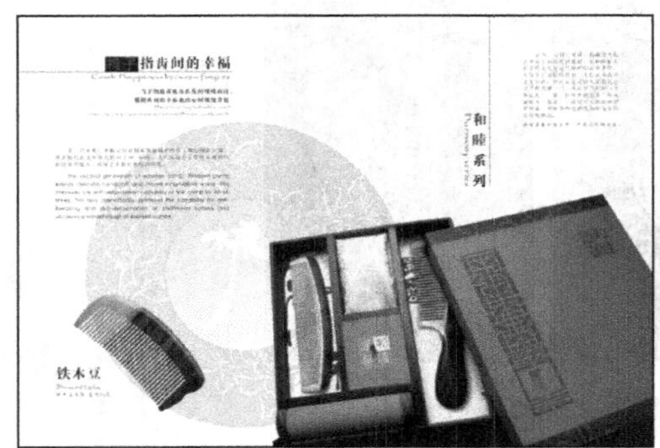

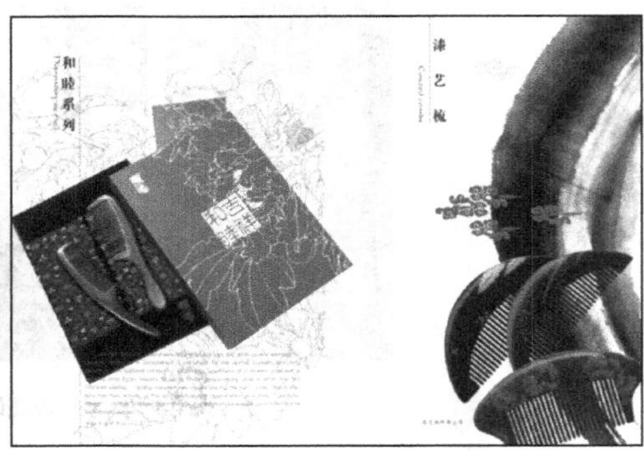

图 10-39　谭木匠画册节选

在使用线条划分版面的时候，不必拘泥于中规中矩的横线竖线，可以形式多样，灵活变化。

10.4.4 用线条创设错视效果

不同方向的线条相互干扰会使观察者对图形产生与客观事实不相符的错误的感觉，如线的长短变化、平行变化、螺旋变化等。在平面设计中常常利用线条的错视效果使画面具有角度感、形象感、空间感等，使画面效果变化莫测，美轮美奂。图 10-40 的直线错视效果和图 10-41 的曲线错视效果，都紧扣“平面构成”的封面设计主题，体现了线条构成中多样化的视觉效果。图 10-42 中通过线条的颜色与方向的变化，产生了透视的空间感。

图 10-40 直线错视效果 图 10-41 曲线错视效果

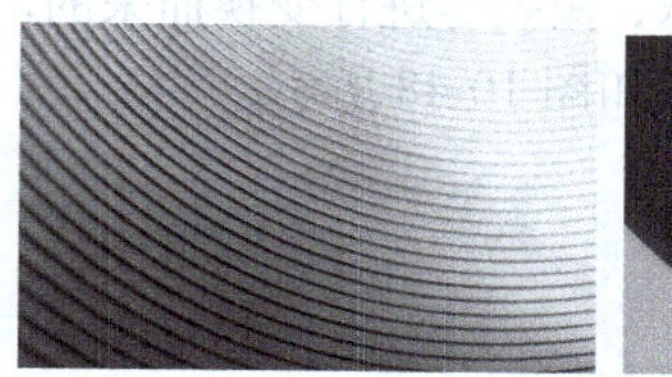

图 10-42 线条方向变化产生的视错觉

10.5 面的形态与特征

几何学中的面是线的移动轨迹，有长度和宽度，但没有厚度。平面设计中，点或线的扩张可以形成面，线的合围也可以形成面。如图 10-43 所示，这两种方式得到的面称为实面，实面有厚重感。点或线的密集排列也可以构成面，如图 10-44 所示，这种面称为虚面，虚面有轻薄感。

图 10-43 实面 图 10-44 虚面

面的造型有各种形态，每种形态都具有不同的视觉效果。面大致可以分为规则形态的面和无规则形态的面。其中规则形态的面又有几何形态和有机形态之分，无规则的面有偶然形态和自由形态之分。

（1）规则形态的面。

几何形态的面由圆形、方形、三角形等几何图形进行组合而形成有规律的面。如图 10-45 所示，其具有简明、秩序、平稳、理性的视觉效果。有机形态的面是不通过数学方法求得的形态，是自然界中生物的形象或物象，如人体、动物、花草、工具等，具有自然、生动的视觉效果，如图 10-46 所示。

图 10-45　几何形态的面

图 10-46　有机形态的面

（2）无规则形态的面。

自由形态的面是手绘的线条构成的面，具有很强的造型特点和个性特点，表现出随意性、艺术性的视觉效果，如图 10-47 所示。偶然形态的面是在有机形态面的轮廓基础上经过后期的加工手段如喷洒、涂抹、撕裂等进行变换而来的，具有随机性、偶然性、独特性，带给人自由、活泼的视觉效果，如图 10-48 所示。

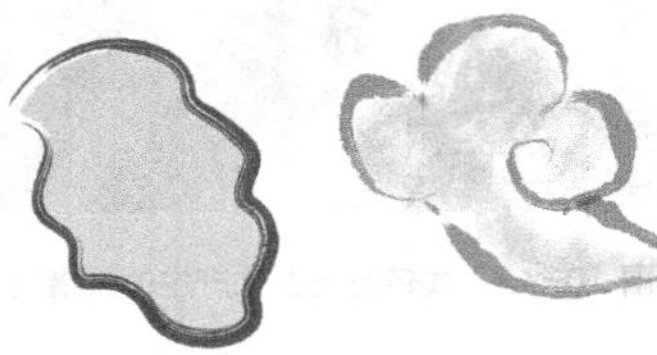

图 10-47　自由形态的面

图 10-48　偶然形态的面

10.6 面的视觉功能

10.6.1 图底关系

在设计中应用“面”的时候，图底关系不容忽视。当我们说到“图”的时候，首先想到“图形”本身。然而，与图形密切相关的还有“底”，图与底的关系是相互依存的。比如文字设计中的“正负相关文字”就利用了“图底”关系。图与底的关系是可以反转的，可以是白底黑图，也可以是黑底白图。关键问题不是黑白变化，而是要分辨哪个是图，哪个是底。图的视觉感受最明显，它呈现于前，背景退居其后，如图 10-49 所示，在背景上通过一个矩形的切割来展现图底关系。

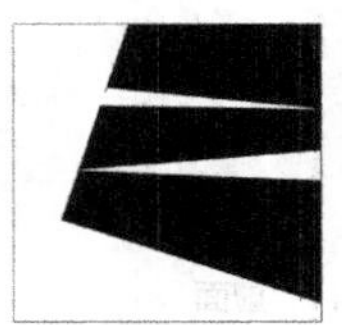

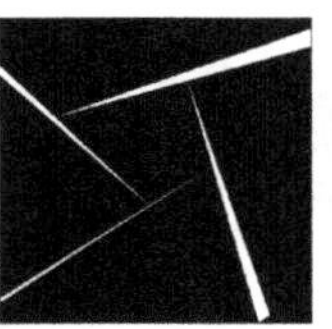

图 10-49　图底关系

怎样判断是图还是底呢？通常情况下色彩明度较高的是图；凹凸变化中的凸的形象是图；面积大小的对比中小图是图；在空间中被包围的形状是图；在静与动的对比中动态的是图；在抽象的与具象的对比中，具象的是图。在几何图案中，图底可根据对比关系而定，对比越大越容易区别图与底。然而有时候图与底的特征十分相似，不容易区别，这就是图底的翻转现象。

在平面设计中，经常会巧妙利用图底关系制作出新颖独特、富有魅力的表现形式。图 10-50 是日本设计师福田繁雄设计的宣传海报，他利用图底之间的互生互存的关系来探究错视原理。作品巧妙利用黑白形成男女的腿，上下重复并置，黑底上白色女性的腿与白底上黑色男性的腿，虚实互补，互生互存，创造出简洁而有趣的效果。图 10-51 脚底的边缘是人脸侧面的图形，形象表现出“种族主义”的主题。

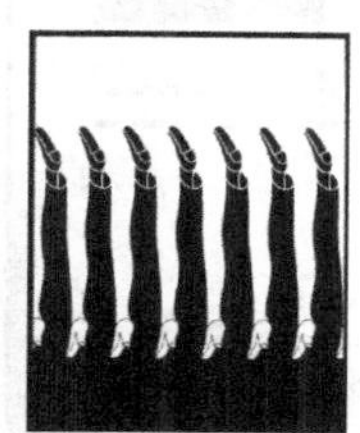

图 10-50　日本京王百货广告

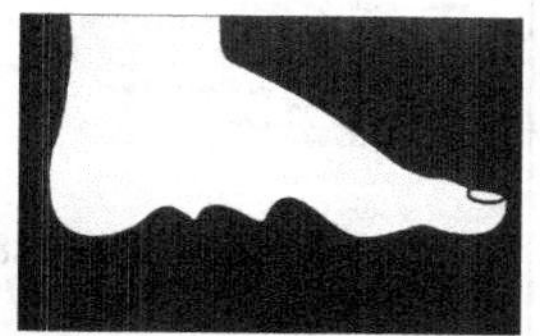

图 10-51　《种族主义》海报

10.6.2　衬托主体

用面充当重要视觉元素的载体，以在画面中突出显示主体内容。当使用面衬托主体时，特别需要考虑面的形状和主体要表达的内容是否和谐一致。比如圆形的面饱满、完美，但缺少变化；矩形的面使人感觉平静、整齐，但又趋于严正、规范、呆板；平行四边形有动感和速度感；而菱形则活泼，不安；正三角形表现为安定，而倒三角形则产生不稳定感和运动感。例如图 10-52 用圆形的面体现了中秋团圆的主题，图 10-53 用大小不同的矩形体现了科技公司的严谨、理性。

图 10-52　圆形的面

图 10-53　矩形的面

在设计中为了突出主体，还需要版面功能区域的合理划分，或者根据设计需要，把一些零散的元素集合到一起。图 10-54 所示的课件设计中，把标题加底色，可以使得标题更加突出，同时使得画面更能体现层次感。如图 10-55 所示的宣传单设计中，把广告语和联系方式加底色，把版面分成了上中下三部分，突现了画面各区域的功能。

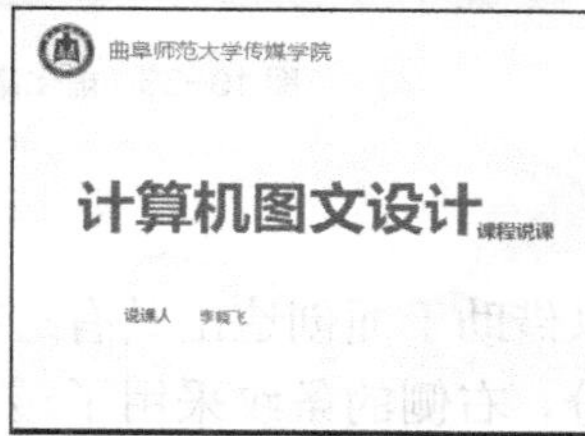

图 10-54　给重要的视觉元素加底

图 10-55　用不同的底色划分版面

10.6.3　丰富版面的层次

当多个面相互重叠在一起的时候，通过设计各个面之间的层次关系，能够保证整个画面体现出丰富的层次，使画面具有立体感。在平面设计中，这是一种最常见的使画面生动起来的设计手法。为了体现画面的层次感，通常可以采取在面之间增加阴影，为不同的面应用不同的色彩、近实远虚、加边框等设计手法，图 10-56 所示是《gallery—the world's best graphics》杂志封面，通过大小不同的面添加阴影使得各个面之间具有层次效果，产生立体感。同时三层方形面上的圆形图案的色彩变化使画面更加饱满，视觉刺激感较强。图 10-57 中三个小图片外边缘添加了白色描边，既强化了与背景的分离，又增加了三个图表现形式的一致性。图 10-58 中背景图采用了虚化的手法，使观众的视线集中在前景的文字和圆形小图中。

图 10-56　为面增加投影

图 10-57　为面添加边框

图 10-58　虚化背景图

10.6.4　表现透视空间

在平面中，利用近大远小的视觉效应，可以借助于面创造出具有透视效果的立体感，模拟出具有纵深透视空间的画面。条纹分为两部分，右侧的条纹采用了透视变形，使得画面出现了纵深的错觉，如图 10-59 所示。在图 10-60 中，利用颜色的明暗变化，体现出“转角”的含义。

图 10-59　面表现透视空间

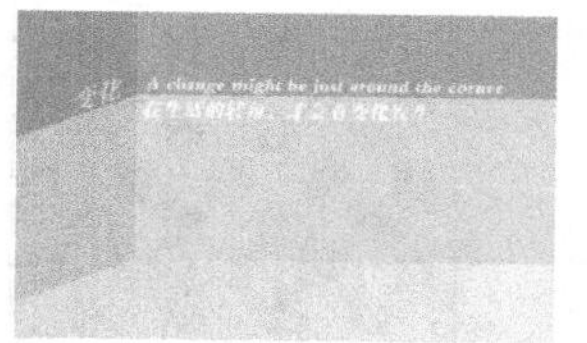

图 10-60　利用面的明暗对比体现空间

在展示设计作品中，最常见的效果就是使用渐变，创造出一个虚拟的空间，然后通过为作品添加透视或阴影效果，来模拟真实的场景，如图 10-61 所示。

图 10-61　包装盒展示

总之，平面设计中的点、线、面就像乐曲中的音符，我们只有巧妙地将其进行组合才能演奏出美妙的曲子。所以，我们要掌握这些图案基本元素的特点、变化规律及其之间的相互关系，在实践中不断应用、分析，创造出优秀的平面作品。

10.7 图形组合的基本形式

在平面设计中，我们是在有限的空间中按照一定的形式、规律来安排多个元素。这种图形组合的形式也叫“骨骼”，是图形构成的框架，也叫做平面构成的基本形式，其中最常用的是重复、渐变、特异、聚散等。每种形式包括两个要素，一是基本的结构骨架，它决定了形式的结构特点；二是应用在这些骨架上的形态，即单位形，它是形式的内容。每种组合形式在应用时都不是绝对的，它们的含义有交叉的成分，比如“特异”是以重复为基础的，发散也是一种特殊的重复。在此我们只讨论每种组合形式的主要特点。

10.7.1 重复

重复是一种常见的视觉形式，也是许多自然物和人造物的存在方式。比如大自然中的各种花瓣、树叶，各式建筑物中的窗格、栏杆、室内的墙纸等，都采用了重复的形式。重复，严格来说，是同一个元素反复出现。单位形是黑色的平行四边形，按照一定的距离排列，形成整齐、统一的视觉效果，如图 10-62 所示。如果骨架不变，颜色稍微发生变化，就会增加一点生动活泼的感觉。

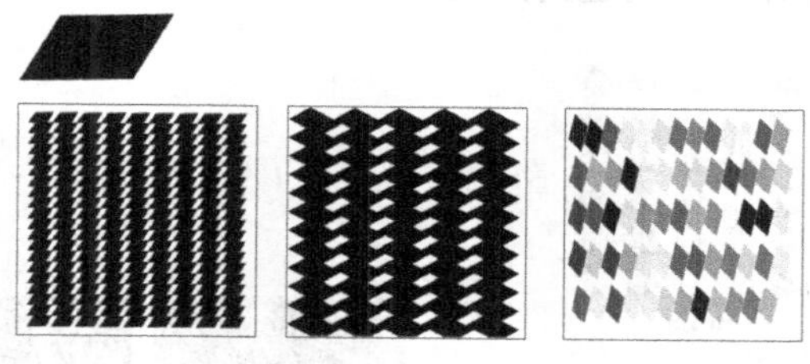

图 10-62　重复形式

密集排列的骨骼，会使人注意画面的总体明暗或者纹理效果，如图 10-63 所示的图案设计；宽大稀疏的骨骼则使人注意到单位形本身的内容和轮廓，如图 10-64 所示的照片设计和广告设计，人们更会关注每个方格中的图片内容。重复在设计中不是呆板的复制，根据需要可以修改骨架和单位形。

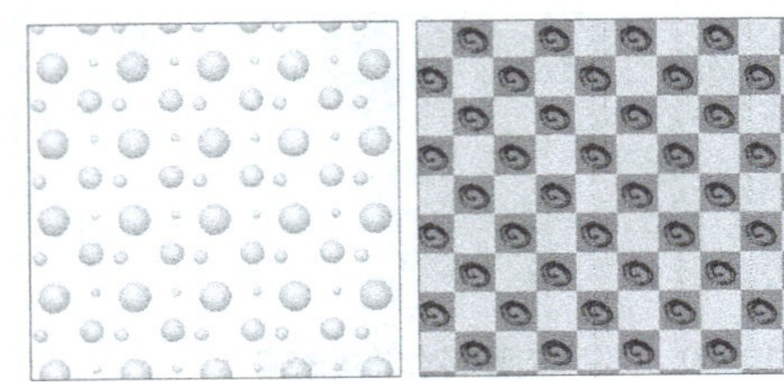

图 10-63　密集排列的图案

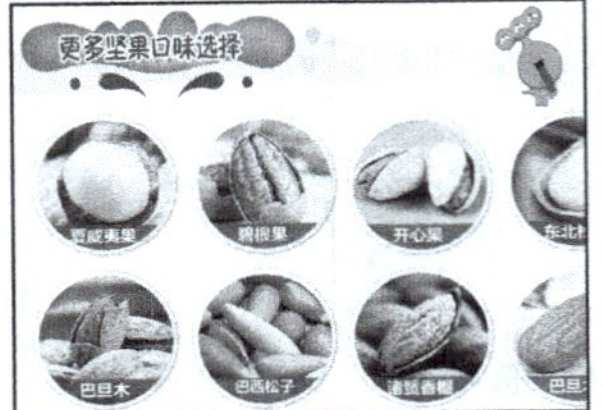

图 10-64　稀疏排列的小照片

在广告设计中，利用重复的构成形式能够起到强调作用，增加说服力，使人们印象深刻，如图 10-65 所示。

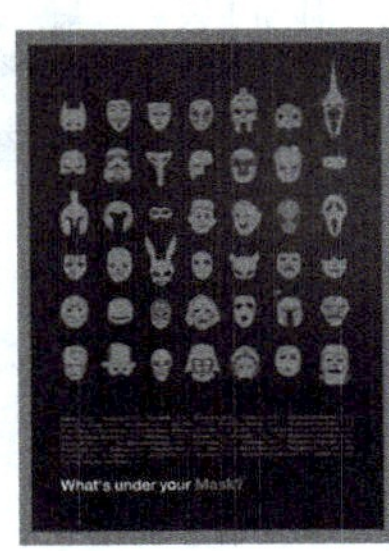

图 10-65　在广告设计中利用重复构成

10.7.2　特异

特异和重复有着密切的关系，它是在重复的基础上使某个单位形突破了骨骼或者形态规律，产生突变。这种整体的有规律的形态当中，有局部突破和变化的构成形式就是特异。特异包括大小特异、颜色特异、方向特异、形态特异等，如图 10-66 所示。

特异就是在规则中求“不规则”，在有序中求“变化”，有意识地制造特殊视点。根据视觉心理学的研究成果，人们倾向于把类似的元素归为一类，不同的元素会格外引人注意。在标志设计、海报设计、广告设计中经常应用这种构成方式进行构思。特异中的变化部分会打破重复元素的单一视觉效果，会成为视觉的焦点，从而引起观者的重视。如图 10-67 所示的 M&M 广告中，在大面积同色的巧克力豆当中修改某些豆的颜色，组成特殊的图案，既是集点成形，又是颜色的特异表现。在图 10-68 所示的公益广告中，特异的肤色、特别的装扮格外吸引人，从而引起人们对广告主题的关注。

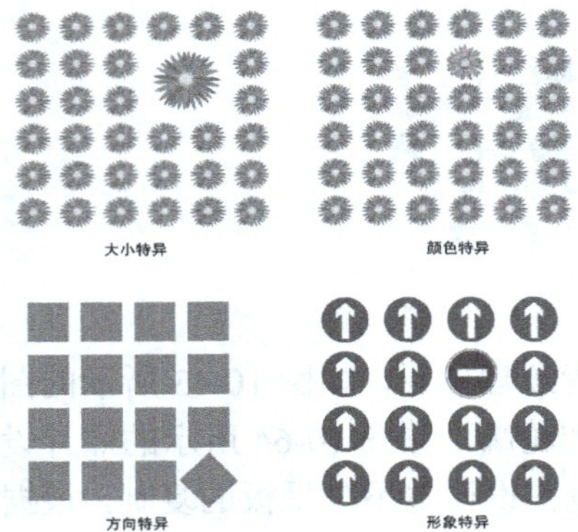

图 10-66　特异的表现形式

图 10-67　颜色特异（M&M 巧克力豆广告）

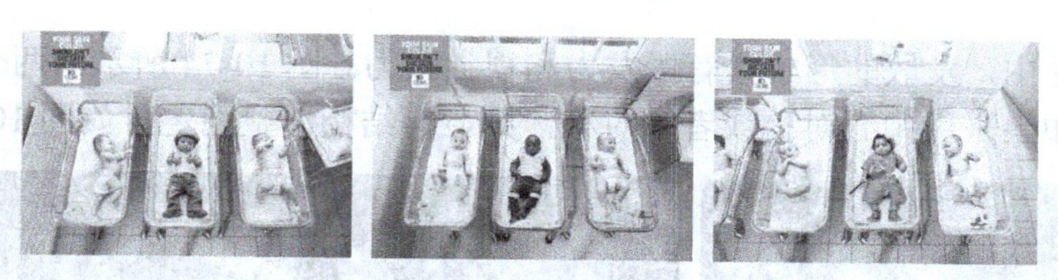

图 10-68 形态特异（公益广告“你的肤色不应该决定你的未来”）

10.7.3 渐变

渐变是在重复的基础上形态产生连续的有规律的变化，比如对于基本形的大小、方向、间距、色彩、形态的逐渐变化。渐变着重表现变化的过程、节奏和韵律，如图 10-69 所示。

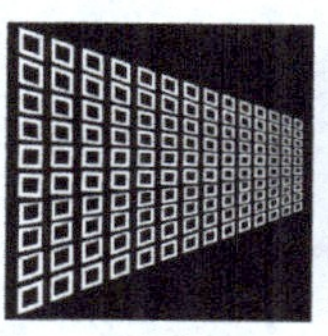
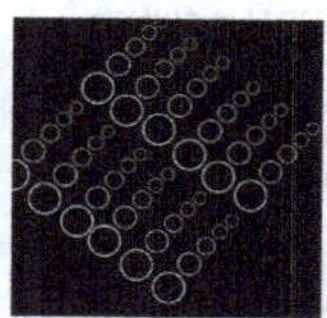

图 10-69 渐变的表现形式

在广告设计中运用渐变的手法展示变化的过程，可以使人印象深刻。图 10-70 所示的刀具广告，用无数片由大变小的胡萝卜片展示刀具的锋利，画面极富形式感。图 10-71 所示的旅游广告，用不同的风景和树叶的颜色展示一年四季的旅游胜地，令人过目不忘。

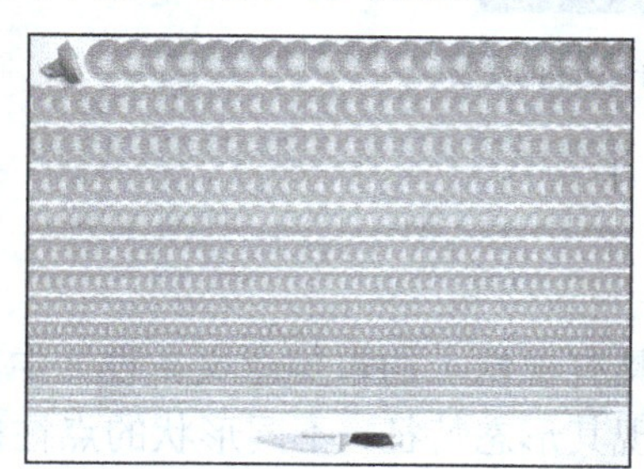

图 10-70 大小渐变（Kitchen Aid 刀具广告）

图 10-71 颜色渐变（美国旅游广告）

10.7.4 发散

发散是指围绕一个中心或者一条轴线，单位形均匀向四周扩展或向中心收缩。在自然界中发散形式的事物和现象比较常见，比如房屋、蝴蝶、雨伞、雪花、车轮、穹顶、烟花绽放、能量爆炸等。发散的形式主要由发散的骨骼来决定，然后将单位形应用在骨骼上。点、线、面或形式感比较简洁的具象形态，都可以创建出发散的形式。发散可以分为以点为中心的发散和以线为轴的发散。如图 10-72 所示都是点为中心的发散，左图的中心点在图形中心，单位形是花形；右图的中心点在图形左上角（甚至在图形之外），单位形是线条。图 10-73 所示的两个图都是线轴的发散形式。

图 10-72 以点为中心的发散

图 10-73 线轴发散

在版面设计中，发散的形式具有爆发力和视觉张力。图 10-74 所示的两个图在对称之中体现了变化。如果采用中心对称或者轴对称，则显得结构严整稳定，如图 10-75 所示。

图 10-74 版面设计中的发散

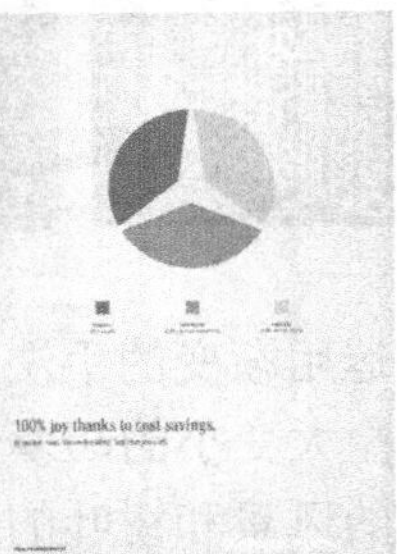

图 10-75 广告设计中的发散

本章小结

点、线、面是构成抽象形态造型的要素，具有视觉上的审美意义。设计中的点、线、面都是相对而言的，各自都在与背景的关系中体现其形态特征，不同形状的点往往给人以不同的视觉心理感觉，面积较大的点是视觉焦点，个数较多的点是装饰点。点的移动形成了线，不同的线有不同的感情性格，而且线有很强的心理暗示或引导作用。面是由点的扩展、线的移动或合围而形成的，不同的形态的面在视觉上表现为不同的情感。在平面设计中，要充分考虑点线面的构成关系，合理地利用各自的特点，把握各要素之间的相互关系和相互作用。

课后练习

1．采用“集点成形”的方法制作由“水泡”组成的“水”字。

2．在 Illustraor 中绘制线条，制作线条的发散效果。

3．在一张 A4 纸上，绘制 6 个 8 厘米×8 厘米的小图。确定一种单位形态，制作重复、渐变、特异、发散等不同的构成形式。保存成 PDF 格式的文件，并彩色打印（采用 Photoshop 或者 Illustrator 制作）。

下　篇

平面设计的综合实践

Photoshop+Illustrator

11 Chapter

第 11 章 照片设计

学习目标

- 了解常见的照片冲洗尺寸
- 掌握证件照的制作过程
- 掌握合影照片的拼接过程
- 掌握不同风格照片模板的设计方法

各类主题风格的照片处理与设计是平面设计的一个应用领域，也是影楼中常见的业务范围。比如证件照的排版、婚纱照的设计、宝宝照片的设计、老照片的修复等，有些是采用现成的模板，有些则需要根据照片的特点和个性需要进行处理，采用的软件主要是Photoshop。本章列出三个综合实例，这些实例能够综合应用软件的各种功能和不同的操作技巧。每个实例的实现步骤和操作方法都有多种，本章采用的是简单又常见的方法。

11.1 证件照的排版

设计要求：在一张 5 寸相纸的版面上排列 9 张 1 寸证件照；在一张 5 寸相纸的版面上排 4 张 2 寸证件照，如图 11-1 所示。

图 11-1　证件照排版效果图

设计思路：设置合适的底色，抠图，修饰美化，处理原图成为 1 寸照和 2 寸照，新建 5 寸版面，复制 1 寸照和 2 寸照。

知识技能：照片的冲洗尺寸，冲洗的分辨率，照片的处理，特定尺寸的裁切。

特别提示

影楼拍摄的人像照片，拍摄时常采用红色、白色、蓝色等特定颜色的背景布，照片的排版制作方法比较简单，可以直接从美化照片开始。如果是自己拍摄的照片，背景往往比较杂乱，就需要自己设定背景色，并把人像从原有的背景中抠选出来。

实现步骤

（1）查看原图信息：打开“人像原图.jpg”，如图 11-2 所示，这是一张手机拍摄的生活照，背景是灰白色的墙壁。自己拍摄证件照时，要注意人物所占的比例，不要离人脸太近，要超过 1 米，以免脸部发生变形，通常拍到腰部以上。拍摄时照相机保持与人物的视线平齐，头部要端正，最好穿带衣领的衣服。

图 11-2　人像原图

采用【图像】|【图像大小】命令，可以打开【图像大小】对话框，如图 11-3 所示，尺寸为 1836 像素×2964 像素，默认的分辨率为 72PPI。照片冲洗的分辨率通常在 300～350PPI，如果把分辨率设置为 300 像素/英寸，并取消“重新采样”，可以看到照片冲洗的尺寸为 15.54 厘米×25.1 厘米，如图 11-4 所示，远远超过一寸照的尺寸。

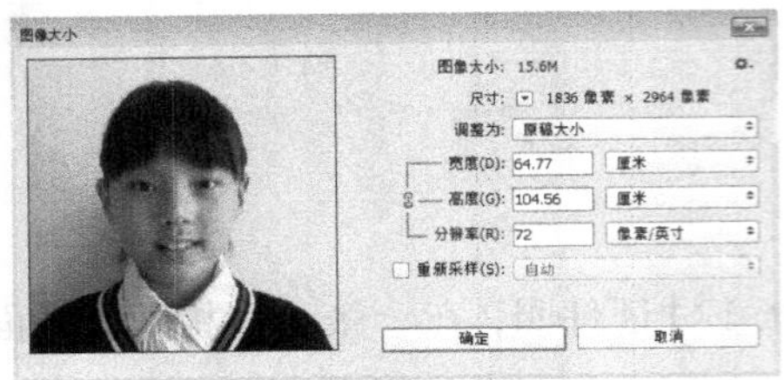

图 11-3 图像的原始大小

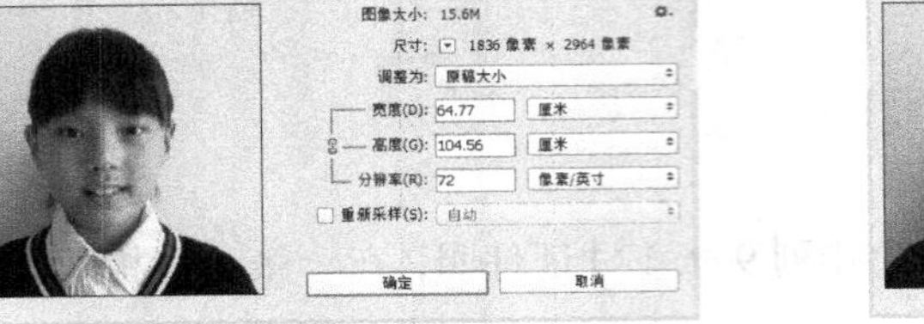

图 11-4 修改图像的大小

（2）添加背景色：把本例证件照的背景色设置为蓝色。双击背景层，把背景层改为“图层 0”，新建图层 1，填充蓝色（H=217，S=86，B=67），拖放到图层 0 下方。如果证件照要求是白底 1 寸照，则在给人物拍照时应注意衣服的颜色不要和背景色太相近。为什么不设置纯白色呢？因为证件照裁切时需要留有白边，为了使人像本身和边框有所区分，可以把人像背景色设置为灰白色，比如 RGB 取值都等于 235。）

（3）抠选人像：抠选人像的方法有很多种，在此，可以采用“快速选择工具”、“多边形套索工具”、“画笔工具”、图层蒙版相结合的方法。首先，采用“快速选择工具”选择出人像的大致区域，然后单击【图层】面板的“添加蒙版”按钮，为人像图层（图层 0）添加图层蒙版，如图 11-5 所示，这时人像原有的背景被图层 1 的蓝色所替代。接下来单击图层蒙版，用“多边形套索工具”制作多边形选区，并设置羽化值为 1，填充黑色，以修整衣服、脸庞的边缘。采用“画笔工具”，设置前景色为黑色，硬度值为 60，在蒙版上修改头发的边缘。这时人像原有的背景色都被删除，用蓝色替换。应用图层蒙版，效果如图 11-6 所示。如果散乱的发丝较多，还需要利用通道抠选发丝，添加到新的图层中。

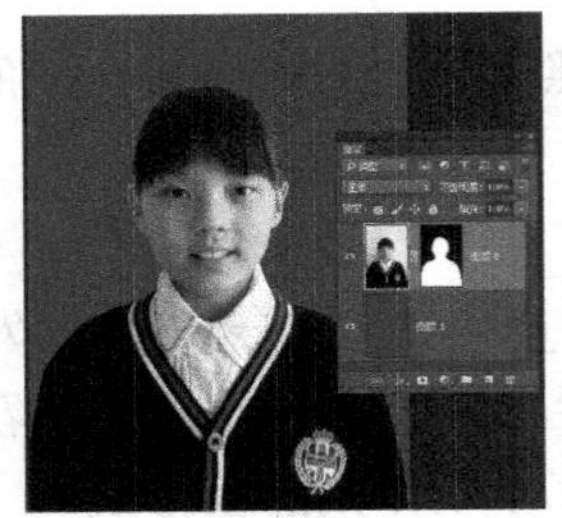

图 11-5 大致选中人像并添加图层蒙版

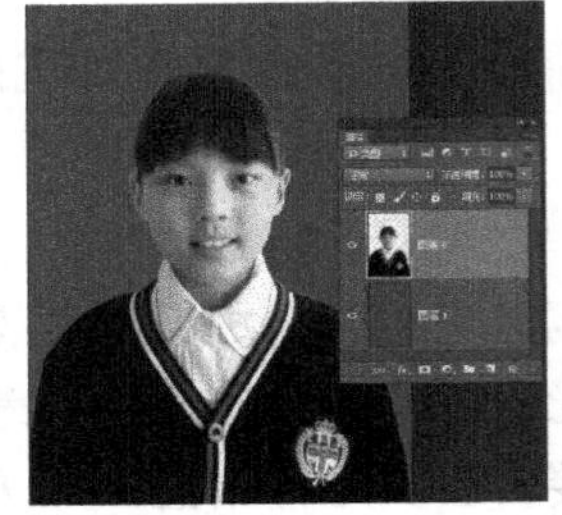

图 11-6 应用蒙版

（4）修饰人像：针对人像图层，采用快捷键【Ctrl+M】调整其亮度。如果脸上有痘痘或斑点等瑕疵，可以采用“修复画笔工具”、“仿制图章工具”等进行美化。如果脸上痘痘较多或者毛孔粗大，也可以采用磨皮滤镜使皮肤变得细腻柔滑。本例只调整了亮度。保存此文件为“人像原图-换背景.psd”。

特别提示

此处的保存非常重要。因为该文件是在原来尺寸的基础上做的抠图，而且人像和背景色位于两个图层。保存了该文件之后，可以随时根据需要更换背景颜色，或者调整其大小。

（5）裁切 1 寸照片：采用“裁剪工具”把“人像原图-换背景.psd”裁成 1 寸照片。“裁剪工具”的选项面板设置如图 11-7 所示，在“宽×高×分辨率”一项中，设置宽为 1 英寸，高为 1.4 英寸，分辨率为 300 像素/英寸。

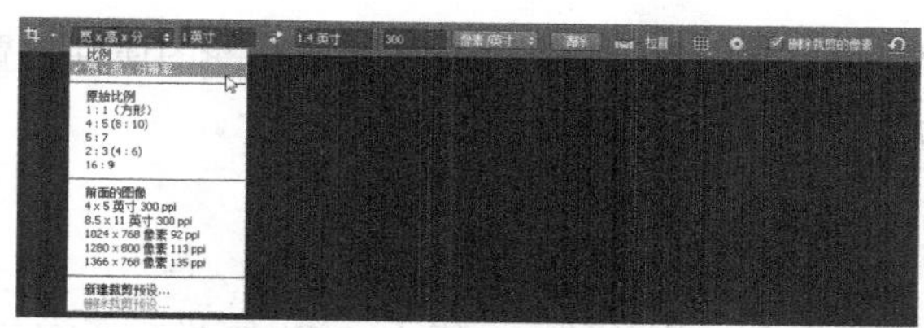

图 11-7 裁剪工具的属性设置

裁剪的效果如图 11-8 所示，人物的头部在裁剪区域要水平居中，头顶距离裁剪的上边缘要留出一定空白，要显示出完整的衣领，如果衣服有纽扣，则裁剪到第二颗纽扣的位置。采用【文件】|【存储为】命令，把文件另存为“1 寸照.jpg”。

特别提示

此处的一定要采用“存储为”，另存为jpg 格式的文件，不要修改第（4）步骤中保存的psd 格式的文件。常用的数码照片在拍摄时采用的是jpg 格式保存，此处的1 寸照保存成jpg 格式即可。

（6）新建 5 寸版面，复制 1 寸照。新建 3.5 英寸×5 英寸，分辨率为 300PPI，颜色模式为 RGB 的文件，如图 11-9 所示。

图 11-8 裁剪区域的选择

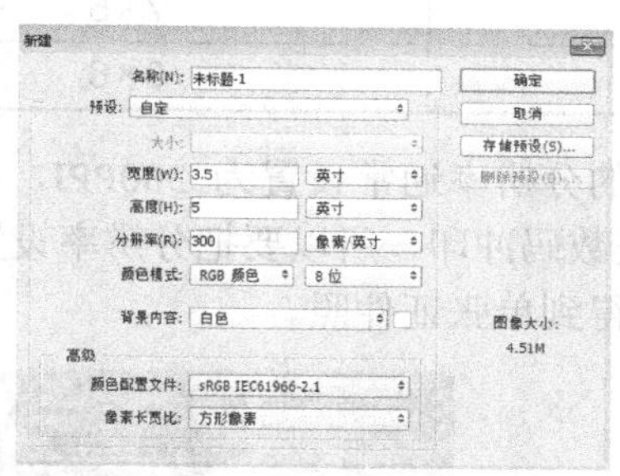

图 11-9 新建 5 寸版面

打开第（5）步保存的“1 寸照.jpg”，拖放到新文件中，并复制 2 次，调整小图的间距，如图 11-10 所示。选中图层 1、图层 1 拷贝和图层 1 拷贝 2 这三个图层，按快捷键【Ctrl+E】，把现有的三张照片合并到一个图层上。接着复制合并好的图层，如图 11-11 所示，9 张 1 寸照复制完成。采用【文件】|【存储为】命令，把文件另存为“1 寸照排版.jpg”（此处新建的是竖版的 5 寸版面，可以放置 9 张 1 寸照；如果新建的是 5 英寸×3.5 英寸的横版 5 寸，则只能放置 8 张 1 寸照）。这个文件“1 寸照排版.jpg”就是用于冲洗 5 寸的文件。

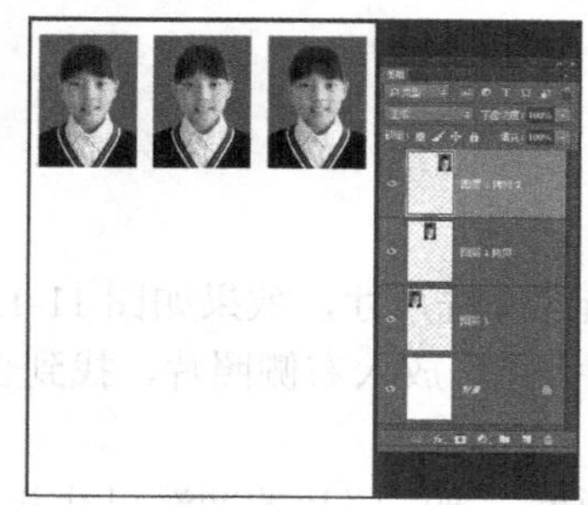

图 11-10 复制 2 张 1 寸照

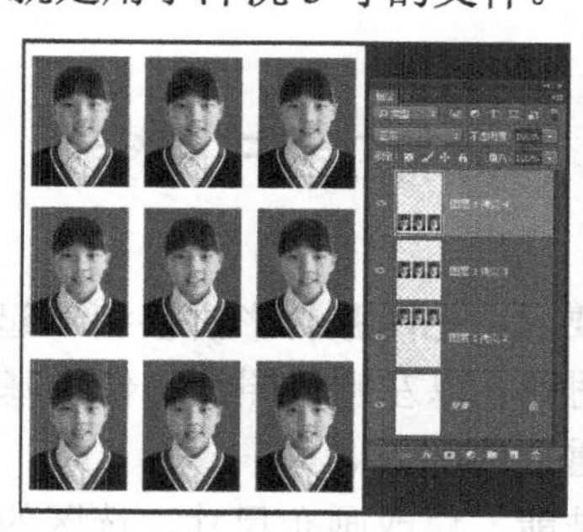

图 11-11 复制 9 张 1 寸照

如果要冲洗 2 寸照，则在第（5）步中“裁剪工具”的属性设置为 1.4 英寸×2 英寸，300PPI，把人像裁切为 2 寸照，然后复制到 5 寸的版面上。

特别提示

照片的冲洗尺寸通常以英寸为单位，1 英寸=2.54 厘米。通常 X 寸是指照片较长一边的英寸长度，例如 5 寸就是照片长为 5 寸，2.54×5=12.7cm。

常见照片的冲洗尺寸见表 10-1。

表 10-1　常见照片的冲洗尺寸

照片冲洗尺寸	宽度×高度（英寸）	建议照片的像素数（像素）
1 寸	1×1.4	300×420
2 寸	1.5×2	450×600
5 寸	5×3.5	1500×1050
全景 5 寸	5×3.75	1500×1125
6 寸	6×4	1800×1200
全景 6 寸	6×4.5	1800×1350
7 寸	7×5	2100×1500
8 寸	8×6	2400×1800

冲洗照片的分辨率通常设置为 300PPI，如果是普通打印机的黑白打印，分辨率可以是 96PPI。本例是数码冲印，所以要把分辨率设置为 300PPI。冲洗的效果如图 11-12 所示，可以用剪刀裁开得到单张证件照。

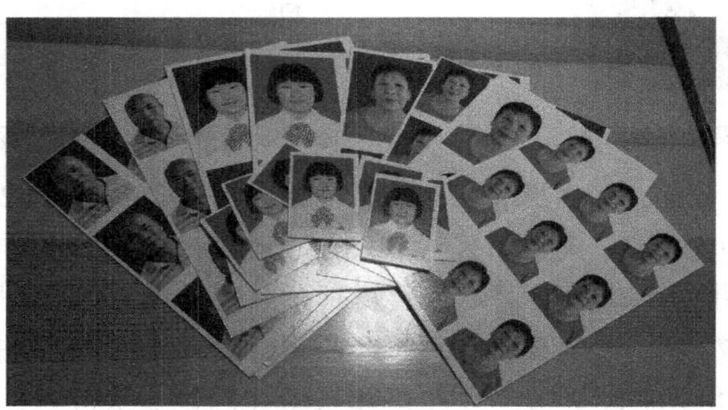

图 11-12　证件照效果图

11.2 照片的合并拼接

设计要求：把两张合影拼接到一起，并设置恰当的冲洗尺寸，效果如图 11-13 所示。

设计思路：以左侧的照片文件为基准，调整画布大小，放入右侧照片，找到合适的分界线，删除重合的部分。

知识技能：修改画布尺寸，选区的羽化，调整颜色，判定照片的冲洗尺寸并裁切。

图 11-13　合影照片的拼接效果

拍摄合影时如果人员较多，往往需要按照顺序拍摄多张不同角度的照片，然后合并在一起。每两张照片要保证重合三个以上的人物。

实现步骤

（1）修改画布大小，把两张照片并排放置。打开“合影左.jpg”，采用【图像】|【画布大小】命令，打开如图 11-14 所示的对话框，以左侧为基准调整画布大小，把“宽度”值改为 50 厘米，如图 11-15 所示。这时合影左侧内容没变，其右侧被填充了一段白色的区域。打开　“合影右.jpg”，拖放到白色区域中，成为图层 1，效果如图 11-16 所示。

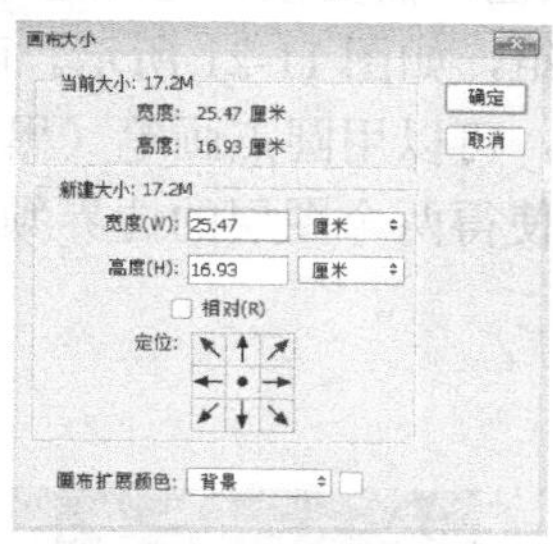

图 11-14　原始的画布大小

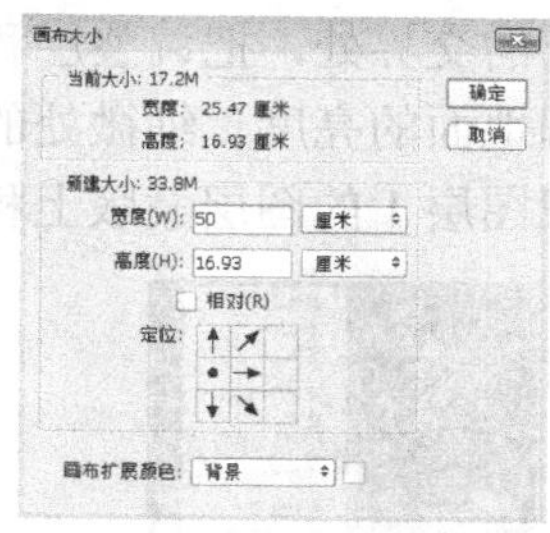

图 11-15　修改画布大小

图 11-16　把两张照片并排

（2）重叠两个图层，确定分界线，删除多余的人物。把合影右侧即图层 1 的不透明度调整为 40%，移动其位置，以最上面一排左侧第二个人像头部为基准重叠对齐两个图层，拉出一条参考线，如图 11-17 所示，圆圈中的人物脸部是清楚的，别的重合区域都出现了重影。本例中最上面一排有 9 个重合的人物，最左侧和最右侧的人物是不完整的，不能用于重合对齐，其余的 7 个人物都可以用作重合的基准。

这时，给图层 1 添加图层蒙版，采用 40 像素圆点画笔，硬度 50%，黑色，在图层蒙版上涂抹，抹去看起来重影的部分，比如建筑物的顶部横线，以及圆圈中的人物左侧、下侧的多个人物，消除参考线左右所有的重影。把图层 1 的不透明度恢复成 100%，继续用画笔工具在蒙版中修饰，最终效果如图 11-18 所示。注意，建筑物的顶部，地面的纹理不要出现明显的交错。这时隐藏背景图层，可以看到图层 1 被删除了部分重合的人物，这是一条非常不规则的分界线，如图 11-19 所示。现在的显示效果，是以此分界线为基准，左边显示背景层，即“合影左”的内容，右边显示图层 1，即“合影右”的内容。

图 11-17　重叠两个图层

图 11-18　消除一部分重影

图 11-19　分界线

（3）利用调整图层调整部分区域的颜色。隐藏参考线，图层 1 的亮度比背景层要亮一些，需要把图层 1 调暗。选中图层 1，单击图层面板下方的“添加新的填充或调整图层”按钮，在出现的菜单中选择“曲线”，如图 11-20 所示。这时的调整图层在背景层和图层 1 的上方，调整的是两个图层的颜色，如果只调整图层 1 的颜色，需要按住【Alt】键，单击图层面板中调整层和图层 1 的交界处，把调整层和图层 1 成组，如图 11-21 所示。可以采用这种方式降低图层 1 天空和地面的亮度。细微处的颜色调整，可以用圆点画笔（黑色、硬度为 0、大小为 240 像素）在图层 1 的图层蒙版上稍加涂抹，使得两个图层的边界颜色过渡自然。

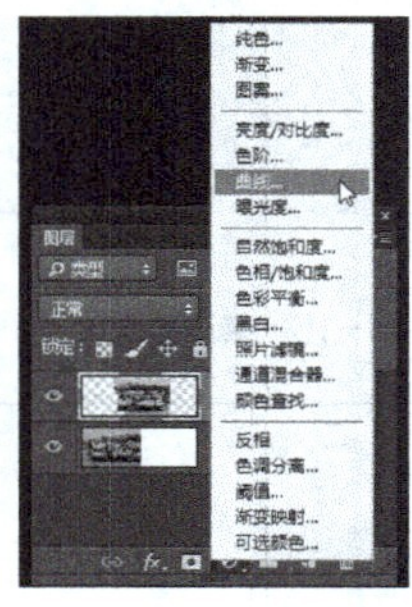

图 11-20　添加“曲线”调整图层

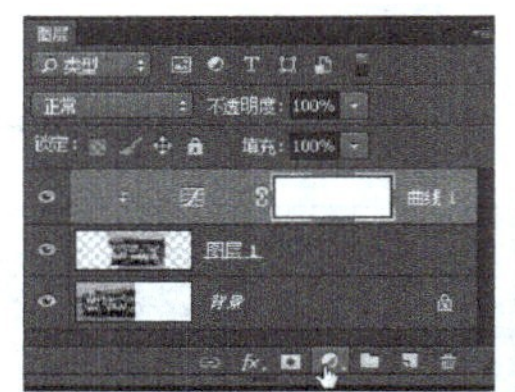

图 11-21　调整层和图层 1 成组

特别提示

在拍摄时，尽量采用手动曝光，这样左右两侧的颜色差别较小。

（4）合并图层并裁切边缘。按住【Ctrl+E】组合键合并所有的图层，得到如图 11-22 所示的效果，右侧和右上方都有空白区域。使用裁剪工具自由裁切，裁掉这些白色区域，得到如图 11-23 所示的效果。确认裁切。

图 11-22 合并所有图层

图 11-23 裁切边缘

（5）判断冲洗的合适尺寸并调整其尺寸。采用【图像】|【图像大小】命令，打开如图 11-24 所示的对话框。不要改变图像的像素数，把分辨率设置为 300PPI，文件的宽度变为 15.03 英寸，高度为 6.453 英寸。因此，文件可以冲洗成 15 英寸×6 英寸。采用“裁剪工具“，把图片裁切成 15 英寸×6 英寸，300PPI，确认裁切，并保存为“合影_15×6.jpg”。

图 11-24 图像大小对话框

在冲洗时，12 英寸×6 英寸的照片尺寸更常见。如果要裁切成这个尺寸，则需要把裁剪工具的选项面板设置为 12 英寸×6 英寸，300PPI，裁切的效果如图 11-25 所示，上面出现了一部分白底。把前景色设置为红色，选中上面的区域，填充红色，并输入相应的文字，如图 11-26 所示，这样整体效果比较合理。

图 11-25 裁切成 12×6 英寸

图 11-26 添加文字

如果合影照片是由 2 张以上的照片合并而成，则做法是一样的，只是需要多添加几个图层。除了人像合影之外，风景照片也可以拼接在一起形成全景照，如图 11-27 所示。风景照的分界线要注意不要使屋顶、道路、河流等带有线条的地方出现错位。拼接完成之后原有的天空全部删除，统一添加渐变色，创建新的天空。

图 11-27 风景照片的拼接

11.3 设计儿童照片模板

影楼在儿童照片设计时有各种风格的模板，比如唯美风、炫酷风、魔幻风、田园风等。照片风格要与拍摄时的服装、表情、场景有关系，表达出一致的主题。

设计要求：设计儿童照片模板，尺寸是 6×8 英寸影集的跨页，效果如图 11-28 所示。

图 11-28　照片模板

设计思路：根据要求新建文件，设计模板草图，调整素材照片的尺寸，复制到新文件中，加入文字和装饰。

实现步骤

（1）新建文件。6×8 英寸影集的跨页的尺寸是 12×8 英寸。新建一个宽 12 英寸、高 8 英寸、分辨率为 300PPI、颜色模式为 RGB 的文件。为了显示出两个页面的分界线，采用【视图】|【新建参考线】命令，选择“垂直”，位置是“6 英寸”，如图 11-29 所示，单击“确定”按钮，这时画面中央出现了一条垂直参考线，把画面一分为二。保存文件为“照片模板 1.psd”。

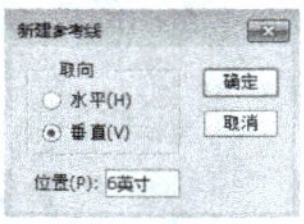

图 11-29　新建参考线对话框

（2）绘制模板草图。在草稿纸上大致绘制出照片和文字的排列方式。利用草稿图作参照可以提升在 Photoshop 中的作图速度。本例的草图如图 11-30 所示。

在本例中，左边大半的区域放置一张 5×8 英寸的大照片，右侧放置三张小照片，小图高度大约为 2.4 英寸，宽度可以根据作图的情况进行调整。从跨页的整体效果来看，图片有大有小，文字成组块，并与照片对齐，标题文字比较突出，形成了与正文小文字的对比。

（3）处理并复制照片。打开“女孩 1.jpg”，使用裁剪工具把图片设置为宽 5 英寸、高 8 英寸、分辨率为 300 像素/英寸的图片，注意裁切的区域要体现人物主体，如图 11-31 所示。把该图片拖放入“照片模板 1.psd”文件中，原有的“女孩 1.jpg”不要保存，关闭即可。采用同样的方法，把“女孩 2.jpg”“女孩 3.jpg”“女孩 4.jpg”裁切成高度为 2.4 英寸、分辨率为 300PPI、宽度各不相同的图片。把三张小图拖放入“照片模板 1.psd”中，调整其位置。图片大小不同，显示出对比和灵活的特点。

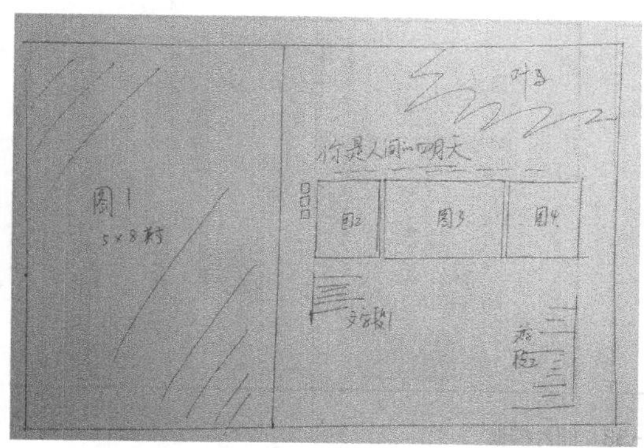

图 11-30 绘制草图

图 11-31 裁剪照片成 5×8 英寸

（4）输入标题文字和段落文字。采用“横排文字工具” T，输入标题文字“你是人间的四月天”，方正综艺体_GBK，分为两行，以增强文字的形式感。“你是爱，是暖，是希望，你是人间的四月天”也是点文字，方正准圆简体_GBK，字号较小，灰色。“MY BABY”，字体是 Arial Bold，灰色。灰色的文字不能喧宾夺主，影响标题的醒目，同时还要增强标题的形式感。小照片下方和右下方的两个文字段落是采用“横排文字工具” T 创建的段落文字，分别采用了左对齐和右对齐，显得画面比较规整。段落文字采用的是方正准圆简体_GBK，字号较小，灰色，起到辅助说明作用，是为说明标题而服务的。无论是标题还是正文，在此模板中，都不能影响照片的主体地位。

（5）加入装饰图形。结合主题，加入了象征生命的树叶图形。采用“画笔工具” ，设置前景色为草绿色，背景色为黄色，在【画笔】调板中，选择“笔尖形状”是软件自带的“Scattered leaves”，设置大小抖动，动态颜色为“前景色到背景色抖动”，在画面中的适当位置添加树叶。为了分割标题和辅助说明文字，在标题下方加入了细细的绿色矩形，并设置【动感模糊】滤镜，使得矩形两端逐渐融入到画面中。使用自定义形状中的 ，来装饰标题文字。

（6）颜色设计。整个画面以草绿色为主色调，添加了天蓝色，照片中还有一点米黄色和小面积的玫红色，体现本照片模板的主题“你是人间的四月天”。保存文件。

无论是哪种风格的模板，都是以照片为主、文字为辅，画面的多样化的版式也要求图片采取不同的处理方式。在图 11-32 所示的照片模板中，所有的图片都是自行拍摄的生活照。左图采用图层蒙版，在蒙版上采用黑白渐变，使得照片自然地融入到背景中。右侧的三个小照片距离不要太远，尽量景别一致，不要把全景图和特写图放到一起，这样能够增强小图片的整体感。图中的小鸟、蒲公英、圆点图形都是从网上下载的透明底的素材，在素材“儿童模板装饰图.psd”文件中。

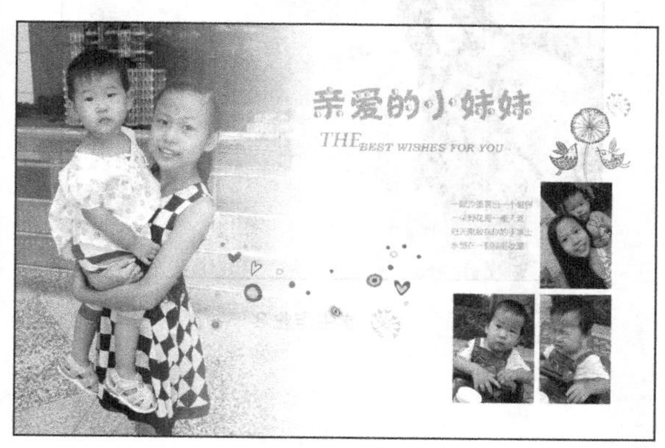

图 11-32 照片模板 2

如果是为影楼制作照片模板，则要保存成*.PSD 源文件，这样可以在空白位置替换照片，如图 11-33 所示，这样就可以省时省力了。利用模板做照片设计的不足之处是缺少了个性特色。

图 11-33　照片模板

课后练习

1．拍摄人像半身照，在 5 寸版面上制作 1 寸证件照和 2 寸证件照。

2．以同学朋友为拍摄主体，选定一个标题（例如“我的青春我做主”“篮球场上谁与争锋”等）设计一张特定风格的 6×8 英寸的照片。下面是学生作业展示。

学生作业 1

学生作业 2

学生作业 3

学生作业 4

12 Chapter

第 12 章 多媒体课件页面的版式设计

学习目标

- 了解多媒体课件页面的类型
- 掌握课件首页的常见版式
- 掌握阅读型课件的制作流程和方法

制作多媒体课件的工具最常见的是 PowerPoint，还有 Flash、Director 等。工具软件是制作课件的手段，是为实现信息传达的目的而服务的，人们可以根据多媒体课件的发布环境来选择合适的工具软件。多媒体课件不仅用于教学和学习，还可以应用在任何需要做演讲的场合，比如产品营销、工作总结、职位竞选等。

12.1 多媒体课件的页面类型

多媒体课件的用途会影响到课件内容本身，比如课件可以分为教学辅助用的课件和自主阅读用的课件。图 12-1 所示为教学辅助用的课件，以演讲为主，课件页面上只呈现高度凝练的关键词或图表用于辅助演讲或者教学，不能写满密密麻麻的文字。而自主阅读用的课件就好比电子杂志一样，是供人们自主阅读和学习的，缺少了教师的讲解，因此在内容上要详细完整，文字尺寸也相应变小，如图 12-2 所示。

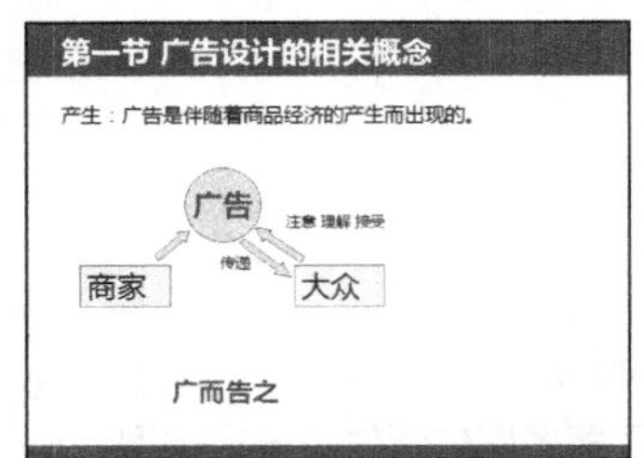

图 12-1 教学辅助用的多媒体课件页面

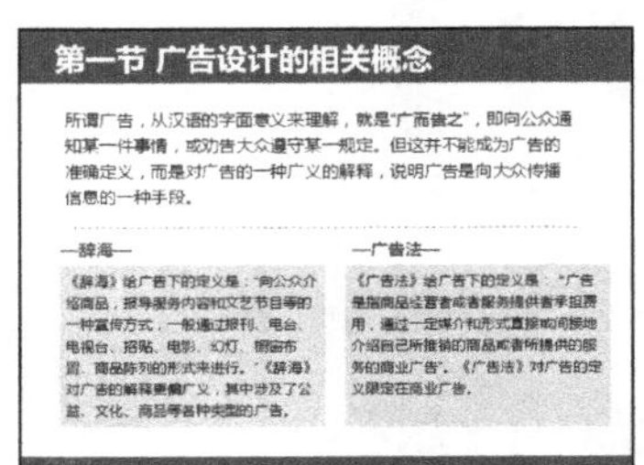

图 12-2 自主阅读用的多媒体课件页面

多媒体课件的内容和外观形式是课件质量的内外两面，如果把课件的内容比作糖果，那么课件的外观就像糖纸，是吸引学生注意、更好地引导和促进学习的构成要素。而版式设计是视觉传达的重要手段，是一种关于编排的学问，是技术与艺术的高度统一。设计者要根据讲课的主题与内容的需要，将文字、图形、图像、色彩等视觉要素进行有组织、有目的的组合排列。多媒体课件按照其页面的功能可以分为首页、目录页、过渡页、内容页、结束页等五种类型，如图 12-3 所示，不同类型有不同的版式设计方式，在此以首页和内容页为例进行详细说明。

图 12-3 多媒体课件的页面类型

12.2 多媒体课件首页的经典版式

以 PowerPoint 工具软件为例。首页是课件的第一页，是封面，所以首页的设计就显得尤为重要。PPT 课件首页的版式通常要以主题内容的准确呈现为主旨，外观形式丰富多样，从页面构成要素的角度来说，主要有以下三种形式。

1. 文字和图形相结合

这种版式以文字为主，图形是抽象的线条和色块。整个页面通过颜色或线条划分功能区，把标题、正文、说明文字放置到不同的位置。如图 12-4 所示，标题文字“PPT 首页的版式设计”的位置在页面的上三分之一处，位于页面的视觉中心，白色文字，蓝色矩形作底，最能吸引注意力。标题文字字体是“微软雅黑”加粗，其余文字的字体皆为“微软雅黑”，尺寸远远小于标题文字，这样做的目的就是为了突出标题。蓝色的矩形四平八稳、中规中矩，将页面分为三个部分，显得科学严谨，适合表现政治、经济、军事、教育等题材。图 12-5 中文字和曲线图形相结合，曲线图形自由灵活的特性适合表现文化、艺术、娱乐等题材。图 12-6 以文字为主，标题文字是 100%显示，位于页面上三分之一且偏右的位置，其余的英文有大小和透明度的改变，增加文字的层次感，主要起到装饰作用。

图 12-4　矩形色块和线条划分版面

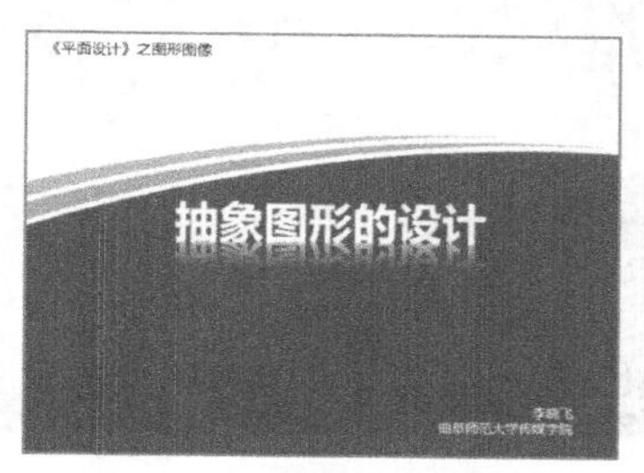

图 12-5　曲线图形划分版面

2. 文字和图标相结合

图标是具有明确指示意义的计算机图形，具有高度浓缩的标识性质，能够快捷地传达信息，常见的有程序软件图标、企业或学校图标、品牌标识等。如图 12-7 所示，在图 12-4 原有的文字和图形的基础上，添加学校的图标和 PPT 软件图标，可以使得页面效果更生动形象，具有明确的指向性。很多图标是 JPG 格式的文件，这种文件是有底色的，当它的底色和当前的页面背景不同的时候，就显得非常生硬，像打了补丁一样。为了避免出现这种情况，PPT 页面上的图标要采用 PNG 格式，这种文件格式能够保留透明底，很自然地融入到当前的页面背景中。

图 12-6　文字大小和透明度的变化

图 12-7　图标的指向性

3. 文字和图片相结合

PPT 课件上的图片是为了更准确有效地说明主题，或者进行情境创设，因此图片的内容要和主题相关，要避免那些纯粹好玩的毫无关联的引用。PPT 课件的首页使用文字和图片相结合也有多种具体的做法，其中最常用的是全图式、横向分割式和纵向分割式。

（1）全图式

全图式是指让图片铺满整个画面，文字位于图片之上。文字这时要写在图片的空白处，文字图片才能相互配合，互不影响。标题文字“传媒耕耘二十年”下面的底图上正好是一些杂乱的树枝，如果底图不作处理，则势必影响标题文字的可读性和瞩目性，如图 12-8 所示。为此在 PPT 中可以使用“矩形”绘图工具，在底图上方添加一个等大的矩形框。在矩形框中填充白色的透明渐变，使得底图具有半透明的效果，自然融入到 PPT 首页的背景色中，如图 12-9 所示。如果直接想把底图做成半透明效果再插入 PPT 课件，则需要使用 Photoshop 等图像处理软件，在底图的上方添加图层蒙版，在蒙版上做黑白渐变。应用蒙版，并保存为 PNG 格式的文件。此外，还可以在底图上添加半透明的方块，把标题写在半透明方块上，如图 12-10 所示。这样做既分割了版面，增加了层次感，又不会影响图片和文字各自的信息传达。

图 12-8　文字受到底图的影响

图 12-9　背景图透明渐变

（2）横向分割式

横向分割版式是指用直线或者曲线上下分割版面，把版面分成上下两个功能区，一个区域中放置主题图片，另外的功能区放置说明文字。版面采用水平线分割，规矩稳重，这与水平线的形式特点保持一致，如图 12-11 所示。图片下方粗线的颜色与图片的主色保持一致，都是秋天的橙黄色，线的位置不能离图片太远，以保持画面的整体效果。图 12-12 利用曲线分割版面，自由灵活，与曲线的流畅自由的形式特点保持一致。曲线分割的做法有很多种，最简单的是利用 PPT 自带的“图形编辑”功能，先绘制矩形，再编辑矩形顶点，可以把矩形调整成弧形。无论是哪种分割，都要注意版面划分的位置，通常都在版面的上三分之一或下三分之一处。

图 12-10　在底图上添加半透明色块

图 12-11　利用水平线横向分割画面

图 12-12　利用曲线横向分割画面

（3）纵向分割式

纵向分割式是指用直线或者曲线纵向分割版面，把版面分成左右两个功能区，分别是图片区和文字区。图 12-13 采用直线左右分割版面，只不过右侧的图片区由几个大小不同的小图片组成，小图片之间要注意对齐，间距相等。纵向分割式也同样需要注意分割的位置，图 12-13 的分割线在正中间，原本是比较呆板的，但图片区的变化适当弥补了这一不足。利用曲线分割版面的做法同图 12-12 的做法基本一致。

图 12-13　利用直线纵向分割

对于广大缺少艺术设计基础的读者来说，采用文字和图形结合、文字和图标结合、文字和图片结合的版式来设计 PPT 课件首页是方便易学的。此外还可以充分利用网络丰富的 PPT 资源，结合自己的教学内容，对网上的优秀版式进行微创新。具体做法是替换掉原有的图片和颜色，保留线条和色块的位置即可。

12.3 多媒体课件内容页的经典版式

多媒体课件任何类型的页面，都需要利用有形或无形的线条、色块把版面划分成几个功能区，从而使得文字有组织、有层次，图片和文字成为一个有机的整体。对于多媒体课件的内容页来说，通常包括三个组成部分：目录结构导航区、功能控制区和教学信息展示区。目录结构导航区，主要呈现课件的内容目录和当前的位置。功能控制区主要放置各种按钮或图标，来实现查看前一页、后一页、返回、播放背景音乐、退出等功能。教学信息展示区则主要通过文本、图形、图像、动画、视频等多种形式来呈现教学内容。这三个部分各自处于页面上的恰当位置，而其中最主要的就是教学信息展示区。构成多媒体课件的形式是页面，学生是通过一幅幅页面来感知教学信息的，因此界面的设计应该符合学习者的认知结构。如图 12-14 所示，上方是内容目录导航，中间的区域背景图被虚化，是明显的教学信息展示区，功能按钮位于页面底部，造型不宜过分花哨，以免对画面形成干扰。按钮的设计风格和颜色要与背景相协调，上面注有功能文字，或者采用读者熟知的箭头等形状来表示按钮的功能。图 12-15 中，上方是标题，中间是信息展示，下方是内容目录。控制按钮和目录导航在整个课件的每一个页面中位置固定不变，便于读者随时使用而不用四处寻找。

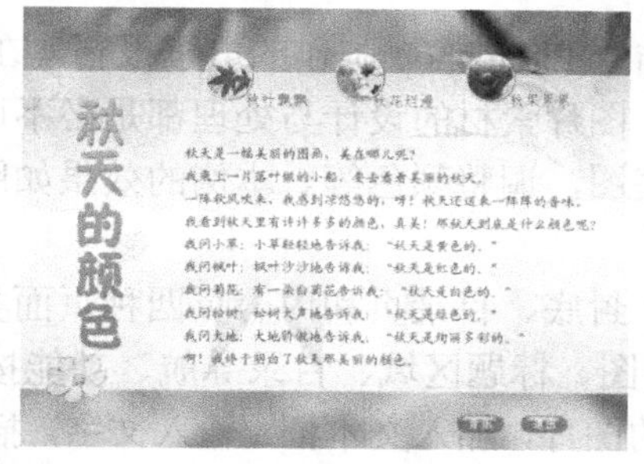

图 12-14　《秋天的颜色》内容页

图 12-15　《山东日照》内容页

页面的划分要善于运用线条，因为线条既节省空间，能划分版面，又简洁干练，有很强的视觉表现力概括力，是构设多媒体课件的重要造型元素。合理创作和使用线条，不仅能作出十分优美简洁的边框，而且能组成多种简明概括的图形，如箭头、结构框图、流程图、直方图、扇面形、圆等，为页面的布局设计提供丰富的空间。

如图 12-16 所示，标题“人类正在步入信息时代”下方的灰色粗线不仅能引导视线，而且分割了页面的区域，该线下方为教学信息的展示区。页面下方的蓝色矩形，呈现了教学内容的目录结构，并用橙色粗线条表示当前的位置。图 12-17 页面中，上方的灰色粗线和页面底部的蓝色细线把页面分割成了三个部分，层次非常清楚。

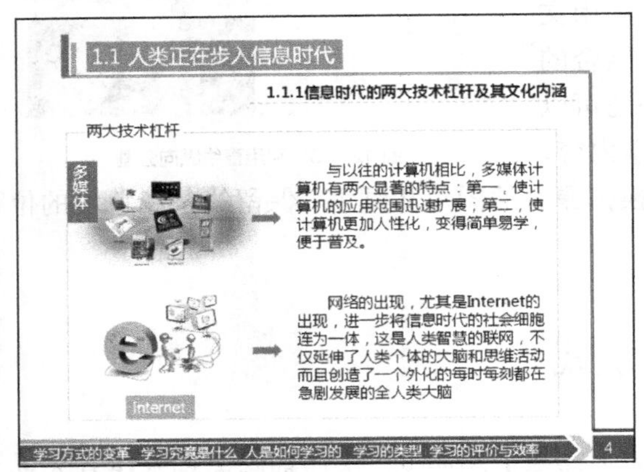

图 12-16 《学习科学与技术》内容页

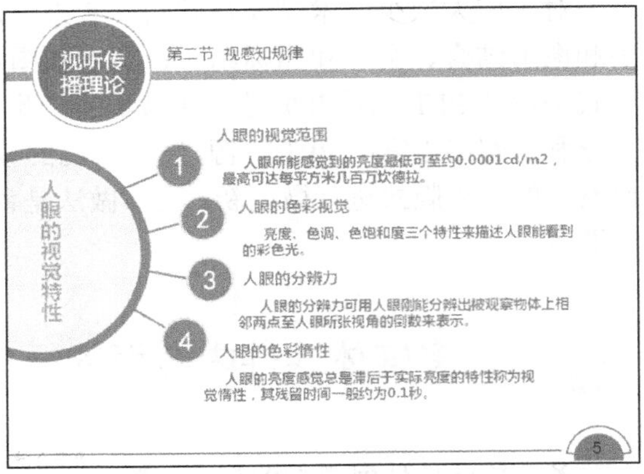

图 12-17 《视听传播理论》内容页

在内容页中，边框和装饰元素的尺寸和位置要适当，要服务于画面内容，边框不能太宽，颜色不能太艳，图纹不能太繁杂。有些巧妙的安排是将章节标题或导航信息压贴在作为装饰的边框上，既增大了信息量，又节省了空间，是一种可取的好办法。花里胡哨的边框不仅显得俗气，而且干扰人们学习的注意力。总体来说，页面的布局要在平衡中求变化，要错落有致，切忌逐一堆砌，更不能使得页面非常拥挤，要适当留出空白，留出呼吸的空间。

多媒体课件的内容页是课件最主要的部分，不仅各页面要保持相对一致，而且应尽可能使层级内的知识点划分清楚，如章节的标题、小标题与重点内容等，要做到排列有序，字体统一，风格一致，不能随心所欲、杂乱无章。

12.4 多媒体课件《我不是完美小孩》的设计

《我不是完美小孩》是采用 PowerPoint 2003 结合 Photoshop 制作的电子报刊。在设计制作多媒体课件的过程中，无论选择什么样的软件，图片素材的设计与处理都是必不可少的。比如制作背景图，还有裁剪各种方形素材图、褪底图，调整颜色等。本例的效果如图 12-18 所示。

这个多媒体课件属于自主阅读型，包括封面、封底、目录页和内容页四种页面类型。

设计思路：采用 Photoshop 设计各页面的背景图、标题区域、目录导航、功能按钮，并保存成图片文件，然后在 PowerPoint 中插入做好的图片，加入文本框，输入文字，插入装饰动画，并设计超链接。

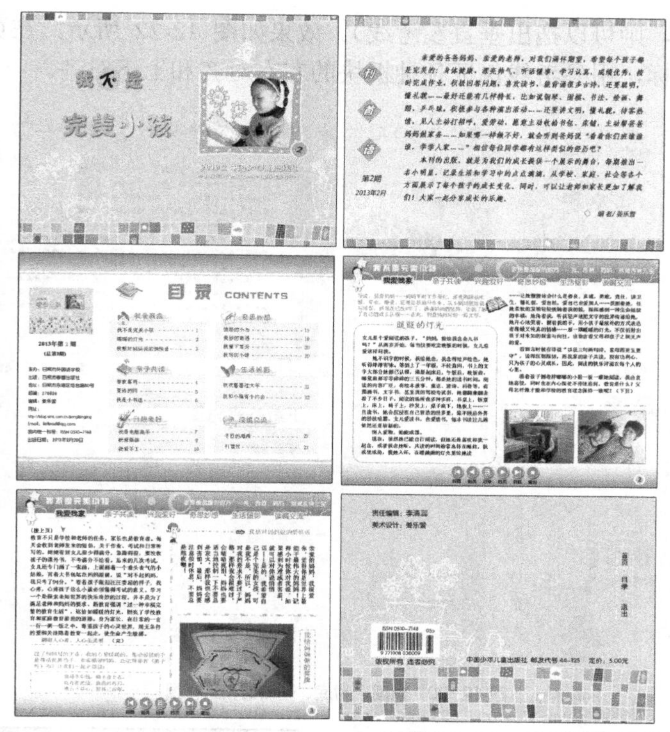

图 12-18　《我不是完美小孩》部分页面截图

知识技能：在此只谈图片的设计，不涉及 PowerPoint 中的相关操作。针对图片素材的制作来说，要把图片设计为统一风格，六个不同的内容板块采用不同的颜色加以区分。

实现步骤

（1）确定页面尺寸。该课件一共 27 页，页面尺寸是默认的 25.4 厘米×19.05 厘米。在制作背景图时，要采用这个文件大小，如图 12-19 所示。

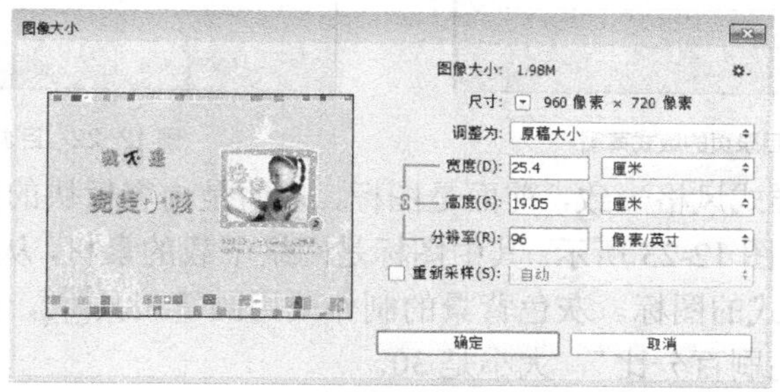

图 12-19　页面尺寸

（2）封面、封底和刊首语的图片设计。这三张页面全部是采用 Photoshop 制作的，每张页面都采用同样的底色，有相似的彩色方格，如图 12-20 所示。

设计时，从“素材天下”网站上下载了背景图，并采用仿制图章工具等进行了修改。封面上的标题“我不是完美小孩”，采用了“汉仪太极体”。

（3）目录页的背景图设计。首先要绘制一个目录页的版式草图，如图 12-21 所示，然后在 Photoshop 中新建 1024 像素×768 像素的文件。采用参考线（采用【视图】|【标尺】，显示标尺，然后用“移动工具”从水平标尺的位置向下拖动，可以拖出水平参考线；从垂直标

尺的位置向右拖动，则可以拖出垂直参考线）。效果如图 12-22 所示，在页面上输入文字，加入装饰用的小图标，用参考线保证各种板块的左右对齐和上下对齐。

图 12-20　封面、封底、刊首语和素材图

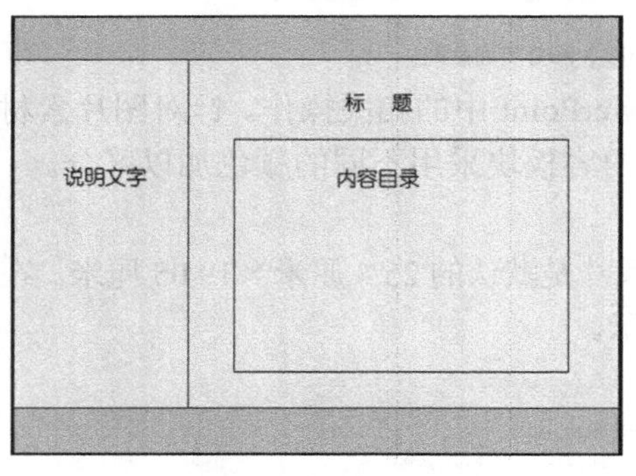

图 12-21　目录页的版式草图

图 12-22　目录页的背景图

每个内容板块的样式风格一致，前面是图标，后面是内容板块的标题，标题文字下方是不规则的灰色背景，如图 12-23 所示。其中图标是网络下载的素材，从网上搜索“透明图标”，可以下载一些*.png 格式的图标。灰色背景的制作采用画笔工具，如图 12-24 所示，笔刷名称是“圆曲线低硬毛刷百分比”，大小是 30。

图 12-23　各内容板块

图 12-24　画笔选取

（4）内容页的背景图设计。首先绘制一个内容页的版式草图，如图 12-25 所示，明确页

面上标题区、目录结构导航区、内容信息展示区和功能控制区的位置。

用 Photoshop 设计的时候，不同的内容板块版式相同，但采用不同的主色调加以区别。如图 12-26 所示，“我爱我家”板块采用橙黄色，“亲子共读”板块采用湖蓝色，“兴趣爱好”板块采用草绿色，“奇思妙想”板块采用紫色，“生活留影”板块采用粉红，“读编交流”板块采用黄棕色。在目录导航区，当前的内容标题文字，采用黑字黄边的样式以突出显示。

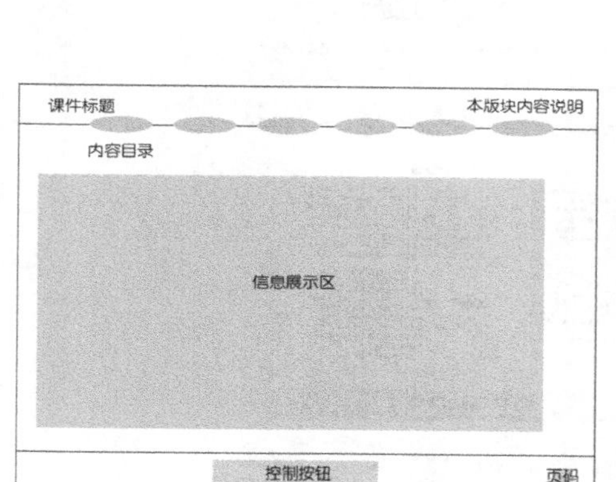

图 12-25　内容页的版式设计草图

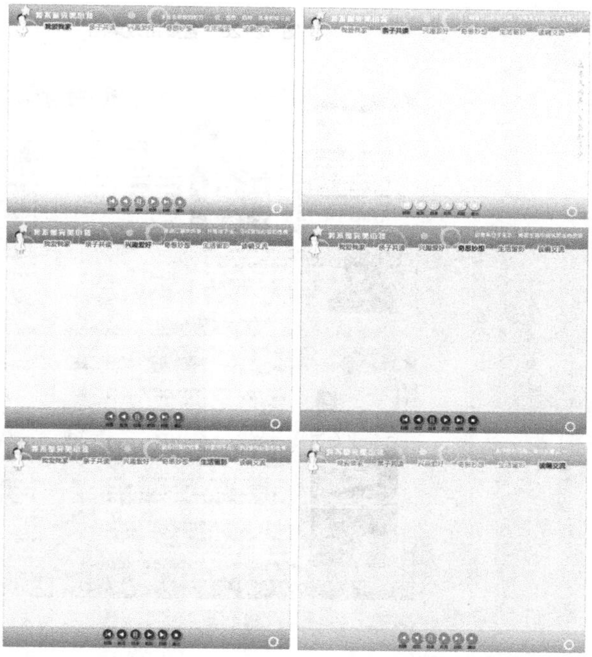

图 12-26　各板块内容页的背景图

各页面标题部分的小女孩，是从网上下载的图片中抠选出来的，如图 12-27 所示。

功能控制区的按钮制作如图 12-28 所示。在采用 Photoshop 制作按钮时，只需要一个*.psd 格式的源文件。先制作彩色的圆，然后复制圆，调整圆的颜色，形成多个彩色圆。然后在上方的图层中建立“前进”“后退”“最前页”“最后页”和“目录页”的指示图形标志。如图 12-29 所示，通过隐藏或者显示不同的图层，将按钮图片文件另存为特定颜色、特定指示功能的 png 透明的图片文件。这些透明底的按钮可以很自然地融入到背景图中。

图 12-27　小女孩的选取

（5）输入文字。各内容页面的文字可以在 Photoshop 中采用文字工具 T 输入，也可以在 PowerPoint 中插入做好的背景图，然后采用文本框输入文字。在本例中，是在 PowerPoint 中输入文字，这样方便调整和修改。最终各内容板块的效果如图 12-30 所示。

图 12-28　各按钮效果图

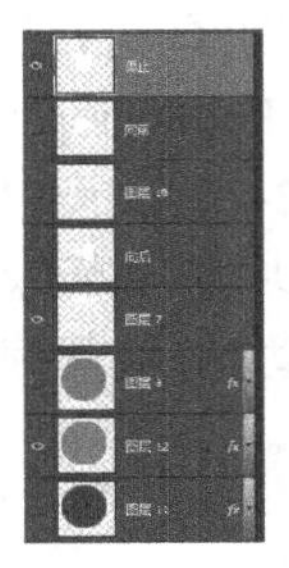

图 12-29　按钮图层

图 12-30　《我不是完美小孩》各内容页面节选

最后，在 PowerPoint 软件中，插入各种超链接，完成课件的制作。

课后练习

以“我的青春我做主”为主题，设计包括多个内容板块的多媒体课件。

Photoshop+Illustrator

13 Chapter

第13章 包装盒设计

学习目标

- 了解包装盒外观图的构成
- 掌握 Photoshop 制作包装盒外观效果图的方法
- 掌握 Illustrator 制作包装盒外观效果图的方法

包装盒在日常生活中很常见，不仅能够保护其中的物品，而且能够使人们了解产品的品牌、特点、适用人群等，是营销的常用手段。包装盒的外观各式各样，有双插盒、扣底盒、挂头盒、天地盒等，材质硬度各不相同。包装盒的一种效果图是展开图，尺寸精确，用来印刷生产和折叠粘贴。为了更好地了解包装盒的结构，读者可以拆开包装盒，观察包装盒的各个面和用于连接黏合的部分（防尘翼、粘贴翼等）。还有一种是外观视觉效果图。在本章中只做外观效果图，不做展开图，不考虑包装盒的材质和类型。使用的设计软件包括 Photoshop 和 Illustrator。

13.1 设计商品包装盒效果图

设计要求：使用 Ilustrator 为精锐数控设备有限公司设计一款刀具包装盒外观效果图，效果如图 13-1 所示。

设计思路：确定透视关系，根据尺寸要求设计每个平面的组成，绘制出包装盒的展开图，确定盒体的正面和侧面区域。透视变形，添加阴影。

实现步骤

（1）确定包装盒尺寸。根据商家的要求，包装盒的长宽深是 580mm×232mm×340mm。因为该包装盒各面没有位图，只有图形，适合缩放，因此为了制作方便快捷，把尺寸缩小为原来的四分之一进行设计，即 145mm×58mm×85mm。

（2）确定透视类型。常用的透视类型有单点透视、两点透视、三点透视等，此处采用两点透视，也叫成角透视。两点透视的意思是，要想在二维平面上体现长方体的外形，长方体的四个面相对于画面倾斜成一定角度时，往纵深平行的直线产生了两个消失点。同时，与上下两个水平面相垂直的平行线也产生了长度的缩小，但是不带有消失点。也就是说，两点透视中长方体仅仅有铅垂轮廓线与画面平行，而另外两组水平轮廓线均与画面斜交，于是在画面上形成了两个消失点，这两个消失点都在视平线上，这样形成的透视图称为两点透视，如图 13-2 所示。正因如此，长方体的两个立角均与画面成倾斜角度，故又称成角透视。

根据两点透视的特点，结合本例的要求，需要制作三个平面。

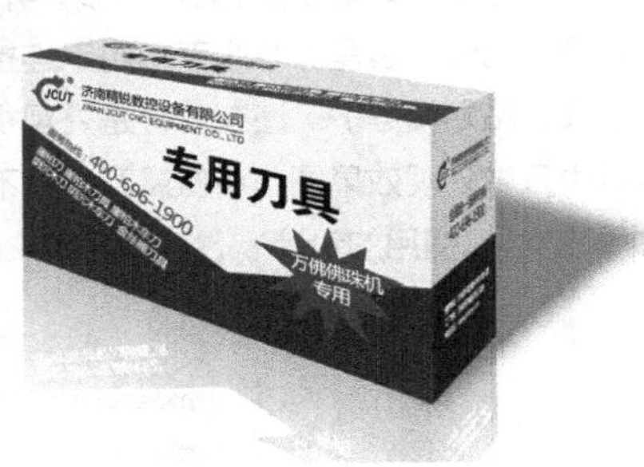

图 13-1　包装盒效果图

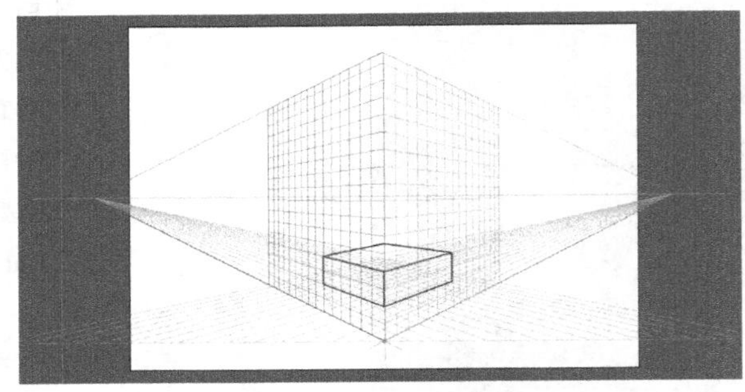

图 13-2　两点透视示意图

（3）设计三个面。需要根据包装产品的特性来构思和确定包装风格，并逐一对各面的图形进行设计。通常包装盒前面板的设计最重要，图片中要体现产品的名称、品牌、功能，信息传递要清楚而明确。有的包装盒的前面和侧面图形连在一起，在设计时需要把这两个面连在一起设计，然后根据尺寸来切割。本例中，两点透视所呈现出的三个面（前面、顶面和右侧面）都是独立的，如图 13-3 所示，前面图尺寸是 145mm×85mm，顶面图尺寸是 145mm×58mm，右侧面尺寸是 58mm×85mm。在设计三个面时，采用参考线对齐三个面，上面所有的文字都采用【创建轮廓】命令，转变为曲线。图片的颜色以蓝色和红色为主色。

所有的文字一定要转为曲线才可以制作透视效果。

（4）显示并调整两点透视网格。采用【视图】|【透视网格】|【两点透视】|【两点-正常视图】，可以在页面上呈现出如图 13-4 所示的两点透视网格，各个主要的调节点都在图中做了标注。单击“透视网格工具”，然后拖动这些调节点，得到如图 13-5 所示的透视网格。

图 13-3 包装盒三个面的效果

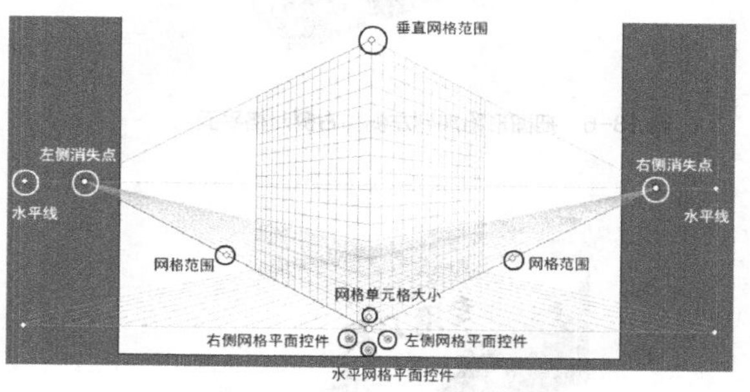

图 13-4 两点透视网格

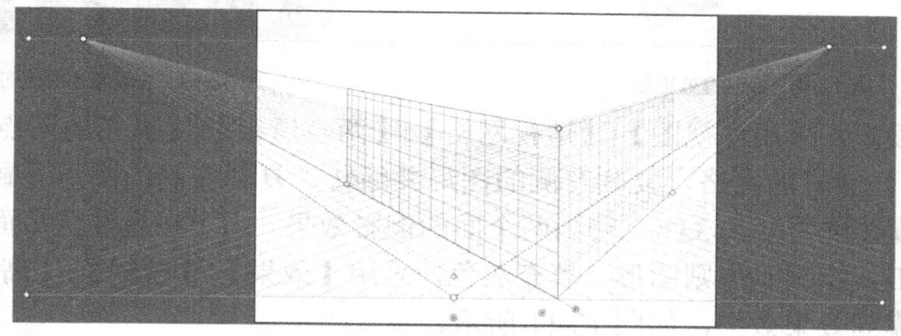

图 13-5 调整两点透视网格

（5）制作面的透视变形。创建好各个面的图形和透视网格之后，要将各面上的图形附加到透视网格的活动平面上，即向左、右、水平网格中添加对象。具体的做法是：单击平面切换构件中的左侧网格平面，使用“透视选区工具”拖动步骤（3）中的“前面图形”到左面；单击平面切换构件中的右侧网格平面，使用“透视选区工具”拖动步骤（3）中的“侧面图形”到右侧网格平面，如图 13-6 所示。采用【视图】|【透视网格】|【将网格存储为预设】命令，把调整好的网格命名为“盒子的两点透视 1”。

把原点向上拖动，使之与左右两个网格交线的上方的节点对齐，如图 13-7 所示，把步骤（3）中做的“顶面图形”附加到水平网格平面中。采用【视图】|【透视网格】|【将网格存储为预设】命令，把此时的透视网格命名为“盒子的两点透视 2”。采用【视图】|【透视网格】|【将网格存储为预设】命令可以保存网格的样式。

（6）隐藏透视网格。采用【视图】|【透视网格】|【隐藏网格】命令，可以更清楚地观看效果图如图 13-8 所示。如果需要继续调整修改网格，采用【视图】|【透视网格】|【两点透视】|【盒子的两点透视 1】命令，即可以显示刚才保存的网格样式。

图 13-8 各面的亮度一致，面的分界线不明显。如果感到三个面的颜色太接近，那么可以把水平网格和右侧网格上的图形变暗一些。要想调整亮度，可以选择右侧面，采用菜单命

令【编辑】|【编辑颜色】|【重新着色图稿】，得到“重新着色图稿对话框”如图 13-9 所示，降低蓝色、红色、白色的亮度值，确定。最终效果如图 13-10 所示。

图 13-6　把图形附加到左侧和右侧网格平面

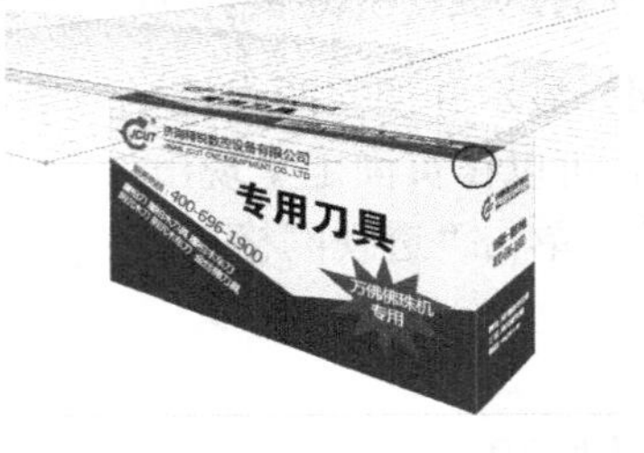

图 13-7　把图形附加到上方的水平网格平面

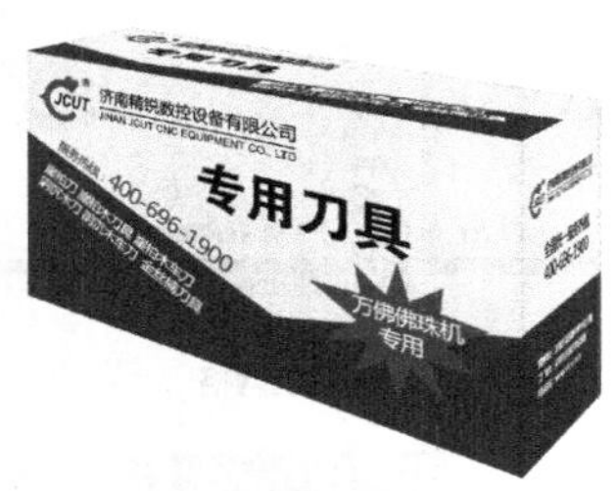

图 13-8　包装盒效果图

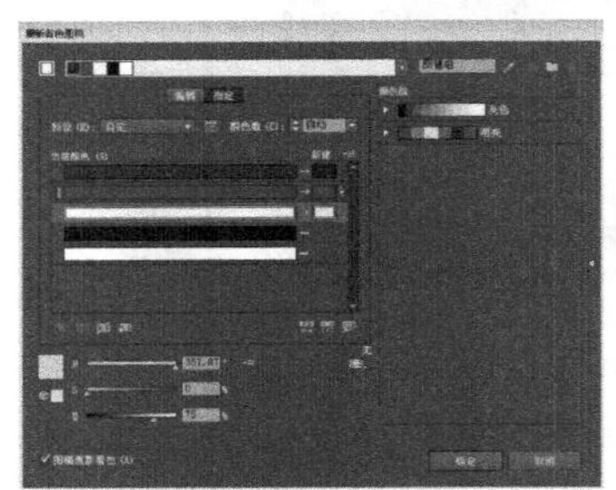

图 13-9　重新着色图稿对话框

（7）添加投影。采用【视图】|【透视网格】|【两点透视】|【盒子的两点透视 1】命令，显示出步骤（5）做好的网格。复制左侧的图形并翻转，复制右侧的图形并翻转，在【透明度】面板中设置其透明度为 33%，得到两个面的倒影效果。为了在包装盒后面添加盒子的投影，采用钢笔工具绘制不规则图形，填充灰色，采用【效果】|【模糊】|【高斯模糊】命令，使得边缘出现模糊效果效果，如图 13-11 所示。

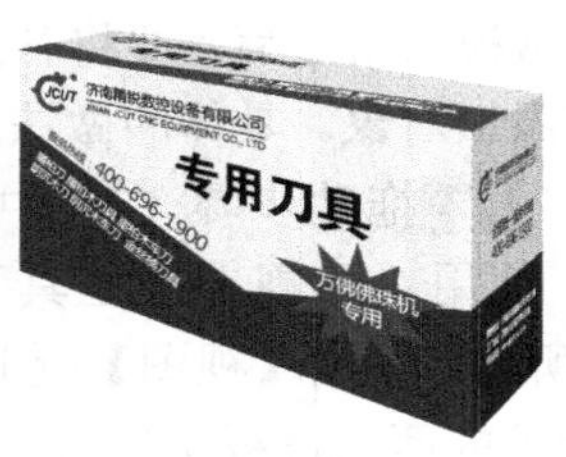

图 13-10　包装盒效果图

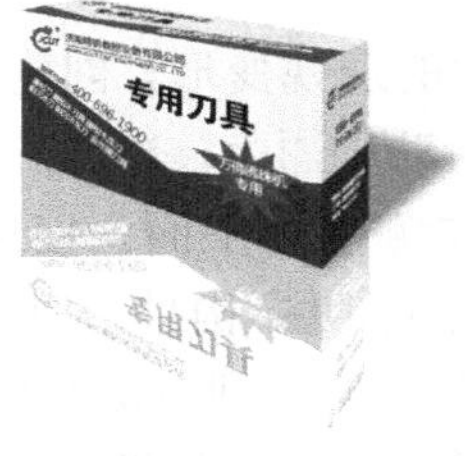

图 13-11　添加倒影和投影

为了使倒影出现透明度的渐变，可以采用“不透明度蒙版”。具体做法是：以左侧投影为例。先绘制一个与左侧倒影形状相同的图形，填充黑白渐变，默认是左右渐变，调整渐变的方向和范围，如图 13-12 所示。

把渐变图形叠放到倒影图形的上方，选中倒影和渐变图形，如图 13-13 所示，在【透明度】面板中，单击折叠菜单中的【建立不透明蒙版】命令，这时投影图形的颜色实现了透明度渐变，如图 13-14 所示。同样的，针对右侧面也绘制黑白渐变图形，建立不透明蒙版，最终效果如图 13-15 所示。

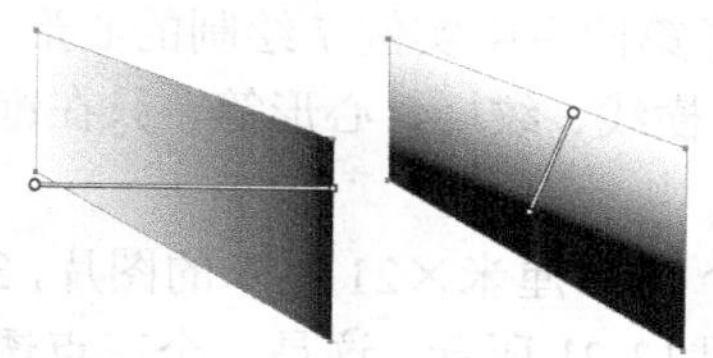
图 13-12 调整渐变的方向

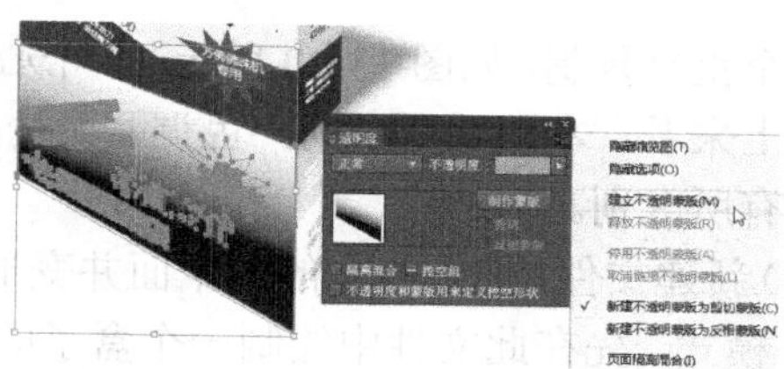
图 13-13 建立不透明蒙版

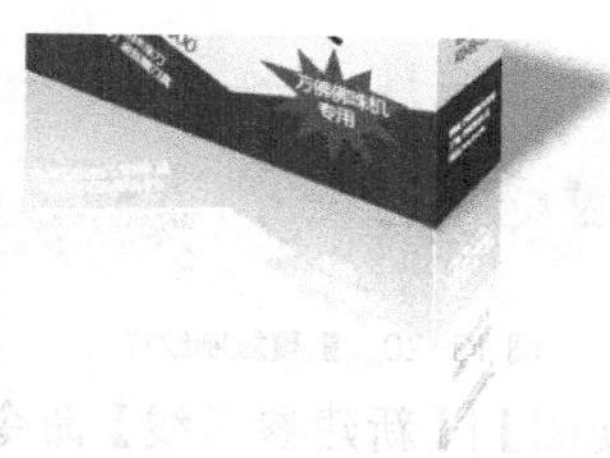
图 13-14 透明度渐变

图 13-15 倒影的透明渐变效果

13.2 设计礼品盒效果图

设计要求：使用 Photoshop 设计一款盛放食品的礼品盒外观效果图，效果如图 13-16 所示。

设计思路：设计盒子的顶面和右侧面图，绘制透视草图，为三个面制作透视变形，调整亮度，添加投影。

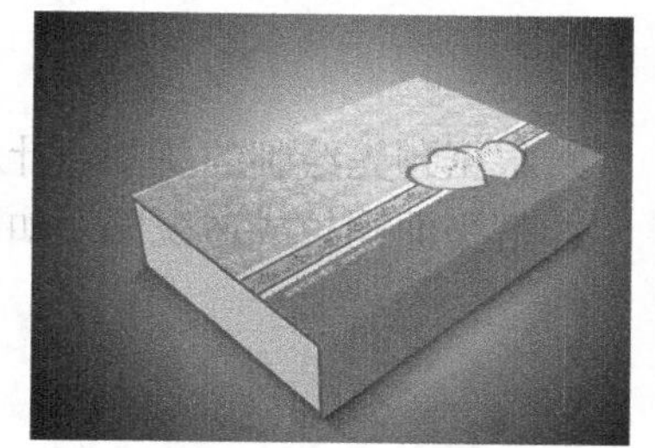
图 13-16 礼品盒效果图

实现步骤

（1）设计盒面效果图。礼品盒尺寸是 21 厘米×14 厘米×5 厘米，正面和顶面的图案连在一起，要统一设计，然后切割。因此新建一个 21 厘米×19 厘米的文件，分辨率是 300PPI，最终效果如图 13-17 所示，文件保存为“例 13-2 平面图.jpg”。在此简单叙述一下本图的制作方法。此图上半部分采用图案填充，图案的大小要合适。下方是竖线图案，可以新建一个 10 像素×1 像素的透明底文件，填充一个像素宽的深紫红色。图案效果如图 13-18 所示。

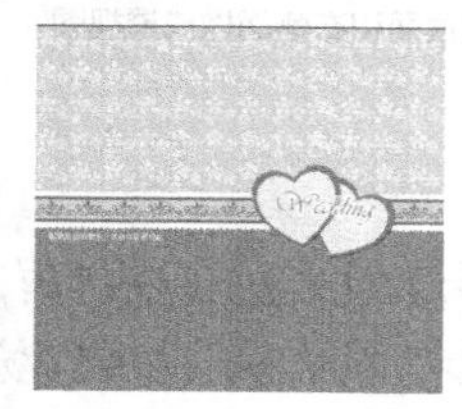
图 13-17 盒面效果图

图 13-18 定义图案

白色花边的制作采用了白色圆点画笔对路径描边的方法，需要事先把白色矩形的选区转变为路径，画笔笔尖的间距是 100%，如图 13-19 所示。

两条横线中间的纹样采用了自定义形状中的“装饰 5”，用【Ctrl+Alt+Shift+T】组合键一个一个重复复制，如图 13-20 所示。两个心形是采用了第四章中实例 7 绘制的心形效果图。从颜色上来看，本图采用了同一色调，无论是背景还是横线、纹样、心形等，只在饱和度和明暗上有所区别。

（2）新建文件，拖入礼盒的两个面并变形。新建一个 29.7 厘米×21 厘米的图片，300PPI，CMYK 模式。先在此文件中绘制一个盒子的草图，如图 13-21 所示，这是一个三点透视的盒子。三点透视又叫做斜角透视，在画面中有三个消失点，没有任何一条边或者面与画面平行，相对于画面，物体是倾斜的。

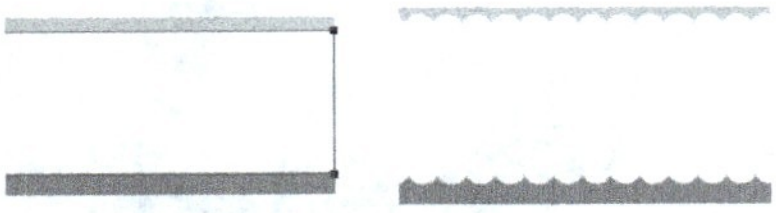

图 13-19 花边的制作

图 13-20 重复复制纹样

打开刚才制作的“例 13-2 平面图.jpg”，采用 【视图】|【新建参考线】命令，如图 13-22 所示，在 14 厘米的位置新建一条水平参考线，把平面图分成两部分，如图 13-23 所示，然后分别把这两部分拖放入新建的文件中。

图 13-21 三点透视的效果

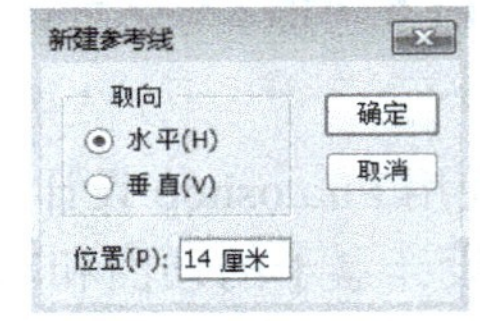

图 13-22 建立参考线

根据预先绘制的草图，针对两个面，采用快捷键【Ctrl+T】，按住【Ctrl】键拖四角的节点，把平面图拉成透视图，如图 13-24 所示。

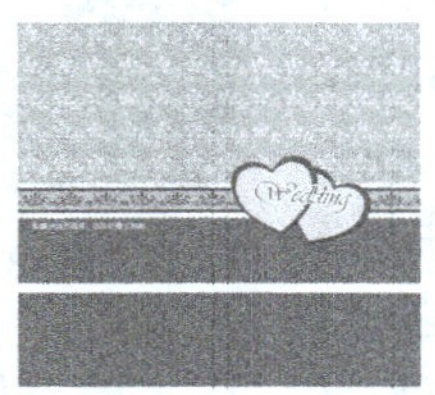

图 13-23 把平面图分割成顶面和正面两部分

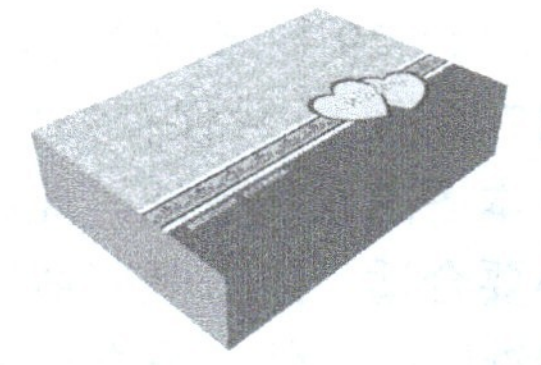

图 13-24 把顶面和右侧面做成透视图

特别提示

怎样将平面图拉成透视图，会直接关系到生成的包装盒的形状。在这里，读者可以寻找一些参考物，比如拍摄已有的包装盒照片，或者下载参考图片等。如果对透视变形没有把握，就要事先把平面图的两部分做副本，并隐藏副本，备用。

（3）制作左侧面。以步骤（2）绘制的草图为依据绘制左侧面，如图 13-25 所示，底层是深紫红色，内层是浅黄色。这个图形可以用多边形套索或者钢笔绘制。此时礼品盒的效果如图 13-26 所示。

（4）降低右侧面亮度。假设光线是从右上方照射到盒子上，那么右侧面应该是较暗的，采用【图像】|【调整】|【亮度/对比度】命令，降低右侧面的亮度。同样也降低左侧面的亮度。此时礼品盒效果如图 13-27 所示，盒子明显增加了厚度。

图 13-25　绘制左侧面

图 13-26　礼品盒具备了完整的三个面

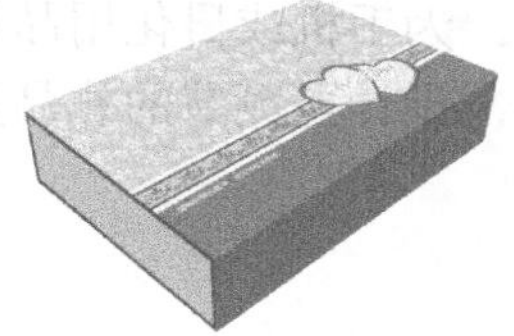

图 13-27　降低右侧面和左侧面的亮度

为了消除盒子顶面和右侧面交界处的生硬的边界，可以把右侧面当做当前层，选出边缘的位置，如图 13-28 所示，羽化 8 个像素，然后调高亮度，得到如图 13-29 所示的效果。

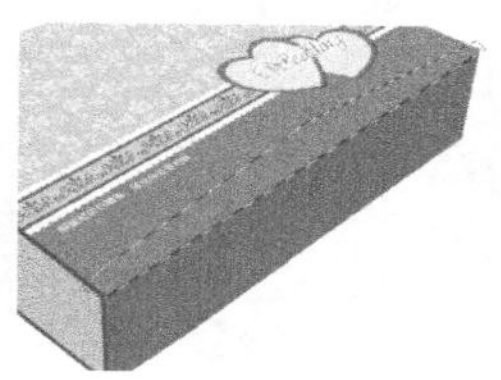

图 13-28　选取边界

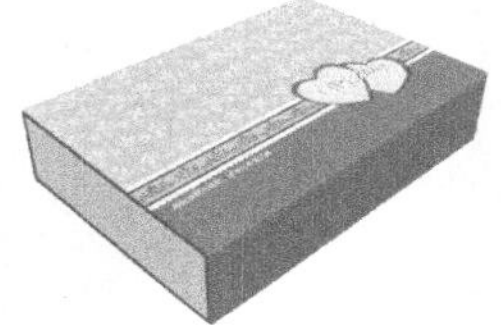

图 13-29　消除生硬的棱

（5）添加阴影。在礼品盒左下方、右下方绘制投影。投影图层在所有图层的最下方，用多边形套索绘制出选区，如图 13-30 所示，羽化 10，填充黑色到透明的渐变，设置投影层的不透明度为 60%。在最底层绘制一个不规则区域，羽化 10，填充黑色，如图 13-31 所示，并降低其不透明度，这样投影的效果更逼真一些。盒子的顶面颜色缺少影调变化，为此，在上面新建一个黑色到透明的渐变图层，如图 13-32 所示。调整该层的不透明度，得到如图 13-33 的效果。

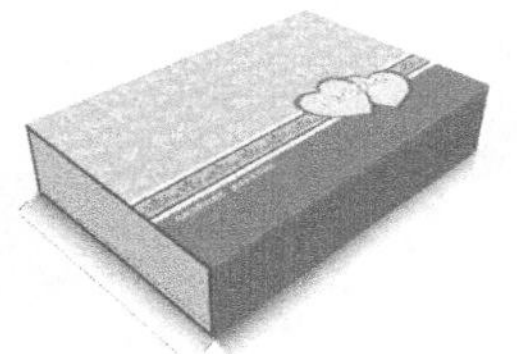

图 13-30　添加黑色到透明渐变

图 13-31　在最底层添加黑色图形

图 13-32　在顶层添加黑色到透明的阴影

图 13-33　降低顶层阴影的透明度

课后练习

1．为手机或日化用品设计一款包装盒。
2．设计圣诞节的礼品盒。

14 Chapter

第 14 章 画册设计

学习目标

- 了解画册设计的过程
- 掌握画册设计对图片、文字、排版的要求
- 了解常用的图文版式

画册是图文并茂的一种信息传达方式，能传达丰富的信息并有较高的欣赏价值。画册设计之前，我们需要与客户进行详细沟通来确定画册的整体风格和要求。画册的性质也决定着设计的思路，比如说，企业画册主要宣传企业的经营理念和产品优势；商品画册主要展示商品的特点和功能；学校的宣传画册主要向人们传递办学特点、专业优势，促进学术交流和学校的影响力。

在画册设计的过程中，要收集与主题相关的文字和图片素材。因为图片较多，反复修改会大大增加工作量，所以科学规范的操作非常重要，既可以减轻工作负担，又能提升工作的质量和效率。为了印刷清晰，图片的分辨率要设置为 300PPI 以上，CMYK 模式，Tif 格式。图片素材要进行分类整理，放到恰当的文件夹中，在设计过程中不要随便乱放，修改替换图片时要放到同一位置。

14.1 设计“寻常生活印象”主题画册

设计要求：画册的主题是美景、人物、情感随时光流转而发生的变化，或者就是把时光呈现给读者。要求自己拍摄照片，搭配文字，设计并制作一本图文并茂的小画册。各页面之间不要过于雷同，各页面的视觉兴奋点不同，图片有大有小，有疏有密，有充满，有空白，形成一种风格和节奏感。页面的尺寸是A5，8页，正反面打印，骑马钉装订，效果如图14-1所示。

图14-1 画册分页效果图

设计思路：绘制版面的草稿图，搜集图片，采用 Photoshop 处理图片，采用 Illustrator 制作封面和内页。

实现步骤

（1）绘制草稿图。绘制草图是为了设计出画册中图片、文字的大致排列方式，为使用软件提供一个设计的依据，尤其是图片的尺寸、线条的长度等。本例的草稿图如图14-2所示，8页A5，可以设计为4页跨页A4的样式。

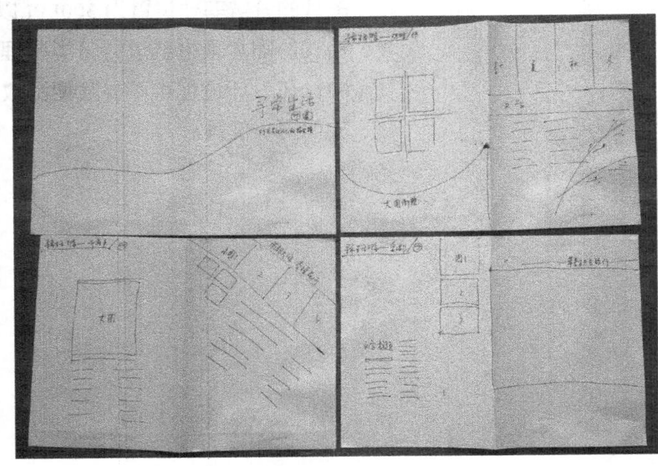

图14-2 绘制草稿图

（2）拍摄、收集图片。拍摄的图片内容要围绕着画册主题，体现四季的变化、碧海银滩还有旅行的美景。选择出每个页面需要的图片，图片的数量要超过草稿图所要求的图片数量，以备精细挑选。在设计时，可以根据背景色、邻近图片的颜色来进一步挑选。

（3）新建画册文件。本画册有 4 页，页数较少，可以采用 Illustrator 来设计。在 Illustrator 中新建文件，大小为 297mm×210mm，出血值为 3mm，画板数量为 4，如图 14-3 所示，保存为“画册.ai”。

（4）设计封面。封面背景图横跨左右，在 Photoshop 中新建 303mm×140mm，分辨率为 300PPI 的文件，打开“封面背景图原图.jpg”，拖放到新建的空白文件中，调整其大小，并结合蒙版制作淡出效果，如图 14-4 所示，保存成“封面背景效果图.png”。

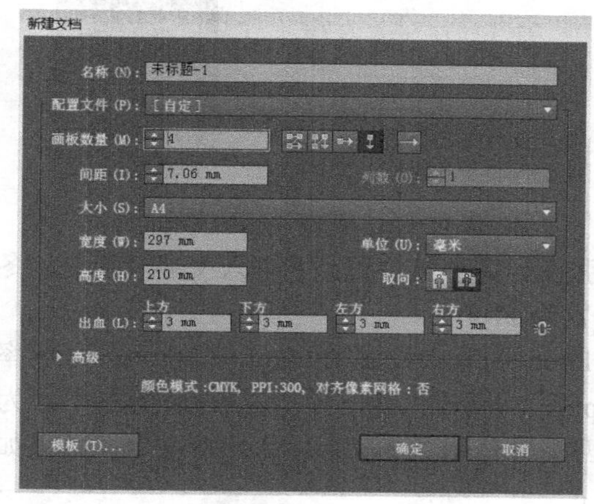

图 14-3 新建文档对话框

图 14-4 封面背景效果图

在“画册.ai”的第一个画板中，采用【文件】|【置入】命令，找到“封面背景图.png”，取消“链接” □链接，把图片直接插入到“画册.ai”中。因为图片较少，所以无需链接。在页面的适当位置单击，会导入封面背景图，这是一个出血图，要拖动其位置，对齐出血线，效果如图 14-5 所示。出血图的边缘一定要超出画板的尺寸，对齐出血线，因此在 Photoshop 处理图片时，图片的宽度设置为 303mm，左右两边分别增加了 3mm 的出血值。

在封面上输入文字，注意文字的字体、大小各不相同。“寻常生活”采用的字体是“钟齐志莽行书”，其余文字都是“微软雅黑”，如图 14-6 所示。

图 14-5 在 Illustrator 中置入图片

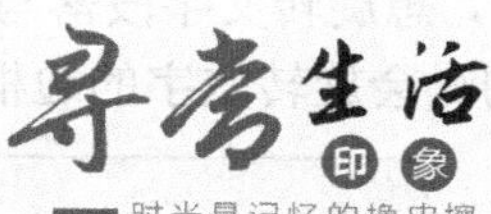

图 14-6 标题文字

打开“微信号.jpg”文件，把二维码图形复制到画册封面的左侧页，最终效果如图 14-7 所示。

（5）设计“观四季”页面。按照草稿图，本页左右是分开的两页，因此在中间位置建立参考线。左侧是四张在不同季节拍摄的内容基本相同的图，尺寸都设置为4.5mm×3.5mm，分辨率为300PPI，保存为“四季图 1.jpg”“四季图 2.jpg”“四季图 3.jpg”和“四季图 4.jpg”。底图是淡出效果，尺寸为151.5mm×12mm（宽度值为297/2+3=151.5）。在Photoshop中新建151.5mm×12mm、分辨率为300PPI的文件，打开“四季底图原图 1.jpg”，拖入新建的文件中，调整大小，并利用图层蒙版制作渐变淡出效果，如图14-8所示，然后保存为“四季背景图 1.png”。

图 14-7 封面效果图

图 14-8 “观四季”页面背景图

在“画册.ai”的第二个画板的左侧置入这五张图，调整其位置，并输入文字“春夏秋冬时光流转”，字体是“方正水柱体”，文字间距设置为1100。

第二个画板的右侧下方有3张小图，尺寸在Photoshop中设置为50mm×70mm，分辨率为300PPI，保存为“四季图 5.jpg”“四季图 6.jpg”“四季图 7.jpg”。上方的渐变图尺寸为151.5mm×60mm，分辨率为300PPI，保存为“四季背景图 2.png”。输入段落文字。效果如图14-9所示。

图 14-9 “观四季”效果图

（6）设计“听涛声”页面。按照草稿图，本页左侧是一张图，右侧是多张斜排的小图，背景是白底和深灰底。左图是60mm×70mm、300PPI，在Photoshop中裁剪即可。

右侧小图的做法如下。在Photoshop中新建230mm×40mm、300PPI的文件，把多个原图处理成高度为40mm的小图然后放到该文件中，如图14-10所示，保存为“涛声 2.jpg”。在Illustrator中置入该图片，旋转，然后使用钢笔工具绘制一个不规则图形，该图形要对齐出血线，填充颜色（任何颜色都可以，要容易识别），选中此不规则图形和置入的图片，右击，采用【建立剪切蒙版】命令，如图14-11所示，不规则图形以外的位图图片都被删除。输入文字之后，想旋转文字段落与图片平行，则需要使用“旋转工具“。如果采用“选择工具”，则只会旋转文字的边框而文字的方向不变。该页面最终效果如图14-12所示。

图 14-10 多个小图排列在一起

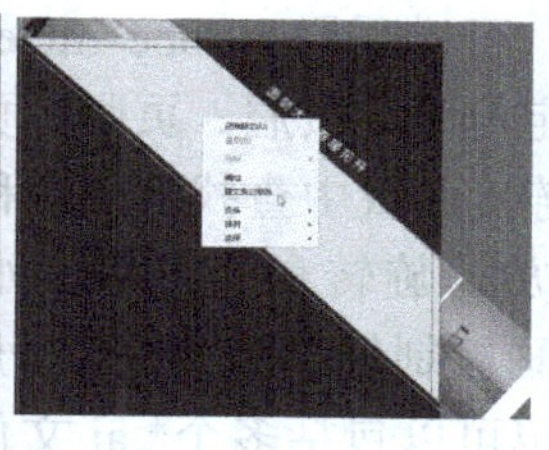

图 14-11　创建剪切蒙版删除多余的图片

图 14-12　“听涛声”效果图

（7）设计“爱旅行”页面。按照前面几个页面的做法，设计出该页，左侧用小图，右侧用大图，实现了视线的对比与跳跃，吸引读者的注意力。

14.2　设计“传媒耕耘 20 年”院庆画册

设计要求：设计传媒学院 20 年院庆画册，用于印刷。尺寸是 16K，要求体现传媒学院严谨、勤奋、创新、以人为本的精神风貌，效果如图 14-13 所示。

设计思路：收集文字和图片资料，封面设计，内页设计，确定页码。

实现步骤

（1）收集资料。文字和图片资料的收集是制作画册的前提，一定要做好充分的准备，以免多次的修改大大增加画册设计的工作量。这里需要的文字材料由学院相关领导和老师合力完成，包括学院的基本情况、发展历程、研究成果、学术情况等。比如教授的介绍文字数量控制在 200～250 字，其他教师的个人说明文字数量控制在 100 字左右，这样在同样的空间范围之内呈现出的外观效果基本相当。文字收集完成之后，要检查词句和错别字，然后保存成 word 文档，效果如图 14-14 所示，一共分为学院简介、师资力量、本科生教育等 10 个部分。

图 14-13　院庆画册效果图

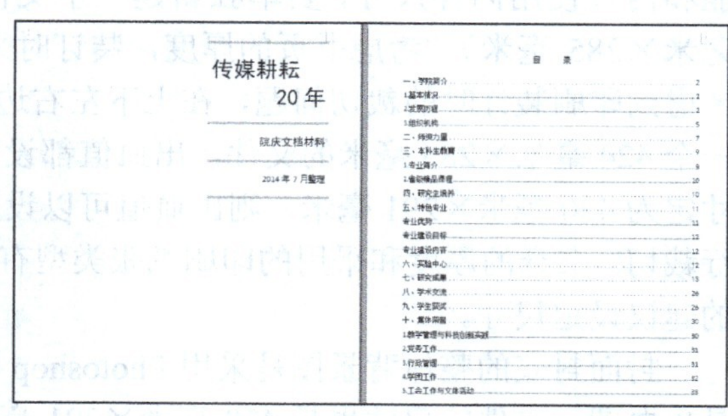
传媒耕耘
20 年
院庆文档材料
2014 年 7 月整理

目　录

一、学院简介……2
1.基本情况……2
2.发展历程……2
3.组织机构……5
二、师资力量……7
三、本科生教育……9
1.专业简介……9
2.省级精品课程……10
四、研究生培养……10
五、特色专业……11
专业优势……11
专业建设目标……12
专业建设内容……12
六、实验中心……12
七、研究成果……15
八、学术交流……26
九、学生获奖……26
十、集体荣誉……30
1.教学管理与科技创新实践……30
2.党务工作……31
3.行政管理……31
4.学团工作……32
5.工会工作与文体活动……33

图 14-14　文字收集和整理

图片的收集要考虑原始的像素数量。画册尺寸是 16K，即 210 毫米×285 毫米。比如横贯全页的图片，在保证分辨率是 300PPI 的情况下，其宽度不能小于 210 毫米，即横边像素数不能小于 2480（毫米、分辨率和像素的转换，可以采用 Photoshop 的菜单命令【图像】|

【图像大小】来进行）。关于教师个人的照片，需要提交大半身的工作照/生活照/会议照/旅游照等，要求原始照片在腰部以上，面容清晰，宽边像素数超过 2000，以备有效裁切。所有的图片按照 word 文档的 10 个组成部分分类整理，放到 10 个文件夹中。

（2）选择软件。画册如果页数较多的话，可以采用 Adobe InDesin 进行设计，这是专业的排版软件。它可以通过主页设计来统一设定母版、页眉、页脚、页码、添加图形，使得各页面具有统一的风格。它还可以在自定义的链接面板中查找、排序和管理文档的所有置入文件，查看对于工作流程最重要的属性，如缩放、旋转和分辨率。如果页面不是很多或者对 InDesign 不熟悉，也可以在 Illustrator 中添加画板制作多个页面，一般一个*.ai 文件不要超过 10 个页面，否则文件运行会很慢。一个画册也可以包括多个*.ai 文件。每个页面中的位图的编辑处理，采用 Photoshop 来进行。

（3）图片的处理。图片的尺寸要根据草图来确定，然后用 Photoshop 来裁切大小，调整颜色。颜色模式设置为 CMYK 的印刷模式，而且要保存为*.tif 格式，以确保颜色的准确呈现。因为画册中的图片数量较多，在 Illustrator 中置入图片时，要采用“链接” ☑链接 ，否则会使得源文件过大，影响文件的处理和运行速度，甚至死机。

（4）封面设计。封面封底效果如图 14-15 所示。

封面封底的反面是封二封三，效果图如图 14-16 所示。

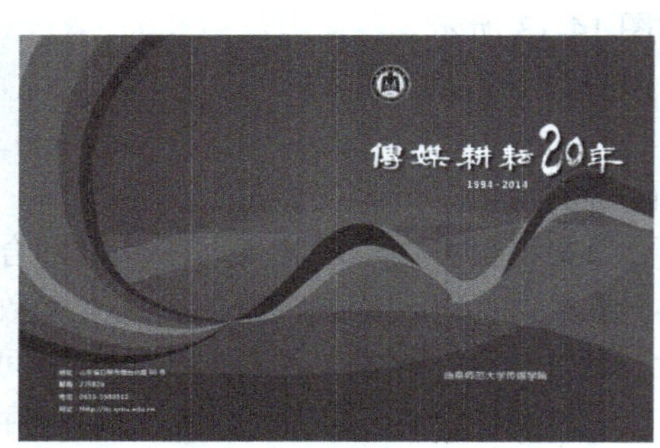

图 14-15　封面封底效果

图 14-16　封二封三效果图

考虑到封面和封底是完整的图形，不能分成左右两部分，所以，针对封面、封底不能和内页使用同样尺寸，要单独新建一个文件。封面封底封二封三的文件尺寸是 8K（420 毫米×285 毫米），考虑书页的厚度，装订时采用胶订，所以书脊部分添加 4 毫米的宽度。考虑到印刷装订时的裁切问题，在上下左右边缘各留出 3 毫米出血值。在 Illustrator 中新建一个 424 毫米×285 毫米的文件，出血值都设置为 3 毫米，并增加一个画板。如果把文件尺寸定为 430 毫米×291 毫米，则出血值可以设置为 0 毫米，印刷厂会根据最终产品的尺寸进行裁切。书脊的厚度和采用的印刷纸张类型有关，因此设计之前应联系印刷机构，根据他们的建议设定尺寸。

封面封底的整体背景图是采用 Photoshop 制作的，见“封面背景图.tif”文件，这个图片是出血图，文件的尺寸也是 430 毫米×291 毫米，如图 14-17 所示。设计这个背景的思路是体现日照海滨城市的特点，上面的图形既有海鸥的形象，又体现出学院名称“传媒”二字的首字母 CM 的外形。在 Illustrator 中采用【文件】|【置入】命令，把该背景图加入进来，同时在左上角的位置放入学校校徽，即“校徽.ai”。

标题文字的处理。在封面上的题目“传媒耕耘 20 年”是书法文字。最初是一幅题字，见图片文件“传媒.jpg”，如图 14-18 所示。使用 Photoshop 软件，用通道抠图的办法，去除底色，变成 png 格式的透明底的图片，并减小字的间距，放大“20”字样，并用“裁切工具”把该图片裁剪成 21 厘米×5.6 厘米，如图 14-19 所示。为了把文字放到蓝色的背景图上，针对该图调整其亮度，如图 14-20 所示，选中“着色”，把明度值调成 100，饱和度调整为 0，这样文字由黑色变为白色，保存为“传媒耕耘 20 年-透明底.tif”（注意，把文字从黑变白的方法有多种，读者可以根据自己的使用习惯选择一种）。处理完成之后，把该位图文件置入到 Illustrator 中。

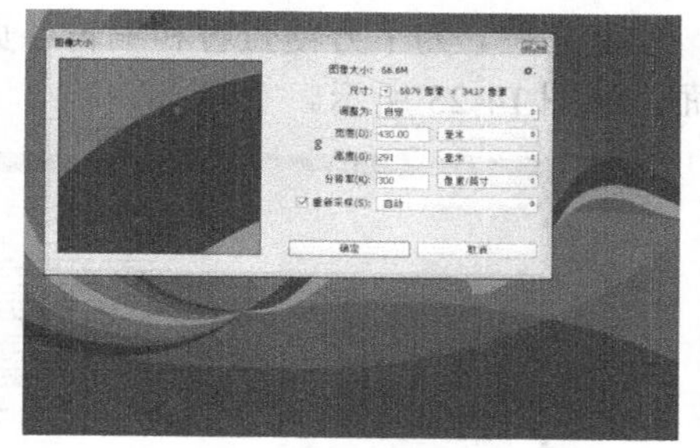

图 14-17　背景图的尺寸

图 14-18　毛笔题字

图 14-19　去除背景并调整文字大小和间距

其余的文字都是辅助说明的文字，不需要设计得过分醒目。在此都采用较小的字号，用“微软雅黑”字体。封底的地址电话等信息，要成为一个文字组块，左对齐，放到左下角。做好之后，保存为“封面封底.ai”，并另存为“封面封底.pdf”。

封面的颜色是以蓝色为主，只有蓝色深浅的变化，这样也符合学院的特点。

（5）内页设计。内容页的尺寸都是 16K，新建文件“画册内页.ai”，尺寸是 210 毫米×285 毫米。上边、下边、右边要印刷裁切，因此这每边增加 3 个毫米的出血值。本例可以先暂时设计 8 个 16K 的内页，以后根据设计的进度逐步添加。为此，在 Illustrator 中新建的文件尺寸如图 14-21 所示，此时画板的数量填写了 8 个，并单击“按行排列”，使得画板从左到右排列。

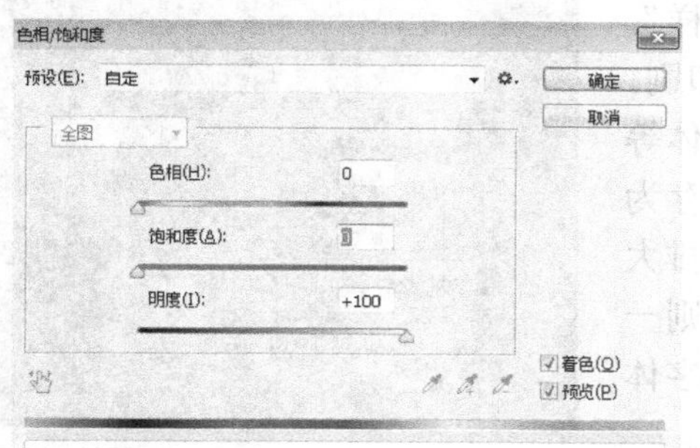

图 14-20　把文字从黑色变为白色

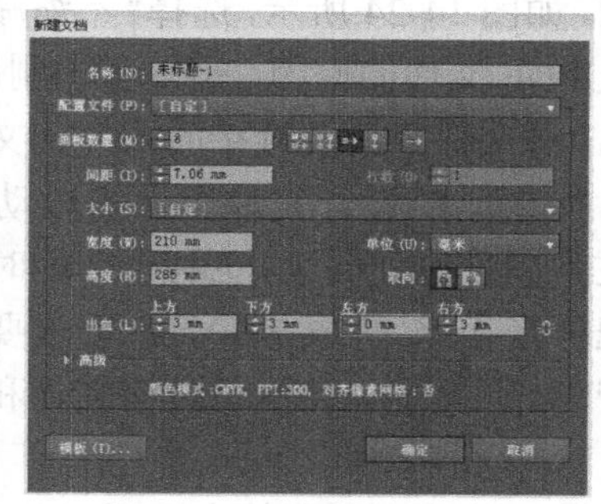

图 14-21　新建文件的尺寸

建立参考线。画册内页需要留出边界，要绘制出版心边框线，文字、图片等都不要超出边界。通常上下左右各留出 20mm 的空白。在 Illustrator 中，要在版心边界的位置建立参考线，如图 14-22 所示。

建立层。为了方便查看和编辑各页面的内容，可以建立多个图层，一个图层针对一个页面，如图 14-23 所示。

图 14-22　绘制参考线

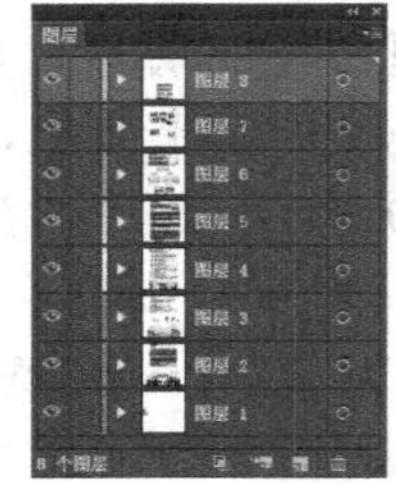

图 14-23　建立 8 个图层

置入图片，输入文字。建立好参考线之后，各页面就可以输入文字并置入图片了。要保证各页面的风格一致，比如奇数页（目录页除外）右上角要添加统一的“20 年”纪念标志，一级大标题的位置、文字样式都要一致。

文字输入时，各级标题文字的样式要一致，正文的文字样式也要一致。比如，在本例中，一级标题“学院简介”“师资力量”等是“微软雅黑”，加粗，24pt，深蓝色（C100，M50，Y0，K40）。二级标题的颜色和字体不变，字号变为 18pt。正文是“方正细黑一-GBK”，10.5pt（相当于五号字），黑色（C0，M0，Y0，K100），字间距 75，行间距 16。

特别提示

黑色的文字，其颜色的设置一定要采用 C0，M0，Y0，K100，深灰色文字，则可以降低 K 的取值，CMY 三个值为零。这样是为了印刷套印准确。

（6）添加页码。画册如果双面打印，则整个画册的页码必须是 4 的倍数。这样就需要合理安排内容，适量增减内容。

（7）保存。最后保存为“内容页.ai”，并存储为“内容页.pdf”。在存为*.pdf 文件时，要注意压缩选项，如图 14-24 所示，选择“不缩减像素取样”。保存成 PDF 文件的原因，是方便印刷厂进行印刷。因为 AI 源文件会涉及链接的图片、文字的字体等因素，如果已经设计完成，无需改动，则保存为 PDF 文件非常方便阅读，也利于印刷时的后期排大版（把两张 16K 拼成 8K）。如果需要修改，则一定要带*.ai 源文件，并附带链接文件和所用的字体文件。

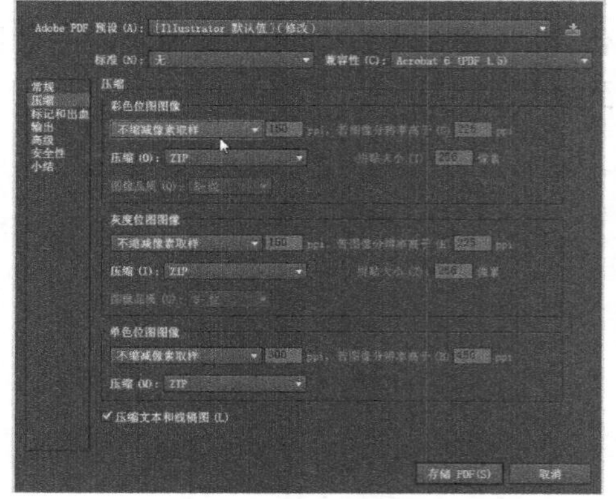

图 14-24　保存 PDF 的选项设置

总结：该院庆画册的内容页一共 48 页，最初使用 Illustrator 来设计页面，其中封面封底和封二封三是一个独立的文件，内页每 8 页为一个单独的文件，一共需要 7 个 AI 文件，制作比较复杂。后来在设计过程中，改用 InDesign 这个专业的排版软件来组织画册的各个页面，不仅克服了 Illustrator 中多页设置和排列的难题，而且可以把 Photoshop、Illustrator 的各种素材都导入进去，非常方便。因此画册的设计需要综合应用各个软件，发挥各个软件的优势，才能更好地实现设计目标。

课后练习

针对一个主题（如四季美景，同学情谊，成长历程等）拍摄多张照片，设计并制作一本图文并茂的小画册。尺寸是 A5，12 页。